二级注册计量师
基础知识及专业实务

中国计量测试学会　组编

（第**5**版）

ERJI ZHUCE JILIANGSHI
JICHU ZHISHI JI ZHUANYE SHIWU

中国质量标准出版传媒有限公司
中国标准出版社
北京

图书在版编目(CIP)数据

二级注册计量师基础知识及专业实务/中国计量测试学会组编．—5版．—北京：
中国质量标准出版传媒有限公司，2022.4(2025.1重印)

ISBN 978－7－5026－5068－1

Ⅰ.①二…　Ⅱ.①中…　Ⅲ.①计量—资格考试—自学参考资料　Ⅳ.①TB9

中国版本图书馆 CIP 数据核字（2022）第 051924 号

内 容 提 要

《二级注册计量师基础知识及专业实务》分上、下两篇，上篇为计量法律、法规及综合知识，
下篇为测量数据处理与计量专业实务。本书是依据现行有效的计量法律、法规、规章及计量技
术规范，针对二级注册计量师应该熟悉和掌握的计量基础知识及应具备的计量业务能力而编
写的。上篇内容主要包括：计量法律、法规及计量监督管理，计量技术规范，量和单位，测量、计
量，测量结果，测量仪器及其特性，测量标准，计量技术机构管理体系，计量安全防护及职业道
德教育等。下篇内容主要包括：测量误差的处理，测量不确定度的评定与表示，测量结果的处
理和报告，计量检定、校准和检测的实施，检定证书、校准证书和检测报告，计量标准的建立、考
核及使用，计量检定规程和校准规范的使用和编写，比对和测量审核的实施，期间核查的实施，型
式评价的实施等。每节都提供了一些案例、思考题和选择题，以便于读者自我检查学习的效果。

本书可供准备参加二级注册计量师职业资格考试的人员备考使用，也可供计量技术人员
在实际工作中参考。

中国质量标准出版传媒有限公司
中 国 标 准 出 版 社　出版发行

北京市朝阳区和平里西街甲 2 号（100029）

北京市西城区三里河北街 16 号（100045）

网址：www.spc.net.cn

总编室：(010) 68533533　发行中心：(010) 51780238

读者服务部：(010) 68523946

中国标准出版社秦皇岛印刷厂印刷

各地新华书店经销

＊

开本 880×1230　1/16　印张 22　字数 569 千字

2022 年 4 月第五版　　2025 年 1 月第二十六次印刷

＊

定价：108.00 元

序　言

当今世界,国家或地区之间经济实力的竞争,实质是创新能力的竞争。创新的关键在人才,人才培养尤为重要。20世纪80年代以来,中国通过改革开放,实现了近30年经济社会的持续快速发展,取得了举世瞩目的成就,成为世界经济稳定和发展的重要支持因素。进入21世纪,面对新一轮的发展机遇和挑战,中国政府提出积极实施"科技兴国"和"人才强国"战略,进一步确立了科技人才,特别是高科技人才在经济社会发展中的突出地位和作用,必将有力地促进中国经济增长方式的有效转变和经济社会的持续快速发展。

计量是科技、工业、经济发展的重要技术基础之一。计量不仅关系到科技进步,也关系到企业的产品质量与效益,关系到人民群众的健康和安全,关系到人类与自然环境的和谐发展。2006年4月,为认真贯彻落实科学发展观,紧紧围绕经济建设这个中心,全面提升计量工作水平,进一步发挥计量在经济建设中的基础作用,加强计量人员的队伍建设,提高计量为社会服务的能力和水平,中华人民共和国人事部和国家质量监督检验检疫总局联合发布了《注册计量师制度暂行规定》《注册计量师资格考试实施办法》和《注册计量师资格考核认定办法》,全面推行注册计量师制度,为全社会的广大计量专业技术人员提供一个以能力为核心的现代职业考核与职业教育体系平台。

中国计量测试学会组织国内一批具有丰富专业知识和实践经验的专家,按照以能力为核心的要求,编写了《一级注册计量师基础知识及专业实务》和《二级注册计量师基础知识及专业实务》。该书内容丰富,知识面广,而且附有很多实例。使用该书对广大计量工作者,尤其是年轻同志进行培训,有利于提高他们的业务能力和素质,有利于逐步建立健全培养人才、聚集人才、激励人才和人尽其才的机制,进而培养一大批计量事业的后继人才,最终必将促进计量事业的繁荣兴旺和蓬勃发展。希望该书的出版,能够对广大计量工作者充实业务知识和提高业务素质发挥积极的作用。

国家质量监督检验检疫总局副局长

2009年7月

第 5 版前言

《一级注册计量师基础知识及专业实务》《二级注册计量师基础知识及专业实务》教材不仅是考前培训的重要辅导材料,也是职业资格人员执业以及继续教育的重要参考。

近年来,我国计量事业快速发展,在计量法律、法规,计量科学技术,以及注册计量师管理方面都发生了显著变化。

在计量法律、法规方面,国家相继对《中华人民共和国计量法》《中华人民共和国计量法实施细则》以及《计量基准管理办法》《计量标准考核办法》《计量授权管理办法》等计量法律、法规和行政规章进行了修订,取消了一批行政许可,调整了实施强制管理的计量器具目录。2021 年 12 月 31 日,国务院正式发布了《计量发展规划(2021—2035 年)》,对计量科学研究、计量监管体系以及产业计量发展等都提出了新的要求和发展方向。

在计量科技方面,2018 年 11 月 16 日第 26 届国际计量大会通过 1 号决议,国际单位制 7 个基本单位全面采用物理常量定义,并从 2019 年 5 月 20 日开始正式实施。从此计量科技进入量子化时代,计量测试技术、测量理论、测量方法以及测量理念等都将发生重大变革。计量量值传递溯源体系将不断趋于多极化、扁平化和泛在化,由此而带来的国际测量技术规则与格局也将进行重构。这些都将给计量科技、计量管理以及计量应用带来广泛而深远的影响。

在注册计量师管理方面,为进一步加强注册计量师管理,促进注册计量师制度更好地发挥作用,2019 年 10 月,国家市场监督管理总局、中华人民共和国人力资源和社会保障部联合发布了《注册计量师职业资格制度规定》和《注册计量师职业资格考试实施办法》。在国务院新发布的《计量发展规划(2021—2035 年)》中,也明确要求实施计量专业技术人才提升行动,建设计量公共教育资源开发、培训平台和实训基地。加强计量领域相关职业技能等级认定,改革注册计量师职业资格管理模式,推进注册计量师职业资格与工程教育专业认证、职称、职业技能等级、职业教育学分银行等制度有效衔接。这些都对注册计量师职业制度建设提出了新的要求。

为适应这些变化,加快推进注册计量师制度改革,不断提升注册计量师职业能力和水平,中国计量测试学会根据国家市场监督管理总局、中华人民共和国人力资源和社会保障部有关要求,组织有关专家重新修订了《一级注册计量师基础知识及专业实务》《二级注册计量师基础知识及专业实务》。此次修订既充分依据注册计量师资格考试大纲,又结合实际情况,重点修改了与现行计量法律、法规不一致的内容,增加了国际单位制变革相关计量知识,调整了基础知识中与现代计量发展不相适应的内容,更正了原教材中一些错误,使之更加符合实际和更加准确。

此次编写过程中,得到了国家市场监督管理总局、中华人民共和国人力资源和社会保障部以及社会各界学者、专家、全国计量工作者的关心和支持,在此一并表示感谢!由于时间仓促,本书内容肯定仍有一些不足,敬请广大读者谅解,并提出宝贵意见和建议,以期再次修订时予以改进。

中国计量测试学会

2022 年 3 月

第 4 版前言

2016 年 6 月，国务院取消计量检定员行政审批，并入注册计量师管理。同年 11 月，国家质量监督检验检疫总局重新修订并批准发布了 JJF 1033—2016《计量标准考核规范》。该规范对计量标准考核要求、程序、方法、后续监督以及计量标准考核中有关技术问题的处理做出了相应规定。

为进一步贯彻落实国务院有关改革要求，加快推进注册计量师制度的实施，不断提升注册计量师能力和水平，中国计量测试学会根据国家质量监督检验检疫总局和中华人民共和国人力资源和社会保障部有关要求，组织有关专家重新修订了《一级注册计量师基础知识及专业实务》《二级注册计量师基础知识及专业实务》。此次修订重点调整了原教材中一些内容，使之更加突出基础知识和基本技能，更加符合考试大纲要求；重点修订了计量标准考核有关内容，使之与现行的计量技术规范相一致；同时，也更正了原教材中一些错误，使之更加准确。

中国计量测试学会首先感谢各位专家以及全国计量工作者对教材的关心和做出的贡献！由于时间仓促，本书内容肯定仍有一些不足，也敬请广大读者谅解，并提出宝贵意见和建议。

中国计量测试学会

2017 年 3 月

第 3 版前言

从 2011 年起,在全国已经举行了两次注册计量师资格考试,《一级注册计量师基础知识及专业实务》《二级注册计量师基础知识及专业实务》指导教材,对提高广大考生的计量专业技术基础能力发挥了积极作用。结合教材的使用情况,以及对应于国家计量技术规范 JJF 1001—2001《通用计量术语及定义》、JJF 1059.1—2012《测量不确定度评定与表示》、JJF 1069—2012《法定计量检定机构考核规范》等的修订,我们组织专家对《一级注册计量师基础知识及专业实务》《二级注册计量师基础知识及专业实务》的相关内容做了修改,另外对指导教材第 2 版的一些错误和不足之处进行了更正和修改。

JJF 1001—2011《通用计量术语及定义》、JJF 1059.1—2012《测量不确定度评定与表示》、JJF 1069—2012《法定计量检定机构考核规范》都是重要的基础性技术规范,尤其是 JJF 1001—2011《通用计量术语及定义》,修订了大量计量名词术语的定义和解释,有不少新的内容,教材中可能存在一些相关内容没有相对应修改的情况,真诚地欢迎广大读者提出修改建议和批评意见。

中国计量测试学会

2012 年 12 月

第 2 版前言

  2011 年 6 月 18 日至 19 日，在全国举行了首次注册计量师资格考试。考前各地陆续举办了注册计量师资格考试培训，并以《一级注册计量师基础知识及专业实务》《二级注册计量师基础知识及专业实务》作为培训教材，对提高广大考生的基础知识和计量专业技术实务水平发挥了积极作用。结合教材的使用情况，以及对应于国家计量技术规范 JJF 1002《国家计量检定规程编写规则》、JJF 1071《国家计量校准规范编写规则》、JJF 1016《计量器具型式评价大纲编写导则》、JJF 1117《计量比对》等的修订，我们组织专家对《一级注册计量师基础知识及专业实务》《二级注册计量师基础知识及专业实务》的相关内容做了修改，并对培训教材第 1 版的一些错误和不足之处做了更正和修改。

  为了使教材更加完善，使其能更好地为广大计量工作者学习培训服务，我们真诚地欢迎广大读者提出批评意见和修改建议。

中国计量测试学会

2011 年 10 月

第1版前言

为了提高计量技术机构的服务质量和服务水平,为社会提供公共计量服务,保护计量科技工作者的合法权益,促进我国经济社会发展和科技进步,2006 年 4 月,中华人民共和国人事部和国家质量监督检验检疫总局联合发布了《注册计量师制度暂行规定》《注册计量师资格考试实施办法》和《注册计量师资格考核认定办法》,要全面推行注册计量师制度,为全社会的广大计量专业技术人员提供一个以能力为核心的现代职业考核与职业教育体系平台。

以上规定、办法发布后,国家质量监督检验检疫总局、中华人民共和国人力资源和社会保障部按照严格的审查程序,组织了注册计量师资格的考核认定工作,549 人通过认定取得一级注册计量师职业资格。经国家质量监督检验检疫总局拟定,中华人民共和国人力资源和社会保障部审定,完成了注册计量师资格考试大纲的编制。但注册计量师制度作为一项新的制度,还需要做大量的开创性工作,如建立和规范注册计量师相关考试的师资队伍、组织命题考试等。

根据实施注册计量师制度的需要,中国计量测试学会组织一批具有丰富专业知识和实践经验的专家,根据注册计量师资格考试大纲的要求编写了《一级注册计量师基础知识及专业实务》和《二级注册计量师基础知识及专业实务》。本书可以作为广大计量工作者,尤其是年轻同志准备注册计量师考试的培训教材,也可作为各级质监部门、计量技术机构、企业、事业单位各类专业技术人员的参考资料。

今后,中国计量测试学会还将在全国面向广大计量工作者,尤其是年轻同志组织培训,以便提高他们的业务能力和素质,为计量事业的发展培养大批后继人才。

本书在编写过程中得到国家质量监督检验检疫总局有关领导的大力支持,众多国内知名计量专家参加了编写工作。作为组编单位,我们向为编写出版本书做出重要贡献的各位领导和专家表示衷心的感谢,尤其要向叶德培、金华彰、陆祖良三位专家表示特别的感谢,可以说没有他们的辛勤付出,本书很难及时完成。在编辑出版本书的过程中,中国计量出版社做了大量工作,在此一并表示感谢。

在本书编写的过程中,虽然经过多次研讨,有些内容可能还存在一定的缺陷和不足,因此,我们恳请广大读者批评指正。

中国计量测试学会

2009 年 6 月

目 录

上篇 计量法律、法规及综合知识

下篇　测量数据处理与计量专业实务

计量法律、法规及综合知识

<table>
<tr><td>第一章</td><td></td></tr>
</table>

计量法律、法规及计量组织机构

本章重点介绍计量法律、法规及计量监督管理，内容主要包括：计量立法的宗旨，我国的计量法规体系与计量监督管理体制，计量法律责任，计量基准、计量标准，计量检定，计量器具产品的法制管理和商品量的计量监督管理。还介绍了计量检定规程、国家计量检定系统表及校准规范的应用。

第一节　计量法律、法规及计量监督管理

一、计量立法的宗旨和调整范围

（一）计量立法的宗旨

计量是经济建设、科技进步和社会发展中一项重要的技术基础。经济越发展，越需要加强计量工作；科技越先进，越需要准确的计量；社会越进步，越需要在全国范围实现计量单位制的统一和量值的准确可靠以及加强计量法制监督。所以，计量立法的宗旨，首先要加强计量监督管理，健全国家计量法制。而加强计量监督管理的核心内容是要保障国家计量单位制的统一和全国量值的准确可靠，构建支撑经济建设、促进科技进步和社会发展、保障国家和人民利益的计量体系，这也是计量立法的基本点。由于计量单位制的统一和量值的准确可靠是保证经济建设、科技进步和社会发展的必要条件，因此《中华人民共和国计量法》（以下简称《计量法》）中的各项规定都是紧紧围绕着这一基本点进行的。世界各国也都把统一计量单位、保障本国量值准确可靠作为政权建设和发展经济的重要措施。

但加强计量监督管理，保障计量单位制的统一和量值的准确可靠，还不是计量立法的最终目的。计量立法的最终目的是促进国民经济和科学技术的发展，为社会主义现代化建设提供计量保证；保护广大消费者免受不准确或不诚实测量所造成的危害；保护人民群众的健康和生命、财产的安全；保护国家的权益不受侵犯。

《计量法》的第一条将计量立法的宗旨高度概括为："加强计量监督管理，保障国家计量单位制的统一和量值的准确可靠，有利于生产、贸易和科学技术的发展，适应社会主义现代化建设的需要，维

护国家、人民的利益"。

计量立法将我国计量工作全面纳入了法制管理的轨道,使计量专业技术人员从事计量检定及其他计量专业技术工作有了明确的行为准则。计量检定人员不仅要通过计量检定来确保计量单位的统一和量值的准确可靠,更要通过计量检定来履行服务经济建设、促进科技发展、维护国家和人民的利益的根本职责。无论是计量检定规程的制定和实施,还是计量器具新产品的型式批准、计量器具产品的质量监督和商品量的计量监督等工作,都应按计量监督管理的要求,从有利于经济发展、科技进步,有利于保护国家和人民利益的高度出发,正确地处理工作中所发生的各种问题,认真做好为经济服务、为企业服务、为消费者服务的各项工作。

(二)《计量法》的调整范围

任何一部法律或法规,都有其调整范围。《计量法》第二条说明了该法适用的地域和调整对象,即在中华人民共和国境内,所有公民、法人和其他组织,凡是使用计量单位,建立计量基准器具、计量标准器具,进行计量检定,制造、修理、销售、使用计量器具,所发生的各种法律关系,均为《计量法》适用的范围,都必须按照《计量法》的规定加以调整,不允许随意变更、各行其是。

根据我国的实际情况,《计量法》侧重调整的是国家计量单位制的统一和量值的准确可靠,以及影响社会经济秩序、危害国家和人民利益的计量问题,不是计量工作中所有的方面都要立法。也就是说,主要限定在对社会可能产生影响的范围内。如教学示范中使用的计量器具或家庭自用的部分计量器具,其量值准确与否对社会经济活动没有太大的影响,就不必立法调整。如果不适当地将调整范围规定得过宽,一是没有必要,二是难以实施,反而失去了法律的严肃性。

二、我国计量法规体系的组成

法规体系,是由母法及从属于母法的若干子法所构成的有机联系的整体。按照审批的权限、程序和法律效力的不同,计量法规体系可分为三个层次:第一层次是法律;第二层次是行政法规;第三层次是规章。此外,按照立法的规定,省、自治区、直辖市及较大城市也可制定地方性计量法规和规章。目前,我国已形成了以《计量法》为基本法,若干计量行政法规、规章以及地方性计量法规、规章为配套的计量法规体系。

(一)计量法律

《计量法》于 1985 年 9 月 6 日第六届全国人民代表大会常务委员会第十二次会议通过,2009 年 8 月 27 日第十一届全国人民代表大会常务委员会第十次会议《关于修改部分法律的决定》第一次修正,2013 年 12 月 28 日第十二届全国人民代表大会常务委员会第六次会议《关于修改〈中华人民共和国海洋环境保护法〉等七部法律的决定》第二次修正,2015 年 4 月 24 日第十二届全国人民代表大会常务委员会第十四次会议《关于修改〈中华人民共和国计量法〉等五部法律的决定》第三次修正,2017 年 12 月 27 日第十二届全国人民代表大会常务委员会第三十一次会议《关于修改〈中华人民共和国招标投标法〉、〈中华人民共和国计量法〉的决定》第四次修正,2018 年 10 月 26 日第十三届全国人民代表大会常务委员会第六次会议《关于修改〈中华人民共和国野生动物保护法〉等十五部法律的决定》第五次修正。

《计量法》作为国家管理计量工作的基本法,是实施计量监督管理的最高准则。制定和实施《计量法》,是国家完善计量法制、加强计量管理的需要,是我国计量工作全面纳入法制化管理轨道的标志。《计量法》的基本内容包括:计量立法宗旨、调整范围、计量单位制、计量基准器具、计量标准器具和计量检定、计量器具管理、计量监督、计量机构、计量人员、计量授权、计量认证、计量纠纷处理和计量法律责任等,修改后的《计量法》共计6章34条。

（二）计量行政法规

国务院制定(或批准)的计量行政法规主要包括:

（1）《中华人民共和国计量法实施细则》(以下简称《计量法实施细则》),1987年1月19日国务院批准,1987年2月1日国家计量局发布,2016年2月6日国务院令666号第一次修正,2017年3月1日国务院令676号第二次修正,2018年3月19日国务院令698号第三次修正。《计量法实施细则》主要对《计量法》中有关计量基准器具和计量标准器具、计量检定、计量器具的制造和修理、计量器具的销售和使用、计量监督、产品质量检验机构的计量认证、计量调解和仲裁检定、费用及法律责任等进行了细化。

（2）《国务院关于在我国统一实行法定计量单位的命令》,1984年2月27日由国务院发布。其主要目的是明确在采用国际单位制的基础上,进一步统一我国的计量单位。该命令规定了《中华人民共和国法定计量单位》,要求我国的计量单位一律采用《中华人民共和国法定计量单位》。

（3）《全面推行我国法定计量单位的意见》,1984年1月20日国务院第21次常务会议通过,1984年3月9日国家计量局发布。其主要对全面推行我国法定计量单位的目标、要求、措施等做出了具体规定。

（4）《中华人民共和国强制检定的工作计量器具检定管理办法》,1987年4月15日国务院发布。其主要对强制检定的工作计量器具、强制检定的监督管理、检定机构、检定的程序等做出了具体规定。

（5）《中华人民共和国进口计量器具监督管理办法》,1989年10月11日国务院批准,1989年11月4日国家技术监督局令第3号发布,2016年2月6日国务院令第666号修改。其主要对进口计量器具的型式批准、进口计量器具的审批、法律责任等做出了规定。

（6）《国防计量监督管理条例》,1990年4月5日国务院、中央军事委员会发布。它为加强国防计量工作的监督管理,保证军工产品的量值准确,对国防计量机构及职责、计量标准、计量检定、计量保证与监督做出了明确规定。

（7）《关于改革全国土地面积计量单位的通知》,1990年12月18日国务院批准,国家技术监督局、国家土地管理局、农业部发布。其主要对我国土地面积计量单位做出了具体规定。

（三）计量规章

国务院计量行政部门发布的计量规章主要包括:《计量基准管理办法》《计量标准考核办法》《标准物质管理办法》《法定计量检定机构监督管理办法》《计量器具新产品管理办法》《中华人民共和国进口计量器具监督管理办法实施细则》《计量检定印、证管理办法》《计量违法行为处罚细则》《仲裁检定和计量调解办法》《零售商品称重计量监督管理办法》《定量包装商品计量监督管理办法》《商品量计量违法行为处罚规定》《计量授权管理办法》《计量监督员管理办法》《专业计量站管理办法》《计量比对管理办法》《能源计量监督管理办法》《国家计量检定规程管理办法》等。

此外,一些省、自治区、直辖市人大和地方人民政府,以及较大城市的人大也根据需要制定了一批地方性的计量法规和规章。

我国的计量法律、计量行政法规和计量规章,对我国计量监督管理体制、法定计量检定机构、计量基准、计量标准、计量检定、计量器具产品、商品量的计量监督和检验、产品质量检验机构的计量认证等计量工作的法制管理,以及计量法律责任都做出了明确的规定。

三、计量监督管理的体制

（一）计量监督管理的概念

计量监督是计量管理的一种特殊形式。计量监督管理体制是指计量监督工作的具体组织形式，它体现国家与地方各级计量行政部门，各主管部门，各企业、事业单位之间在计量监督中的关系。

我国的计量监督管理实行按行政区划统一领导、分级负责的体制。全国的计量工作由国务院计量行政部门负责实施统一监督管理。县级以上地方行政区域内的计量工作由当地计量行政部门负责实施监督管理，县级以上计量行政部门是本行政区域内的计量监督管理机构。县级以上计量行政部门要监督本行政区域内的机关、团体、企业、事业单位和个人遵守与执行计量法律、法规。中国人民解放军和国防科技工业系统的军工品研制、试验、生产、使用部门和单位必须执行《国防计量监督管理条例》。中国人民解放军的计量工作，按照《军队计量条例》实施。各有关部门设置的计量行政机构，负责监督计量法律、法规在本部门的贯彻实施。

计量行政部门所进行的计量监督，是纵向和横向的行政执法性监督；部门计量行政机构对所属单位的监督，则属于行政管理性监督，一般只对纵向发生效力。从全国来讲，国务院计量行政部门和其他各部门计量行政机构的计量监督是相辅相成的，各有侧重，相互配合，互为补充，构成了一个有序的计量监督网络。从法律实施的角度讲，部门和企业、事业单位的计量机构，不是专门的行政执法机构。因此，部门和企业、事业单位或者上级主管部门对计量违规行为只能给予行政处分。因为计量行政处罚权是由特定的具有执法监督职能的计量行政部门行使的，因此县级以上地方计量行政部门对计量违法行为可依法给予行政处罚。

（二）我国计量监督管理体系

《计量法》第四条明确规定："国务院计量行政部门对全国计量工作实施统一监督管理。县级以上地方人民政府计量行政部门对本行政区域内的计量工作实施监督管理。"

在《计量法实施细则》第二十三条中进一步明确规定："国务院计量行政部门和县级以上地方人民政府计量行政部门监督和贯彻实施计量法律、法规的职责是：

（一）贯彻执行国家计量工作的方针、政策和规章制度，推行国家法定计量单位；

（二）制定和协调计量事业的发展规划，建立计量基准和社会公用计量标准，组织量值传递；

（三）对制造、修理、销售、使用计量器具实施监督；

（四）进行计量认证，组织仲裁检定，调解计量纠纷；

（五）监督检查计量法律、法规的实施情况，对违反计量法律、法规的行为，按照本细则的有关规定进行处理。"

此外，为了保证计量监督工作的实施，《计量法》第十九条明确规定："县级以上人民政府计量行政部门，根据需要设置计量监督员。计量监督员管理办法，由国务院计量行政部门制定。"

《计量法实施细则》第二十四条又进一步明确规定："县级以上人民政府计量行政部门的计量管理人员，负责执行计量监督、管理任务；计量监督员负责在规定的区域、场所巡回检查，并可根据不同情况在规定的权限内对违反计量法律、法规的行为，进行现场处理，执行行政处罚。

计量监督员必须经考核合格后，由县级以上人民政府计量行政部门任命并颁发监督员证件。"

1998年2月，国务院批准《质量技术监督管理体制改革方案》，对质量技术监督管理体制实行重大改革，质量技术监督系统实行省以下垂直管理体制。国家质量技术监督局对省、自治区、直辖市质量技术监督局（为同级人民政府的工作部门）实行业务领导。省、自治区、直辖市质量技术监督局的主要职责:领导省以下质量技术监督部门正确执行国家有关质量技术监督的法律法规和方针政策、履行法定职责规定的质量技术监督职能。

2001 年 6 月,为适应完善社会主义市场经济体制的要求,进一步加强市场执法监督,维护市场秩序,国务院决定,将国家质量技术监督局、国家出入境检验检疫局合并,组建国家质量监督检验检疫总局(以下简称质检总局),同时成立国家认证认可监督管理委员会(以下简称认监委)和国家标准化管理委员会(以下简称标准委),认监委和标准委由质检总局实施管理。质检总局是国务院主管全国质量、计量、出入境商品检验、出入境卫生检疫、出入境动植物检疫、食品生产监督和认证认可、标准化等工作,并行使行政执法职能的直属机构。

2012 年起,根据《中共中央国务院关于地方政府职能转变和机构改革的意见》和《国务院办公厅关于调整省级以下工商质监行政管理体制加强食品安全监督有关问题的通知》等文件精神,质监部门由省以下垂直管理逐步改为地方政府分级管理。

2018 年 3 月 13 日,根据国务院总理李克强提请第十三届全国人民代表大会第一次会议审议的国务院机构改革方案的议案,组建了国家市场监督管理总局(以下简称市场监管总局)。2018 年 4 月 10 日,市场监管总局正式挂牌。

根据《国家市场监督管理总局职能配置、内设机构和人员编制规定》,市场监管总局是国务院直属机构,为正部级。其主要职责是:负责市场综合监督管理;负责市场主体统一登记注册;负责组织和指导市场监管综合执法工作;负责反垄断统一执法;负责监督管理市场秩序;负责宏观质量管理;负责产品质量安全监督管理;负责特种设备安全监督管理;负责食品安全监督管理综合协调;负责食品安全监督管理;负责统一管理计量工作,包括推行法定计量单位和国家计量制度,管理计量器具及量值传递和比对工作,规范、监督商品量和市场计量行为;负责统一管理标准化工作;负责统一管理检验检测工作;负责统一管理、监督和综合协调全国认证认可工作;负责市场监督管理科技和信息化建设、新闻宣传、国际交流与合作;按规定承担技术性贸易措施有关工作;管理国家药品监督管理局、国家知识产权局;完成党中央、国务院交办的其他任务。

(三) 我国计量技术机构体系

《计量法》第二十条规定:"县级以上人民政府计量行政部门可以根据需要设置计量检定机构,或者授权其他单位的计量检定机构,执行强制检定和其他检定、测试任务。

执行前款规定的检定、测试任务的人员,必须经考核合格。"

《计量法实施细则》第二十五条进一步明确:"县级以上人民政府计量行政部门依法设置的计量检定机构,为国家法定计量检定机构。其职责是:负责研究建立计量基准、社会公用计量标准,进行量值传递,执行强制检定和法律规定的其他检定、测试任务,起草技术规范,为实施计量监督提供技术保证,并承办有关计量监督工作。"

《计量法实施细则》在第二十七条中又明确规定:"县级以上人民政府计量行政部门可以根据需要,采取以下形式授权其他单位的计量检定机构和技术机构,在规定的范围内执行强制检定和其他检定、测试任务:

(一) 授权专业性或区域性计量检定机构,作为法定计量检定机构;

(二) 授权建立社会公用计量标准;

(三) 授权某一部门或某一单位的计量检定机构,对其内部使用的强制检定计量器具执行强制检定;

(四) 授权有关技术机构,承担法律规定的其他检定、测试任务。"

因此,我国的法定计量检定机构包括两种:一是县级以上人民政府计量行政部门依法设置的计量检定机构,即国家法定计量检定机构;二是县级以上人民政府计量行政部门根据需要授权的专业性或区域性计量检定机构,即依法授权的法定计量检定机构。

此外,还有一些其他的计量检定机构和技术机构,虽然不是法定计量检定机构,但是经过人民政府计量行政部门的授权,可以承担建立社会公用计量标准,对其内部使用的强制检定计量器具执行检定或承担法律规定的其他检定、测试任务。

国家级计量技术机构包括中国计量科学研究院、中国测试技术研究院和市场监管总局授权的大区国家计量测试中心、国家专业计量站等机构;省、市、县三级法定计量检定机构中包括了依法设置的国家法定计量检定机构和依法授权的法定计量检定机构。

在社会上,除了各级人民政府计量行政部门依法设置和授权的法定计量检定机构外,还有国务院有关主管部门和省级人民政府有关主管部门根据本部门的特殊需要建立的计量技术机构、广大企业、事业单位根据本单位的需要建立的计量技术机构或计量实验室以及为社会提供校准服务的校准实验室。

四、法定计量检定机构的监督管理

法定计量检定机构是计量行政部门依法设置或授权建立的计量检定机构,是保障我国计量单位制的统一和量值的准确可靠,为计量行政部门依法实施计量监督提供技术保证的技术机构。为了加强对法定计量检定机构的监督管理,《计量法》《计量法实施细则》和《法定计量检定机构监督管理办法》对法定计量检定机构的组成、职责和监督管理等做出了明确的规定。

(一)法定计量检定机构的组成

2001年1月21日国家质量技术监督局发布了《法定计量检定机构监督管理办法》,其中第二条明确规定"法定计量检定机构是指各级质量技术监督部门依法设置或者授权建立并经质量技术监督部门组织考核合格的计量检定机构"。

各级人民政府计量行政部门依法设置的计量检定机构是法定计量检定机构的主体,主要承担强制检定和其他检定、测试任务。专业计量站是根据我国生产、科研的需要承担授权的专业计量检定、测试任务的法定计量检定机构,在授权项目上,一般选定专业性强、跨部门使用、急需的专业项目。根据需要,国务院计量行政部门设立的大区国家计量测试中心为法定计量检定机构。地方人民政府计量行政部门也可以根据本地区的需要,建立区域性的计量检定机构,作为法定计量检定机构,承担政府计量行政部门授权的有关项目的强制检定和其他计量检定、测试任务。这些授权的专业和区域计量检定机构是全国法定计量检定机构的一个重要组成部分,在确保全国量值的准确可靠方面发挥了积极作用。

(二)法定计量检定机构的职责

《法定计量检定机构监督管理办法》第四条规定:"法定计量检定机构应当认真贯彻执行国家计量法律、法规,保障国家计量单位制的统一和量值的准确可靠,为质量技术监督部门依法实施计量监督提供技术保证。"

《法定计量检定机构监督管理办法》第十三条明确规定:"法定计量检定机构根据质量技术监督部门授权履行下列职责:

(一)研究、建立计量基准、社会公用计量标准或者本专业项目的计量标准;

(二)承担授权范围内的量值传递,执行强制检定和法律规定的其他检定、测试任务;

(三)开展校准工作;

(四)研究起草计量检定规程、计量技术规范;

（五）承办有关计量监督中的技术性工作。"

上述"承办有关计量监督中的技术性工作"，一般包括人民政府计量行政部门授权或委托的计量标准考核、计量器具新产品型式评价、仲裁检定、计量器具产品质量监督检验、定量包装商品净含量计量监督检验等工作。

（三）法定计量检定机构的行为准则

《法定计量检定机构监督管理办法》第十四条明确规定："法定计量检定机构不得从事下列行为：
（一）伪造数据；
（二）违反计量检定规程进行计量检定；
（三）使用未经考核合格或者超过有效期的计量基准、计量标准开展计量检定工作；
（四）指派未取得计量检定证件的人员开展计量检定工作；
（五）伪造、盗用、倒卖强制检定印、证。"

（四）法定计量检定机构的监督管理

《法定计量检定机构监督管理办法》明确规定了对法定计量检定机构实施监督管理的体制、机制、内容和法律责任。

法定计量检定机构的监督管理体制实施两级管理的模式。市场监管总局对全国法定计量检定机构实施统一监督管理。省级市场监管局对本行政区域内的法定计量检定机构实施监督管理。

对法定计量检定机构的监督管理，主要通过对机构的考核授权实现。《法定计量检定机构监督管理办法》明确规定了法定计量检定机构应当具备的条件、如何组织考核、如何颁发计量授权证书、如何进行复查换证、如何对新增项目进行授权和终止承担的授权项目。法定计量检定机构必须经市场监督管理部门考核合格，经授权后才能开展相应的工作。

《法定计量检定机构监督管理办法》规定省级以上市场监督管理部门应当加强对法定计量检定机构的监督，主要包括以下内容：
（1）《法定计量检定机构监督管理办法》规定内容的执行情况；
（2）《法定计量检定机构考核规范》规定内容的执行情况；
（3）定期或者不定期对所建计量基准、计量标准状况进行赋值比对；
（4）用户投诉举报问题的查处。

《法定计量检定机构监督管理办法》中对法定计量检定机构监督管理的措施、要求和法律责任，做出了以下规定：
（1）对监督中发现的问题，法定计量检定机构应当认真进行整改，并报请组织实施监督的质量技术监督部门进行复查。对经复查仍不合格的，暂停其有关工作；情节严重的，吊销其计量授权证书。
（2）法定计量检定机构对未经质量技术监督部门授权开展须经授权方可开展的工作的和超过授权期限继续开展被授权项目工作的，可予以警告，并处以罚款。
（3）对未经质量技术监督部门授权或者批准，擅自变更授权项目的和违反《法定计量检定机构监督管理办法》第十四条第一、二、三、四款规定的，予以警告，处以罚款；情节严重的，吊销其计量授权证书。
（4）违反《法定计量检定机构监督管理办法》第十四条第五款规定，伪造、盗用、倒卖强制检定印、证的，没收其非法检定印、证和全部违法所得，并处以罚款；构成犯罪的，依法追究刑事责任。
（5）从事法定计量检定机构监督管理的国家工作人员违法失职、徇私舞弊，情节轻微的，给予行政处分；构成犯罪的，依法追究刑事责任。

五、计量授权的管理

根据《计量法》和《计量法实施细则》,1989 年 11 月 6 日国家技术监督局令第 4 号公布了《计量授权管理办法》,2021 年 4 月 2 日市场监管总局令第 38 号对《计量授权管理办法》进行了修改。该办法对计量授权的性质、授权的形式、授权的条件,授权的程序和监督等做出了明确规定。

(一)计量授权概述

计量授权是指县级以上人民政府计量行政部门,依法授权予其他部门或单位的计量检定机构或技术机构,执行《计量法》规定的强制检定和其他检定、测试任务。

县级以上人民政府计量行政部门,应根据本行政区实施《计量法》的需要,充分发挥社会技术力量的作用,按照统筹规划、经济合理、就地就近、方便生产、利于管理的原则,实行计量授权。

(二)计量授权的形式

《计量法实施细则》第二十七条明确规定:"县级以上人民政府计量行政部门可以根据需要,采取以下形式授权其他单位的计量检定机构和技术机构,在规定的范围内执行强制检定和其他检定、测试任务:

(一)授权专业性或区域性计量检定机构,作为法定计量检定机构;

(二)授权建立社会公用计量标准;

(三)授权某一部门或某一单位的计量检定机构,对其内部使用的强制检定计量器具执行强制检定;

(四)授权有关技术机构,承担法律规定的其他检定、测试任务。"

因此,《计量授权管理办法》第四条规定:"计量授权包括以下形式:

(一)授权有关部门或单位的专业性或区域性计量检定机构,作为法定计量检定机构;

(二)授权有关部门或单位建立计量基准、社会公用计量标准;

(三)授权有关部门或单位的计量检定机构,对其内部使用的强制检定计量器具执行强制检定;

(四)授权有关部门或单位的计量检定机构或技术机构,承担计量标准的技术考核,仲裁检定,计量器具新产品型式评价,标准物质定级鉴定,计量器具产品质量监督试验和对社会开展强制检定、非强制检定。"

(三)计量授权的条件

《计量授权管理办法》第五条规定:"申请授权必须具备的条件:

(一)计量标准、检测装置和配套设施必须与申请授权项目相适应,满足授权任务的要求;

(二)工作环境能适应授权任务的需要,保证有关计量检定、测试工作的正常进行;

(三)检定、测试人员必须适应授权任务的需要,掌握有关专业知识和计量检定、测试技术,并经考核合格;

(四)具有保证计量检定、测试结果公正、准确的有关工作制度和管理制度。"

(四)计量授权的申请

《计量授权管理办法》第六条规定:"申请授权应按以下规定向有关人民政府计量行政部门提出申请。

(一)申请建立计量基准的授权,向国务院计量行政部门提出申请;

（二）申请承担计量器具新产品型式评价的授权，向省级以上人民政府计量行政部门提出申请；

（三）申请对本部门内部使用的强制检定计量器具执行强制检定的授权，向同级人民政府计量行政部门提出申请；

（四）申请对本单位内部使用的强制检定的工作计量器具执行强制检定的授权，向当地县（市）级人民政府计量行政部门提出申请；

（五）申请作为法定计量检定机构、建立社会公用计量标准、承担计量器具产品质量监督试验和对社会开展强制检定、非强制检定的授权，应根据申请承担授权任务的区域，向相应的人民政府计量行政部门提出申请。"

《计量授权管理办法》第七条规定："申请授权应递交计量授权申请书，并同时报送有关技术文件和资料。"

（五）计量授权的考核

《计量授权管理办法》第八条规定："计量授权申请被接受后，有关人民政府计量行政部门应按照以下规定和本办法第五条规定的条件进行考核。

（一）申请作为法定计量检定机构、建立本地区最高社会公用计量标准的，由受理申请的人民政府计量行政部门报请上一级人民政府计量行政部门主持考核；

（二）申请建立计量基准、非本地区最高社会公用计量标准，对内部使用的强制检定计量器具执行强制检定，承担计量器具产品质量监督试验，新产品型式评价和对社会开展强制检定、非强制检定的，由受理申请的人民政府计量行政部门主持考核。"

《计量授权管理办法》第九条规定："申请授权的单位，其有关计量检定、测试人员，应当具有相应职业资格。"

《计量授权管理办法》第十条规定："对考核合格的单位，由受理申请的人民政府计量行政部门批准，颁发相应的计量授权证书，并公布被授权单位的机构名称和所承担授权的业务范围。"

（六）被计量授权单位的职责

《计量授权管理办法》第十一条规定："被授权单位必须按照授权范围开展工作，需新增计量授权项目，应按照本办法的有关规定，申请新增项目的授权。"

《计量授权管理办法》第十三条规定："被授权单位必须认真贯彻执行计量法律、法规。"

《计量授权管理办法》第十四条规定："被授权单位的相应计量标准，必须接受计量基准或者社会公用计量标准的检定；开展授权的计量检定、测试工作，必须接受授权单位的监督。"

《计量授权管理办法》第十五条规定："当被授权单位成为计量纠纷中当事人一方时，在双方协商不能自行解决的情况下，由县级以上有关人民政府计量行政部门进行调解或仲裁检定。"

（七）计量授权的监督管理

《计量授权管理办法》第十二条规定："计量标准技术考核，标准物质定级鉴定和仲裁检定的授权，由有关人民政府计量行政部门根据相应管理办法的规定，采取指定的形式办理。"

《计量授权管理办法》第十六条规定："计量授权证书应由授权单位规定有效期，最长不得超过5年。被授权单位可在有效期满前6个月提出继续承担授权任务的申请；授权单位根据需要和被授权单位的申请在有效期满前进行复查，经复查合格的，延长有效期。"

《计量授权管理办法》第十七条规定："被授权单位要终止所承担的授权工作，应提前6个月向授权单位提出书面报告，未经批准不得擅自终止工作。

违反上款规定，给有关单位造成损失的，责令其赔偿损失。"

《计量授权管理办法》第十八条规定:"凡政府计量行政部门所属的法定计量检定机构,在本行政区内不能开展的计量检定项目,需要办理授权的,应报请上一级人民政府计量行政部门统筹安排。"

《计量授权管理办法》第十九条规定:"上级人民政府计量行政部门对下级人民政府计量行政部门的计量授权应进行监督,对违反本办法规定的授权,应予以纠正。"

六、计量基准、计量标准的建立原则

(一) 计量基准的建立原则

计量基准是计量基准器具(即国家计量基准)的简称,是指用以复现和保存计量单位量值,经国务院计量行政部门批准作为统一全国量值最高依据的计量器具。全国的各级计量标准和工作计量器具的量值,都应直接或者间接地溯源到计量基准。

《计量法》第五条明确规定:"国务院计量行政部门负责建立各种计量基准器具,作为统一全国量值的最高依据。"

《计量法实施细则》第六条规定:"计量基准的量值应当与国际上的量值保持一致。国务院计量行政部门有权废除技术水平落后或者工作状况不适应需要的计量基准。"

计量基准的建立原则是:

(1)《计量基准管理办法》第四条规定"计量基准由市场监管总局根据社会、经济发展和科学技术进步的需要,统一规划,组织建立;

(2)基础性、通用性的计量基准,建立在市场监管总局设置或授权的计量技术机构;专业性强、仅为个别行业所需要,或工作条件要求特殊的计量基准,可以建立在有关部门或者单位所属的计量技术机构。

(二) 计量标准的建立和法制管理

计量标准是计量标准器具的简称,是指准确度等级低于计量基准的,用于检定其他计量标准或工作计量器具的计量器具。计量标准处于国家计量检定系统表的中间环节,起着承上启下的作用,即将计量基准所复现的单位量值,通过检定(或者校准)传递到工作计量器具,从而确保工作计量器具量值的准确可靠,确保全国计量单位制和量值的统一。

为了保障计量标准具备相应测量能力并能够在正常的技术状态下进行工作,保证量值传递的准确可靠,《计量法》规定,县级以上人民政府计量行政部门建立的社会公用计量标准和部门、企业、事业单位建立的各项最高计量标准,都要经依法考核合格后,才有资格开展量值传递工作。这是保障全国量值准确一致的必要手段。考核的目的是确认这些计量标准是否具有相应的测量能力和开展量值传递的资格。考核的主要内容包括计量标准器及配套设备、计量标准的计量特性、环境条件及设施、人员、文件集以及计量标准测量能力的确认等6个方面。

1. 社会公用计量标准

社会公用计量标准,是指经过人民政府计量行政部门考核、批准,作为统一本地区量值的依据,在社会上实施计量监督具有公证作用的计量标准。在处理因计量器具准确度引起的计量纠纷时,只能以计量基准或社会公用计量标准仲裁检定后的数据为准。其他单位建立的计量标准,要想取得上述法律地位,必须经有关人民政府计量行政部门授权。

《计量法》第六条明确规定:"县级以上地方人民政府计量行政部门根据本地区的需要,建立社会公用计量标准器具,经上级人民政府计量行政部门主持考核合格后使用。"社会公用计量标准由各级人民政府计量行政部门根据本地区需要组织建立,但必须履行法定的考核程序,经考核合格后才能使用。具体地说,下一级人民政府计量行政部门建立的最高等级的社会公用计量标准,须向上一级人民政府计量行政部门申请计量标准考核;其他等级的社会公用计量标准,属于哪一级政府的,就由哪一级地方人民政府计量行政部门主持考核。经考核合格并取得计量标准考核证书的,由建立该项社会公用计量标准的人民政府计量行政部门审批并颁发社会公用计量标准证书。不符合上述要求的,不能作为社会公用计量标准使用。

【案例 1-1】 某市级人民政府计量行政部门设置的法定计量检定机构正在筹建一项新的最高计量标准,准备开展计量检定工作。在该项计量标准安装调试完毕但还未申请省级计量检定机构量传时,企业送来了 2 台计量器具需要进行检定。该机构为了满足企业的需要,就使用该项新的计量标准帮助企业进行了检定,并出具了检定证书。请问:法定计量检定机构筹建中的该项最高计量标准是否能够对外开展计量检定并出具计量检定证书?

【案例分析】《计量法》第六条规定:"县级以上地方人民政府计量行政部门根据本地区的需要,建立社会公用计量标准器具,经上级人民政府计量行政部门主持考核合格后使用。"《计量法》第九条规定:"县级以上人民政府计量行政部门对社会公用计量标准器具,部门和企业、事业单位使用的最高计量标准器具,以及用于贸易结算、安全防护、医疗卫生、环境监测方面的列入强制检定目录的工作计量器具,实施强制检定。未按照规定申请检定或者检定不合格的,不得使用。"所以该法定计量检定机构的这种做法不符合《计量法》第六条、第九条的规定,从计量标准考核和计量标准的强制检定两个方面分析,都是不符合有关计量法律规定的。用于计量检定的社会公用计量标准,必须依据计量法律、法规的规定,首先取得有效的溯源证书,再通过计量标准考核,取得计量标准考核证书以及社会公用计量标准证书后才能开展相应的计量检定或校准工作。

2. 部门计量标准

《计量法》第七条规定:"国务院有关主管部门和省、自治区、直辖市人民政府有关主管部门,根据本部门的特殊需要,可以建立本部门使用的计量标准器具,其各项最高计量标准器具经同级人民政府计量行政部门主持考核合格后使用。"部门最高计量标准,经同级人民政府计量行政部门考核合格后由有关主管部门批准使用,作为统一本部门量值的依据,在本部门内部开展非强制检定工作。

3. 企业、事业单位计量标准

《计量法》第八条规定:"企业、事业单位根据需要,可以建立本单位使用的计量标准器具,其各项最高计量标准器具经有关人民政府计量行政部门主持考核合格后使用。"企业、事业单位有权根据生产、科研和经营管理的需要建立各项计量标准,在本单位内部开展非强制检定工作,作为统一本单位量值的依据。国家鼓励企业、事业单位加强技术设施的建设,以适应现代化生产的需要,尽快改变企业、事业单位计量基础薄弱的状况。因此,只要企业、事业单位有实际需要,就可以自行决定建立与生产、科研和经营管理相适应的计量标准。为了保证量值的准确可靠,《计量法》规定,建立本单位使用的各项最高计量标准,须经与企业、事业单位的主管部门同级的人民政府计量行政部门考核合格后,取得计量标准考核证书,才能在本单位内开展非强制检定。乡镇企业应由当地县级(市、区)人民政府计量行政部门主持考核。

2021 年 10 月 23 日第十三届全国人民代表大会常务委员会第三十一次会议通过了《全国人民代表大会常务委员会关于授权国务院在营商环境创新试点城市暂时调整适用〈中华人民共和国计量法〉有关规定的决定》。决定指出为进一步转变政府职能,优化营商环境,激发市场活力,第十三届全国人民代表大会常务委员会第三十一次会议决定授权国务院暂时调整适用《计量法》的有关规定(目录见表 1-1),在北京、上海、重庆、杭州、广州、深圳等 6 个营商环境创新试点城市试行。暂时调整适用的期限为 3 年,自该决定施行之日起算。国务院应当加强对试点工作的指导、协调和监督,及时总结试点工作经验,并就暂时调整适用有关法律规定的情况向全国人民代表大会常务委员会做出报告。对实践证明可行的,修改完善有关法律;对实践证明不宜调整的,恢复施行有关法律规定。决定自公布之日起施行。

表1-1　授权国务院在营商环境创新试点城市暂时调整适用《计量法》的有关规定目录

序号	法律规定	调整适用内容
1	《计量法》第八条　企业、事业单位根据需要,可以建立本单位使用的计量标准器具,其各项最高计量标准器具经有关人民政府计量行政部门主持考核合格后使用	暂时调整适用《计量法》第八条、第九条第一款的有关规定,对在北京、上海、重庆、杭州、广州、深圳等6个营商环境创新试点城市内的企业内部使用的最高计量标准器具,由企业自主管理,不需计量行政部门考核发证,不再实行强制检定。
2	《计量法》第九条第一款　县级以上人民政府计量行政部门对社会公用计量标准器具,部门和企业、事业单位使用的最高计量标准器具,以及用于贸易结算、安全防护、医疗卫生、环境监测方面的列入强制检定目录的工作计量器具,实行强制检定。未按照规定申请检定或者检定不合格的,不得使用。实行强制检定的工作计量器具的目录和管理办法,由国务院制定	调整后,营商环境创新试点城市加强对企业自主管理最高计量标准器具的指导和事中事后监管,确保满足计量溯源性要求和计量标准准确

(三) 标准物质的法制管理

按照《计量法实施细则》第五十六条规定,用于统一量值的标准物质属于计量器具。根据《计量法实施细则》的规定,国家计量局于1987年7月10日发布了《标准物质管理办法》。

《标准物质管理办法》适用于统一量值的标准物质的管理,用于统一量值的标准物质,包括化学成分分析标准物质、物理特性与物理化学特性测量标准物质和工程技术特性测量标准物质。凡向外单位供应的标准物质的制造以及标准物质的销售和发放,必须遵守《标准物质管理办法》。

在《标准物质管理办法》第五条中明确规定:"企业、事业单位制造标准物质新产品,应进行定级鉴定,并经评审取得标准物质定级证书。"

七、计量检定的法制管理

(一) 实施计量检定应遵循的原则

计量器具的检定又称测量仪器的检定(简称计量检定或检定),是指查明和确认计量器具符合法定要求的活动,它包括检查、加标记和/或出具检定证书(见JJF 1001—2011《通用计量术语及定义》的9.17)。

根据此定义,计量检定就是为评定计量器具的计量性能是否符合法定要求,确定其是否合格所进行的全部工作。它是计量检定人员利用计量基准、计量标准对新制造的、使用中的、修理后的计量器具进行一系列实际操作,以判断其准确度等计量特性是否符合法定要求。因此,计量检定在计量工作中具有非常重要的作用。计量检定具有法制性,其对象是法制管理范围内的计量器具。它是进行量值传递的重要形式,是保证量值准确一致的重要措施,是计量法制管理的重要环节。根据《计量法》及相关法规和规章的规定,实施计量检定应遵循以下原则:

（1）计量检定活动必须受国家计量法律、法规和规章的约束，按照经济合理的原则，就地就近进行。"经济合理"是指计量检定、组织量值传递要充分利用现有的计量设施，合理地布置检定网点。"就地就近"进行检定，是指组织量值传递不受行政区划和部门管辖的限制。

（2）从计量基准到各级计量标准再到工作计量器具的检定，必须按照国家计量检定系统表的要求进行。国家计量检定系统表由国务院计量行政部门制定。

（3）对计量器具的计量性能、检定项目、检定条件、检定方法、检定周期以及检定数据的处理等，必须执行计量检定规程。国家计量检定规程由国务院计量行政部门制定。没有国家计量检定规程的，由国务院有关主管部门或省、自治区、直辖市人民政府计量行政部门分别制定部门计量检定规程和地方计量检定规程。

（4）检定结果必须做出合格与否的结论，并出具证书或加盖印记。计量检定包括检查、加标记和(或)出具证书的全过程。检查一般包括计量器具外观的检查和计量器具计量特性的检查等。计量器具计量特性的检查，其实质是把被检定的计量器具的计量特性与计量标准的计量特性相比较，评定被检定的计量器具的计量特性是否在计量检定规程规定的允许范围之内。

（5）从事计量检定工作的人员必须具备相应的能力，其资质应当满足有关计量法律、法规的要求。《注册计量师职业资格制度规定》第十四条规定：国家对法定计量检定机构和市场监管部门授权技术机构中执行计量检定任务的注册计量师实行注册管理。取得注册计量师职业资格证书的人员，需经注册取得中华人民共和国注册计量师注册证(以下简称注册计量师注册证)后，方可开展相应的计量检定活动。

【案例 1-2】 一个经授权的计量检定机构对外单位送检的计量器具进行计量检定。检定时发现该计量器具是新开发的多功能测量设备。该计量检定机构为了满足用户的需要，自己编制了计量检定规程，经过技术负责人批准后，按规程进行了检定，并出具了计量检定证书。请问：一个经授权的计量检定机构是否可以自己编制计量检定规程，并对外开展计量检定？

【案例分析】 《计量法》第十条规定："计量检定必须执行计量检定规程。国家计量检定规程由国务院计量行政部门制定。没有国家计量检定规程的，由国务院有关主管部门和省、自治区、直辖市人民政府计量行政部门分别制定部门计量检定规程和地方计量检定规程。"所以，该计量检定机构自行编制计量检定规程，并开展检定的做法是不符合《计量法》第十条规定的，是不正确的。如果需要，该机构可以根据用户的需要编制相应的校准方法，经过机构批准和用户同意后，进行校准。如果需要制定计量检定规程，则必须按照《国家计量检定规程管理办法》规定的程序和要求进行。

（二）强制检定计量器具的管理和实施

1. 实施强制检定的范围

实施计量器具的强制检定是《计量法》的重要内容之一，它既是计量行政部门进行法制监督的主要任务，也是法定计量检定机构和被授权执行强制检定任务的计量技术机构的重要职责。属于强制检定的工作计量器具被广泛地应用于社会的各个领域，数量多，影响大，关系到人民群众身体健康和生命财产的安全，关系到广大企业、事业单位的合法权益以及国家、集体和消费者的利益。

《计量法》第九条明确规定："县级以上人民政府计量行政部门对社会公用计量标准器具，部门和企业、事业单位使用的最高计量标准器具，以及用于贸易结算、安全防护、医疗卫生、环境监测方面的列入强制检定目录的工作计量器具，实行强制检定。未按照规定申请检定或者检定不合格的，不得使用。"强制检定是由县级以上人民政府计量行政部门指定的法定计量检定机构或者授权的计量技术机构，实行定点、定期的检定。使用单位必须按规定申请检定，这是法律规定的义务。

强制检定的范围包括强制检定的计量标准和强制检定的工作计量器具。由于强制检定的计量标准是根据用途决定的，作为社会公用计量标准、部门和企业、事业单位的各项最高等级计量标准的，才属于强制检定的计量标准，其他计量标准就不属于强制检定的计量标准。对于强制检定工作计量器具，按《计量法》规定，应制定强制检定工作计量器具目录，以明确需强制检定的范围。强制检定工作计量器具目录已进行过多次调整。

1987 年 4 月 15 日国务院发布了《中华人民共和国强制检定的工作计量器具检定管理办法》，附《中华人民共和国强制检定的工作计量器具目录》。1987 年 5 月 28 日由国家计量局发布了《中华人民共和国强制检定的工作计量器具明细目录》，共 55 项、111 种。

随着经济的发展和社会的进步，强制检定目录也做了补充和调整：1999 年 1 月 20 日国务院计量行政部门发文新增了电话计时计费装置、棉花水分测量仪、验光仪、验光镜片组、微波辐射与泄漏测量仪 5 种；2001 年 10 月 26 日发文新增了燃气加气机、热能表 2 种；2002 年 12 月 27 日发文取消了汽车里程表。

2019 年 10 月 23 日市场监管总局发布了《实施强制管理的计量器具目录的公告》（市场监管总局公告 2019 年第 48 号）。公告指出：为深化"放管服"改革，进一步优化营商环境，市场监管总局组织对依法管理的计量器具目录（型式批准部分）、进口计量器具型式审查目录、强制检定的工作计量器具目录进行了调整，制定了《实施强制管理的计量器具目录》，现予以发布。自本公告发布之日起，《中华人民共和国依法管理的计量器具目录（型式批准部分）》（质检总局公告 2005 年第 145 号）、《中华人民共和国进口计量器具型式审查目录》（质检总局公告 2006 年第 5 号）、《中华人民共和国强制检定的工作计量器具明细目录》（国家计量局〔1987〕量局法字第 188 号）、《关于调整〈中华人民共和国强制检定的工作计量器具目录〉的通知》（质技监局政发〔1999〕15 号）、《关于调整〈中华人民共和国强制检定的工作计量器具目录〉的通知》（国质检量〔2001〕162 号）、《关于将汽车里程表从〈中华人民共和国强制检定的工作计量器具目录〉取消的通知》（国质检法〔2002〕386 号）、《关于颁发〈强制检定的工作计量器具实施检定的有关规定〉(试行)的通知》（技监局量发〔1991〕374 号）废止。

2020 年 10 月 26 日市场监管总局发布了《关于调整实施强制管理的计量器具目录的公告》。该公告指出：为持续优化营商环境，深入落实"放管服"改革举措，市场监管总局决定调整实施强制管理的计量器具目录。

该公告规定：列入《实施强制管理的计量器具目录》且监管方式为"型式批准"和"型式批准、强制检定"的计量器具，应办理型式批准或者进口计量器具型式批准；其他计量器具不再办理型式批准或者进口计量器具型式批准；列入《实施强制管理的计量器具目录》且监管方式为"强制检定"和"型式批准、强制检定"的工作计量器具，使用中应接受强制检定，其他工作计量器具不再实行强制检定，使用者可自行选择非强制检定或者校准的方式，保证量值准确。

2. 强制检定的方式

《关于调整实施强制管理的计量器具目录的公告》还规定：根据强制检定的工作计量器具的结构特点和使用状况，强制检定采取以下两种方式：

（1）只做首次强制检定。按实施方式分为：只做首次强制检定，失准报废；只做首次强制检定，限期使用，到期轮换。

（2）进行周期检定。强制检定的工作计量器具的检定周期，由相应的检定规程确定。凡计量检定规程规定的检定周期做了修订的，应以修订后的检定规程为准。

3. 强制检定的主要特点

（1）县级以上人民政府计量行政部门对本行政区域内的强制检定工作统一实施监督管理，并按照经济合理、就地就近原则，指定所属法定计量检定机构或授权的计量技术机构执行强制检定任务。

（2）固定检定关系，定点送检。属于强制检定的工作计量器具，由当地县（市）级人民政府计量行政部门安排，由指定的计量检定机构进行检定。人民政府计量行政部门之间可以协商跨地区委托检定。属于强制检定的计量标准，由主持考核的有关人民政府计量行政部门安排，由指定的计量检定机构进行检定。

（3）使用强制检定计量器具的单位，应按规定登记造册，向当地人民政府计量行政部门备案，并向指定的计量检定机构申请强制检定。

（4）承担强制检定的计量检定机构，要按照计量检定规程所规定的检定周期，安排好周期检定计划，实施强制检定。

（5）县级以上人民政府计量行政部门对强制检定的实施情况，应经常进行监督检查；未按规定向人民政府计量行政部门指定的计量检定机构申请周期检定的，要追究法律责任，责令其停止使用，并可处罚款。

【案例 1 - 3】　某企业通过当地县计量行政部门申请计量授权项目的考核，取得了计量授权证书，计量行政部门授权其对本单位内部使用的 3 项强制检定工作计量器具执行强制检定。最近，该企业根据生产的需要，新增加了 2 项本单位最高计量标准，在取得了相应的计量检定证书和计量标准考核证书后，就对其内部使用的另外两个项目的强制检定工作计量器具实施了强制检定。请问：一个单位被授权对内部使用的强制检定工作计量器具执行强制检定，授权范围外的新建计量标准在取得了计量检定证书和计量标准考核证书后是否可以开展强制检定工作？

【案例分析】　《计量授权管理办法》第十二条规定："被授权单位必须按照授权范围开展工作，需新增计量授权项目，应按照本办法的有关规定，申请新增项目的授权。"所以上述做法不符合《计量授权管理办法》第十二条的规定。一个单位的最高计量标准考核和申请计量授权考核是两个不同性质的考核。在考核程序和要求上是有所不同的。不能用单位的最高计量标准考核代替计量授权考核。被授权单位必须按照授权范围开展工作，需新增计量授权项目，应按照《计量授权管理办法》的有关规定，申请新增项目的授权。

（三）非强制检定计量器具的管理和实施

对属于非强制检定的计量标准器具和工作计量器具，《计量法》第九条规定："使用单位应当自行定期检定或者送其他计量检定机构检定。"

《计量法实施细则》第十二条明确规定："企业、事业单位应当配备与生产、科研、经营管理相适应的计量检测设施，制定具体的检定管理办法和规章制度，规定本单位管理的计量器具明细目录及相应的检定周期，保证使用的非强制检定的计量器具定期检定。"本单位不能检定的，送有权对社会开展量值传递工作的其他计量检定机构进行检定。

1999 年 3 月 19 日国家质量技术监督局发布了《关于企业使用的非强检计量器具由企业依法自主管理的公告》（1999 年第 6 号）。在公告中规定："非强制检定计量器具的检定周期，由企业根据计量器具的实际使用情况，本着科学、经济和量值准确的原则自行确定。"有关非强制检定的计量器具的检定方式，公告规定："非强制检定计量器具的检定方式，由企业根据生产和科研的需要，可以自行决定在本单位检定或者送其他计量检定机构检定、测试，任何单位不得干涉。"

根据 2020 年 10 月 26 日市场监管总局发布《关于调整实施强制管理的计量器具目录的公告》（市场监管总局公告 2020 年第 42 号）的有关规定，未列入《实施强制管理的计量器具目录》的工作计量器具或列入《实施强制管理的计量器具目录》，但监管方式不为"强制检定"和"型式批准、强制检定"的工作计量器具，使用者可自行选择非强制检定或者校准的方式，保证量值准确。

【案例 1 - 4】　某个企业有 10 台天平，其中 2 台用于进厂原料分析检测、4 台用于工艺过程检测、2 台用于产品出厂检验、2 台用于环境监测。企业在安排周期检定计划时，出现了 3 种观点。第一种观点认为：用于原料分析检测、产品出厂检验和环境监测的 6 台天平需要申请强制检定，用于工艺过程检测的安排周期检定；第二种观点认为：用于环境监测的 2 台天平需要申请强制检定，用于进厂原料分析检测和产品出厂检验的 4 台需要按计量检定规程规定周期实施检定,用于工艺过程检测的 4 台可以不安排检定;第三种观点认为:用于环境监测的 2 台天平需要申请强制检定,其他的天平应该根据实际使用情况,合理确定检定周期,并选择适当的方式进行非强制检定。请问:企业应该如何区分强制检定和非强制检定的计量器具?属于非强制检定的计量器具企业应如何实施计量检定?

【案例分析】《计量法》第九条规定:"县级以上人民政府计量行政部门对社会公用计量标准器具,部门和企业、事业单位使用的最高计量标准器具,以及用于贸易结算、安全防护、医疗卫生、环境监测方面的列入强制检定目录的工作计量器具,实行强制检定。"1999 年 3 月 19 日国家质量技术监督局《关于企业使用的非强制检定计量器具由企业依法自主管理的公告》(国家质量技术监督局公告 1999 年第 6 号)中规定:"非强制检定计量器具的检定周期,由企业根据计量器具的实际使用情况,本着科学、经济和量值准确的原则自行确定。非强制检定计量器具的检定方式,由企业根据生产和科研的需要,可以自行决定在本单位检定或者送其他计量检定机构检定、测试,任何单位不得干涉。"所以,上述第一种、第二种观点不符合《计量法》第九条实施强制检定范围的规定,第三种观点是正确的。因为只有用于环境监测的 2 台天平是用于环境监测并列入《实施强制管理的计量器具目录》的工作计量器具,其他均属于非强制检定计量器具。非强制检定的计量器具也是应该检定的,不过其检定周期和检定方式可以由企业自行确定。

(四) 计量仲裁检定的实施和管理

《计量法》第二十一条规定:"处理因计量器具准确度所引起的纠纷,以国家计量基准器具或者社会公用计量标准器具检定的数据为准。"因计量器具准确度所引起的纠纷,即计量纠纷。由县级以上人民政府计量行政部门用计量基准或者社会公用计量标准所进行的以裁决为目的的计量检定、测试活动,统称为仲裁检定。以计量基准或者社会公用计量标准检定的数据作为处理计量纠纷的依据,具有法律效力。

按照《计量法》第二十一条规定,处理因计量器具准确度所引起的纠纷,以国家计量基准器具或者社会公用计量标准器具检定的数据为准。这就是说,当计量纠纷的双方在相互协商不能解决的情况下,或双方对数据争执不下时,最终应以国家计量基准或社会公用计量标准器具检定的数据来判定。因为法律规定计量基准是统一全国量值的最高依据,社会公用计量标准对纠纷双方来说,具有公正地位。计量基准和社会公用计量标准出具的数据,具有不可置疑的权威性和公正性。这是由计量基准和社会公用计量标准的特殊地位所决定的。

仲裁检定的实施和管理应按《仲裁检定和计量调解办法》的规定进行,应履行以下程序:

(1) 申请仲裁检定应向所在地的县(市)级人民政府计量行政部门递交仲裁检定申请书;属有关机关或单位委托的,应出具仲裁检定委托书。

(2) 接受仲裁检定申请或委托的人民政府计量行政部门,应在接受申请后 7 日内发出进行仲裁检定的通知。纠纷双方在接到通知后,应对与计量纠纷有关的计量器具实行保全措施,不允许以任何理由破坏其原始状态。

(3) 仲裁检定由县级以上人民政府计量行政部门指定有关计量检定机构进行。进行仲裁检定时应有纠纷双方当事人在场,无正当理由拒不到场的,可以缺席进行。

(4) 承接仲裁检定的有关计量检定机构,应在规定的期限内完成检定、测试任务,并对仲裁检定结果出具仲裁检定证书。受理仲裁检定的人民政府计量行政部门对仲裁检定证书审核后,通知当事人或委托单位。当一方或双方在收到通知书之日起 15 日内不提出异议,仲裁检定证书生效,具有法律效力。

(5) 当事人一方或双方如对一次仲裁检定不服时,可在接到仲裁检定通知书之日起 15 日内向上一级人民政府计量行政部门申请二次仲裁检定,也就是终局仲裁检定。我国仲裁检定实行二级终裁制,目的是保证检定数据更加准确无误,上级计量检定机构复检一次,充分体现执法的严肃性。

（6）承办仲裁检定工作的工作人员,有可能影响检定数据公正的,必须自行回避。

（五）计量检定印、证的管理

《计量检定印、证管理办法》第二条规定:"凡法定计量检定机构执行检定任务和县级以上人民政府计量行政部门授权的有关技术机构执行规定的检定任务,出具检定证或加盖检定印,均需遵守本办法。"计量器具经检定机构检定后出具的检定印、证,是评定计量器具的性能和质量是否符合法定要求的技术判断,是评定该计量器具检定结果的法定结论,是整个检定过程中不可缺少的重要环节。经计量基准、社会公用计量标准检定出具的检定印、证,是一种具有权威性和法制性的标记或证明,在调解、审理、仲裁计量纠纷时,可作为法律依据,具有法律效力。

1. 计量检定印、证的种类

计量检定印、证包括:

（1）检定证书:以证书形式证明计量器具已经过检定,符合法定要求的文件。

（2）检定结果通知书(又称检定不合格通知书):证明计量器具不符合有关法定要求的文件。

（3）检定合格证:证明检定合格的证件。

（4）检定合格印:证明计量器具经过检定合格而在计量器具上加盖的印记。例如,在计量器具上加盖检定合格印(錾印、喷印、钳印、漆封印)或粘贴合格标签。

（5）注销印:经检定不合格,注销原检定合格的印记。

2. 计量检定印、证的管理

计量检定印、证的管理,必须符合《计量检定印、证管理办法》及有关国家计量检定规程和规章制度的规定。计量器具的检定结论不同,使用的检定印、证也不同。

（1）计量器具经检定合格的,由检定单位按照计量检定规程的规定,出具检定证书、检定合格证或加盖检定合格印。

（2）计量器具经周期检定不合格的,由检定单位出具检定结果通知书(或检定不合格通知书),或注销原检定合格印、证。

（3）检定证书或检定结果通知书必须字迹清楚,数据无误,内容完整,有检定、核验、主管人员签字,并加盖检定单位印章。

（4）计量检定印、证应有专人保管,并建立使用管理制度。检定合格印应清晰完整。残缺、磨损的检定合格印,应立即停止使用。

（5）对伪造、盗用、倒卖强制检定印、证的,没收其非法检定印、证和全部违法所得,可并处罚款;构成犯罪的,依法追究刑事责任。

（六）计量检定和校准人员的管理

计量检定和校准人员在保证量值准确可靠工作中发挥着重要的作用。计量检定和校准的效果如何,很大程度上取决于计量检定和校准人员的能力和水平。因此计量检定和校准人员的能力和水平对于计量技术机构是至关重要的。

我国有关计量的法律、法规也对计量检定和校准人员能力做出了规定,例如,《计量法》第二十条规定,执行强制检定和其他检定、测试任务的人员,必须经考核合格;《计量标准考核办法》第六条规定,建标单位应当为每项计量标准配备至少两名具有相应能力,并满足有关计量法律、法规要求的计量检定或校准人员。

计量检定和校准人员所从事的计量检定和校准工作是一项法制性和技术性非常强的工作,尤其是法定计量检定机构的计量检定和校准人员,不仅要承担计量检定和校准任务,还要接受人民政府计量行政部门的委托,承担为计量执法提供计量技术保证的任务,因此计量检定和校准人员应全面掌握与所从事的计量检定以及校准有关的专业技术知识和操作技能,而且应全面掌握有关的计量法律、法规知识,并认真遵守有关计量法制管理的要求。

为加强对计量检定和校准人员的管理,做好原计量检定员与注册计量师两种管理制度的衔接,以提高计量检定和校准人员的素质,保障全国量值传递准确可靠,将注册计量师纳入国家职业资格目录。

(七) 注册计量师的管理

1. 注册计量师制度的有关文件

注册计量师,是指经考试取得相应级别注册计量师职业资格证书,并依法注册后,从事规定范围的计量技术工作的专业技术人员。注册计量师应根据国家法律、法规的规定,开展相应专业的执业活动。

2006 年 4 月 26 日,中华人民共和国人事部和质检总局联合发布了《注册计量师制度暂行规定》《注册计量师资格考试实施办法》和《注册计量师资格考核认定办法》。根据《注册计量师制度暂行规定》的要求,国家对从事计量技术工作的专业技术人员实行职业准入制度,并纳入全国专业技术人员职业资格证书制度统一规划。

2019 年 10 月市场监管总局和中华人民共和国人力资源和社会保障部(以下简称人力资源社会保障部)为加强对计量专业技术人员的职业准入管理,进一步规范注册计量师管理权责,促进注册计量师队伍建设和发展,发布了《注册计量师职业资格制度规定》《注册计量师职业资格考试实施办法》。

2022 年 2 月 23 日,市场监管总局 2022 年第 6 号公告发布《注册计量师注册管理规定》。

2. 建立注册计量师职业资格制度的目的和依据

建立注册计量师职业资格制度是为了加强计量专业技术人员管理,提高计量专业技术人员素质,保障全国量值传递的准确可靠。注册计量师职业资格制度是根据《计量法》《计量法实施细则》和国家职业资格制度有关规定建立的。

3. 注册计量师职业资格制度的适用范围

(1) 注册计量师职业资格制度规定适用于从事计量检定、校准、检验、测试等计量技术工作(以下简称计量技术工作)的专业技术人员。

(2) 国家设置注册计量师准入类职业资格制度,纳入国家职业资格目录。

法定计量检定机构和市场监管部门授权技术机构中执行计量检定任务的专业技术人员,依据计量法律、法规有关规定,需经考试取得相应级别注册计量师职业资格证书并注册后,方可从事规定范围内的计量技术工作。

(3) 其他从事计量技术工作的专业技术人员,可根据需要取得注册计量师职业资格证书,作为具有相应能力的证明。

(4) 注册计量师分为一级注册计量师和二级注册计量师。

4. 注册计量师职业资格管理体制

(1) 由市场监管总局、人力资源社会保障部共同制定注册计量师职业资格制度,并按照职责分工对该制度的实施进行指导、监督和检查。

(2) 各省、自治区、直辖市市场监管部门和人力资源社会保障部门,按照职责分工负责本行政区域内注册计量师职业资格制度的实施与监管。

5. 注册计量师职业资格考试

(1) 注册计量师职业资格实行全国统一大纲、统一命题、统一组织的考试制度,原则上每年举行一次。

（2）市场监管总局负责拟定注册计量师职业资格考试科目和考试大纲，组织命题、审题和主观题阅卷工作，并提出考试合格标准建议。

（3）人力资源社会保障部负责审定注册计量师职业资格考试科目和考试大纲，组织实施注册计量师职业资格考试考务工作，会同市场监管总局确定合格标准，对考试工作进行指导、监督、检查。

（4）凡遵守中华人民共和国宪法、法律、法规，恪守职业道德，诚实守信，从事计量技术工作，符合注册计量师职业资格考试报名条件的中华人民共和国公民，均可申请参加相应级别注册计量师的考试。香港、澳门、台湾居民和外籍人员按照国家有关规定执行。

（5）一级注册计量师职业资格考试报名条件：

① 取得理学或工学门类专业大学专科学历，从事计量技术工作满 4 年；

② 取得理学或工学门类专业大学本科学历，从事计量技术工作满 3 年；

③ 取得理学或工学门类专业双学士学位或研究生班毕业，从事计量技术工作满 2 年；

④ 取得理学或工学门类专业硕士及以上学位，从事计量技术工作满 1 年；

⑤ 取得其他学科门类专业相应学历、学位的人员，其从事计量技术工作的最低年限相应增加 1 年。

（6）二级注册计量师职业资格考试报名条件：取得中专及以上学历或学位，从事计量技术工作满 1 年。

（7）注册计量师资格考试科目

一级注册计量师职业资格考试设《计量法律法规及综合知识》《测量数据处理与计量专业实务》《计量专业案例分析》3 个科目。参加一级注册计量师职业资格考试的人员，在连续 3 个考试年度内，参加各科目考试并合格，方可取得一级注册计量师职业资格证书；已取得工程系列或自然科学研究系列高级职称的人员，参加一级注册计量师职业资格考试时，可免试《计量法律法规及综合知识》科目，只参加《测量数据处理与计量专业实务》《计量专业案例分析》科目考试。免试科目的人员须在连续 2 个考试年度内通过应试科目，方可取得一级注册计量师职业资格证书。

二级注册计量师职业资格考试设《计量法律法规及综合知识》《计量专业实务与案例分析》2 个科目。参加二级注册计量师职业资格考试的人员，在连续 2 个考试年度内，参加各科目考试并合格，方可取得二级注册计量师职业资格证书。取得原各级质量技术监督部门颁发的计量检定员证的人员，参加二级注册计量师职业资格考试时，可免试《计量专业实务与案例分析》科目，只参加《计量法律法规及综合知识》科目考试。免试科目的人员须在 1 个考试年度内通过应试科目，方可取得二级注册计量师职业资格证书。

（8）注册计量师职业资格考试合格，由各省、自治区、直辖市人力资源社会保障部门颁发相应级别注册计量师职业资格证书。该证书由人力资源社会保障部统一印制，市场监管总局与人力资源社会保障部共同用印，在全国范围内有效。

（9）以不正当手段取得注册计量师职业资格证书的，按照专业技术人员资格考试违纪违规行为处理规定进行处理。

6. 注册计量师注册

2022 年 2 月 23 日，市场监管总局发布《注册计量师注册管理规定》（市场监管总局公告 2022 年第 6 号），从 2022 年 5 月 1 日起实施。

（1）注册范围

依法设置的计量检定机构和市场监管部门授权技术机构中执行计量检定任务的专业技术人员，依据计量法律、法规有关规定，需经考试取得相应级别注册计量师职业资格证书并注册后，方可从事规定范围内的计量技术工作。

（2）注册管理

市场监管总局统一负责全国注册计量师注册管理工作。各省、自治区、直辖市和新疆生产建设兵团市场监管部门（以下简称省级市场监管部门）负责本行政区域内的注册计量师注册管理工作。

省级市场监管部门为一级注册计量师、二级注册计量师的注册机关。

（3）注册条件

取得注册计量师职业资格证书的人员，申请初始注册应当具备下列条件：

① 取得所申请注册执业的计量专业项目考核合格证（原各级质量技术监督部门颁发计量检定员证中核准的专业项目可视同计量专业项目考核合格证）；

② 受聘于依法设置的计量检定机构或市场监管部门授权技术机构（以下简称执业单位）。

（4）注册申请

申请人申请注册，可向执业单位所在地的省级市场监管部门提出注册申请，也可通过执业单位统一提出注册申请。初始注册需要提交以下材料：

①《注册计量师初始注册申请审批表》；

② 注册计量师职业资格证书（包括电子证书）及复印件；

③ 计量专业项目考核合格证或原各级质量技术监督部门颁发的计量检定员证及复印件。

省级市场监管部门收到注册申请材料后，应当对其进行形式审查。申请材料不齐全或者不符合法定形式的，应当当场或者在 5 个工作日内，一次告知申请人或代理人需要补正的全部内容。申请材料齐全、符合法定形式的，应当受理其注册申请。

省级市场监管部门受理或者不予受理注册申请，应当向申请人出具加盖本单位专用印章和注明日期的凭证。

（5）注册审批

省级市场监管部门应当自受理申请材料之日起 20 个工作日内做出准予或不予注册的决定。20 个工作日不能做出决定的，经省级市场监管部门负责人批准，可以延长 10 个工作日，并应当将延长期限的理由告知申请人。

省级市场监管部门做出准予注册决定的，应当自做出决定之日起 10 个工作日内向申请人颁发注册计量师注册证。注册计量师注册证有效期为 5 年。

省级市场监管部门做出不予注册决定的，应当自做出决定之日起 10 个工作日内书面通知申请人。书面通知中应当说明不予注册的理由，并告知申请人享有依法申请行政复议或者提起行政诉讼的权利。

（6）延续注册

注册计量师注册有效期届满需继续执业的，应当在届满 60 个工作日前，向执业单位所在地的省级市场监管部门提出延续注册申请。延续注册需提交《注册计量师延续注册申请审批表》、注册计量师注册证及复印件。

延续注册的受理和批准程序同初始注册。

（7）变更注册

在注册计量师注册证有效期内，注册计量师执业单位或者计量专业类别发生变化的，应当向执业单位所在地的省级市场监管部门提出变更注册申请。

变更注册申请需要提交《注册计量师变更注册申请审批表》、注册计量师注册证及复印件。申请新增计量专业类别的，还应当提交相应的计量专业项目考核合格证或原各级质量技术监督部门颁发的计量检定员证及复印件。申请执业单位更名的，应当提交执业单位更名的相关文件及复印件。

申请变更执业单位的，应当与原执业单位解除聘用关系，并被新的执业单位正式聘用。

变更注册后，注册计量师注册证有效期仍延续原注册有效期。原注册有效期届满在 6 个月以内的,可以同时提出延续注册申请。准予延续的,注册有效期重新计算。

变更注册的受理和批准程序同初始注册。

7. 计量专业项目考核

(1) 组织考核

省级市场监管部门负责本行政区域内的计量专业项目考核,可指定具有相应能力的单位组织考核,也可由注册计量师执业单位自行组织考核。

组织计量专业项目考核的单位(以下简称组织考核单位)应当建立相关管理制度,制定考核工作程序,在规定的时限内完成考核任务。

(2) 考核申请

申请计量专业项目考核的人员,应当通过执业单位向组织考核单位提出申请,并提交《计量专业项目考核申请表》。

(3) 考核要求

计量专业项目考核包括计量专业项目操作技能考核及计量专业项目知识考核。

计量专业项目操作技能考核主要包括相应计量器具检定全过程的实际操作、计量检定结果的数据处理和计量检定证书的出具等。

计量专业项目知识考核主要包括计量专业基础知识、相应计量专业项目的计量技术规范、相应计量标准的工作原理以及使用维护知识等。

计量专业项目操作技能考核和计量专业项目知识考核分别按百分制评分,其中计量专业项目操作技能考核70分为及格,计量专业项目知识考核60分为及格。

组织考核单位对计量专业项目考核合格的申请人签发计量专业项目考核合格证,并保留考核档案材料。

8. 注册计量师执业

(1) 注册计量师应当依据国家计量法律、法规的规定,在工作单位计量技术工作资质规定的业务范围内,开展相应的执业活动。

(2) 一级注册计量师执业范围:开展计量标准器具和工作计量器具的检定、校准以及其他计量技术工作,出具计量技术报告或相关证书,指导和培训本专业其他计量技术人员开展量值传递工作。

(3) 二级注册计量师执业范围:开展计量标准器具的检定和工作计量器具的检定、校准以及其他计量技术工作,出具计量技术报告或相关证书。

(4) 一级注册计量师应当具备以下能力:

① 有丰富的计量技术工作经验,熟悉国家计量法律、法规、规章及相关法律规定,熟练运用计量基本知识,进行测量不确定度分析与评定;

② 熟悉本专业计量技术,了解国际相关标准或技术规范,以及计量技术发展前沿情况,具有计量技术课题研究能力和解决本领域复杂、疑难技术问题的能力;

③ 熟练掌握本领域计量技术规范,具有建立、使用和维护相关计量基准、计量标准,开展量值传递以及出具计量技术报告或相关证书的能力,能够指导本专业二级注册计量师开展量值传递工作。

(5) 二级注册计量师应当具备以下能力:

① 有一定的计量技术工作经验,熟悉国家计量法律、法规、规章及相关法律规定,掌握计量基础知识,具有正确使用和表述测量不确定度的能力;

② 熟悉本专业计量技术,熟练掌握本领域计量技术规范,具有建立、使用和维护相关计量标准,开展量值传递以及出具计量技术报告或相关证书的能力。

(6) 因注册计量师出具的计量技术报告或相关证书不符合国家有关法律、法规、规章和技术规范要求,给用户造成经济损失的,按照有关法律、法规进行处理。

（7）注册计量师应当按照国家专业技术人员继续教育的有关规定接受继续教育,更新专业知识,提高业务水平。

9. 权利与义务

（1）注册计量师享有下列权利：

① 使用相应级别注册计量师称谓；

② 在注册的工作单位和规定范围内依法从事计量技术工作,履行岗位职责；

③ 参加继续教育；

④ 获得相应的劳动报酬；

⑤ 在相关计量技术工作文件上签字；

⑥ 对侵犯本人权利的行为进行申诉。

（2）注册计量师应当履行下列义务：

① 遵守法律、法规和有关管理规定,恪守职业道德；

② 执行计量法律、法规、规章及有关技术规范；

③ 保证计量技术工作的真实、可靠,以及原始数据和有关技术资料的准确、真实、完整,并承担相应责任；

④ 保守在计量技术工作中知悉的国家秘密和他人的技术或商业秘密。

10. 职业资格与职称的关系

专业技术人员取得一级注册计量师职业资格,可认定其具备工程师职称；取得二级注册计量师职业资格,可按照工程技术人员职称制度有关要求,认定其具备助理工程师或技术员职称。专业技术人员取得注册计量师职业资格,可作为申报高一级职称的条件。

八、计量器具产品的法制管理

纳入法制管理的计量器具,是指列入 2020 年 10 月 26 日市场监管总局发布的《实施强制管理的计量器具目录》中,且监管方式为"型式批准"和"型式批准、强制检定"的计量器具。纳入法制管理的计量器具产品应办理型式批准或者进口计量器具型式批准；其他计量器具不再办理型式批准或者进口计量器具型式批准。

（一）计量器具新产品管理

《计量法》第十三条规定："制造计量器具的企业、事业单位生产本单位未生产过的计量器具新产品,必须经省级以上人民政府计量行政部门对其样品的计量性能考核合格,方可投入生产。"1987 年 7 月 10 日计量局发布了《计量器具新产品管理办法》,2005 年 5 月 20 日质检总局发布了经修订的《计量器具新产品管理办法》（质检总局令第 74 号）,对计量器具新产品的管理做出了具体的规定。

1. 计量器具新产品的概念

计量器具新产品是指本单位从未生产过的计量器具,包括对原有产品在结构、材质等方面做了重大改进导致性能、技术特征发生变更的计量器具。

在中华人民共和国境内,任何单位或个体工商户制造以销售为目的的计量器具新产品必须遵守《计量器具新产品管理办法》。

2. 计量器具新产品的型式批准

凡制造计量器具新产品,必须申请型式批准。型式批准是根据型式评价报告所做出的符合法律规定的决定,确定该计量器具的型式符合相关的法定要求并适用于规定领域,以期它能在规定的期间内提供可靠的测量结果。型式评价是根据文件要求对计量器具指定型式的一个或多个样品性能所进行的系统检查和试验,并将其结果写入型式评价报告中,以确定是否可对该型式予以批准。型式评价有时也称定型鉴定。

【案例 1 - 5】　某计量器具生产企业对已经取得型式批准证书的产品进行了技术创新,扩大了测量范围,提高了测量准确度。为了满足用户的需要,该企业立即组织批量生产,并投放市场销售,取得了很好的经济效益。请问:已经生产的计量器具性能变更后是否需要履行型式批准手续?

【案例分析】《计量器具新产品管理办法》第二条规定:"计量器具新产品是指本单位从未生产过的计量器具,包括对原有产品在结构、材质等方面做了重大改进导致性能、技术特征发生变更的计量器具。"第四条规定:"凡制造计量器具新产品,必须申请型式批准。"所以,上述企业的做法不符合《计量器具新产品管理办法》第二条、第四条的规定。因为该生产企业通过技术创新,导致了原计量器具测量范围扩大、测量准确度提高,即计量器具的性能和技术特征发生了变更,因此必须申请型式批准。

3. 计量器具新产品的管理体制

市场监管总局负责统一监督管理全国的计量器具新产品型式批准工作。省级市场监管部门负责本地区的计量器具新产品型式批准工作。

列入市场监管总局重点管理目录的计量器具,型式评价由市场监管总局授权的技术机构进行;《实施强制管理的计量器具目录》中的其他计量器具的型式评价由市场监管总局或省级市场监管部门授权的技术机构进行。

(二) 进口计量器具的管理

1989 年 10 月 11 日经国务院批准,国家技术监督局发布了《中华人民共和国进口计量器具监督管理办法》。1996 年 6 月 24 日国家技术监督局发布了《中华人民共和国进口计量器具监督管理办法实施细则》。2015 年 8 月 25 日质检总局令第 166 号对其第一次修订,2018 年 3 月 6 日质检总局令第 196 号对其第二次修订,2020 年 10 月 23 日市场监管总局令第 31 号对其第三次修订。

1. 调整对象

任何单位和个人进口计量器具,以及外商或者其代理人在中国销售计量器具,必须遵守《中华人民共和国进口计量器具监督管理办法》和《中华人民共和国进口计量器具监督管理办法实施细则》的规定。

《中华人民共和国进口计量器具监督管理办法》和《中华人民共和国进口计量器具监督管理办法实施细则》中所称的外商含外国制造商、经销商,以及港、澳、台地区的制造商、经销商。《中华人民共和国进口计量器具监督管理办法》和《中华人民共和国进口计量器具监督管理办法实施细则》中所称的外商代理人含国内经销者。

2. 适用范围

对进口计量器具的监督管理范围是《中华人民共和国依法管理的计量器具目录》内的计量器具,其中必须办理型式批准的进口计量器具的范围是《实施强制管理的计量器具目录》内监管方式为"型式批准"和"型式批准、强制检定"的计量器具。

3. 管理体制

国务院计量行政部门对全国的进口计量器具实施统一监督管理。

县级以上地方人民政府计量行政部门对本行政区域内的进口计量器具依法实施监督管理。

各地区、各部门的机电产品进口管理机构和海关等部门在各自的职责范围内对进口计量器具实施管理。

4. 型式批准

凡进口或者在中国境内销售列入《实施强制管理的计量器具目录》,监管方式为"型式批准"和

"型式批准、强制检定"的计量器具,应当向国务院计量行政部门申请办理型式批准。未经型式批准的,不得进口或者销售。

型式批准包括计量法制审查和定型鉴定。

（1）型式批准的申请

进口计量器具的型式批准,由外商申请办理。

外商或者其代理人在中国境内销售进口的计量器具的型式批准,由外商或者其代理人申请办理。

（2）申请资料

外商或者其代理人向国务院计量行政部门申请型式批准,必须递交以下申请资料:

① 型式批准申请书;

② 计量器具样机照片;

③ 计量器具技术说明书(含中文说明)。

（3）资料审查

国务院计量行政部门对型式批准的申请资料在 15 日内完成计量法制审查,审查的主要内容为:

① 是否采用我国法定计量单位;

② 是否属于国务院明令禁止使用的计量器具;

③ 是否符合我国计量法律、法规的其他要求。

（4）定型鉴定

① 定型鉴定样机和技术资料

国务院计量行政部门在计量法制审查合格后,确定鉴定样机的规格和数量,委托技术机构进行定型鉴定,并通知外商或者其代理人在商定的时间内向该技术机构提供试验样机和下列技术资料:

——技术说明;

——总装图、主要结构图和电路图;

——技术标准文件和检验方法;

——样机试验报告;

——安全保证说明;

——使用说明书;

——提供检定和铅封的标志位置说明。

外商或者其代理人提供的定型鉴定所需要的样机,由海关在收取相当于税款的保证金后验放或者凭国务院计量行政部门的保函验放并免收关税。

承担定型鉴定的技术机构应当在海关限定的保证期限内将样机退还外商或者其代理人并监督办理退关手续。

② 定型鉴定的依据

定型鉴定应当按照鉴定大纲进行。鉴定大纲由承担定型鉴定的技术机构根据国家有关计量检定规程、计量技术规范或者参照国际法制计量组织的国际建议制定。

没有国家有关计量检定规程、计量技术规范或者国际法制计量组织(OIML)的国际建议的,可以按照合同的有关要求或者明示技术指标制定。

定型鉴定的主要内容包括:外观检查,计量性能考核以及安全性、环境适应性、可靠性或者寿命试验等项目。

定型鉴定应当在收到样机后 3 个月内完成,因特殊情况需要延长时间的,应当报国务院计量行政部门批准。

③ 定型鉴定结果处理

承担定型鉴定的技术机构应当在试验结束后将《定型鉴定结果通知书》《鉴定大纲》和《计量器具

定型注册表》，一式两份报国务院计量行政部门审核。

承担定型鉴定的技术机构应当保留完整的定型鉴定原始资料，保存期为 5 年。

（5）型式批准的决定

定型鉴定审核合格的，由国务院计量行政部门向申请办理型式批准的外商或者其代理人颁发中华人民共和国进口计量器具型式批准证书，并准予其在相应的计量器具产品上和包装上使用进口计量器具型式批准的标志和编号。

定型鉴定审核不合格的，由国务院计量行政部门提出书面意见并通知申请人。

（6）临时型式批准

有下列情况之一的，可以申请办理临时型式批准：

① 确属急需的；

② 销售量极少的；

③ 国内暂无定型鉴定能力的；

④ 展览会留购的；

⑤ 其他特殊需要的。

（7）法律责任

违反规定进口或者销售非法定计量单位的计量器具的，由县级以上人民政府计量行政部门依照《计量法实施细则》的规定处罚。

进口或者销售未经国务院计量行政部门型式批准的计量器具的，由县级以上人民政府计量行政部门依照《中华人民共和国进口计量器具监督管理办法》的规定处罚。

承担进口计量器具定型鉴定的技术机构及其工作人员，违反《计量法实施细则》的规定，给申请单位造成损失的，应当按照国家有关规定，赔偿申请单位的损失，并给予直接责任人员行政处分；构成犯罪的，依法追究其刑事责任。

九、商品量的计量监督管理和检验

加强对商品量的计量监督管理是世界各国政府法制计量工作的重要内容，也是我国当前计量工作的重要内容。1985 年颁布的《计量法》根据我国当时的经济转型期的具体情况，重点规范了计量器具的制造、修理、进口、销售和使用。随着我国社会主义市场经济的发展，利用计量器具进行计量作弊和故意克扣造成商品缺秤少量的情况时有发生。《计量法》对此虽有规定，但过于原则，操作性不强。为加强对商品量的计量监督管理，国家先后出台了《零售商品称重计量监督管理办法》《定量包装商品计量监督管理办法》《商品量计量违法行为处罚规定》等规章，以及国家计量技术规范 JJF 1070—2005《定量包装商品净含量计量检验规则》等系列规范，为我国加强对商品量和定量包装商品生产企业的管理提供了依据。

（一）零售商品称重计量监督管理

对零售商品称重计量监督管理的依据是《零售商品称重计量监督管理办法》，该办法于 2004 年 8 月 10 日质检总局、工商总局令第 66 号发布，2020 年 10 月 23 日市场监管总局令第 31 号对其进行了修订。《零售商品称重计量监督管理办法》对零售商品称重计量监督管理的对象、要求、核称商品的方法和法律责任等做出了明确的规定。

1. 管理对象

零售商品称重计量监督管理的对象主要是以重量结算的食品、金银饰品。

2. 管理要求

（1）零售商品经销者销售商品时，必须使用合格的计量器具，其最大允许误差应当优于或等于所销售商品的负偏差。

（2）零售商品经销者使用称重计量器具当场称量商品，必须按照称重计量器具的实际示值结算，保证商品量计量合格。

（3）零售商品经销者使用称重计量器具每次当场称重商品，在规定的称重范围内，经核称商品的实际重量值与结算重量值之差不得超过规定的负偏差。

3. 核称商品的方法

零售商品经销者和计量监督人员可以按照如下方法核称商品。

（1）原计量器具核称法

直接核称商品，商品的核称重量值与结算（标称）重量值之差不应超过商品的负偏差，并且称重与核称重量值等量的最大允许误差优于或等于所经销商品的负偏差三分之一的砝码，砝码示值与商品核称重量值之差不应超过商品的负偏差。

（2）高准确度称重计量器具核称法

用最大允许误差优于或等于所经销商品的负偏差三分之一的计量器具直接核称商品，商品的实际重量值与结算（标称）重量值之差不应超过商品的负偏差。

（3）等准确度称重计量器具核称法

用另一台最大允许误差优于或等于所经销商品的负偏差的计量器具直接核称商品，商品的核称重量值与结算（标称）重量值之差不应超过商品的负偏差的 2 倍。

4. 法律责任

零售商品经销者违反管理办法的有关规定的，县级以上地方市场监管部门可以依照《计量法》《消费者权益保护法》等有关法律、法规或者规章给予行政处罚。

（二）定量包装商品计量监督管理

《定量包装商品计量监督管理办法》对定量包装商品计量监督管理的范围、管理体制、基本要求、净含量标注要求、净含量计量要求、计量监督管理措施、计量保证能力评价和法律责任等内容做出了明确的规定。

1. 管理范围

定量包装商品计量监督管理的对象是以销售为目的，在一定量限范围内具有统一的质量、体积、长度、面积、计数标注等标识内容的预包装商品。在中华人民共和国境内，生产、销售定量包装商品，以及对定量包装商品实施计量监督管理，应当遵守《定量包装商品计量监督管理办法》。

2. 管理体制

市场监管总局对全国定量包装商品的计量工作实施统一监督管理。

县级以上地方市场监管部门对本行政区域内定量包装商品的计量工作实施监督管理。

3. 基本要求

定量包装商品的生产者、销售者应当加强计量管理，配备与其生产定量包装商品相适应的计量检测设备，保证生产、销售的定量包装商品符合《定量包装商品计量监督管理办法》的规定。

4. 净含量标注要求

（1）定量包装商品的生产者、销售者应当在其商品包装的显著位置正确、清晰地标注定量包装商品的净含量。

净含量的标注由"净含量"（中文）、数字和法定计量单位（或者用中文表示的计数单位）3 个部分组成。法定计量单位的选择应当符合《定量包装商品计量监督管理办法》的规定。以长度、面积、计数单位标注净含量的定量包装商品,可以免于标注"净含量"3个中文字,只标注数字和法定计量单位(或者用中文表示的计数单位)。

(2) 定量包装商品净含量标注字符的最小高度应当符合《定量包装商品计量监督管理办法》的规定。

(3) 同一包装内含有多件同种定量包装商品的,应当标注单件定量包装商品的净含量和总件数,或者标注总净含量;同一包装内含有多件不同种定量包装商品的,应当标注各种不同种定量包装商品的单件净含量和各种不同种定量包装商品的件数,或者分别标注各种不同种定量包装商品的总净含量。

【案例1-6】 在对一个超市的定量包装商品的计量监督检查中,发现有6种定量包装商品净含量的标注分别为:A. 含量:500克;B. 净含量:500 g;C. 净含量:500 ml;D. 净含量:50 L;E. 净含量:5 Kg;F. 净含量:100厘米。请指出错误的标注。

【案例分析】 《定量包装商品计量监督管理办法》第五条规定:定量包装商品净含量的标注由"净含量"(中文)、数字和法定计量单位(或者用中文表示的计数单位)3个部分组成。"净含量"不应用"含量"代替,法定计量单位应正确书写,所以在上述6种净含量标注中A,C,E,F四种标注不符合《定量包装商品计量监督管理办法》第五条的规定,是错误的。正确的标注为:A. 净含量:500克;C. 净含量:500 mL;E. 净含量:5 kg;F. 净含量:1米。

5. 净含量计量要求

(1) 单件定量包装商品的实际含量应当准确反映其标注净含量,标注净含量与实际含量之差不得大于《定量包装商品计量监督管理办法》规定的允许短缺量。

(2) 批量定量包装商品的平均实际含量应当大于或等于其标注净含量。用抽样的方法评定一个检验批的定量包装商品,应当按照《定量包装商品计量监督管理办法》的规定,进行抽样检验和计算。样本中单件定量包装商品的标注净含量与其实际含量之差大于允许短缺量的件数以及样本的平均实际含量应当符合《定量包装商品计量监督管理办法》的规定。

(3) 强制性国家标准、强制性行业标准对定量包装商品的允许短缺量以及法定计量单位的选择已有规定的,从其规定;没有规定的,按照《定量包装商品计量监督管理办法》执行。

(4) 对因水分变化等因素引起净含量变化较大的定量包装商品,生产者应当采取措施保证在规定条件下商品净含量的准确。

【案例1-7】 计量监督人员在对定量包装商品生产企业进行监督检查时,检查了定量包装商品的净含量标注,并抽样检查了单件定量包装商品的实际含量,没有发现违反《定量包装商品计量监督管理办法》的规定要求,所以评定该企业的定量包装商品符合计量要求。问题:对定量包装商品净含量的计量要求包括哪些方面?

【案例分析】 《定量包装商品计量监督管理办法》第八条规定:单件定量包装商品的实际含量应当准确反映其标注净含量,标注净含量与实际含量之差不得大于规定的允许短缺量。第九条规定:批量定量包装商品的平均实际含量应当大于或等于其标注净含量。用抽样的方法评定一个检验批的定量包装商品,应当按照办法规定进行抽样检验和计算。样本中单件定量包装商品的标注净含量与其实际含量之差大于允许短缺量的件数以及样本的平均实际含量应当符合办法的规定。所以,上述监督检查不符合《定量包装商品计量监督管理办法》第九条规定的要求,对定量包装商品净含量的监督检查应该包括单件定量包装商品的实际含量的检查和批量定量包装商品的平均实际含量的检查两个方面,只有两个方面都符合《定量包装商品计量监督管理办法》的规定,才能做出合格的结论。仅仅进行单件定量包装商品的实际含量的检查是不能做出合格与否的结论的。

6. 计量监督管理措施

(1)县级以上市场监管部门应当对生产、销售的定量包装商品进行计量监督检查。

市场监管部门进行计量监督检查时,应当充分考虑环境及水分变化等因素对定量包装商品净含量产生的影响。

(2)对定量包装商品实施计量监督检查进行的检验,应当由被授权的计量检定机构按照《定量包装商品净含量计量检验规则》进行。

检验定量包装商品,应当考虑储存和运输等环境条件可能引起的商品净含量的合理变化。

7. 法律责任

(1)生产、销售定量包装商品违反《定量包装商品计量监督管理办法》的有关规定,未正确、清晰地标注净含量的,责令改正;未标注净含量的,限期改正,逾期不改的,可处 1 000 元以下罚款。

(2)生产、销售的定量包装商品,经检验其实际含量违反上述办法的有关规定的,责令改正,可处检验批货值金额 3 倍以下,最高不超过 30 000 元的罚款。

十、计量法律责任

计量法律责任是指违反了计量法律、法规和规章的规定应当承担的法律后果。根据违法的情节及造成后果的程度不同,《计量法》规定的法律责任有 3 种。

(1)行政法律责任(包括行政处罚和行政处分)。如未经省、自治区、直辖市人民政府计量行政部门批准,进口国务院规定废除的非法定计量单位的计量器具和国务院禁止使用的其他计量器具的,责令其停止进口,没收进口计量器具和全部违法所得,可并处相当其违法所得 10%～50%的罚款。

(2)民事法律责任。当违法行为构成侵害他人权利,造成财产损失的,则要负民事责任。如使用不合格的计量器具或破坏计量器具准确度,给国家和消费者造成损失的,要责令赔偿损失。

(3)刑事法律责任。已构成犯罪,由司法机关处理的,属刑事法律责任。如制造、修理、销售以欺骗消费者为目的的计量器具,造成人身伤亡或重大财产损失的,伪造盗用、倒卖检定印、证的,要追究刑事责任。

《计量法》规定,对计量违法行为实施行政处罚,由县级以上地方人民政府计量行政部门决定。

行政处罚是由国家特定的行政机关给予有违法行为,尚不构成刑事犯罪的法人及公民的一种法律制裁。

按照《中华人民共和国行政处罚法》的规定,行政处罚的种类包括:

(1)警告;

(2)罚款;

(3)没收违法所得、没收非法财物;

(4)责令停产停业;

(5)暂扣或者吊销许可证、暂扣或者吊销执照;

(6)行政拘留;

(7)法律、行政法规规定的其他行政处罚。

《计量法》规定了 8 种行政处罚的形式:

(1)责令停止生产(对批量产品);

(2)停止制造(对计量器具新产品);

(3)停止销售;

(4)停止营业;

（5）停止使用；

（6）没收计量器具；

（7）没收违法所得；

（8）罚款。

《计量法实施细则》又补充规定了4种行政处罚形式：

（1）停止检验；

（2）停止出厂；

（3）停止进口；

（4）吊销营业执照。

《计量法实施细则》还规定了责令改正和封存两种行政强制措施。

习题及参考答案

一、习　题

（一）思考题

1. 计量立法的宗旨是什么？

2. 法定计量检定机构的基本职能是什么？

3. 计量授权有哪些类型？需要具备哪些条件？

4. 什么是社会公用计量标准？它的建立需要履行哪些法定的程序？

5. 什么是部门、企业、事业单位最高计量标准？如何实施管理？

6. 实施计量检定应遵循哪些原则？

7. 强制检定的范围是什么？强制检定的主要特点是什么？

8. 什么是仲裁检定？如何实施？

9. 什么是注册计量师职业资格制度？注册计量师有哪些权利和义务？

10. 注册计量师职业资格考试报名的条件是什么？

11. 注册计量师注册的条件是什么？

12. 对定量包装商品净含量的计量要求包括哪些内容？

13. 什么是计量器具新产品？实施管理的范围是什么？

14. 什么是进口计量器具？其依法管理的范围是什么？有哪几个主要管理环节？

15. 对计量违法行为实施行政处罚的种类包括哪些？

（二）选择题（单选）

1. 以下内容中不属于《计量法》调整范围的是_____。

A. 建立计量基准、计量标准　　　　B. 制造、修理计量器具

C. 进行计量检定　　　　　　　　　D. 使用教学用计量器具

2. 下列行为中，法定计量检定机构不得从事的是_____。

A. 按计量检定规程进行计量检定

B. 使用超过有效期的计量标准开展计量检定工作

C. 指派取得注册计量师职业资格证书并注册的人员开展计量检定工作

D. 开展授权的法定计量检定工作

3. 省级以上市场监管部门对法定计量检定机构的监督主要包括_____。

A.《法定计量检定机构监督管理办法》规定内容的执行情况

B.《法定计量检定机构考核规范》规定内容的执行情况

C. 定期或者不定期对所建计量基准、计量标准状况进行赋值比对

D. 以上全部

4. 统一全国量值的最高依据是_____。

A. 计量基准　　　　　　　　　　　B. 社会公用计量标准

C. 部门最高计量标准　　　　　　　D. 工作计量标准

5. 国家计量检定系统表由_____制定。

A. 省、自治区、直辖市人民政府计量行政部门　B. 国务院计量行政部门

C. 国务院有关主管部门　　　　　　D. 计量技术机构

6. 零售商品称重计量监督管理的对象主要是以重量结算的_____。

A. 食品、金银饰品　　　　　　　　B. 化妆品

C. 药品　　　　　　　　　　　　　D. 以上全部

7. 定量包装商品计量监督管理的对象是以销售为目的,在一定量限范围内具有统一的_____标注等标识内容的预包装商品。

A. 质量、体积、长度　　　　　　　B. 面积

C. 计数　　　　　　　　　　　　　D. 以上全部

(三)选择题(多选)

1. 计量立法的宗旨是_____。

A. 加强计量监督管理,保障计量单位制的统一和量值的准确可靠

B. 适应社会主义现代化建设的需要,维护国家、人民的利益

C. 只保障人民的健康和生命、财产的安全

D. 有利于生产、贸易和科学技术的发展

2. 国家法定计量检定机构应根据市场监管部门的授权履行下列职责_____。

A. 建立社会公用计量标准　　　　　B. 执行强制检定

C. 没收非法计量器具　　　　　　　D. 承办有关计量监督工作

3. 在处理计量纠纷时,以_____进行仲裁检定后的数据才能作为依据,并具有法律效力。

A. 计量基准　　　　　　　　　　　B. 社会公用计量标准

C. 部门最高计量标准　　　　　　　D. 工作计量标准

4. 计量检定规程可以由_____制定。

A. 国务院计量行政部门

B. 省、自治区、直辖市人民政府计量行政部门

C. 国务院有关主管部门

D. 法定计量检定机构

5. 需要强制检定的计量标准包括_____。

A. 社会公用计量标准　　　　　　　B. 部门最高计量标准

C. 企业、事业单位最高计量标准　　D. 工作计量标准

6. 申请注册计量师初始注册需要提交的材料至少包括下列文件中的_____。

A. 注册计量师职业资格证书及复印件

B.《注册计量师初始注册申请审批表》

C. 计量专业项目考核合格证明或原各级质量技术监督部门颁发的计量检定员证及复印件

D. 本人居民身份证

7. 注册计量师享有的权利包括_____。

A. 在规定范围内从事计量技术工作,履行相应岗位职责

B. 晋升高级职称

C. 接受继续教育

D. 获得与执业责任相应的劳动报酬

8. 注册计量师应当履行的义务包括_____。

A. 遵守法律、法规和有关管理规定,恪守职业道德

B. 执行计量法律、法规、规章及有关技术规范

C. 保守在计量技术工作中知悉的国家秘密和他人的技术或商业秘密

D. 保证计量技术工作的真实、可靠,以及原始数据和有关技术资料的准确、真实、完整,并承担相应的责任

9.《计量器具新产品管理办法》中,计量器具新产品是指_____。

A. 在中华人民共和国境内,任何单位或个体工商户制造的不以销售为目的的计量器具新产品

B. 对原有产品在外观上做了改动的计量器具

C. 制造计量器具的企业、事业单位从未生产过的计量器具

D. 对原有产品在结构、材质等方面做了重大改进导致性能、技术特征发生变更的计量器具

二、参考答案

(一)思考题(略)

(二)选择题(单选):1. D;　2. B;　3. D;　4. A;　5. B;　6. A;　7. D。

(三)选择题(多选):1. ABD;　2. ABD;　3. AB;　4. ABC;　5. ABC;　6. ABC;　7. ACD;　8. ABCD;　9. CD。

第二节　计量技术规范

一、计量技术规范的范围及其分类

(一) 计量技术规范的范围

1. 综述

计量技术规范是指国家计量检定系统表、计量检定规程、计量器具型式评价大纲、计量校准规范以及通用计量名词术语、测量不确定度评定等技术文件。它们是正确进行量值传递、量值溯源,确保计量基准、计量标准所测出的量值准确可靠,以及实施计量法制管理的重要手段和条件。

国家计量检定系统表是国家对量值传递的程序做出规定的法定性技术文件。《计量法》第十条规定:"计量检定必须按照国家计量检定系统表进行。国家计量检定系统表由国务院计量行政部门制定。"这就确立了检定系统表的法律地位。

国家计量检定系统表采用框图结合文字的形式,规定了国家计量基准的主要计量特性、从国家计量基准通过计量标准向工作计量器具进行量值传递的程序和方法、计量标准复现和保存量值的不确定度以及工作计量器具的最大允许误差等。

制定国家计量检定系统表的目的在于把实际用于测量工作的计量器具的量值和国家计量基准所复现的单位量值联系起来,以保证工作计量器具应具备的准确度。国家计量检定系统表所提供的检定途径应是科学、合理、经济的。

计量检定规程是为评定计量器具特性,规定了计量性能、法制计量控制要求、检定条件和检定方

法以及检定周期等内容,并对计量器具做出合格与否判定的计量技术规范。《计量法》第十条规定:"计量检定必须执行计量检定规程。国家计量检定规程由国务院计量行政部门制定。没有国家计量检定规程的,由国务院有关主管部门和省、自治区、直辖市人民政府计量行政部门分别制定部门计量检定规程和地方计量检定规程。"这就确立了计量检定规程的法律地位。

除《计量法》中规定的国家计量检定系统表、计量检定规程外,还有在计量工作中具有综合性、基础性并涉及计量管理的技术文件和用于计量校准、计量器具型式评价、商品量定量包装检验、用能产品能源效率标识计量检测等一系列计量技术文件。这些文件在科学计量发展、计量技术管理、实现溯源性等方面提供了统一的指导性的规范和方法,也是计量技术规范体系的组成部分。

2. 计量技术规范的发展和现状

建立和完善计量技术规范体系是实现单位制的统一和量值准确可靠的重要保障。尽管我国度量衡的发展已有几千年的历史,但直到 20 世纪 50 年代初中国还没有自己的检定规程,1953 年成立的一机部计量检定所也只是通过翻译苏联的检定规程开展有限的检定工作。可以说,计量技术规范的建设,1956 年至 1965 年为创始阶段,1966 年至 1975 年为保持阶段,1976 年至 1985 年为发展阶段,1986 年至 1995 年为立法繁荣阶段,1996 年至今为调整、提高与国际化阶段。

20 世纪 70 年代以前,国家计量检定系统表的大部分是引用苏联的,并将其列入检定规程的附录中。至 1990 年,国务院计量行政部门共颁布了 89 个国家计量检定系统表,对应 10 大类计量的计量基准、计量标准和工作计量器具,概括了我国计量基准、计量标准的水平及量值传递系统的全貌。随着计量基准、计量标准和计量技术的不断发展,以及量值溯源链的不断完善,截至 2021 年年底,市场监管总局共颁布国家计量系统表 95 个。

《计量法》的颁布和实施,大大促进了国家计量技术规范的制、修订工作,尤其是 1987 年国务院发布《中华人民共和国强制检定的工作计量器具目录》,其中的 55 项 111 种计量器具迫切需要相应的国家计量检定规程,对其进行定点定期的强制检定。如今已制定出近千项国家计量检定规程,基本满足了执法的需要。近年来,几经调整,现有 40 项 63 种工作计量器具被列入《实施强制管理的计量器具目录》。国家计量检定规程的制、修订,为社会公用计量标准以及列入《实施强制管理的计量器具目录》的工作计量器具实施强制检定工作提供了强有力的技术规范保障。

《计量法》颁布后,随着计量管理工作的不断完善,经济的发展以及市场的需求,对国家计量检定系统表和国家计量检定规程中所不能包含的,但在计量工作中具有综合性、基础性、法制性的内容,制定了《通用计量术语及定义》《测量不确定度评定与表示》《计量检定规程编写导则》等技术文件;为了规范商品量定量包装工作,制定了《定量包装商品净含量计量检验规则》;特别是随着校准工作的开展,制定了国家计量校准规范;随着计量管理工作的规范,制定了《计量标准考核规范》《法定计量检定机构考核规范》;为了规范计量器具型式评价工作,制定了国家型式评价大纲;配合国家节能政策的落实,制定了能效标识计量检测等,上述技术文件也都属于计量技术规范。

随着我国 1985 年加入国际法制计量组织,以及经济体制改革的深化,特别是我国于 2001 年加入世界贸易组织(WTO),为消除技术性贸易壁垒(TBT),国家计量技术规范从管理方式到内容都有了很大的变化。在管理方式上,国家计量技术规范的起草工作从原来的归口单位管理转为技术委员会管理;在内容上国家计量技术规范的制、修订已越来越重视研究和引用国际计量规范,力求与国际通用做法保持一致。

(二)计量技术规范的分类

1. 计量检定规程

根据《计量法》第十条,计量检定规程分为 3 类:国家计量检定规程、部门计量检定规程和地方计量检定规程。国家计量检定规程由国务院计量行政部门组织制定。其内容主要包括：适用范围、计量性能要求、通用技术要求、检定条件、检定项目、检定方法、检定结果处理以及检定周期等。专业分类一般为：长度、力学、声学、温度、电磁、无线电、时间频率、电离辐射、化学、光学等。国务院有关部门根据《中华人民共和国依法管理的计量器具目录》和《实施强制管理的计量器具目录》，对尚没有国家计量检定规程的计量器具，可以制定适用于本部门的部门计量检定规程。在相关的国家计量检定规程颁布实施后，部门计量检定规程即行废止。省级市场监管部门根据《中华人民共和国依法管理的计量器具目录》和《实施强制管理的计量器具目录》，对尚没有国家计量检定规程的计量器具，可以制定适应于本地区的地方计量检定规程。在相应的国家计量检定规程实施后，地方计量检定规程即行废止。

【案例1-8】　考评员在考核力学室室主任小姚时问："你认为计量检定规程制定的范围应如何确定？"小姚想了一下回答说："按《计量法》规定，计量检定必须执行计量检定规程，当然凡是计量器具均应制定计量检定规程。"

【案例分析】　按《计量法》规定，计量检定必须执行计量检定规程，是指必须依法进行计量检定的计量器具，应制定计量检定规程，并不是指凡是计量器具就必须制定计量检定规程。不属于依法进行计量检定的计量器具，可不制定计量检定规程。如国家规定，我国对于计量基准不制定检定规程，而是制定各项基准的操作技术规范。从当前的实际情况和国际发展趋势看，对依法实施强制检定的计量器具应制定计量检定规程，其他计量器具可制定计量校准规范，通过校准进行量值溯源。实际上，制定检定规程的重点是：① 强制检定的计量器具；② 对统一全国量值有重大影响的计量器具。

2. 计量检定系统表

计量检定系统表只有国家计量检定系统表一种。它由国务院计量行政部门组织制定、修订，由建立计量基准的单位负责起草。一项国家计量基准基本上对应一个计量检定系统表。它反映了我国科学计量和法制计量的水平。

3. 计量器具型式评价大纲

型式评价应依据型式评价大纲进行。型式评价大纲包括了对特定计量器具型式的计量要求、通用技术要求、评价的项目、试验方法和条件、计量器具和设备表、数据处理方法、合格的判据等，甚至包括型式评价记录的格式。承担型式评价的技术机构必须全面审查申请单位提交的技术资料，并按照市场监管总局发布实施的型式评价大纲进行型式评价。国家计量检定规程中已经规定了型式评价要求的，按规程执行。无国家型式评价大纲的，由承担型式评价的技术机构依据相关标准、规范和国际建议拟定型式评价大纲，并经审核确认后实施。

4. 其他计量技术规范

由国务院计量行政部门组织制定的，除国家计量检定系统表、国家计量检定规程、计量器具型式评价大纲外的计量技术规范，包括通用计量技术规范和专用计量技术规范。

通用计量技术规范指在计量工作中具有综合性、基础性、法制性的技术文件，如：通用计量名词术语以及各计量专业的名词术语、国家计量检定规程和国家计量检定系统表及国家校准规范的编写规则、计量保证方案、测量不确定度评定与表示、计量检测体系确认、测量仪器特性评定、计量比对、计量标准考核规范、法定计量检定机构考核规范等。

专用计量技术规范，指各专业的计量校准规范、各类定量包装商品净含量计量检验规则、国家颁布的各类用能产品的能效标识计量检测等。

（三）计量技术规范的编号

计量技术规范的编号采用"××××—××××"的表示方法，分别为规范的"顺序号"和"年份号"，均用阿拉伯数字表示，年份号为批准的年份。

国家计量技术规范的编号分别为以下 3 种形式：

（1）国家计量检定规程用汉语拼音缩写 JJG 表示，编号为 JJG ××××—××××；

（2）国家计量检定系统表用汉语拼音缩写 JJG 表示，编号为 JJG 2×××—××××，顺序号为 2 000 号以上；

（3）其他国家计量技术规范用汉语拼音缩写 JJF 表示，编号为 JJF ××××—××××。

例如，JJG 1016—2006《心电监护仪检定仪》；

　　　　JJG 2001—1987《线纹计量器具》；

　　　　JJG 2094—2010《密度计量器具检定系统表》；

　　　　JJF 1001—2011《通用计量术语及定义》；

　　　　JJF 1139—2005《计量器具检定周期确定原则和方法》；

　　　　JJF 1201—2008《助听器测试仪校准规范》；

　　　　JJF 1049—1995《温度传感器动态响应校准规范》。

地方和部门计量检定规程编号为 JJG（　）××××—××××，（　）里用中文字，代表该检定规程的批准单位和施行范围，××××为顺序号，—××××为年份号。

例如，JJG（京）39—2006《智能冷水水表检定规程》，代表北京市质量技术监督局 2006 年批准的顺序号为第 39 号的地方计量检定规程，在北京市范围内施行。又如 JJF（石化）005—2015《旋转辊筒式磨耗机校准规范》，代表中国石油和化学工业联合会 2015 年批准的顺序号为第 005 号的部门计量技术规范，在中国石油和化学工业联合会范围内施行。

二、计量技术规范的应用

（一）计量检定规程的应用

《计量法》第十条规定："计量检定必须执行计量检定规程。"

JJF 1001 中对计量检定的定义是"查明和确认测量仪器是否符合法定要求的程序，它包括检查、加标记和（或）出具检定证书"。计量检定是计量器具生产、使用和量值统一三者协调的纽带。计量器具通过检定确定其合格与否。只有合格的计量器具才允许有效开展测量工作。因此，检定是进行量值传递或溯源以及保证量值准确一致的重要手段。

定义中提出的"法定要求"，在我国指的就是计量检定规程的要求。国家计量检定规程中，对计量器具的计量性能、技术要求、法制计量控制要求和检定周期等做了具体的规定，并据此对计量器具做出合格与否的判定。有了这样的技术规范，计量检定才能有序进行，同时计量执法工作也才能有统一的判定依据。

根据《计量法》，计量器具实施依法管理，采取两种形式。一是国家实施强制检定，主要适用于贸易结算、医疗卫生、安全防护、环境监测 4 个方面列入《实施强制管理的计量器具目录》，监管方式为"强制检定"和"型式批准、强制检定"的计量器具以及社会公用计量标准和部门、企业、事业单位使用的最高计量标准；二是非强制检定，由企业、事业单位自行实施。由此可见，需依法实施检定的范围是十分广泛的，凡实施检定的计量器具，必须制定相应的检定规程，作为实施检定的具有法制性的技术依据。目前，除国家计量检定规程外，我国还规定可制定部门和地方计量检定规程，开展对各行业专用计量器具的检定，以及对地方需开展检定的其他计量器具的检定。

从国际发展趋势看，对可能引起利害冲突和保护公众利益的计量器具，需实行法制管理，应制定相应的计量检定规程；而对其他计量器具，可由使用单位依据相应的校准规范以校准的方式进行量值溯源。按 OIML 第 12 号国际文件《受检计量器具的使用范围》,计量检定规程在依法实施检定领域中的应用,主要包括下列几方面内容:

1. 贸易用计量器具的检定

贸易用计量器具必须检定。这就是说,在商业活动中,不管什么时候,买方与卖方之间都不应因测量不准而引起利害冲突,为了保护公众利益,所有可能引起争议的计量器具均应置于法制管理之下而加以检定。

在贸易中,测量长度、面积、体积、质量、时间、温度、压力、热能或电能、电功率、容量、液体或气体的流量或热量值、密度或由密度计算出的相对密度、脂肪中的水分、牛奶中的脂肪含量、谷物或含油食品的湿度和糖的含量等物理量的计量器具,以及附属于受检计量器具并用于确定价格的部件都需要进行检定。如确定油的装载量时,仅仅测定容积是不够的,这时同时还要测量温度和密度,以计算其质量后才能开具发货单。再如集贸市场和超市使用的电子秤,家庭生活中使用的水表、电能表、燃气表,出租汽车行业使用的计价器,加油站使用的加油机等。

2. 官方活动用计量器具的检定

计量器具用于下列官方活动时应进行检定:

(1) 与海关、征税或税务有关的测量;

(2) 确定为官方机构进行的运输费用(如邮政服务);

(3) 测量和检测表征船舶有关的量;

(4) 涉及公共利益的监督活动;

(5) 涉及由法制权威机构发起的议程或法律程序或其他与官方目的有关的专家报告;

(6) 大地测量。

为提供必要的法律保证,为官方目的进行的测量,为公共利益进行的监督活动,都应该使用专用的、经过检定的计量器具。如邮政局使用的邮政秤,税控加油机,测量船舶仓容的船舶计量仓等。

3. 用于医疗、药品制造和试验的计量器具的检定

用于人或动物诊断或处置的计量器具、物质和装置,用于药品制造或医疗环境监测的计量器具应考虑进行检定。如用于室内环境检测用的测氡仪、甲醛测试仪,对药品进行定性、定量分析用的液相色谱仪等。

用于医疗及与药品制造和试验有关的检定是为了保护人类和动物的健康。它使得用于人和动物的医疗计量器具具有正确的功能,在检定有效期内符合规程要求,且保持稳定。

有些计量器具是十分复杂的仪器,它们要求使用者具有丰富的经验,型式评价和随后进行的检定并不能总是保证它们获得正确的测量结果。实践表明,用具有明确成分的样品进行的验证测试对于验证与测量方法、测量仪器、环境条件和测量技术有关的问题是有效的。这些样品应不加标记地在实验室之间进行适当的比对。这些用于比对验证的标准物质和计量标准的关键参数应由官方检定。

4. 环境保护、劳动保护和预防事故用计量器具的检定

测量声音(噪音)、振动、电离辐射、非电离辐射和空气、水、土壤以及食品的计量器具必须检定;在劳动保护和事故预防中用于确定量值和检查是否小于允许极限规定要求的计量器具必须检定;涉及环境保护和安全防护的,如质量、长度、面积、容量、压力、温度、时间、频率、密度、体积或质量浓度、电压和电流测量的计量器具,以及上述测试或校准的标准物质或计量标准,应由官方检定。如锅炉主气缸部位的压力表,监测可燃气体可燃下限值的可燃气体报警器,监测放射性场所工作人员接受辐射剂量大小的个人剂量计等。

5. 公路交通监视用计量器具的检定

官方用于公路交通监视用的计量器具必须检定。司机行车是否遵守法定速度限制,是否超速,

需要用准确的测量仪器进行检测。官方用于公路交通监视用计量器具的检定,有益于保障公共交通的安全,如机动车超速自动监测系统(俗称电子警察)。

　　6. 计量管理的其他方面计量器具的检定

　　用于以下方面,如建筑(房屋、堤坝和桥梁)、运输(道路、汽车、水路、铁道和航空)、危险场所及危险品(仓库、运输、毒品处理、易燃、易爆和放射性物质)、公共设施(水、能源、下水道、垃圾、废品)、娱乐(投币机和其他博弈设施)的计量器具,应考虑进行检定。包括测量水质状况的浊度计、测氰仪、水质监测仪,测量土壤中或农产品放射性物质用的 α、β 测量仪等。

　　在 OIML 第 12 号国际文件中指出:在有些国家,工业应用的计量器具也置于计量管理之下,以保证所制造的产品具有一致的质量并符合规定的产品特性。

　　由此可见,按 OIML 国际文件所述,需依法实施检定的范围是十分广泛的,凡实施检定的计量器具,必须制定相应的检定规程,作为实施检定的具有法制性的技术依据。

　　【案例1-9】　考评员在考核电磁室主任小黄时问:“当需依法进行检定的计量器具没有计量检定规程时,你们如何进行‘检定’”? 小黄回答说:“通常我们参考相应的其他技术规范如产品标准来进行检定。”

　　【案例分析】　该室主任对计量检定的法制性认识不够准确,在实际应用中,这种做法是不正确的。《计量法》规定,“计量检定必须执行计量检定规程”,凡没有检定规程的,则不能依法进行“检定”,不能颁发检定证书。若为确定计量器具的示值误差或确定有关其他计量特性,以实现量值溯源,可以依据计量校准规范进行校准,出具校准报告。如果按一般技术规范(如产品标准)等对计量器具计量性能进行部分测试,则应出具测试报告。

(二) 国家计量检定系统表的应用

　　国家计量检定系统表即国家溯源等级图,它是将国家计量基准的量值逐级传递到工作计量器具,或从工作计量器具的量值逐级溯源到国家计量基准的一条比较链,以确保全国量值的准确可靠。它可以促进并保证我国建立的各项计量基准的单位量值,能够准确地进行量值传递。

　　国家计量检定系统表也是我国制定计量检定规程和计量校准规范的重要依据,是实施量值传递和溯源、选用测量标准、确定测量方法的重要技术依据。国家计量检定系统表规定了从计量基准到计量标准直至工作计量器具的量值传递链及其测量不确定度或最大允许误差,可以确定各级计量器具的计量性能,有利于选择测量用计量器具,确保测量的可靠性和合理性。国家计量检定系统表还可以帮助地方和企业结合本地区、本企业的实际情况,按所用的计量器具,确定需要配备的计量标准,在经济、合理、实用的原则下,建立本地区、本企业的量值传递或量值溯源体系。在进行计量标准考核中,建标单位要编写《计量标准技术报告》,其中一项内容就是要依据计量检定系统表绘制所建计量标准的量值溯源和传递关系框图,这是考核的重要内容之一,可以阐述清楚建标单位的量值从哪里来,能够传递到哪些计量器具中。国家计量检定系统表在实现计量单位制的统一和量值的准确可靠这一计量工作的根本目标方面得到了广泛的应用。

(三) 计量器具型式评价大纲的应用

　　在我国,对列入《实施强制管理的计量器具目录》且监管方式为“型式批准”和“型式批准、强制检定”的计量器具实行型式批准,应办理国产计量器具型式批准或进口计量器具型式批准。型式批准包括型式评价和型式的批准决定两个步骤。

　　型式评价是指根据文件要求对测量仪器指定型式的一个或多个样品性能所进行的系统检查和试验,并将其结果写入型式评价报告中,以确定是否可对该型式予以批准,即为确定计量器具型式是否符合计量要求、技术要求和法制管理要求所进行的技术评价。它的依据是型式评价大纲。

（四）其他计量技术规范的应用

1. 通用计量技术规范

通用计量技术规范大多用于通用的、基础的计量监督管理活动。

为了统一我国通用的、各计量学科专业的计量术语和名词的定义及理解，国家颁布了 JJF 1001《通用计量术语及定义》及有关专业计量术语的技术规范；为了促进计量技术工作，制定了不少基础性技术规范，如 JJF 1059.1《测量不确定度评定与表示》、JJF 1094《测量仪器特性评定》、JJF 1024《测量仪器可靠性分析》等；为了提高计量技术规范制定、修订工作质量，制定了技术规范编写规则，如 JJF 1002《国家计量检定规程编写规则》、JJF 1104《国家计量检定系统表编写规则》、JJF 1071《国家计量校准规范编写规则》；为了对相同量的计量基准、计量标准所复现或保持的量值之间进行比较、分析和评价，制定有 JJF 1117《计量比对》；为了指导、帮助、促进、服务企业建立完善的计量管理体系，制定有 JJF 1112《计量检测体系确认规范》；为了促进商贸计量开展，制定有 JJF 1070《定量包装商品净含量计量检验规则》等。

为了加强我国计量管理工作，提高行政许可效能，围绕专项计量管理监督的需要，根据各项监管活动的技术特点，制定了有关计量管理的技术规范。如计量标准考核是国家主管部门对计量标准测量能力的评定和开展量值传递资格的确认。为了加强计量标准的管理，规范计量标准的考核工作，国家对计量标准实行考核制度，纳入行政许可的管理范畴。被考核的计量标准不仅要符合特定的技术要求，还必须满足法制管理的有关要求，JJF 1033《计量标准考核规范》是在计量标准科学管理方面体现其法律要求、管理要求、技术要求的技术性规定。如为加强法定计量检定机构的监督管理，提高法定计量检定机构的管理水平、技术能力和服务质量，制定的 JJF 1069《法定计量检定机构考核规范》，促使法定计量检定机构认真贯彻执行国家计量法律、法规，保障国家计量单位制的统一和量值的准确可靠，为计量行政部门依法实施计量监督提供技术保证。如为了规范计量器具型式评价的管理，制定有 JJF 1015《计量器具型式评价通用规范》和 JJF 1016《计量器具型式评价大纲编写导则》等技术性规定。

2. 专用计量技术规范

（1）专用技术性规范

专用技术性规范多为计量工作中具体的、特定的测量方法、试验方法等技术性规定。如《光子和高能电子束吸收剂量测量方法》《γ 射线辐射加工剂量保证监测方法》《用能产品能源效率标识计量检测规则》《房间空气调节器能源效率标识计量检测规则》和《家用电磁灶能源效率标识计量检测规则》等一批专用计量技术规范的制定推动了能源计量的开展。

（2）计量校准规范

按《计量法》规定，我国对众多的计量器具实施执法监督，采取两种管理形式：一种是国家实施强制检定；另一种是非强制检定。针对非强制检定计量器具量值传递或量值溯源的需要，同时推动我国计量校准工作的开展，在计量技术规范中增加了相应的通用性强、使用面广的计量校准规范。开展计量校准应当执行国家计量校准规范，如无国家计量校准规范，可以根据国际、区域、国家、军用或行业标准，依据 JJF 1071《国家计量校准规范编写规则》，编制相应的计量校准方法，明确校准方法和校准要求，经过测量不确定度评定、实验验证、同行专家审定、计量技术机构负责人批准后，作为开展计量校准活动的技术依据。

（3）定量包装商品净含量计量检验规则

为了保护消费者和生产者、销售者的合法权益，有必要加强定量包装商品的计量监督管理。《定量包装商品计量监督管理办法》规定，对定量包装商品实施计量监督检查进行的检验，应当按照《定量包装商品净含量计量检验规则》进行。《定量包装商品净含量计量检验规则》对商品量的净含量标注、净含量提出了明确要求,并规定了抽样、检验和评价的要求和程序。

（4）能效标识检验规则

节约资源是我国的一项基本国策,《中华人民共和国节约能源法》和《能源效率标识管理办法》明确规定国家对使用面广的用能产品实行能源效率标识管理。为加强能源效率标识管理,打击能效虚标,开展对用能产品能效标识计量监督检查,检查工作的主要依据就是相关产品的能源效率标识计量检测规则。

习题及参考答案

一、习　题

（一）思考题

　　1. 计量技术规范分哪几类?

　　2. 计量技术规范的作用是什么?

　　3. 计量技术规范的编号规则是怎么规定的?

　　4. 什么叫国家计量检定系统表? 国家计量检定系统表应当怎么使用?

　　5. 使用计量检定规程应当注意哪些问题?

　　6. 使用计量校准规范应当注意哪些事项?

　　7. 电能表属于强制检定计量器具,围绕电能表的监督管理应当怎样使用其国家标准、计量检定规程、型式评价大纲?

（二）选择题（单选）

　　1. 根据《计量法》规定,计量检定规程分 3 类,即_____。

　　　A. 几何量、热学、力学专业检定规程,电学、磁学、光学和无线电专业检定规程,化学核辐射及其他专业检定规程

　　　B. 国家计量检定规程、部门计量检定规程和地方计量检定规程

　　　C. 国家计量检定规程、地方计量检定规程、企业检定规程

　　　D. 检定规程、操作规程、校准规程

　　2. 计量检定规程是_____。

　　　A. 为进行计量检定,评定计量器具计量性能,判断计量器具是否合格而制定的法定性技术文件

　　　B. 计量执法人员对计量器具进行监督管理的重要法定依据

　　　C. 从计量基准到各等级的计量标准直至工作计量器具的检定程序的技术规定

　　　D. 一种进行计量检定、校准、测试所依据的方法标准

　　3. 开展计量校准活动的首选技术依据是_____。

　　　A. 国家计量校准规范　　　　　　　　B. 部门计量校准规范

　　　C. 计量校准规章　　　　　　　　　　D. 国家产品标准

　　4. JJF 1033《计量标准考核规范》属于_____。

　　　A. 国家计量检定规程　　　　　　　　B. 国家计量校准规范

　　　C. 国家计量技术规范　　　　　　　　D. 计量专业国家标准

　　5. 对计量器具做出合格与否的判定所依据的计量技术规范是_____。

　　　A. 国家计量检定规程　　　　　　　　B. 国家计量校准规范

　　　C. 国家计量检定系统表　　　　　　　D. 计量器具产品标准

（三）选择题（多选）

1. 计量技术规范包括_____。

A. 计量检定规程　　　　　　　　B. 国家计量检定系统表

C. 型式评价大纲　　　　　　　　D. 国家测试标准

2. 国家计量检定规程可用于_____。

A. 产品的检验　　　　　　　　　B. 计量器具的周期检定

C. 计量器具修理后的检定　　　　D. 计量器具的仲裁检定

3. 国家计量检定系统表是_____。

A. 国务院计量行政部门管理计量器具、实施计量检定用的一种图表

B. 将国家基准的量值逐级传递到工作计量器具，或从工作计量器具的量值逐级溯源到国家计量基准的一个比较链，以确保全国量值的统一准确和可靠

C. 由国务院计量行政部门组织制定、修订，批准颁布，由建立计量基准的单位负责起草的，在进行量值溯源或量值传递时作为法定依据的文件

D. 计量检定人员判断计量器具是否合格所依据的技术文件

4. 下列技术文件中，属于计量技术规范的有_____。

A. 计量检定规程　　　　　　　　B. 计量检定系统表

C. 计量专业国家标准　　　　　　D. 计量专业行业标准

5. 下列计量器具中，须依法实施强制检定的有_____。

A. 集贸市场用的电子秤　　　　　B. 家庭使用的人体秤

C. 加油站使用的加油机　　　　　D. 测量一般管道压力的压力表

二、参考答案

（一）思考题（略）

（二）选择题（单选）：1. B；　2. A；　3. A；　4. C；　5. A。

（三）选择题（多选）：1. A B C；　2. B C D；　3. B C；　4. A B；　5. A C。

第二章

计量综合知识

　　本章重点介绍计量业务中的一些综合通用知识:量和单位,测量、计量,测量结果,测量仪器及其特性,测量标准等,包括被测量及影响量、测量误差、测量准确度、测量不确定度等描述测量结果的术语和示值误差、最大允许测量误差、显示装置的分辨力、测量系统的灵敏度等描述测量仪器特性的术语。还介绍了计量技术机构管理体系、计量安全防护及职业道德教育。

第一节　量和单位

一、量和量值

(一) 量

1. 量的概念

　　自然界的任何现象、物体或物质都以一定的形态存在,并分别具有一定的特性,这些特性通常是通过量来表征的。

　　量(quantity)是指"现象、物体或物质的特性,其大小可用一个数和一个参照对象表示"。例如,物体有冷热的特性,温度是一个量,用它表示物体冷热的特性。

　　参照对象可以是一个计量单位、测量程序、标准物质或其组合。

　　量可以是一般概念的量或特定量。表 2-1 举例说明了一般概念的量与特定量的区别,以及量的名称和符号。

表 2-1　一般概念的量与特定量的区别及量的名称和符号

一般概念的量		特　定　量
长度,l	半径,r	圆 A 的半径,r_A 或 $r(A)$
	波长,λ	钠的 D 谱线的波长,λ 或 $\lambda(D;Na)$

续表

一般概念的量		特 定 量
能量,E	动能,T	给定系统中的质点 i 的动能,T_i
	热量,Q	水样品 i 的蒸汽的热量,Q_i
电荷,Q		质子电荷,e
电阻,R		给定电路中电阻器 i 的电阻,R_i
实体 B 的物质的量浓度,c_B		酒样品 i 中酒精的物质的量浓度,$c_i(C_2H_5OH)$
实体 B 的数目浓度,C_B		血样品 i 中红细胞的数目浓度,$C(E_{rys};B_i)$
洛氏 C 标尺硬度(150 kg 负荷下),HRC(150 kg)		钢样品 i 的洛氏 C 标尺硬度,HRC(150 kg)

国际理论与应用物理联合会(IUPAC)/国际临床化学联合会(IFCC)规定实验室医学的特定量格式为"系统—成分;量的类型"。例如,血浆(血液)— 钠离子;特定人在特定时间内物质量的浓度等于 143 mmol/L。

由约定测量程序定义的、与同类的其他量可按大小排序的量称为序量(ordinal quantity),例如,洛氏 C 标尺硬度、石油燃料辛烷值、里氏标尺地震强度。序量只能写入经验关系式,它不具有计量单位或量纲。序量之间无代数运算关系,序量的差值或比值没有物理意义。序量按序量值标尺排序。

定义的量是指标量。然而,对于各分量是标量的向量或矢量,也可认为是量。"量"按学科划分一般可分为物理量、化学量和生物量,在给定量制中约定选取了一组基本量后,可划分为基本量和导出量。

在计量学中把可直接相互进行比较的量称为同类量,如宽度、厚度、周长、波长同属于长度量。人们通过对自然界各种量的探测、分析,分清量的性质,确定量的大小,以达到认识自然,利用和改造自然的目的。

2. 量的符号

量的符号应执行国家标准《量和单位》的现行有效版本,通常用单个拉丁字母或希腊字母表示,如面积的符号为 A,力的符号为 F,波长的符号为 λ 等。一个给定的符号可以表示不同的量,例如,符号 Q 既表示电荷也表示热量。量的符号必须用斜体表示,如质量 m,电流 I 等。

在某些情况下,不同量有相同的符号或对同一个量有不同的应用或要表示不同的值时,可采用下标予以区分。如电流与发光强度是两个不同的量,电流用符号 I 表示,发光强度用 I_v 表示。又如 3 个不同大小的长度,可以分别表示成 l_1,l_2,l_3。量的符号的下标可以是单个或多个字母,也可以是阿拉伯数字、数学符号、元素符号、化学分子式等。

下标字体的表示原则为:用物理量的符号及用表示变量、坐标和序号的字母作为下标时,下标字体用斜体字母,其他情况时下标用正体。例如,C_p 的下标 p 是压力量的符号,所以为斜体;F_x 的下标 x 是坐标 x 轴的符号,$L_{i,k}$ 的下标 i 和 k 以及 x_n,y_m 的下标 n 和 m 是表示序号的字母符号,都应为斜体。其他下标如相对标准不确定度 u_r 的下标 r 表示相对,半周期 $T_{1/2}$ 的下标 1/2 表示一半,动能 E_k 的下标 k 表示动,C_g 的下标 g 表示气体,标准重力加速度 g_n 的下标 n 表示标准,B 点的场强 E_B 的下标 B 表示 B 点位置,最大电压 V_{max} 的下标 max 表示最大,这些下标都应该用正体。当下标是阿拉伯数字、数学符号、元素符号、化学分子式时,也用正体表示。例如,U_{95} 表示包含概率为 0.95 的扩展不确定度;i_1,i_2,i_3 分别表示第 1、第 2、第 3 次谐波分量,由于下标为数字,所以下标用正体;ρ_{Cu} 表示铜的电阻率,下标 Cu 是铜元素的符号,用正体。下标也可用 //、⊥、∞ 等数学符号。

3. 基本量和导出量

在量制中计量学中的量可分为基本量和导出量。

基本量(base quantity)是指"在给定量制中约定选取的一组不能用其他量表示的量"。例如,在国际量制中,基本量有 7 个,即长度、质量、时间、电流、热力学温度、物质的量和发光强度。这些基本量可认为是相互独立的量,因为它们不能表示为其他基本量的幂的乘积。

导出量(derived quantity)是指"量制中由基本量定义的量"。导出量是通过基本量的相乘或相除得到的量。例如,在以长度和质量为基本量的量制中,质量密度是导出量,定义为质量除以体积(长度的三次方)所得的商。又如,国际量制中的速度是导出量,它是由基本量长度除时间来定义的。此外,如力、压力、能量、电位、电阻、摄氏温度、频率等都属于导出量。这些导出量也可用于定义其他导出量,如力矩、动力黏度等。

(二) 量值

1. 量值的含义

量值(quantity value)全称量的值,简称值,是指"用数和参照对象一起表示的量的大小"。

量值与量的关系:量是指现象、物体和物质的特性,量值是指量的大小。量值可用一个数和一个参照对象一起表示。如经测量得到某杯水的温度为 30 ℃,这个特定量的大小表示了水温的高低,它是由数值"30"和一个参照对象"摄氏度"表示的。表示量值时必须同时说明其所属的特定量。量值的表示形式为:冒号前为特定量的名称,冒号后为该特定量的量值。举例如下:

① 给定杆的长度:5.34 m 或 534 cm;

② 给定物体的质量:0.152 kg 或 152 g;

③ 给定弧的曲率:112 m^{-1};

④ 给定样品的摄氏温度:-5 ℃;

⑤ 在给定频率上给定电路组件的阻抗(其中 j 是虚数单元):(7+3j) Ω;

⑥ 给定玻璃样品的折射率:1.52;

⑦ 给定样品的洛氏 C 标尺硬度(150 kg 负荷下):43.5 HRC(150 kg);

⑧ 铜材样品中镉的质量分数:3 μg/kg 或 3×10^{-9};

⑨ 水样品中溶质 Pb^{2+} 的质量摩尔浓度:1.76 mmol/kg;

⑩ 在给定血浆样本中任意镥亲菌素的物质的量浓度(世界卫生组织国际标准 80/552):50 国际单位/I。

量值由数和参照对象组成。量值中的参照对象可以有不同类型,可以是计量单位、测量程序、标准物质或其组合。在上述举例中,例①、②、③、④、⑤、⑨中参照对象是计量单位,表示的量值是一个数和一个计量单位的乘积。例⑦中参照对象是测量程序,例⑩中参照对象是标准物质。当量纲为一,测量单位为 1 时,量值中通常不表示出参照对象,例如,表示折射率和质量分数的量值(例⑥、⑧)。

量值中的数可以是复数,如例⑤中给定电路组件的阻抗的量值为(7+3j) Ω,其实数部分表示电阻,虚数部分表示电抗。一个量值可用多种方式表示,如例①中杆的长度用米为单位表示时为 5.34 m,用厘米为单位表示时为 534 cm,仅仅表示的参照对象不同而数值不同,量值仍然不变。对向量或张量,每个分量有一个量值,例如,作用在给定质点上的力,用笛卡尔坐标分量表示为:$(F_x; F_y; F_z) = (-31.5; 43.2; 17.0)$ N。

2. 量值的正确表达

应该注意量值的正确表示,即量值一定是有量有值的,有值无量的是数值。正确的量值表示,如 18 ℃~20 ℃或(18~20) ℃、180 V~240 V 或(180~240) V,但不能表示为 18~20 ℃;180~240 V,因为 18 和 180 是数值,不能与量值等同使用。

书写量值时,在数字与参照对象间应留有空格,例如 35.4 mm 不应该是 35.4mm。

二、量制、量纲和量纲为一的量

(一)量制

在科学技术领域中,使用着许多种量,出现了不同的量制。量制(system of quantities)是指"彼此间由非矛盾方程联系起来的一组量"。也可以说,量制是在科学领域中约定选取的基本量和与之存在确定关系的导出量的特定组合。通常以基本量符号的组合作为特定量制的缩写名称,例如,基本量为长度(l)、质量(m)和时间(t)的力学量制的缩写名称为 lmt 量制。与联系各量的方程一起作为国际单位制基础的量制称为国际量制(ISQ)。各种序量(如洛氏 C 标尺硬度)通常不认为是量制的一部分,因它仅通过经验关系与其他量相联系。

(二)量纲

量纲(dimension of a quantity)是指"给定量与量制中各基本量的一种依从关系,它用与基本量相应的因子的幂的乘积去掉所有数字因子后的部分表示"。

因子的幂是指带有指数(次方)的因子。每个因子是一个基本量的量纲。基本量量纲的约定符号用单个大写正体字母表示。在国际量制(ISQ)中,基本量的量纲符号见表 2-2。

表 2-2　基本量的量纲符号

基本量	长度	质量	时间	电流	热力学温度	物质的量	发光强度
基本量量纲	L	M	T	I	Θ	N	J

导出量量纲的约定符号是由该导出量定义的基本量量纲的幂的乘积表示。量 Q 的量纲表示为 $\dim Q$。例如,在国际量制中,力(量的符号 F)的量纲表示为 $\dim F = LMT^{-2}$;在同一量制中,$\dim Q_B = ML^{-3}$ 是成分 B 的质量浓度的量纲,也是质量密度(体积质量)的量纲;长度为 l 的摆在当地自由落体加速度为 g 处的周期 $T = 2\pi\sqrt{l/g}$ 或 $T = C(g)\sqrt{l}$,式中 $C(g) = 2\pi/\sqrt{g}$,因此 $\dim C(g) = L^{-1/2}T$。

由此,量 Q 的量纲为 $\dim Q = L^\alpha M^\beta T^\gamma I^\delta \Theta^\varepsilon N^\xi J^\eta$,其中的指数 α、β、γ、δ、ε、ξ 和 η 称为量纲指数,可以是正数、负数或零。在给出某量的量纲时,不考虑标量、向量或张量特性。

量纲仅表示量的构成,而不表示量的性质。在给定量制中,同类量具有相同的量纲,不同量纲的量通常不是同类量,但具有相同量纲的量不一定是同类量。如在国际量制中,功和力矩具有相同的量纲:L^2MT^{-2},但它们是完全不同性质的量。

在实际工作中,了解和应用量纲有什么意义? 量纲的意义在于定性地表示量与量之间的关系,尤其是基本量和导出量之间的关系。量纲是一个量的表达式,在实际工作中,任何科技领域中的规律、定律,都可通过各有关量的函数式来描述。也就是说,所有的科技规律、定律,都可以通过一组选定的基本量以及由它们得出的导出量来表述。而所有的量,又都具有一定的量纲,所以量纲可以反映出各有关量之间的关系,从而使它们所描述的科技规律、定律获得统一的表示方法。通过量纲可得出任何一个量与基本量之间的关系,以及检验量的表达式是否正确。如果一个量的表达式正确,则其等号两边的量纲必然相同,通常称它为"量纲法则"。利用这个法则可以检查物理公式的正确性。例如,$Ft = m(v_2 - v_1)^2$,其等号左边的量纲为 $\dim(Ft) = LMT^{-1}$,等号右边的量纲是 $\dim[m(v_2 - v_1)^2] = L^2MT^{-2}$,两边的量纲不同,表明这个公式是错误的。

（三）量纲为一的量

量纲为一的量（quantity of dimension one）又称无量纲量（dimensionless quantity），是指"在其量纲表达式中与基本量相对应的因子的指数均为零的量"。

量纲为一的量的测量单位和值均是数，但是这样的量比一个数表达了更多的信息。某些量纲为一的量是以两个同类量之比定义的，例如，平面角、立体角、折射率、相对渗透率、质量分数、摩擦系数、马赫数。此外，实体的数是量纲为一的量，例如，线圈的圈数、给定样本的分子数和量子系统能级的衰退。

鉴于历史原因，常习惯使用术语"无量纲量"，但这些量并不是没有量纲，只是因为在这些量的量纲符号表达式中所有的指数均为零。而"量纲为一的量"则反映了约定以符号 1 作为这些量的量纲符号表达式。也就是说，由于任何指数为零的量皆等于 1，所以无量纲量也就是量纲为一的量。

三、计量单位和单位制

（一）计量单位

1. 概述

计量单位（measurement unit）又称测量单位，简称单位，是指"根据约定定义和采用的标量，任何其他同类量可与其比较使两个量之比用一个数表示"。

计量单位用约定赋予的名称和符号表示。同量纲量的计量单位可用相同的名称和符号表示，即使这些量不是同类量。如焦耳每开尔文，既是热容量的单位名称，也是熵的单位名称，而热容量和熵并非同类量。然而，在某些情况下，具有专门名称的计量单位仅限用于特定种类的量，如计量单位"负一次方秒（s^{-1}）"用于频率时称为赫兹，用于放射性核素的活度时称为贝可勒尔（Bq）。量纲为一的量的计量单位是数。有些计量单位具有专门名称，如弧度、球面度和分贝；在某些情况下也有一些计量单位表示为商，如毫摩尔每摩尔，它等于 10^{-3}；又如微克每千克，它等于 10^{-9}。对于一个给定量，"单位"通常与量的名称连在一起，如"质量单位"或"质量的单位"。

2. 计量单位的名称与符号

每个计量单位都有规定的名称和符号，以便于世界各国统一使用，如在国际单位制中，长度计量单位米的符号为 m；力的计量单位牛顿的符号为 N。吨为我国选定的非国际单位制单位，其符号为 t；平面角单位度的符号为（°）。

计量单位的中文符号，通常由计量单位的中文名称的简称构成，如电压单位伏特，简称为伏，则电压单位的中文符号就是伏。若计量单位的中文名称没有简称，则计量单位的中文符号用全称，如摄氏温度单位摄氏度（或℃）。若计量单位由中文名称和词头构成，则计量单位的中文符号应包括词头，如压力单位千帕等。

3. 基本单位和导出单位

（1）基本单位

基本单位（base unit）是指"对于基本量，约定采用的计量单位"。在每个一贯单位制中，每个基本量只有一个基本单位。例如，在国际单位制（SI）中，米是长度的基本单位。在厘米克秒制（CGS）中，厘米是长度的基本单位。对于实体的数，数为 1，符号为 1，可认为是任意一个单位制的基本单位。

基本单位也可用于相同量纲的导出量。例如，当用面体积（体积除以面积）定义雨量时，米是国际单位制中的一贯导出单位。

在给定的量制中,基本量约定地认为是彼此独立的,但相对应的基本单位并不都是彼此独立的,如长度是独立的基本量,但其单位米定义中,却包含了时间基本单位秒,所以在现代计量学中,一般不再用"独立单位"这个名词。

在国际单位制中,共有 7 个基本单位,它们的名称分别为米、千克、秒、安培、开尔文、摩尔和坎德拉。

(2) 导出单位

导出单位(derived unit)是指"导出量的计量单位"。导出单位是由基本单位按一定的物理关系相乘或相除构成的新的计量单位。例如,在国际单位制中,米每秒(m/s)、厘米每秒(cm/s)是速度的导出单位。千米每小时(km/h)是速度的国际单位制外导出单位,但被采纳与国际单位一起使用。节(即海里每小时)也是速度的国际单位制外导出单位。

为了表示方便,对有些导出单位给予了专门的名称和符号,称它们为具有专门名称的导出单位,如,压力单位帕斯卡(Pa)、电阻单位欧姆(Ω)、频率单位赫兹(Hz)、光通量单位流明(lm)等。

导出单位的构成可以有多种形式:

① 由基本单位和基本单位组成,如速度单位米/秒。

② 由基本单位和导出单位组成,如力的单位牛顿为千克・米/秒^2,其中千克为基本单位,而米/秒^{2}为加速度单位,它是导出单位。

③ 由基本单位和具有专门名称的导出单位组成,如功、热的单位焦耳为牛・米,其中牛为具有专门名称的导出单位,米为基本单位。

④ 由导出单位和导出单位组成,如电容单位法拉为库/伏,库仑和伏特均为导出单位。

4. 一贯导出单位

一贯导出单位(coherent derived unit)是指"对于给定量制和选定的一组基本单位,由比例因子为 1 的基本单位的幂的乘积表示的导出单位"。基本单位的幂是按指数增加的基本单位。一贯性仅取决于特定的量制和一组给定的基本单位。例如,在米、秒、摩尔是基本单位的情况下,如果速度由 $v=\mathrm{d}r/\mathrm{d}t$ 定义,则米每秒是速度的一贯导出单位;如果物质的量浓度由 $c=n/V$ 定义,则摩尔每立方米是物质的量浓度的一贯导出单位。而千米每小时和节都不是该单位制的一贯导出单位。在国际单位制中,全部导出单位都是一贯导出单位,如力的单位牛顿,$1\mathrm{~N}=1\mathrm{~kg}\cdot\mathrm{m}\cdot\mathrm{s}^{-2}$;功、能的单位焦耳,$1\mathrm{~J}=1\mathrm{~N}\cdot\mathrm{m}$;电压单位伏特,$1\mathrm{~V}=1\mathrm{~\Omega}\cdot\mathrm{A}$ 等。

导出单位可以对于一个单位制是一贯的,但对于另一个单位制就不是一贯的。例如,厘米每秒是 CGS 制中速度的一贯导出单位,但在国际单位制中就不是一贯导出单位。在给定单位制中,每个导出的量纲为 1 的量的一贯导出单位都是数一,符号为 1。计量单位为一的名称和符号通常不写。

5. 倍数单位和分数单位

由于实施测量的领域不同和被测对象不同,一般都要选用大小恰当的计量单位。如机械加工的图纸标注中,加工公差用米作为计量单位表示则太大,一般采用毫米或微米表示。若要测量北京至上海之间的直线距离,用米作为计量单位表示又太小,应该用千米表示。在计量实践中,人们往往从同一种量的许多计量单位中选用某一个单位作为基础,并赋予它独立的定义,如米、千克、秒、安、牛、伏等。为了使用方便,表达一个量的大小,仅用一个独立定义的单位显然很不方便。1960 年第 11 届国际计量大会对国际单位制构成中的十进倍数和分数单位的词头进行了命名。在定义的计量单位前加上一个词头,使它成为一个新的计量单位。

倍数单位(multiple of a unit)是指"给定计量单位乘以大于 1 的整数得到的计量单位"。例如,千米是米的十进倍数单位,兆赫是赫兹的十进倍数单位;小时是秒的非十进倍数单位。

分数单位(submultiple of a unit)是指"给定计量单位除以大于 1 的整数得到的计量单位"。例如,毫米、微米是米的十进分数单位;对于平面角,秒是分的非十进分数单位。

上述举例中,千(10^3)、兆(10^6)是倍数单位的 SI 词头,毫(10^{-3})、微(10^{-6})是分数单位的 SI 词头。SI 词头仅指 10 的幂,不可用于 2 的幂。例如,1 024 bit(2^{10} bit)不应用 1 kilobit 表示,而是用 1 kibibit表示。

在实际选用倍数单位和分数单位时,一般应使量的数值在 0.1~1 000 范围以内,如0.007 58 m 可写成 7.58 mm;15 263 Pa 可以写成 15.263 kPa;$8.91×10^{-8}$ s 可以写成 89.1 ns。但真空中光的速度 299 792 458 m/s,为了在使用中对照方便,一般数位不受上述限制。

6. 制外计量单位

制外计量单位(off-system measurement unit)又称制外测量单位,简称制外单位,是指"不属于给定单位制的计量单位"。我国法定计量单位中,国家选定的非国际单位制单位,对国际单位制来讲就是制外单位。有一些计量单位本身具有重要作用,而且使用广泛,但它们没有包括在国际单位制中,所以就是国际单位制的制外单位,如时间单位的分(min)、时(h)、天(日)(d),以及表示体积单位的升(L)和质量单位吨(t)都是国际单位制外单位,又如电子伏(约 $1.602\ 18×10^{-19}$ J)是能量的国际单位制外单位。

(二) 单位制和国际单位制(SI)

1. 单位制

单位制(system of unit)又称计量单位制,是指"对于给定量制的一组基本单位、导出单位、其倍数单位和分数单位及使用这些单位的规则"。同一个量制可以有不同的单位制,因基本单位选取的不同,单位制也就不一样,如力学量制中基本量是长度、质量和时间,而基本单位可选用长度为米、质量为千克、时间为秒,则叫它为米千克秒制(MKS 制);若长度单位采用厘米、质量用克、时间用秒,则叫它为厘米克秒制(CGS 制);还有米千克力秒制(MKGFS 制)、米吨秒制(MTS 制)等。

2. 国际单位制(SI)

国际单位制(International System of Units)缩写为 SI,是指"由国际计量大会(CGPM)批准采用的基于国际量制的单位制,包括单位名称和符号、词头名称和符号及其使用规则"。

(1) 米制的建立

米制是国际上最早建立的一种计量单位制度,早在十七八世纪,人们感到计量单位和计量制度比较混乱,影响着国际贸易的开展和经济的发展及科技的交流,迫切希望科学家们探索研究一种新的、通用的、适合所有国家的计量单位和计量制度。于是在 1791 年,经法国科学院的推荐,法国国民代表大会确定了以长度单位米为基本单位的计量制度。当时米的定义是地球子午线长的四千万分之一,这也就是米的最初定义。规定了面积的单位是平方米,体积的单位为立方米。同时给质量单位做了定义,采用 1 dm^3 的水在其密度最大时的温度(4 ℃)下的质量。因为这种计量制度是以米为基础的,所以把它叫作米制。

为了进一步统一世界的计量制度,1869 年法国政府向一些国家发出邀请,希望他们派代表到巴黎参加"国际米制委员会"会议。在 1872 年 8 月开会时,共有 24 个国家派出了代表,会议决定以巴黎档案局所保存的米和千克原器为基准,复制一些新原器发给与会各国。1875 年 3 月 1 日法国政府又召集了由 20 个国家的政府代表与科学家参加的"米制外交会议",并于 1875 年 5 月 20 日由 17 个国家的代表签署了《米制公约》,为米制的传播和发展奠定了国际基础。由各签字国的代表组成的国际计量大会(CGPM)是《米制公约》的最高组织形式,下设国际计量委员会,其常设机构为国际计量局,局址设在巴黎。1889 年召开了第 1 届国际计量大会,大会决定将复制的 30 支新米原器中最接近

"档案局米"的一支编号为 No. 6 的定为国际米原器,称为"国际米",并保存在国际计量局。大会还承认了根据"档案局千克"复制的国际千克原器,也保存在国际计量局。目前,《米制公约》组织正式成员国已发展到 51 个。我国于 1977 年加入《米制公约》组织。

（2）国际单位制（SI）的形成

计量单位制的形成和发展,与科学技术进步、经济和社会发展、国际间贸易发展和科技交流,以及人们生活等紧密相关。1948 年召开的第 9 届国际计量大会做出了决定,要求国际计量委员会创立一种简单而科学的,并供所有《米制公约》组织成员国都能使用的实用单位制。1954 年第 10 届国际计量大会决定采用米、千克、秒、安培、开尔文和坎德拉作为基本单位。1960 年第 11 届国际计量大会决定把上述 6 个单位作为基本单位的实用计量单位制命名为"国际单位制",并规定其国际符号为"SI",取自法文"Le Système International d'Unités"的词头。1974 年第 14 届国际计量大会决定将物质的量的单位摩尔作为新基本单位。目前国际单位制共有 7 个基本单位。

（3）国际单位制的特点

国际单位制是在米制基础上发展起来的,它继承了米制的合理部分,克服了米制的弱点。它比米制更加科学、合理,是米制的现代化形式,也有人称它为"现代米制"。它是当今世界上比较科学和完善的计量单位制,并将随着科技、经济和社会的发展而进一步发展和完善。它的主要特点是:

① 统一性

国际单位制包括了力学、热学、电磁学、光学、声学、物理化学、固体物理学、分子物理学、原子物理学等各理论学科和各科学技术领域的计量单位。国际单位制的 7 个基本单位都具有严格的科学定义,其导出单位则是通过选定的方程式用基本单位来定义的,从而使量的单位之间有直接的内在物理联系。这样,科学技术、工业生产、国内外贸易以及日常生活中所使用的计量单位都统一在一个单位制之中。国际单位制能实现统一的原因,除了它的科学结构外,还在于从单位制本身到各个单位的名称、符号和使用规则都是标准化的,而且一般一个单位只有一个名称和一个国际符号。

② 简明性

国际单位制取消了相当数量的繁琐的制外单位,简化了物理定律的表示形式和计算手续,省去了很多不同单位制之间的单位换算。如在力学和热学中采用了国际单位制后,就可省去热功当量、千克力和牛顿之间的换算,这样就不必编制很多的计算表,避免了繁琐的计算,节省了人力、物力和时间,同时也减少了计算和设计上可能出现的差错。

国际单位制是一种十进单位制,使用十进制词头,贯彻了一个单位只有一个名称和一个符号的原则及一贯性原则,因此国际单位制十分简单明了,非常方便使用。

③ 实用性

国际单位制的基本单位和大多数导出单位的大小都很实用,其中大部分已经得到了广泛的应用,例如,安培（A）、焦耳（J）、伏特（V）等。国际单位制对大量常用的量,没有增添不习惯的新单位。国际单位制还包括由数值范围很广的词头构成的十进倍数单位和分数单位,可以使单位大小在很大范围内调整,以便适用于大到宇宙、小到微观粒子的领域。

④ 合理性

国际单位制坚持"一个量对应一个单位"的原则,避免了多种单位制和单位的并用及换算,消除了许多不合理甚至是矛盾的现象。如在力学、热学和电学中的功、能和热量这几个量,虽然测量形式不同,但它们在本质上是同类量。在过去多种单位制并用时,它们常用的单位有千克力米、克力米、尔格、千卡、卡、电子伏特、瓦特小时、千瓦小时等很多米制单位。此外,还有磅力英尺、马力小时和英热单位等多种英制及其他单位制单位。而使用国际单位制时,只用焦耳一个单位就能代替所有这些常用单位。这不仅反映了这几个量之间的物理关系,而且也省略了很多运算,避免了同类量具有不同量纲和不是同类量却具有相同量纲的矛盾。

⑤ 科学性

国际单位制的单位是根据科学实验所证实的物理规律严格定义的,它明确和澄清了很多物理量与单位的概念,并废弃了一些旧的不科学的习惯概念、名称和用法。例如,过去,千克(俗称公斤)既作为质量单位,又作为重力单位,而质量和重力是两个性质完全不同的物理量。在国际单位制中,明确了质量单位是千克、重力的单位是牛顿,区分了质量和重力之间的不同概念。

⑥ 精确性

国际单位制的 7 个基本单位,目前大部分都能以当代科学技术所能达到的最高准确度来复现和保存。例如,目前我国复现米定义的标准不确定度达 2×10^{-11} m,千克的复现标准不确定度优于 1×10^{-8} kg 以及秒的复现标准不确定度达到 8×10^{-15} s。

⑦ 继承性

在国际单位制中,对基本单位的选择,除了新增加的物质的量的单位摩尔以外,其余 6 个都是米制单位原来所采用的。所以国际单位制是在米制的基础上发展起来的,它既克服了旧米制的缺点,同时又继承了旧米制的优点,如采用了十进制,一贯性原则,应用上保持了米制的习惯等。另外,国际单位制的许多国际基准就是原来米制的国际基准,这对原来使用米制的国家和地区来说,在贯彻执行国际单位制时较为顺利。

除上述特点外,国际单位制还具有通用性强的特点,到目前为止,世界上有许多国家和地区采用了国际单位制,并有 20 多个国际性的科学、政治与经济组织,也都推荐使用国际单位制。国际单位制比较稳定,它是建立在严密的科学基础上的一个完整体系,所以具有长期稳定性,并随着科学和社会的进步,可在现有的基础上得到进一步的补充和完善。

(4)国际单位制的构成

国际单位制由 SI 基本单位(7 个)和 SI 导出单位及 SI 单位的十进倍数单位和分数单位构成。SI 导出单位分为两部分,包括 SI 辅助单位在内的具有专门名称的 SI 导出单位(21 个)和组合形式的 SI 导出单位。SI 单位的十进倍数单位和分数单位由 SI 词头(从 $10^{-24}\sim10^{24}$ 共 20 个)与 SI 单位(包括 SI 基本单位和 SI 导出单位)构成。

国际单位制的具体构成如下:

$$
\text{国际单位制(SI)}\begin{cases}\text{SI 基本单位(7 个)}\\\text{SI 导出单位}\begin{cases}\text{包括 SI 辅助单位在内的具有专门名称的 SI 导出单位(21 个)}\\\text{组合形式的 SI 导出单位}\end{cases}\\\text{SI 单位的十进倍数单位和分数单位}\end{cases}
$$

四、国际单位制(SI)单位

(一) SI 基本单位

国际单位制选择了彼此独立的 7 个量作为基本量,即长度、质量、时间、电流、热力学温度、物质的量和发光强度。对每一个基本量分别规定了一个具有严格定义的计量单位,称为国际单位制的基本单位。这 7 个国际单位制基本单位构成了国际单位制的"地基",在此基础上国际单位制可以组合导出其他单位,从而构建出完整的国际单位制。国际单位制基本单位的名称和符号及对应的基本量见表 2-3。

为支撑国际贸易、高科技制造业、人类健康与安全、环境保护、全球气候研究与基础科学的发展,对构建国际单位制及其单位提出的基本要求是:① 统一且可以在世界范围内使用;②稳定性好,且具有内部的一致性,可基于当前最高水平的自然理论描述完成实际复现。为实现这一要求,全球计量学家经过上百年的努力,于 2018 年第 26 届国际计量大会终于实现计量单位由基于实物的定义向基于常量的定义的历史性转变。本节引用的国际单位制 7 个基本单位的定义均源自 2018 年第 26 届国际计量大会决议,由全国科学技术名词审定委员会发布。

表 2-3　SI 基本单位的名称和符号

基本量的名称	基本单位	
	名称	符号
长度	米	m
质量	千克(公斤)	kg
时间	秒	s
电流	安[培]	A
热力学温度	开[尔文]	K
物质的量	摩[尔]	mol
发光强度	坎[德拉]	cd

注:1. 圆括号中的名称是它前面名称的同义词。

　　2. 方括号中的字在不致引起混淆、误解的情况下,可以省略;方括号前的字为其单位名称的简称。

　　3. 单位名称的简称可用作该单位的中文符号。

1. 时间基本单位——秒(s)

时间基本单位的定义:"秒是国际单位制中的时间单位,符号 s。当铯的频率 $\Delta\nu_{Cs}$,也就是铯-133 原子不受干扰的基态超精细跃迁频率,以单位 Hz 即 s^{-1} 表示时,将其固定数值取为 9 192 631 770 来定义秒。"

该定义对 1967 年第 13 届国际计量大会确定的"秒"定义进行了修改。新定义与原定义无实质变化,仅是表述不同而已。请注意,为方便与国际交流,定义中铯的频率符号"$\Delta\nu_{Cs}$"与 2018 年第 26 届国际计量大会决议的表示相同,与全国科学技术名词审定委员会发布铯的频率符号"$\Delta\nu(Cs)$"不同。

时间单位秒最初是根据地球自转 1 周,即太阳日的 1/86 400 来定义的,但由于在一年的持续时间里太阳日是变化的,就采用平均太阳日的 1/86 400 作为时间单位秒。后来又发现地球的自转运动并非等速进行,于是就以地球绕太阳的公转周期(回归年)作为确定时间单位的基础,1960 年第 11 届国际计量大会正式承认,以回归年的 1/31 556 925.974 7 为 1 秒。俗称"天文秒",这时的复现不确定度已达 10^{-9} 量级,相当于 30 万年仅差 1 秒。由于回归年仍有变化,为了减小秒的复现不确定度,1967 年第 13 届国际计量大会确定秒的定义为:"秒是 SI 的时间单位,符号为 s。铯-133 原子基态的两个超精细能级间跃迁相对应的辐射的 9 192 631 770 个周期的持续时间。"又称为"原子秒"。该定义使秒的复现不确定度进一步减小,达到 10^{-15} 量级,相当于 3 000 万年只差 1 秒,是目前所有计量单位中复现准确度最高的。

2. 长度基本单位——米(m)

长度基本单位的定义:"米是国际单位制中的长度单位,符号 m。当真空中光的速度 c 以单位 $m \cdot s^{-1}$ 表示时,将其固定数值取为 299 792 458 来定义米,其中秒用 $\Delta\nu_{Cs}$ 定义。"

米的新定义与原定义无实质变化,仅是表述不同而已。

　　长度是人们最早认识和使用的一个物理量,是对宽度、厚度、半径、周长、距离等物理量的度量,用米或其十进倍数单位或分数单位表示。自法国人建立米制至今,米定义经历了4个阶段。

　　第一阶段,米的定义为"通过巴黎的地球子午线长的四千万分之一"。

　　第二阶段,1889年9月20日第1届国际计量大会根据瑞士制造的米原器,给米的定义是:"0 ℃时,巴黎国际计量局的截面为X形(见图2-1)的铂铱合金尺两端刻线记号间的距离。"

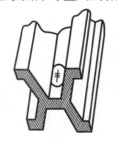

图2-1　米原器的一端

　　第三阶段,1960年10月的第11届国际计量大会上给米下了第3次定义:"米等于氪-86原子$2p_{10}$和$5d_5$能级间跃迁所对应的辐射在真空中的1 650 763.73个波长的长度。"以自然基准代替实物基准,这是计量科学的一次革命。用光波波长定义米的主要优点是稳定、不受环境的影响,只要符合定义规定的物理条件,就能复现。在特殊的技术条件下,氪-86用起来很困难,仍不是科学家理想的"米原器",在用了23年后就被淘汰了。

　　第四阶段,1983年的第17届国际计量大会给米下了第4次定义:"米是光在真空中1/299 792 458 s的时间间隔内所行进路程长度。"因为认为光速在真空中是永远不变的,所以基本单位米的复现就更加精确了,其依据是真空中光速c_0准确等于299 792 458 m/s。

　　2018年11月的第26届国际计量大会决定,将所有7个国际单位制(SI)基本单位全部用物理或自然常量定义,并统一所有SI基本单位的表达方式。新定义的SI基本单位于2019年5月20日执行。修改后的米的定义与原定义无实质性变化,仅是表达不同而已。

　　米定义的每次变化,都使得其复现不确定度进一步减小,第二阶段米定义的复现不确定度为$1×10^{-7}$,第三阶段米定义的复现不确定度为$1×10^{-9}$,第四阶段米定义的复现不确定度达$1×10^{-11}$。

　　经过了一百多年,米的定义由宏观自然基准到实物基准,然后又发展到微观自然基准,现在已发展到不确定度更小的常量基准。

　　3. 质量基本单位——千克(kg)

　　质量基本单位的定义是:"千克是国际单位制中的质量单位,符号kg。当普朗克常量h以单位J·s即kg·m²·s⁻¹表示时,将其固定数值取为6.626 070 15×10⁻³⁴来定义千克,其中米和秒用c和$Δν_{Cs}$定义。"

　　质量单位千克在1791年制定长度单位米时就确定了,当时将1立方分米的水在最大密度(4 ℃)时的质量,称为1千克。

　　在国际单位制的基本单位中,千克是唯一的一个使用了一百多年的实物基准。1883年法国用90%的铂和10%的铱所组成的铂铱合金,制成了直径和高度都为39 mm的圆柱体千克原器(IPK),并于1889年被第1届国际计量大会所承认,在1901年第3届国际计量大会上就被正式定义为"千克是质量单位,等于国际千克原器的质量"。该原器一百多年来一直被保存在国际计量局的地下室里,被精心安置于有3层钟罩保护的托盘上(见图2-2)。

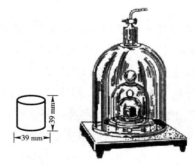

图2-2　国际千克原器

　　千克原器是实物基准,它的缺点是易磨损,表面也会污染,这些都造成了千克原器质量的不稳定。千克基准的比对不确定度约为10^{-9}量级。现行的SI千克定义是根据固定的基本常量——普朗克常量做出的,既消除了普朗克常量的不确定性,也回避了因千克原器质量变化产生的不确定度,为进一步减小千克标准的复现不确定度提供了可能。质量基本单位定义由实物基准转换为物理常量是一个巨大的科学进步。质量基本单位(千克)重新定义后,质量计量标准的数值保持不变,对一般百姓的日常生活不会产生影响。

我国在日常生活和贸易中,习惯地把质量称为重量。过去,在物理学中,常常把重量和重力混在一起,把质量和力相混淆。国际单位制中,重量是指质量,是标量,而重力是指力,是矢量,力不仅有大小,还有方向和作用点。因此,要注意在指力的场合,一定不要用重量而要用重力,千万不能混淆。质量(重量)的单位为千克,重力的单位为牛顿。

另外,要特别注意:由于历史原因质量的 SI 单位"千克"中的"千"虽然是词头,但因为千克是质量的 SI 基本单位,所以克是千克的分数单位,不能说千克是克的倍数单位。

4. 电流基本单位——安培(A)

电流基本单位的定义是:"安培是国际单位制中的电流单位,符号 A。当基本电荷 e 以单位 C 即 A・s 表示时,将其固定数值取为 1.602 176 634×10^{-19} 来定义安培,其中秒用 $\Delta\nu_{Cs}$ 定义。"

在 1948 年以前,很长一段时间一直采用"国际安培",其定义为"当恒定电流通过硝酸银水溶液时,每秒钟能析出 0.001 118 g 银的恒定电流强度值。"虽然在 1933 年第 8 届国际计量大会一致要求采用所谓"绝对"单位来代替国际安培,但直到 1948 年的第 9 届国际计量大会才正式废除国际安培,批准使用的定义是:"在真空中,截面积可忽略的两根相距 1 m 的无限长平行圆直导线内,通以等量恒定电流时,若导线间的相互作用力在每米长度上为 2×10^{-7} N,则每根导线中的电流为 1 A。"这是一个理论上的定义,是一个基于想象而实际无法实现的试验定义,涉及电流在两个无线长平行线中的流动。实际要用这个定义复现安培,会遇到难以克服的难题,因此目前用约瑟夫森效应保持电压伏特基准(不确定度为 10^{-13}),用霍尔效应(或称克里青效应)保持电阻欧姆基准(不确定度为 10^{-10}),再利用欧姆定律实现电流基准。

电流基本单位的新定义采用基本电荷 e 定义安培,即每秒钟有多少基本电荷通过,将电流单位直接与物理常量基本电荷的规定值联系。安培定义的修订将会使电压值产生约 +1.0×10^{-7} 的变化,电阻值产生约 2.0×10^{-8} 的变化。这些微小的变化对大众生活应该没有影响。

5. 热力学温度基本单位——开尔文(K)

热力学温度基本单位的定义是:"开尔文是国际单位制中的热力学温度单位,符号 K。当玻尔兹曼常量 k 以单位 J・K^{-1} 即 kg・m^2・s^{-2}・K^{-1} 表示时,将其固定数值取为 1.380 649×10^{-23} 来定义开尔文,其中千克、米和秒用 h、c 和 $\Delta\nu_{Cs}$ 定义。"

热力学温度基本单位开尔文是在 1954 年第 10 届国际计量大会上正式定义的,当时叫"开氏度"(°K)。1967 年第 13 届国际计量大会上决定改为开尔文(K),其定义是"热力学温度开尔文是水三相点热力学温度的 1/273.16。"水的三相点是指水的固态、液态和气态三相间平衡时所具有的温度。水的三相点温度为 0.01℃。水的三相点温度和三相点压力是唯一确定的。

除热力学温度以外,还有华氏温度(℉)、摄氏温度(℃)等。华氏温标由德国人华伦海特于 1710 年提出、1742 年建立的。规定水的冰点为 32 ℉,水的沸点为 212 ℉,两点之间等分为 180 格,每格为一个华氏度(℉)。至今还在英、美等国民间流行。摄氏温标是瑞士天文学家摄尔修斯在 1742 年提出的,他的方案是以水的沸点为 0 摄氏度,冰点为 100 摄氏度,每一格为 1 ℃。次年法国人克里斯丁把两个标度倒过来,便成了现在通用的摄氏温标。摄氏温度的单位摄氏度(℃)在我国广泛用于日常生活,由于其会出现 0 ℃ 以下的负温,于是 1848 年英国物理学家开尔文提出了热力学温标。因摄氏温度是以水的冰点为零摄氏度,它等于 273.15 K,故摄氏温度(t)与热力学温度(T)之间的关系为 $\frac{t}{℃}=\frac{T}{K}-\frac{T_0}{K}$($T_0$=273.15 K),从而当摄氏温度出现负值温度时,而热力学温度仍是正值。

水三相点的热力学温度在一定相对标准不确定度范围内等于 273.16 K,该不确定度非常接近于新定义通过时 k 推荐值的不确定度,即 3.7×10^{-7},未来水三相点的热力学温度值将通过试验确定。

热力学温度基本单位的新定义对日常温度计等计量器具的使用无影响,预计也不影响人们的日常生活。

温度间隔或温差，在实际使用中既可以用摄氏度，也可以用开尔文表示。但在我国的日常生活中，一般都用摄氏度表示，如天气温度、实验室温度等。

6. 物质的量基本单位——摩尔（mol）

物质的量基本单位的定义是："摩尔是国际单位制中的物质的量的单位，符号 mol。1 摩尔精确包含 $6.022\ 140\ 76×10^{23}$ 个基本单元。该数称为阿伏伽德罗数，是以单位 mol^{-1} 表示的阿伏伽德罗常量 N_A 的固定数值。""一个系统的物质的量，符号 n，是该系统包含的特定基本单元数的量度。基本单元可以是原子、分子、离子、电子及其他任意粒子或粒子的特定组合。"

1971 年第 14 届国际计量大会决定把摩尔作为一个基本单位列入国际单位制之中，给出的定义是："摩尔是一个系统的物质的量，该系统中所包含的基本单元（原子、分子、离子、电子及其他粒子，或这些粒子的特定组合）数与 0.012 kg 碳-12 的原子数目相等。"由于 0.012 kg 碳-12 含有的原子数目是 $6.022\ 045×10^{23}$ 个（相对标准不确定度为 $5.1×10^{-6}$），这个数目叫作阿伏伽德罗数。因此，1 mol 中的基本单元数等于 $6.022\ 045×10^{23}$ 个。用摩尔来描述化学和物理化学的量，废除了"克原子""克分子""克离子""克当量"等单位。根据摩尔的定义，对物质的量可以这样理解：含有 $6.022\ 045×10^{23}$ 个碳原子，它们的质量是 12 g，或 1 mol 的碳-12 原子含有 $6.022\ 045×10^{23}$ 个原子，其质量为 12 g。同样，1 mol 的水分子含有 $6.022\ 045×10^{23}$ 个水分子，它的质量为 18 g。

碳-12 的摩尔质量 $M(^{12}C)$ 在一定相对标准不确定度范围内等于 $0.012\ kg·mol^{-1}$，该不确定度等于新修订定义通过时 $N_A·h$ 推荐值的不确定度，即 $4.5×10^{-10}$，且未来碳-12 的摩尔质量值将通过试验确定。

摩尔的新定义预计对人们的日常生活没有影响。

在使用物质的量单位摩尔时还应注意：

① 摩尔是一个独立的基本单位，它既不是一个简单的数目，又与质量的概念不同。

② 物质的量与质量概念不同，但它们之间有着内在的联系，即某系统物质所具有的质量与该系统物质所具有的物质的量的比值称为摩尔质量，即 $M=m/n$，其中 M 为摩尔质量，m 为物质的质量，n 为物质的量。

③ 当使用摩尔时，必须明确基本单元是分子、原子、离子、电子及其他粒子，或者是这些粒子的组合。如 1 mol 的氧分子和 1 mol 的氧原子所表示的物质的量虽然都是 1 mol，但是它们的质量却相差一倍。

7. 发光强度基本单位——坎德拉（cd）

对发光强度基本单位的定义是："坎德拉是国际单位制中光源沿指定方向上的发光强度单位，符号 cd。当频率为 $540×10^{12}$ Hz 的单色辐射的光视效能 K_{cd} 以单位 $lm·W^{-1}$ 即 $cd·sr·W^{-1}$ 或 $cd·sr·kg^{-1}·m^{-2}·s^3$ 表示时，将其固定数值取为 683 来定义坎德拉，其中千克、米、秒分别用 h、c 和 $\Delta\nu_{Cs}$ 定义。"

发光强度基本单位坎德拉是在 1948 年第 9 届国际计量大会通过确定的，后经修改 1979 年第 16 届国际计量大会对坎德拉给出的定义是"坎德拉是一光源在给定方向上的发光强度，该光源发出频率为 $540×10^{12}$ Hz 的单色辐射，且在此方向上的辐射强度为（1/683）W/sr"。其中频率为 $540×10^{12}$ Hz，波长为 555 nm 的波是人眼感觉最灵敏的波长。

发光强度是表示光源发光强弱程度的量。发光强度单位最初是用蜡烛（或其他火焰）来定义的，称它为"烛光"。后来逐渐采用黑体辐射原理对发光强度单位进行研究，并于 1948 年采用处于铂凝固点温度的黑体作为发光强度的基准，定名为坎德拉，也一度称它为"新烛光"。

2018 年发光强度基本单位坎德拉的新定义与原定义无实质变化，仅是表述不同而已。

（二）SI 导出单位

1. 基本概念

（1）SI 导出单位的定义

SI 导出单位是用 SI 基本单位以代数形式表示的单位。这种单位符号中的乘或除采用数学符号，如速度的 SI 单位为米每秒（m/s）。属于这种形式的单位称为组合单位。

由于 SI 导出单位中有的量的单位名称太长，读写都不方便，所以国际计量大会决定对常用的 19 个SI 导出单位给予专门名称，称之为"具有专门名称的 SI 导出单位"。如将力的单位 $kg \cdot m/s^2$ 称为牛［顿］，将电压的单位 $m^2 \cdot kg \cdot s^{-3} \cdot A^{-1}$ 称为伏［特］，这样读写都很方便。

用 SI 基本单位和具有专门名称的 SI 导出单位或（和）SI 辅助单位以代数形式表示的单位，称为组合形式的 SI 导出单位。除具有专门名称的 SI 导出单位外，其他导出单位均可视为具有组合形式的导出单位。如，加速度单位 $m \cdot s^{-2}$，面积单位 m^2，体积单位 m^3，力矩单位 $N \cdot m$，表面张力单位 N/m 等。

（2）SI 导出单位的组成

SI 导出单位由两部分组成，一部分是包括 SI 辅助单位在内的具有专门名称的 SI 导出单位，另一部分是组合形式的 SI 导出单位。

1984 年我国公布法定计量单位时，曾按当时国际单位制的规定将平面角的单位弧度（rad）和立体角的单位球面度（sr）称为 SI 辅助单位。1990 年国际计量委员会规定它们是具有专门名称的 SI 导出单位的一部分。我国国家标准 GB 3100—1993《国际单位制及其应用》将平面角的单位弧度和立体角的单位球面度列入了具有专门名称的 SI 导出单位。所以现在具有专门名称的 SI 导出单位共有 21 个。这些专门名称大多数是以科学家名字命名的。

国际单位制中具有专门名称的导出单位的名称和符号见表 2-4。

表 2-4　国际单位制中具有专门名称的导出单位的名称和符号

量的名称	单位名称	单位符号
［平面］角	弧度	rad
立体角	球面度	sr
频率	赫［兹］	Hz
力	牛［顿］	N
压力、压强、应力	帕［斯卡］	Pa
能［量］、功、热量	焦［耳］	J
功率、辐［射能］通量	瓦［特］	W
电荷［量］	库［仑］	C
电压、电动势、电位	伏［特］	V
电容	法［拉］	F
电阻	欧［姆］	Ω
电导	西［门子］	S
磁通［量］	韦［伯］	Wb
磁通［量］密度、磁感应强度	特［斯拉］	T

量的名称	单位名称	单位符号
电感	亨[利]	H
摄氏温度	摄氏度	℃
光通量	流[明]	lm
[光]照度	勒[克斯]	lx
[放射性]活度	贝可[勒尔]	Bq
吸收剂量	戈[瑞]	Gy
剂量当量	希[沃特]	Sv

注:表中方括号[]内的字在不致引起混淆的情况下,可以省略;方括号前为其简称。

当导出单位名称来源于人名时,符号的第一个字母要大写,第二个字母小写,但必须是正体。如 N(牛顿)、Pa(帕斯卡)、Hz(赫兹)等,不能写成 n、PA、HZ。一个单位的名称不得分开,如温度为 20 ℃即 20 摄氏度,不能说成摄氏 20 度。

2. 具有专门名称的 SI 导出单位的定义

(1) 弧度(rad)是圆内两条半径之间的平面角,这两条半径在圆周上所截取的弧度长与半径相等。

(2) 球面度(sr)是一立体角,其顶点位于球心,而它在球面上所截取的面积等于以球半径为边长的正方形面积。

(3) 赫兹(Hz)是周期为 1 s 的周期现象的频率。

$$1 \text{ Hz} = 1 \text{ s}^{-1}$$

(4) 牛顿(N)是使质量为 1 kg 的物体产生加速度为 1 m/s^2 的力。

$$1 \text{ N} = 1 \text{ kg} \cdot \text{m/s}^2$$

(5) 帕斯卡(Pa)是 1 N 的力均匀而垂直地作用在 1 m^2 的面积上所产生的压力。

$$1 \text{ Pa} = 1 \text{ N/m}^2$$

(6) 焦耳(J)是 1N 的力使其作用点在力的方向上位移 1 m 所做的功。

$$1 \text{ J} = 1 \text{ N} \cdot \text{m}$$

(7) 瓦特(W)是 1 s 内产生 1 J 能量的功率。

$$1 \text{ W} = 1 \text{ J/s}$$

(8) 库仑(C)是 1 A 恒定电流在 1 s 内所传送的电荷量。

$$1 \text{ C} = 1 \text{ A} \cdot \text{s}$$

(9) 伏特(V)是两点间的电位差,在载有 1 A 恒定电流导线的这两点间消耗 1 W 的功率。

$$1 \text{ V} = 1 \text{ W/A}$$

(10) 法拉(F)是电容器的电容,当该电容器充以 1 C 电荷量时,电容器两极板间产生 1 V 的电位差。

$$1 \text{ F} = 1 \text{ C/V}$$

(11) 欧姆(Ω)是一导体两点间的电阻,当在此两点间加上 1 V 恒定电压时,在导体内产生 1 A 的电流。

$$1 \text{ Ω} = 1 \text{ V/A}$$

(12) 西门子(S)是电导的单位,1 S 是 1 Ω 的倒数。

$$1 \text{ S} = 1 \text{ Ω}^{-1}$$

（13）韦伯（Wb）是单匝环路的磁通量，当它在 1 s 内均匀地减小到零时，环路内产生 1 V 的电动势。

$$1 \text{ Wb} = 1 \text{ V} \cdot \text{s}$$

（14）特斯拉（T）是 1 Wb 的磁通量均匀而垂直地通过 1 m² 面积的磁通量密度。

$$1 \text{ T} = 1 \text{ Wb/m}^2$$

（15）亨利（H）是一闭合回路的电感，当此回路中流过的电流以 1 A/s 的速率均匀变化时，回路中产生 1 V 的电动势。

$$1 \text{ H} = 1 \text{ V} \cdot \text{s/A}$$

（16）摄氏度（℃）是用以代替开尔文表示摄氏温度的专门名称。

（17）流明（lm）是发光强度为 1 cd 的点光源在 1 sr 立体角内发射的光通量。

$$1 \text{ lm} = 1 \text{ cd} \cdot \text{sr}$$

（18）勒克斯（lx）是 1 lm 的光通量均匀分布在 1 m² 表面上产生的光照度。

$$1 \text{ lx} = 1 \text{ lm/m}^2$$

（19）贝可勒尔（Bq）是每秒发生一次衰变的放射性活度。

$$1 \text{ Bq} = 1 \text{ s}^{-1}$$

（20）戈瑞（Gy）是 1 J/kg 的吸收剂量。

$$1 \text{ Gy} = 1 \text{ J/kg}$$

（21）希沃特（Sv）是 1 J/kg 的剂量当量。

$$1 \text{ Sv} = 1 \text{ J/kg}$$

3. SI 单位的十进倍数单位和分数单位

SI 单位的十进倍数单位和分数单位是由 SI 词头加在 SI 基本单位或 SI 导出单位的前面所构成的单位，如千米（km）、吉赫（GHz）、毫伏（mV）、纳米（nm）等，但千克（kg）除外。SI 词头一共有 20 个，从 10^{-24} 到 10^{24}。用于构成十进倍数单位和分数单位的 SI 词头见表 2-5。

表 2-5　十进倍数单位和分数单位的 SI 词头

因　数	词头名称	符号	因　数	词头名称	符号
10^{24}	尧［它］	Y	10^{-1}	分	d
10^{21}	泽［它］	Z	10^{-2}	厘	c
10^{18}	艾［可萨］	E	10^{-3}	毫	m
10^{15}	拍［它］	P	10^{-6}	微	μ
10^{12}	太［拉］	T	10^{-9}	纳［诺］	n
10^{9}	吉［咖］	G	10^{-12}	皮［可］	p
10^{6}	兆	M	10^{-15}	飞［母托］	f
10^{3}	千	k	10^{-18}	阿［托］	a
10^{2}	百	h	10^{-21}	仄［普托］	z
10^{1}	十	da	10^{-24}	幺［科托］	y

注：1. 10^4 称为万，10^8 称为亿，10^{12} 称为万亿，这类数词的使用不受词头名称的影响，但不应与词头混淆。

2. 表中方括号［］内的字在不致引起混淆的情况下，可以省略，方括号前为其简称。

五、我国的法定计量单位

（一）法定计量单位概述

1. 法定计量单位的定义

《计量法》规定："国家实行法定计量单位制度。""国际单位制计量单位和国家选定的其他计量单位为国家法定计量单位。"法定计量单位是指"国家法律、法规规定使用的计量单位"。也就是由国家以法令形式规定强制使用或允许使用的计量单位。各个国家规定本国的法定计量单位。我国的法定计量单位是在 1984 年 2 月 27 日由国务院发布的，即《国务院关于在我国统一实行法定计量单位的命令》。我国法定计量单位在《计量法》中已做出了规定，并以政府令发布，因此无论是哪个部门、哪个单位、哪个人，只要在中国境内，都必须贯彻执行。

2. 法定计量单位的构成

《计量法》规定，我国的法定计量单位由国际单位制计量单位和国家选定的其他计量单位组成，包括：

(1)国际单位制的基本单位；

(2)国际单位制的辅助单位；

(3)国际单位制中具有专门名称的导出单位；

(4)国家选定的非国际单位制单位；

(5)由以上单位构成的组合形式的单位；

(6)由国际单位制词头和以上单位所构成的十进倍数单位和分数单位。

3. 国家选定的非国际单位制单位

我国法定计量单位组成中，与国际单位制单位有关的前面均已介绍，国家选定的非国际单位制单位见表 2-6。

表 2-6　国家选定的非国际单位制单位

量的名称	单位名称	单位符号	与 SI 单位关系
时间	分 [小]时 天（日）	min h d	1 min＝60 s 1 h＝60 min＝3 600 s 1 d＝24 h＝86 400 s
[平面]角	[角]秒 [角]分 度	″ ′ °	1 ″＝(π/648 000) rad 1 ′＝60 ″＝(π/10 800) rad 1 °＝60 ′＝(π/180) rad
旋转速度	转每分	r/min	1 r/min＝(1/60) s^{-1}
长度	海里	n mile	1 n mile＝1 852 m(只用于航行)
速度	节	kn	1 kn＝1 n mile/h＝(1 852/3 600) m/s (只用于航行)
质量	吨 原子质量单位	t u	1 t＝10^3 kg 1 u≈1.660 540×10^{-27} kg
体积	升	L,(l)	1 L＝10^{-3} m^3＝1 dm^3

续表

量的名称	单位名称	单位符号	与 SI 单位关系
能	电子伏	eV	$1 \text{ eV} \approx 1.602\ 177 \times 10^{-19} \text{ J}$
级差	分贝	dB	
线密度	特[克斯]	tex	$1 \text{ tex} = 10^{-6} \text{ kg/m}$
面积	公顷	hm^2, ha	$1 \text{ hm}^2 = 10^4 \text{ m}^2$

注:1. 方括号[]内的字在不致引起混淆的情况下,可以省略。

2. 圆括号()内的字为前者的同义语。

3. 平面角单位度、分、秒的符号不处于数字后时,要用括弧号,如:(°)、(°)/s,不用°/s。

4. 升的大小写两个符号属同等地位,可任意选用。

5. r 为"转"的符号。

6. 公顷的国际通用符号为"ha"。

还有一些我国人民日常生活经常使用,但没有包含在表 2-6 的量。如,时间单位的周、月、年(年的符号为 a),虽然没有列入表 2-6 中,但仍默认为一般常用的时间单位。在人们日常生活和贸易中,质量习惯称为重量;公里是千米的俗称,符号为 km。另外,$1 \text{ u} \approx 1.660\ 540 \times 10^{-27} \text{ kg}$ 和 $1 \text{ eV} \approx 1.602\ 177 \times 10^{-19} \text{ J}$ 为国际组织公布的推荐值(见国家标准 GB/T 3100—1993 表5)。需要说明的是:10^4 称为万,10^8 称为亿,10^{12} 称为万亿,这类数词的使用不受词头名称的影响,但不应与词头混淆。

1990 年,经国务院批准,国家技术监督局、国家土地管理局和农业部联合发布了我国土地面积的计量单位为:平方公里(km^2,100 万平方米);公顷(hm^2,1 万平方米);平方米(m^2,1 平方米),并决定从 1992 年 1 月 1 日起正式应用。

法定计量单位中的组合形式单位是指两个或两个以上的国际单位制单位和国家选定的非国际单位制单位用乘、除的形式组合的新单位。例如,电能单位千瓦小时(kW·h);浓度单位毫摩尔每升(mmol/L);产量单位吨每公顷(t/hm^2)。

1993 年国家技术监督局、卫生部和国家医药管理局联合发文,对血压计量单位的使用做了相应的补充规定,考虑到我国国情并借鉴国际上其他主要国家血压计量单位的使用情况,规定可以使用千帕斯卡(kPa)和毫米汞柱(mmHg)两种血压计量单位,即在临床病历、体检报告、诊断证明、医疗证明、医疗记录等非出版物中可使用毫米汞柱(mmHg)或千帕斯卡(kPa)。在出版物及血压计使用说明中可使用千帕斯卡(kPa)或毫米汞柱(mmHg),但如果使用毫米汞柱(mmHg)应注明与千帕斯卡(kPa)的换算关系。根据国际交流和国外期刊的需要,血压计量单位可任意选用毫米汞柱(mmHg)或千帕斯卡(kPa)。

(二) 法定计量单位的适用范围

根据 1984 年国务院发布的《国务院关于在我国统一实行法定计量单位的命令》,我国的计量单位一律采用"中华人民共和国法定计量单位"。

凡从事下列活动,需要使用计量单位的,应当使用法定计量单位:

(1) 制发公文、公报、统计报表;

(2) 编播广播、电视节目,传输信息;

(3) 出版、发行出版物;

(4) 制作、发布广告;

(5) 生产、销售产品,标注产品标识,编制产品使用说明书;

(6) 印制票据、票证、账册;

（7）出具证书、报告等文件；

（8）制作公共服务性标牌、标志；

（9）国家规定应当使用法定计量单位的其他活动。

由于特殊原因需要使用非法定计量单位的，应当经省级以上人民政府计量行政部门批准。如果违反使用规定，国家将予以处罚。

（三）法定计量单位的实施要求

《国务院关于在我国统一实行法定计量单位的命令》中要求：我国的计量单位一律采用"中华人民共和国法定计量单位"。"我国目前在人民生活中采用的市制计量单位，可以延续使用到 1990 年，1990 年年底以前要完成向国家法定计量单位的过渡。"根据《国务院关于在我国统一实行法定计量单位的命令》，1984 年 3 月 9 日，国家计量局发布了经国务院第 21 次常务会议通过的《全面推行我国法定计量单位的意见》。该意见提出："全国于 80 年代末，基本完成向法定计量单位的过渡，分两个阶段进行：从 1984 年—1987 年年底四年期间，国民经济各主要部门，特别是工业交通、文化教育、宣传出版、科学技术和政府部门，应大体完成其过渡，一般只准使用法定的计量单位。1990 年年底以前，全国各行业全面完成向法定计量单位的过渡。自 1991 年 1 月起，除个别特殊领域外，不允许再使用非法定计量单位。"通过广泛的法定计量单位的宣传、进行计量单位改制等一系列活动，1991 年国家技术监督局检查验收，全国基本上实现了向法定计量单位的过渡。又经过了十多年的努力，包括土地面积计量单位的改革等都已完成，全国已全面使用法定计量单位。当然，由于人们的习惯，在贸易市场、有的商店偶尔还出现用市制或英制表示的计量单位，如蔬菜多少钱 1 斤、电视机 34 英寸等，这些都将随着法制计量的加强而解决。

（四）法定计量单位的实施意义

1. 统一实行法定计量单位是统一我国计量制度的重要决策

一个国家实施什么样的计量制度，使用什么样的计量单位，是这个国家的主权，应完全由它的政府做出决定。世界各国为了科学、经贸等交往的便利，所推行使用的计量单位都毫无例外地尽量要求统一。新中国成立以后，我国在统一计量单位制方面做了大量工作。1959 年 6 月 25 日，国务院发布《关于统一计量单位制度的命令》，确定以公制（即米制）为我国的基本计量制度。1977 年 5 月 27 日国务院颁布的《中华人民共和国计量管理条例（试行）》也明确规定要逐步采用国际单位制。但由于没有制定有关的法律，在国家工业化进程中逐步形成了米制、市制、英制、国际单位制等多种单位制并用的局面，很不适应我国国民经济和文化教育事业的发展，不利于推进科学技术进步和扩大国际经济文化交流。统一我国的计量单位制，可以避免由于多种单位制并用而引起的混乱和不必要的换算，节省大量的人力、物力和财力，促进经济发展和社会进步。

2. 统一实行法定计量单位是改革开放的需要

随着我国经济的迅速发展和改革开放政策的实施，以及参加世界贸易组织的需要，在国际上已广泛采用国际单位制的情况下，我国仍是多种计量单位制并用，这将影响对外开放、对内搞活经济方针的贯彻。为了与国际上计量单位制接轨，推动我国对外贸易、科技协作和文化交流的发展，促进我国现代化的建设，统一实行法定计量单位势在必行，这就需要用国家的强制力来保证法定计量单位的实施，以进一步统一我国的计量制度。

（五）我国法定计量单位的特点

我国的法定计量单位与国际上大多数国家一样，都是以国际单位制单位为基础，并参照了其他一些国家的做法,结合我国的国情,选定了 16 个非国际单位制单位。其中 10 个是国际计量大会认可的,允许与国际单位制并用,而其余 6 个也是各国普遍采用的单位。对于国际上有争议的或只是少数国家采用的,我国一律没有选用,这有利于与国际接轨和交流。同时,也考虑到我国人民群众的习惯,把公斤和公里作为法定计量单位的名称,可与计量单位千克和千米等同使用。

我国法定计量单位的特点:结构简单明了、科学性强、比较完善具体,但留有余地。它完整系统地包含了国际单位制,与国际上采用的计量单位协调一致,且使用方便,易于广大人民群众掌握和进行推广。

(六) 法定计量单位的使用

1984 年 6 月,国家计量局发布了《中华人民共和国法定计量单位使用方法》。1993 年国家技术监督局发布了修订后的国家标准 GB/T 3100—1993《国际单位制及其应用》、GB/T 3101—1993《有关量、单位和符号的一般原则》、GB/T 3102—1993《量和单位》。这些标准为准确使用我国法定计量单位做出了规定和要求。贯彻执行我国法定计量单位必须注意法定计量单位的名称、单位和词头符号的正确读法和书写,正确使用单位和词头。

1. 法定计量单位的名称

法定计量单位的名称有全称和简称之分。中华人民共和国法定计量单位所列出的 44 个单位名称(国际单位制的基本单位 7 个、国际单位制中具有专门名称的导出单位 21 个、国家选定的非国际单位制单位 16 个)和用于构成十进倍数单位和分数单位的词头名称均为全称。在使用时,把其中的方括号内的字省略掉即为该单位的简称。如力的单位全称叫牛顿,简称为牛;电阻单位全称为欧姆,简称为欧。对没有方括号的(即没有简称的)单位名称,就只能用全称。如,摄氏温度的单位为摄氏度,不能叫度;立体角的单位为球面度。在不致引起混淆的场合下,简称等效于它的全称,使用方便。

2. 法定计量单位名称的使用规则

(1)组合单位的中文名称与其符号表示的顺序一致。符号中的乘号没有对应的名称,除号的对应名称为"每"字,无论分母中有几个单位,"每"字只出现一次。

例如,比热容的单位符号是 $J/(kg \cdot K)$,其单位名称是"焦耳每千克开尔文",而不是"每千克开尔文焦耳"或"焦耳每千克每开尔文"。

(2)乘方形式的单位名称,其顺序应是指数名称在前,单位名称在后,指数名称由相应的数字加"次方"二字而成。

例如,断面惯性矩的单位符号为 m^4,其单位名称为"四次方米"。

(3)如果长度的 2 次幂和 3 次幂分别表示面积和体积时,则相应的指数名称为"平方"和"立方"并置于长度单位之前,否则均应分别称为"二次方"和"三次方"。

例如,体积的单位符号为 m^3,其单位名称为"立方米",而断面系数的单位符号虽同为 m^3,但其单位名称是"三次方米"。

(4)书写单位名称时,不加任何表示乘或除的符号或其他符号。

例 1:电阻率的单位符号为 $\Omega \cdot m$,其单位名称为"欧姆米",而不是"欧姆·米""欧姆一米""[欧姆][米]"等。

例 2:密度的单位符号 kg/m^3,其单位名称为"千克每立方米",而不是"千克/立方米"。

3. 法定计量单位和词头的符号使用规则

(1)在初中、小学课本和普通书刊中,有必要时,可将单位的简称(包括带有词头的单位简称)作为符号使用,这样的符号称为"中文符号"。

(2)法定计量单位和词头的符号,不论拉丁字母或希腊字母,一律用正体字母。

(3)单位符号一律用小写字母,除来源于人名的单位符号第一个字母要大写外,其余均为小写字母(升的符号 L 例外)。

例 1：时间单位秒的符号是 s。

例 2：压力、压强的单位帕斯卡的符号是 Pa。

(4)单位符号没有复数形式，符号上不得附加任何其他标记或符号。

例如，$U_{max}=500$ V，不能写成 $U=500$ V_{max}。

(5)词头符号的字母：当其所表示的因数小于或等于 10^3 时，一律用小写，如 10^3 为 k(千)、10^{-1} 为 d(分)、10^{-2} 为 c(厘)；大于或等于 10^6 时，一律用大写，如 10^6 为 M(兆)、10^9 为 G(吉)等。

(6)在组合单位中，不应同时使用单位符号和中文符号。

例如，速度单位不得写成 km/小时。

(7)由两个或两个以上单位相乘构成的组合单位，其单位符号有下列两种形式：

$$N \cdot m；N\ m$$

第二种形式，也可以在单位符号之间不留空隙。但应注意，若组合单位符号中某单位的符号同时又是某词头的符号，并有可能发生混淆时，则应尽量将它置于右侧。

例如，力矩单位牛顿米的符号应写成 N m，而不宜写成 m N，以免误解为毫牛顿。

(8)由两个或两个以上单位相乘所构成的组合单位，其中文符号只用一种形式，即两个单位之间用居中圆点代表乘号。

例如，动力黏度单位帕斯卡秒的中文符号是"帕·秒"，而不是"帕秒""[帕][秒]""帕·[秒]""帕-秒""(帕)(秒)""帕斯卡·秒"等。

(9)由两个或两个以上单位相除所构成的组合单位，其单位符号可用下列 3 种形式之一：

$$kg/m^3；kg \cdot m^{-3}；kg\ m^{-3}$$

当可能发生误解时，应尽量采用居中圆点或斜线的形式。

例如，速度单位米每秒的符号用 $m \cdot s^{-1}$ 或 m/s，而不宜用 ms^{-1} 以免误解为每毫秒。

(10)由两个或两个以上单位相除所构成的组合单位，其中文符号可采用以下两种形式之一：

$$千克/米^3；千克 \cdot 米^{-3}$$

(11) 在进行运算时，组合单位中的除号可用水平横线表示。

例如，速度单位可以写成 $\dfrac{m}{s}$ 或 $\dfrac{米}{秒}$。

(12) 分子无量纲而分母有量纲的组合单位即分子为 1 的组合单位的符号，一般不用分式而用负数幂的形式。

例如，波数单位的符号是 m^{-1}，一般不用 1/m。

(13) 在用斜线表示相除时，单位符号的分子和分母都与斜线处于同一行内。当分母中包含两个或两个以上单位符号时，整个分母一般应加圆括号。在一个组合单位的符号中，除加括号避免混淆外，斜线不得多于一条。

例如，热导率单位的符号是 W/(K·m)，而不能表示成 $^W/_{(K \cdot m)}$，W/K·m 或 W/K/m。

(14) 单位符号应写在全部数值之后，并与数值之间留适当的空隙。

例如，应写成 100 m，而不应写成 100m；应写成 1.35 m，而不应写成 1 m35。

(15) 词头的符号与单位的符号之间不得有间隙，也不加表示相乘的任何符号。

例如，应写成 10 kΩ，而不应写成 10k Ω 或 10 k·Ω。

(16)单位和词头的符号应按其名称或者简称读音，而不得按字母读音。

(17)摄氏温度的单位"摄氏度"的符号℃，可作为中文符号使用，也可与其他中文符号构成组合形式的单位。

(18) 非物理量的单位(如：件、台、人、元等)可用汉字与符号构成组合形式的单位。

例如,表示年产量可以用计量单位的中文符号与这类汉字构成组合形式的中文符号:台/年,也可用汉字的计数单位名称与单位的符号组合使用,如台/a。

了解、熟悉、掌握法定计量单位的使用规则,是在工作、生活中正确运用法定计量单位的基础。为帮助大家尽快掌握法定计量单位的使用规则,给出工作和日常生活中常见的法定计量单位使用错误的案例。

【案例 2 - 1】 某市市场监管局派人到该市地铁站进行规范使用法定计量单位的检查,在一个地铁站入口处看到一个牌子上写着该站开门时间为 5 点 45′。检查人员进站后在站台的四根柱子上看到各挂有一个牌子,表明站与站之间列车运行所需时间间隔(如下表所示),如新华门到和平门需要运行 2 分 17 秒、和平门至解放路需运行 3 分 31 秒,以方便乘客出行。

站名	新华门→和平门→解放路→西大街→红旗桥			
运行时间间隔	2′17″	3′31″	2′45″	4′23″

请指出地铁站计量单位使用不规范之处。

【案例分析】 依据我国法定计量单位的规定,时间单位小时(时)的符号为 h,分的符号为 min,秒的符号为 s。在该站开门时间 5 点 45′ 的描述中,"点"不是法定计量单位,仅是人们口头习惯说法,正确使用法定计量单位则应使用时间单位名称"时",符号为"h"和时间单位名称"分",其符号是"min"。"′"是角度"分"的符号,既不能作为时间的单位符号使用,也不能作为时间的单位名称使用。因此,该站开门时间的正确表示应为 5 时 45 分。

同样列车运行时间也不能用角度的分和秒表示时间,按法定计量单位使用规定要用时间的分和秒符号表示。因此,"2′17″"应改为 2 min17 s,或 2 分 17 秒;"3′31″"应改为 3 min31 s,或 3 分 31 秒。其余运行时间间隔也要用相同的表示方法做更正。

【案例 2 - 2】 某法定计量检定机构的技术人员出考核试题时,给出了一张示波器的校准信号原理电路图(见下图)。试查图中有哪些计量单位标注不正确?

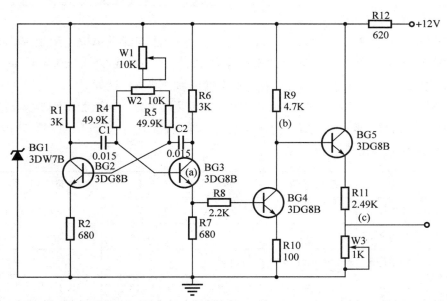

【案例分析】 依据 GB 3100—1993《国际单位制及其应用》3.3 关于 SI 单位的倍数词头的规定,词头用于构成倍数单位和分数单位,但不得单独使用。

上述电路图中有 10 个电阻的计量单位都用的是 K,这违反了法定计量单位的词头不能单独使用的规定,而且 K 不能是大写,所以这 10 个电阻的计量单位符号应改为 kΩ。2 个电容 C1 和 C2 没有单位,应加上单位 μF。R2、R7、R10、R12 这 4 个电阻没有单位,应加上单位 Ω。

【案例 2-3】　有一段说明为："雷达测速仪用于检测车辆的行驶速度,以保证车辆的行驶安全,属于强制检定的工作计量器具。它辅以数码照相设备(俗称"电子眼"),以准确的计量数据和清晰的照片作为对行车超速者处罚的依据。它的特点之一,其固定测速误差为±1 Km/h,运动测速误差为±2 Km/h,测速距离一般在 200~800 m,所以公安交通部门广泛使用它。"请指出说明中的错误之处。

【案例分析】　这段说明中有多处错误:

(1)"固定测速误差为±1 Km/h,运动测速误差为±2 Km/h"中计量单位的表示是错误的,计量单位应该是正体而不是斜体,h 斜体是错误的;单位的词头千(k)应该为小写正体,不应写成大写。测速误差"±1 Km/h 和±2 Km/h"的正确写法应为±1 km/h 和±2 km/h。

(2)"测速距离在 200~800 m"的表示方法是错的,200 为数值,它不是量值,800 m 是量值,数值不能与量值等同使用。因此正确的书写应该为 200 m~800 m,或(200~800)m。

【案例 2-4】　有一本《计量技术》教材,在化学计量一章中,对呼出气体酒精含量探测器的检定,列出了燃料电池式探测器的技术指标:

项　　目		燃料电池式探测器技术指标
测量范围		0 mg/L~0.40 mg/L
示值误差	量程	<0.20 mg/L
	误差	±0.025 mg/L
	量程	0.20 mg/L~0.40 mg/L
	误差	±0.04 mg/L
测量重复性标准偏差		0.006 mg/L
复零时间		<2 min(在 0.363 mg/L 条件下)
示值响应时间		40 s~60 s
呼出气持续时间		2.5±0.5 s

请指出表中的错误之处。

【案例分析】　呼出气持续时间"2.5±0.5 s"表达不符合法定计量单位使用规定。前者为数值,而不是量值,因此不能与量值连用。正确的表示应为(2.5±0.5) s 或 2.5 s±0.5 s。此外,"误差"表述不正确,应改用"最大允许误差";"量程"表述不正确,应改用"测量区间"。

【案例 2-5】　电导率仪是化学分析中用量很大的计量器具之一,广泛用于化学研究、化学工业、电子工业、锅炉用水和环境监测等方面。因此,做好电导率仪的检定工作很重要。对电导率仪的检定可以选用的计量标准器见下表。

	名称	测量范围	型号	编号	准确度等级	检定证书号
计量标准器	交直流电阻箱	0.01~10 KΩ	2×38A/1	0071	0.1%	87053-1112
	交直流电阻箱	10~90 KΩ	—	449	0.1%	87053-1112
	交直流电阻箱	100 K~30 MΩ	自制	002	0.1%	87007
	精密温度计	0~50 ℃	自制	2-443	0.1 ℃	8700204-0333
	精密温度计	0~50 ℃	水银	121	0.1 ℃	8700204-0332
	容量瓶	100 mL	—	1 272	±0.4 mL	870322-112
	氯化钾	—	A 电导用	—	—	计量院制

请指出表中错误之处。

【案例分析】

(1)表中 0.01～10 KΩ、10～90 KΩ 和 100 K～30 MΩ 均不符合量值表达的要求,应该是 0.01 kΩ～10 kΩ、10 kΩ～90 kΩ 和 100 kΩ～30 MΩ。

(2)量值中 KΩ 的词头应小写,把 K 改为 k。

(3)100 K 中缺计量单位符号 Ω,且 K 应是小写,100 K 应该书写为 100 kΩ。

(4)表中准确度等级 0.1‰表述不正确,应为准确度等级 0.1 级。

(5)表中给出的±0.4 mL 不是准确度等级,而是最大允许误差。

(6)表中给出的 0.1 ℃不是准确度等级,而应表述为最大允许误差±0.1 ℃。

4. 法定计量单位和词头的使用规则

(1)单位与词头的名称,一般只宜在叙述性文字中使用。

(2)单位和词头的符号,在公式、数据表、曲线图、刻度盘和产品铭牌等需要简单明了表示的地方使用,也可用于叙述性文字中。应优先采用符号。

(3)单位的名称或符号必须作为一个整体使用,不得拆开。

例 1:摄氏温度的单位"摄氏度"表示的 20 ℃量值应写成或读成"20 摄氏度",摄氏度是一个整体,不得写成或读成"摄氏 20 度"或"20 度",也不能写成"20℃"或"20℃"。

例 2:30 km/h 应读成"三十千米每小时",不应读成"每小时三十千米"。

(4)选用 SI 单位的十进倍数单位或分数单位,一般应使量的数值处于 0.1～1 000 范围内。

例 1:1.2×10^4 N 可以写成 12 kN。

例 2:0.003 94 m 可以写成 3.94 mm。

例 3:11 401 Pa 可以写成 11.401 kPa。

例 4:3.1×10^{-8} s 可以写成 31 ns。

某些场合按习惯使用的单位可以不受上述限制。

例 1:大部分机械制图使用的长度单位可以用"mm(毫米)"。

例 2:导线截面积使用的面积单位可以用"mm^2(平方毫米)"。

在同一个量的数值表中或叙述同一个量的文章中,为对照方便而使用相同的单位时,数值不受限制。

词头 h、da、d、c(百、十、分、厘),一般用于某些长度、面积和体积的单位中,但根据习惯和方便也可用于其他场合。

(5)特殊情况下使用某些非法定单位,可以按习惯用 SI 词头构成十进倍数单位或分数单位。

例如,mCi、mGal、mR 等。

法定单位中的摄氏度以及非十进制的单位,如平面角单位"度""[角]分"和"[角]秒"和时间单位"分""时""日"等,不得用 SI 词头构成十进倍数单位或分数单位。

(6)词头不得重叠使用。

例 1:应使用 nm(纳米)单位,不应使用 mμm(毫微米)单位。

例 2:应使用 pF(皮法)单位,不应使用 μμF(微微法)单位。

(7)亿(10^8)、万(10^4)等是我国习惯用的数词,仍可使用,但不是词头。习惯使用的统计单位,如:万公里可记为"万 km"或"10^4 km";万吨公里可记为"万 t·km"或"10^4 t·km"。

(8)只是通过相乘构成的组合单位在加词头时,词头通常加在组合单位中的第一个单位之前。

例如,力矩的单位 kN·m,不宜写成 N·km。

(9)只通过相除构成的组合单位或通过乘和除构成的组合单位在加词头时,词头一般应加在分子中的第一个单位之前,分母中一般不用词头。但质量的 SI 单位 kg,不作为有词头的单位对待。

例1：kJ/mol 不宜写成 J/mmol。

例2：比能单位可以是 J/kg。

（10）当组合单位分母是长度、面积和体积单位时，按习惯与方便，分母中可以选用词头构成十进倍数单位或分数单位。

例如，密度的单位可以选用 g/cm³。

（11）一般不在组合单位的分子分母中同时采用词头，但质量单位 kg 不作为有词头对待。

例1：电场强度的单位不宜用 kV/mm，而是 MV/m。

例2：质量摩尔浓度可以用 mmol/kg。

（12）词头符号与所紧接的单位符号构成的新单位符号应作为一个整体看待。十进倍数单位和分数单位的指数，指包括词头在内的单位的幂。

例1：$1\ cm^2=1\times(10^{-2}\ m)^2=10^{-4}\ m^2$；而 $1\ cm^2\neq10^{-2}\ m^2$。

例2：$1\ \mu s^{-1}=1\times(10^{-6}\ s)^{-1}=10^6\ s^{-1}$。

（13）在计算中，建议所有量值都采用 SI 单位表示，词头应以相应的 10 的幂代替（kg 本身是 SI 单位，故不应换成 10^3 g）。

（14）将 SI 词头的部分中文名称置于单位名称的简称之前构成中文符号时，应注意避免与中文数词混淆，必要时应使用圆括号。

例1：旋转频率的量值不得写为 3 千秒$^{-1}$。

如表示"三每千秒"，则应写为"3（千秒）$^{-1}$"（此处"千"为词头）。

如表示"三千每秒"，则应写为"3 千（秒）$^{-1}$"（此处"千"为数词）。

例2：体积的量值不得写为"2 千米³"。

如表示"二立方千米"，则应写为"2（千米）³"（此处"千"为词头）。

如表示"二千立方米"，则应写为"2 000 米³"。

为帮助大家更快地熟悉、理解法定计量单位的使用规则，下面以案例形式说明日常工作中常见的法定计量单位使用错误。

【案例2-6】　2006 年以来，某油田公司第三采油厂认真贯彻执行国家标准 GB 17167—2006《用能单位能源计量器具配备和管理通则》，对进厂用电量和 18 座联合站、接转站电能进站总入口全部安装 1.0 级电能表；对 90 座计量站、600 多口油井及 30 KW 以上的单台耗电设备配备了 2.0 级表。到 2007 年 7 月，该厂共安装电能表 794 块，使生产吨油消耗电能由原来的 112.12 KW·h/吨下降到 111.54 KW·h/吨。2007 年前 10 个月平均吨油消耗电能为 110.06 KW·h/吨，比 2005 年同期少用电 206.77 万 kW·h，节约电费 190.6 万元。2006 年以来，该厂还配备了清水流量计 173 台，污水流量计 132 台，比 2005 年少采地下水 13.3×10^4 立方米，污水回注 450.1×10^4 立方米，节约水费 13.34 万元。抓节能减排，效果显著。

问题：单位的国际符号和单位的中文符号是否可以在一个单位中同时使用？指出上述中法定计量单位使用错误之处。

【案例分析】　根据 GB 3100—1993《国际单位制及其应用》6.1.5"不应在组合单位中同时使用单位符号和中文符号"，依据《中华人民共和国法定计量单位使用方法》第 16 条和第 17 条规定，单位的符号应该用国际符号。该案例中存在以下错误：

（1）吨油耗电量的单位不能表示成"KW·h/吨"。①词头不应大写成 K；②单位中不能同时使用单位符号和中文符号，吨的符号为 t，吨油耗电量的单位正确表示应为"kW·h/t"，即 112.12 KW·h/吨应表示为 112.12 kW·h/t，111.54 KW·h/吨应表示为 111.54 kW·h/t，110.06 KW·h/吨应表示为 110.06 kW·h/t。另外，30 KW 应表示为 30 kW。

（2）用水量用体积表示时，单位符号可用 SI 符号或中文符号，但量值中的单位不能用单位的名称。按法定计量单位的使用规定,立方米是体积单位的名称,而不是单位的中文符号。因此,13.3×10^4 立方米应表示为 13.3×10^4 m^3,450.1×10^4 立方米应表示为 450.1×10^4 m^3。

【案例2－7】 检定外径千分尺时,检定项目包括:外观、测砧平面度、两测砧平行度、示值误差、测量力等。测量力的计量特性要求:当外径千分尺测量范围等于或小于 300 mm 时,测量力应为 600～1 000 gf;外径千分尺测量范围大于 300 mm 时,测量力应为 800～1 200 gf。请指出上述中的不当之处。

【案例分析】 该案例中的错误是使用了非法定计量单位。力在国际单位制中具有专门名称的导出单位是牛[顿],单位符号为 N。牛[顿]的十进倍数单位和分数单位为千牛(kN)、兆牛(MN)、毫牛(mN)、微牛(μN)等。gf(克力)是米制中力的倍数单位,是非法定计量单位,不应该使用。而且测量力 600～1 000 gf 和 800～1 200 gf 表示不正确。量值的定义为数值乘以计量单位,而 600 和 800 为数值,并非量值,不能与量值连用。

法定计量单位中力的单位为牛[顿],符号为 N。1 N＝1 000 mN。非法定计量单位 gf 与法定计量单位 N 之间的换算:1 kgf＝1 000 gf,1 kgf＝9.806 65 N,1 gf＝9.806 65 mN,即 1 gf＝9.81 mN。

所以正确的表示为:测量力的计量特性要求:当外径千分尺测量范围等于或小于 300 mm 时,测量力应为 5.88 N～9.81 N;外径千分尺测量范围大于 300 mm 时,测量力应为 7.85 N～11.77 N。

【案例2－8】 有一本力学计量培训教材,在大容量计量内容中,介绍了液位测量和液位计,并附了一张液位计性能简表(见下表),以供学员选择使用液位计时做参考。请指出表中不当之处。

液位计性能简表

型　式	测量原理	测量范围	精　度	温度极限	压力极限	特　性
连通器式	连通器原理	0.5～2 m	±1 mm	500 ℃	35 kgf/cm^2	结构简单,但黏性大的液体不适于作为现场液位计使用
差压式	由于液位变化产生的压力变化	0.1～50 m	±0.2～0.5%	120 ℃	420 kgf/cm^2	在工业中作为监视、控制指令使用最多,它的测量范围广,拆装方便
浮子式	利用浮子的浮力	0.5～50 m	±3～5 mm	90 ℃	大气压	测量范围广,用于对罐的储藏量管理,使用可靠,但需经常维护,体积较大

【案例分析】 在这张液位计性能简表中量值的表述和书写、计量单位和计量术语的使用存在不少错误。依据我国法定计量单位中对压力计量单位的规定,单位名称为帕[斯卡],简称帕,单位符号为 Pa,中文符号为帕。该表中的具体错误如下:

(1) 表中的压力单位都没有用法定计量单位 Pa 表示:

因为 1 kgf/cm^2＝0.098 066 5 MPa,所以 35 kgf/cm^2 应表示为 3.43 MPa,同样 420 kgf/cm^2 应表示为 41.19 MPa。大气压力也应以 Pa 为单位表示。

(2) 测量范围中量值表达不正确,0.5～2 m,前者为数值,不能与量值等同起来,应该表示为 0.5 m～2 m 或(0.5～2)m。同理 0.1～50 m 应表示为 0.1 m～50 m 或(0.1～50)m。0.5～50 m 应表示为 0.5 m～50 m 或(0.5～50)m。

(3) 这里不应该使用精度,按照 JJF 1001—2011《通用计量术语及定义》,表示测量仪器计量特性要求的相应术语应是"最大允许误差"。

(4) ±0.2～0.5% 应表示为±(0.2%～0.5%)。

(5) ±3～5 mm 应表示为±(3～5) mm。

5.常见的应废除的和错误的或不恰当的计量单位

由于人们的生活工作习惯,一些已废除的计量单位还经常被说起。为更好地实施法定计量单位,方便大家将其与法定计量单位进行换算,特将部分常见的应废除的计量单位与法定计量单位的换算关系列于表2-7。

表2-7　常见的应废除的计量单位与法定计量单位的换算关系

量的名称	应废除的单位名称	应废除的单位符号	用法定计量单位表示及换算关系
长度	公尺		1公尺＝1 m
	公分		1公分＝1 cm
	[市]里		1[市]里＝(1/2) km＝500 m
	丈		1丈＝(10/3)m≈3.3 m
	[市]尺		1尺＝(1/3)m≈0.3 m
	[市]寸		1寸＝(1/30)m≈0.03 m
	[市]分		1分＝(1/300)m≈0.003 m
	码	yd	1 yd＝91.44 cm
	英尺	ft	1 ft＝30.48 cm
	英寸	in	1 in＝2.54 cm
	埃	Å	1 Å＝0.1 nm
质量(重量)	[市]斤		1斤＝(1/2) kg＝500 g
	[市]两		1两＝50 g
	[市]钱		1钱＝5 g
	磅	lb	1 lb＝453.59 g
	[米制]克拉		1克拉＝200 mg
	盎司(常衡)	oz	1 oz(常衡)＝28.349 g
	盎司(药衡、金衡)	oz	1 oz(药衡、金衡)＝31.103 g
力	千克力(公斤力)	kgf	1 kgf＝9.806 65 N
	达因	dyn	1 dyn＝10^{-5} N
压力(压强、应力)	标准大气压	atm	1 atm＝1.013 25×10^5 Pa
	工程大气压	at	1 at＝9.806 65×10^4 Pa
	毫米水银柱	mmHg	1 mmHg＝1.333 224×10^2 Pa
	毫米水柱	mmH_2O	1 mm H_2O＝9.806 65 Pa
	巴	bar	1 bar＝1×10^5 Pa
	托(0℃)	Torr	1 Torr＝1.333 224×10^2 Pa
重力加速度	伽	Gal	1 Gal＝1 cm/s^2
功、能、热量	尔格	erg	1 erg＝10^{-7} J
	国际蒸汽卡	cal_{rr}	1 cal_{rr}＝4.186 8 J
功率	[米制]马力		1马力＝735.499 W
面积	[市]亩(60平方丈)		1亩＝666.7 m^2
体积、容积	英加仑	UKgal	1 UKgal＝4.546 09 dm^3
	美加仑	USgal	1 USgal＝3.785 41 dm^3
	美(石油)桶	bbl	1 bbl＝158.987 dm^3

在工作和生活中常见的错误或不符合规定的计量单位及对应的正确法定计量单位举例见表2-8。

表2-8　错误的或不符合规定的计量单位举例

量的名称	错误的或不符合规定的单位	正确的单位符号
长度	MM，m/m	mm（毫米）
质量	公吨	t（吨）
容积、体积	公升，立升	L（l）（升）
	C.C.，c.c.	mL（毫升）
时间	y，y_r	a（年）
	Sec，(″)，S	s（秒）
	hr	h（时）
摄氏温度	度，百分度	℃（摄氏度）
热力学温度	开氏度，°K	K（开）
频率	C，c/s（周）	Hz（赫）
功率	瓦千，瓩	kW（千瓦）
电能	度	kW·h（千瓦·时）

6. 部分非法定计量单位与法定计量单位的换算

过去较为常用的部分非法定计量单位与法定计量单位的换算关系列于表2-9。

表2-9　过去较为常用的部分非法定计量单位与法定计量单位的换算关系

量的名称	非法定计量单位	法定计量单位	换算关系
长度	埃（Å）	m（米）	1 Å＝10^{-10} m
	光年	m	1 光年＝9.460 53 Pm
	码（yd）	m	1 yd＝0.914 4 m
	英尺（ft）	m	1 ft＝0.304 8 m
	英寸（in）	m	1 in＝0.025 4 m
			（1 ft＝12 in）
	英里（mile）	m	1 mile＝1 609.344 m
	［市］里	m	1［市］里＝500 m
	丈	m	1 丈≈3.3 m
	［市］尺	m	1［市］尺≈0.33 m
	［市］寸	m	1［市］寸≈0.033 m
面积	［市］亩	m^2（平方米）	1［市］亩＝666.7 m^2
	英亩	m^2	1 英亩＝4 046.86 m^2
体积、容积	石	L（升）	1 石＝100 L
	英加仑（UKgal）	L	1 UKgal＝4.546 09 L
	美加仑（USgal）	L	1 USgal＝3.785 41 L
	美（石油）桶（bbl）	L	1 bbl＝158.987 L

量的名称	非法定计量单位	法定计量单位	换算关系
质量（重量）	公两	g（克）	1 公两＝100 g
	公钱	g	1 公钱＝10 g
	公担（q）	kg（千克）	1 q＝100 kg
	磅（lb）	kg	1 lb＝0.453 592 37 kg
	克拉、米制克拉（k）	g（克）	1 k＝0.2 g
	盎司（oz）（常衡）	g	1 oz（常衡）＝28.349 5 g
	盎司（oz）（药衡）	g	1 oz（药衡）＝31.103 5 g
	盎司（oz）（金衡）	g	1 oz（金衡）＝31.103 5 g
力	达因（dyn）	N（牛）	1 dyn＝10^{-5} N
	千克力，公斤力（kgf）	N	1 kgf＝9.806 65 N
	磅力（lbf）	N	1 lbf＝4.448 22 N
	吨力（tf）	N	1 tf＝9 806.65 N
加速度	伽（Gal）	m/s²（米/秒²）	1 Gal＝10^{-2} m/s²
	标准重力加速度（g_n）	m/s²	1 g_n＝9.806 65 m/s²
压力	毫米汞柱（mmHg）	Pa（帕）	1 mmHg＝133.322 Pa
	毫米水柱（mmH_2O）	Pa	1 mmH_2O＝9.806 65 Pa
	标准大气压（atm）	Pa	1 atm＝101 325 Pa
	工程大气压（at）	Pa	1 at＝98 066.5 Pa
	千克力每平方米（kgf/m²）	Pa	1 kgf/m²＝9.806 65 Pa
	巴（bar）	Pa	1 bar＝10^5 Pa
	托（Torr）	Pa	1 Torr＝133.322 Pa
功、能、热	千瓦时（kW·h）	J（焦）	1 kW·h＝3.6 MJ
	尔格（erg）	J	1 erg＝10^{-7} J
	千克力米（kgf·m）	J	1 kgf·m＝9.806 65 J
	国际蒸汽卡（cal_{rr}）	J	1 cal_{rr}＝4.186 8 J
	热化学卡（cal_{th}）	J	1 cal_{th}＝4.184 0 J
	大卡、千卡	J	1 大卡＝4 186.8 J
	15℃卡（cal_{15}）	J	1 cal_{15}＝4.185 5 J
	20℃卡（cal_{20}）	J	1 cal_{20}＝4.181 6 J
	马力小时	J	1 马力小时＝$2.647 79×10^6$ J
功率	马力、米制马力	W（瓦）	1 马力＝735.499 W
	千卡每小时（kcal/h）	W	1 kcal/h＝1.163 W
	国际瓦特（Wint）	W	1 Wint＝1.000 19 W
	乏（var）	W	1 var＝1 W

续表

量的名称	非法定计量单位	法定计量单位	换算关系
温度、温差、温度间隔	华氏度(℉)	℃(摄氏度)	1℉＝(5/9)℃
照射量	伦琴(R)	C/kg(库/千克)	1 R＝2.58×10^{-4} C/kg
吸收剂量	拉德(rad)	Gy(戈)	1 rad＝10^{-2} Gy
剂量当量	雷姆(rem)	Sv(希)	1 rem＝10^{-2} Sv
放射性活度	居里(Ci)	Bq(贝可)	1 Ci＝37 GBq
发光强度	国际烛光	cd(坎)	1 国际烛光＝1.019 cd

习题及参考答案

一、习　题

（一）思考题

　　1. 什么叫量、量值和计量单位？

　　2. 如何理解计量学中量、计量单位和计量单位的符号？

　　3. 什么叫基本量和基本单位？

　　4. 什么叫导出量和导出单位？

　　5. 国际单位制是如何构成的？

　　6. 国际单位制的基本单位有哪些？它们的名称和符号是什么？

　　7. 国际单位制中具有专门名称的导出单位有哪些？它们的名称和符号是什么？

　　8. 国际单位制的词头有多少个？$10^{-1} \sim 10^{-12}$ 和 $10^{1} \sim 10^{12}$ 的词头名称和符号是什么？

　　9. 什么叫法定计量单位？我国法定计量单位与国际单位制单位有什么关系？

　　10. 我国法定计量单位是由哪几部分组成的？

　　11. 国家选定的非国际单位制单位有哪些？它们的名称和符号是什么？

　　12. 使用法定计量单位的名称时要注意什么问题？

　　13. 使用法定计量单位和词头的符号时要注意什么问题？

　　14. 在使用我国法定计量单位和词头时有哪些规定？

　　15. 下列计量单位表示是否正确？如何正确表示？

　　　　长度单位：μ、mμm；

　　　　电容单位：$\mu\mu$F；

　　　　加速度单位：m/s/s；

　　　　速度单位：km/小时；

　　　　力矩单位：mN；

　　　　热导率单位：W/K·m；

　　　　比热容单位：J/(kg·K)。

　　16. 列举常见的非法定计量单位及其与法定计量单位的换算关系。

　　17. 列举常见的应废除的计量单位及其与法定计量单位的换算关系。

18. 在工作和生活中常见的错误的计量单位有哪些? 其对应的正确计量单位是什么?

(二)选择题(单选)

1. 下列计量单位的符号中,不属于国际单位制符号的是_____。

    A. t   B. kg   C. ns   D. μm

2. 下列量值的表达中,正确的是_____。

    A. 电压:4 v   B. 水密度:1 kg/dm^3

    C. 比热容:0.27 J/kg・K^{-1} D. 质量:30 μkg

3. 下列量的符号表示中,符合法定计量单位符号使用规定的是_____。

    A. 电流:I   B. 最大电压:V$_{max}$

    C. 锌的电阻率:ρ_{Zn} D. x 轴方向的力:F$_x$

4. 下列速度单位"m/s"的中文名称写法中,符合法定计量单位使用规定的是_____。

    A. 米秒   B. 秒米   C. 米每秒   D. 每秒米

5. 一位田径运动员 110 m 栏成绩的几种表示中,符合法定计量单位使用规定的是_____。

    A. 12″.88   B. 12.88″   C. 12s88   D. 12.88s

6. 下列不同量值中,与 1μs 量值相等的是_____。

    A. 10^6 s   B. 10^{-6} s   C. 10^{-9} s   D. 10^{-3} s

7. 下列热导率单位的表示中,符合单位符号书写规定的是_____。

    A. W/K・m   B. W/K/m   C. W/(K・m)   D. $\frac{W}{(K・m)}$

8. 电能单位的中文符号是_____。

    A. 瓦[特]   B. 度   C. 焦[耳]   D. 千瓦・时

9. 比热容单位的国际符号是 J/(kg・K),其名称的正确读法是_____。

    A. 焦耳除以千克开尔文   B. 焦耳每千克每开尔文

    C. 焦耳每千克开尔文   D. 焦耳每开尔文千克

(三)选择题(多选)

1. 下列用国际符号表示的力矩单位"牛顿米"中,符合法定计量单位使用规定的有_____。

    A. NM   B. Nm   C. mN   D. N・m

2. 下列量中,属于国际量制导出量的有_____。

    A. 电压   B. 电阻   C. 电荷量   D. 电流

3. 下列计量单位中,属于国际单位制单位的有_____。

    A. 毫米   B. 吨   C. 吉赫   D. 千帕

4. 下列额定电压和电流的表示中,符合法定计量单位使用规定的有_____。

    A. 180～240 V$_r$,5～10 A$_r$

    B. 180 V～240 V,5 A～10 A

    C. (180～240) V,(5～10) A

    D. (180～240)伏[特],(5～10)安[培]

5. 下列对 0.05 毫米的表示中,符合法定计量单位规定的有_____。

    A. 0.05 mm   B. 5×10^{-5} m

    C. 50 μm   D. 5 000 nm

二、参考答案

(一)思考题(略)

(二)选择题(单选):1. A; 2. B; 3. C; 4. C; 5. D; 6. B; 7. C; 8. D; 9. C。

（三）选择题（多选）：1. B D；　2. A B C；　3. A C D；　4. B C；　5. A B C。

第二节　测量、计量

一、测量

（一）测量概述

测量是人类认识和揭示自然界物质运动的规律、借以定性区别和定量描述周围物质世界，从而达到改造自然和改造世界的一种重要手段。可以说，测量的概念起源于人类对物质世界的认识，人类在认识自然、改造自然的过程中，随着生产、劳动和生活的需要，将遇到各种现象和物体，并希望能定性地区别或定量地确定这些现象和物体的属性，他们用人体的某一部分或某一实物，确定距离的远近、土地的大小、食物的多少以及物体的轻重。随着人们在生产劳动实践中知识的不断积累，改造自然的能力逐步提高，人们把"确定的已知量"规定为某一量的单位量，通过它与一个未知量进行比较，从而确定这一未知量的大小，并将其（量的大小）用数值和单位的乘积（即量值）表示出来，这就是人们从事的测量活动。可见，一个量的大小，用量值来表示，而量值的获得是通过测量来实现的。随着人类社会和科学技术的高度发展，人类认识自然的能力又进一步深化，测量对象不再局限于物理量，还可以对化学量、工程量、生物量等进行定性的区别和定量的确定，从而测量范围不断扩大，测量不确定度要求不断提高，还出现了动态测量、在线测量、综合测量以及在严酷环境下的特殊测量，测量的概念更为宽广，其应用的范围及内容更为丰富。

什么是测量？ 按 JJF 1001—2011《通用计量术语及定义》中的定义，测量（measurement）就是"通过实验获得并可合理赋予某量一个或多个量值的过程"。测量不适用于标称特性，它意味着量的比较并包括实体的计数。测量的先决条件是与测量结果预期用途相适应的量的描述、测量程序以及根据规定测量程序（包括测量条件）进行操作的经校准的测量系统。

在实际应用中，人们有时把测量称为计量，把测量单位称为计量单位，把测量标准称为计量标准等。

1. 测量过程

测量活动是一个过程。所谓"过程"是指"一组将输入转化为输出的相互关联或相互作用的活动"。输入是过程的依据和要求（包括资源）；输出是过程的结果，是由有资格的人员通过充分适宜的资源所开展的活动将输入转化为输出；"相互关联"反映过程中各项活动间的互相联系、顺序和接口；"相互作用"反映过程中各环节的相互影响和关系。测量过程是根据输入的测量要求，经过测量活动，得到并输出测量结果的全部活动。测量过程的 3 个要素是：①输入：确定被测量及对测量的要求；②测量活动：对所需要的测量进行策划，从测量原理、测量方法到测量程序；配备资源，包括适宜的且具有溯源性的测量设备，选择和确定具有测量能力的人员，控制测量环境，识别测量过程中影响量的影响，实施测量操作；③输出：按输入的要求给出测量结果，出具证书和报告。

"量"作为一个概念，有广义量和特定量之分。广义量是从无数特定同种量中抽象出来的量，如温度、容积、电压、长度等；而特定量是特指的某被测对象的量，只有可测量的特定量才能进行测量。测量时，受测量的物体、现象或状态称为被测件或被测对象。被测量有时指受测量的特定量，如某一杯水的温度、某一容器的容积、某处电源的输出电压以及某根导线的长度。对被测量的描述要求对研究的现象、物体或物质的状态有详细说明，例如要求对包括影响被测量有关的其他量即所影响量

(如时间、温度、压力、频率)做出说明。

按测量的目的提出测量要求,包括对被测量的详细要求、对影响量的要求、测量不确定度和测量结果的表达形式的要求等。确定了被测量和测量要求后,选择测量原理、测量方法和测量设备,确定测量人员,制定测量程序和开展测量活动。

【案例2-9】　在考核长度室时,考评员问室主任小尹:"你讲一讲什么是测量过程。如测量一个精密零件,测量过程主要涉及哪些环节?"小尹回答:"测量过程就是确定量值的一组操作。其主要环节是,首先明确测量要求,确定测量原理和方法,选择测量仪器和手段,制定测量程序,实施测量,最后提出测量报告。"考评员问:"这一过程完整吗?"小尹回答:"我看可以吧!"

【案例分析】　针对以上问题,该室主任在实际应用时对测量过程的理解还不够全面。

按GB/T 19022—2003《测量管理体系　测量过程和测量设备的要求》7.2的要求,测量过程中还必须识别及考虑各种影响量,包括环境条件、操作者能力、测量人员的技能以及影响测量结果可靠性的其他因素。

2. 测量原理

测量原理(measurement principle)是指"用作测量基础的现象"。这里的现象可以是物理现象、化学现象或生物现象。测量原理是测量所依据的自然科学中的定律、定理和得到充分理论解释的自然效应等科学原理。例如,在温度测量中应用的热电效应,在化学测量中用于测量物质的量浓度的能量吸收;在生物量测量中,依据快速奔跑的兔子血液中葡萄糖浓度下降现象,用于设备制备中的胰岛素浓度;在力的测量中应用的牛顿第二定律;在电学测量中应用的欧姆定律;在质量测量中应用的杠杆原理;在速度测量中应用的多普勒效应;在长度测量中应用的光干涉原理,都属于测量原理。正确地运用测量原理,是保证测量准确可靠的科学基础。实际上,测量结果能否达到预期的目的,主要取决于所应用的原理。如在长度测量中,应用激光干涉方法不仅改善了测量不确定度,而且极大地扩展了测量范围;在长度比较测量中,若不遵守阿贝准则,就会带来较大的测量不确定度。

3. 测量方法

测量方法(measurement method)是指"对测量过程中使用的操作所给出的逻辑性安排的一般性描述"。换句话说就是根据给定测量原理实施测量时,概括说明的一组合乎逻辑的操作顺序,测量方法就是测量原理的实际应用。例如,根据欧姆定律测量电阻时,可采用伏安法、电桥法及补偿法等测量方法,在采用电桥法时,又可分为替代法、微差法及零位法等。由于测量的原理、运算和实际操作方法的不同,通常会有多种多样的测量方法。下面介绍一些常用的测量方法。

(1)直接测量法和间接测量法。这是根据量值取得的不同方式来进行分类的。直接测量法是指不必测量与被测量有函数关系的其他量,就能直接得到被测量值的一种测量方法。换言之,是指可通过测量直接获得被测量量值的测量方法。大多数情况下采用直接测量法,测得的量值是由测量仪器的示值直接给出。但在进行高准确度测量时,为了减小量值中所含的系统误差,通常需要做补充测量来确定其影响量的值,然后对所得量值加以修正。即使这样,这类测量仍属直接测量。间接测量法是指通过测量与被测量有函数关系的其他量,来得到被测量值的一种测量方法。也就是说,被测量的量值是通过对其他量的测量,按一定函数关系计算出来的。如长方形面积是通过测量其长度和宽度并用其乘积来确定的,固体密度是根据测量物体的质量和体积的结果,按密度定义公式计算的。间接测量法在计量学中有特别重要的意义,许多导出单位,如压力、流量、速度、重力加速度、功率等量的单位的复现是由间接测量法得到的。

(2)基本测量法和定义测量法。通过对一些有关基本量的测量,以确定被测量值的测量方法称为基本测量法,也叫绝对测量法。根据量的单位定义来确定该量的测量方法称为定义测量法,这是按计量单位定义复现其量值的一类方法,这种方法既适用于基本单位也适用于导出单位。

（3）直接比较测量法和替代测量法。将被测量的量值直接与已知其值的同一种量相比较的测量方法称为直接比较测量法。这种测量方法在工程测试中广为应用，如标准量块的中心长度测量，在等臂天平上测量砝码等。这种方法有两个特点：一是必须是同一种量才能比较；二是要用比较式测量仪器。采用这种方法，许多误差分量由于与标准的同方向增减而相互抵消，从而获得较小的测量不确定度。将选定的且已知其值的同种量替代被测量，使在指示装置上得到相同效应以确定被测量值的一种测量方法称为替代测量法。例如，在质量计量中常用波尔特法，将被测的物体置于天平的秤盘上，使之平衡，然后取下被测物体，用代替砝码再使天平平衡，那么所加砝码的质量即为被测物体的质量，这种方法的优点在于能消除天平不等臂性带来的测量不确定度分量。

（4）微差测量法和符合测量法。将被测量与同它只有微小差别的已知同种量相比较，通过测量这两个量值间的差值以确定被测量值的一种测量方法称为微差测量法。例如，用量块在比较仪上测量活塞的直径或环规的孔径，比较仪上的示值差即为"两个量值之差"。由于两个相比较的量处于相同条件下比较，因此各个影响量引起的误差分量可自动局部抵消或全部抵消。微差测量法的测量不确定度来源主要有两个分量：一是计量标准器的误差引入的不确定度分量；二是比较仪引入的不确定度分量。用观察某些标记或信号相符合的方法，来测量出被测量值与作为比较标准用的同一种已知量值之间微小差值的一种测量方法称为符合测量法。例如，用游标卡尺测量零件尺寸就是利用这种测量方法，使游标上的刻线与主尺上的刻线相符合，确定零件的尺寸大小。

（5）补偿测量法和零值测量法。在测量过程做这样的安排，使一次测量中包含有正向误差，而在另一次测量中包含有负向误差，因此所得量值中大部分误差能互相补偿而消去，把这种测量方法称为补偿测量法。如在电学计量中，为了消除热电势带来的系统误差，常常改变测量仪器的电流方向，取两次读数和的二分之一为所得量值。调整已知其值的一个或几个与被测量有已知平衡关系的量，通过平衡原理确定被测量值的一种测量方法称为零值测量法，也称为平衡测量法。例如，用电桥测量电阻就是采用这种方法。

当然，按测量的特点和方式，测量又可分为接触测量和非接触测量、动态测量和静态测量、模拟测量和数字测量、手动测量和自动测量等。

4. 测量程序

测量程序（measurement procedure）是指"根据一种或多种测量原理及给定的测量方法，在测量模型和获得测量结果所需计算的基础上，对测量所做的详细描述"。换句话说，测量程序是根据给定的方法实施对某特定量的测量时，所规定的具体、详细的操作步骤。测量程序通常要写成充分而详尽的文件，以便操作者能进行测量，确保操作者在进行测量时不再需要补充资料。测量程序相当于日常所说的操作方法、操作规范或操作规程，具体实施测量操作的作业指导书等文件，测量程序应确保测量的顺利进行。测量程序可包括有关目标不确定度的陈述。当然，是否需要制定测量程序应按测量的实际需要来确定，对于一般简单的测量，人们已十分习惯并熟练掌握操作方法，也就不需要形成什么文件。有时习惯上，测量程序也被称为测量方法，应注意到它们之间实际上是有区别的。

测量原理、测量方法、测量程序是实施测量时所需的 3 个重要因素。测量原理是实施测量过程中的科学基础，测量方法是测量原理的实际应用，而测量程序是测量方法的具体化。

5. 测量资源的配置和影响量的控制

测量的资源包括测量人员、测量所需的测量仪器及其配套设备、测量所需的环境条件及设施、测量方法的规范、规程或标准以及有关文件。要实施测量，必须配备相应的测量仪器，为此必须选用经检定或校准合格且符合测量要求的测量仪器。测量人员应有一定的技能和资格。为了获得准确可靠的测量、减少测量误差、减小测量不确定度，必须充分估计影响量对测量结果的影响，对测量中明显影响测量结果的环境条件及其他各种因素，要采取控制措施。

6. 测量结果

测量结果是测量过程的输出,是经过测量所得到的被测量的值,完整的测量结果应当包括有关测量不确定度信息,必要时还应说明有关影响量的取值要求。

把测量活动作为测量过程来看待,有利于理解测量中的各项要素,识别测量要求,明确测量的资源、顺序、接口、关系及相互作用,有利于实施测量及对测量活动的管理和监控。

(二) 测量的作用

测量是人们认识世界、改造客观世界的重要手段。测量是科学技术的基础,正如俄国科学家门捷列夫所说:"没有测量,就没有科学。"科学从测量开始,每一种物质和现象,只有通过测量才能真正认识。不能测量的东西,人们就不可能全面地认识它。测量是工业生产的重要手段,它可以保证产品质量、零配件互换、改进和监控工艺、改善劳动条件、加强经营管理、提高劳动生产率和实现生产的自动化和现代化。测量是掌握物资和能源数量的途径,是经济合理地使用这些财富、减少能源和材料消耗的重要手段。测量可以维护社会经济秩序,确保国内和国际上贸易活动的正常进行。环境监测和食品、药品以及医疗卫生、安全防护等方面的测量直接影响人们的健康和安全。测量涉及人们生活中的衣食住行,买东西要称重量、做衣服要量尺寸,人们生活中处处离不开测量。因此,测量与国民经济、社会发展和人民生活有着十分密切的关系,具有十分重要的地位。在人们认识自然、改造自然的过程中,在各个领域无时无处不存在测量。如果没有测量,一切社会活动都是无法想象的。

二、计　量

(一) 计量概述

单位的统一是量值表述统一的基础。那么,什么是计量? 按照 JJF 1001—2011《通用计量术语及定义》中的定义,计量(metrology)是指"实现单位统一、量值准确可靠的活动"。这个定义明确了计量的目的及其基本任务是实现单位统一和量值准确可靠,其内容是为实现这一目的所进行的各项活动,这一活动具有相当的广泛性,它涉及工农业生产、科学技术、法律法规、行政管理等,通过计量所获得的测量结果是人类活动中最重要的信息源之一。计量的最终目的就是为国民经济和科学技术的发展服务。

(二) 计量的发展

计量的历史源远流长,计量的发展与社会进步联系紧密,它是人类文明的重要组成部分。计量的发展大体可分为古代计量、近代计量和现代计量 3 个阶段。

1. 古代计量

有关文字记载和器物遗存证明,早在数千年前,出于生产、贸易和征收赋税等方面的需要,古埃及、巴比伦、印度和中国等地均已开始进行长度、面积、容积和质量的计量。计量在我国历史上称为"度量衡"。由于生产和商品交换的发展,私有制逐渐形成,早在奴隶社会初期,就有人利用度量衡图谋私利,由此发生争执。史籍记载,约公元前 21 世纪,传说黄帝就设置了"衡、量、度、亩、数"5 量。舜在行使权力时即"协时月正日,同律度量衡"。禹在划分九州、治理水患时,使用规矩、准绳等测量工具,丈量规划四方土地。我国古代用人体的某一部分或其他的天然物、植物的果实作为计量标准,如"布手知尺""掬手为升""取权为重""迈步定亩""滴水计时",进行计量活动。关于周朝(约公元前1037 年)的度量衡法制记载,《礼记》说"周公六年,颁度量而天下大服"。《周礼》说,周朝设内宰颁行度量衡法令;大行人掌管发放标准器;合方氏负责监督检查;办理地方事务的官职叫司事;管理市场的叫质人。公元前221年,秦始皇统一全国后,颁发诏书,以最高法令形式将度量衡法制推行于天下。秦朝还监制了许多度量衡标准器,并实行定期的检定制度。

我国历史上计量的发展,为人类进步做出了突出的贡献。西汉末年(即2 000多年以前),王莽进行度量衡改革时颁行的标准器之一,用青铜铸造的新莽嘉量,成为我国历史上度量衡器的珍品。嘉量由5个分量组成,每个分量代表一个容积单位,并且一个器具将长度、容积、重量三量合一,在中国古代计量发展史上写下了光辉的一页。我国出土的新莽九年游标卡尺,其原理和操作方法与一千多年以后出现的近代游标卡尺基本相同。我国古代就提出"自然基准"的概念,汉代已用声波作为长度基准,具体的量值复现用"黄钟律管",即用共鸣声频率相对应的管腔长度作为长度基准。我国历史上把漏刻作为记时仪器,已使用了几千年。现存最早的记时仪器漏刻是西汉(公元前60年)时期的。计量器具是历代王朝行使权力的象征,如北京故宫博物院太和殿和乾清宫丹陛前,各分别陈列着鎏金铜嘉量和日晷,嘉量在西,日晷在东,庄严地展示着清王朝的统治权力。我国古代的计量发展史,也从另一个侧面展示出了中华民族的智慧和文化。

2. 近代计量

从世界范围看,1875年《米制公约》的签订,标志着近代计量的开始。随着近代物理学的发展,近代计量逐步引入了"物理量"的概念,使计量研究应用的对象得到了技术扩展。这一阶段的主要特征是计量摆脱了利用人体、自然物体作为"计量基准"的原始状态,进入以科学技术为基础的发展时期。由于科技水平的限制,这个时期的计量基准大都是经典理论指导下的宏观实物基准。例如,根据地球子午线长度的四千万分之一长度,用铂铱合金制成长度米基准原器;根据一立方分米体积的纯水在其密度最大时的质量,用铂铱合金制成了质量基准千克原器;根据地球围绕太阳转动的周期来定义时间的单位秒;根据两通电导线之间产生的力来定义电流的单位安培等,建立了一种所有国家都能使用的计量单位制。但这种实物基准器(即国际计量标准),随着时间的推移,由于腐蚀、磨损或自然现象的变化,量值难免发生微小变化,受复现技术的限制,准确度也难以提高。随着工业生产的迅速发展,被测的量更为广泛,计量的范围也在逐渐扩大。

从我国的实际情况看,由于原有的工业基础薄弱,20世纪50年代我国进入了国民经济全面恢复时期,也是我国工业化奠基的时期,数百个大型工业企业的建立,使工业部门的计量工作逐步兴起。1955年国务院设立了国家计量局,开始推行米制,制定了统一计量制度的条例法规,组织计量器具的检定;1956年把"统一的计量系统、计量技术和国家标准的建立"列入国家重点发展项目,同时,采取建立临时计量标准的措施;1957年我国可以开展国家检定的计量专业发展到长度、温度、力学、电学计量等,初步形成了我国近代计量科学体系的雏形。1959年国务院发布了《关于统一计量制度的命令》和《统一公制计量单位名称方案》,促进了我国计量工作的发展。

3. 现代计量

现代计量的标志是1960年国际计量大会决议通过并建立的适用于各个科学技术领域的计量单位制,即国际单位制。它将以经典理论为基础的宏观实物基准,转为以量子物理和基本物理常量为基础的微观自然基准。也就是说,现代计量以当今科学技术的最高水平,使基本单位计量基准建立在微观自然现象或物理效应的基础上,并建立科学、简便、有效的溯源体系,实现国际上测量的统一。基本物理常量是指自然界的一些普遍适用的常数,它们不随时间、地点或环境条件的影响而变化。基本物理常量的引入和发展在定义计量基本单位和导出单位方面起到了关键的作用。例如,1967年第13届国际计量大会决议,以铯-133原子基态的两个超精细能级间跃迁相对应的辐射的9 192 631 770个周期的持续时间为1秒,使秒的复现不确定度达$10^{-14} \sim 10^{-15}$量级;1983年第17届国际计量大会通过的米定义,采用了光在真空中于1/299 792 458s时间间隔内所经路程的长度为1米,使米的复现不确

定度达 $10^{-11}\sim10^{-12}$ 量级；此外，1990 年在电压和电阻单位定义中采用了约瑟夫森常量 K_J 和克里青常量 R_K 的约定值，质量的单位也采用基于有关基本物理常量的新定义，摩尔的定义用到了阿伏伽德罗常量 N_A 等。定义中采用一些有关的基本物理常量，这将大大减小计量基准复现的不确定度，以满足科学研究、国民经济、生产和社会发展的需要。

我国现代计量的发展经历了多次飞跃。在 20 世纪 60 年代，我国以建立计量基准作为国家科研规划项目的重中之重。从 20 世纪 60 年代到 20 世纪 80 年代，我国计量科研进入了一个高速发展的时期，经过了十余年的努力，相继建立了包括一些自然基准在内的 100 余项计量基准，为我国现代计量事业的发展奠定了基础。我国计量基准体系的建立，标志着我国现代计量科学已从根基上拉近了与国际计量科学水平的距离，有的基准技术水平已接近或达到国际先进水平。在计量领域扩充了化学计量。20 世纪 70 年代我国加入《米制公约》组织，形成了国际计量交流与合作的新局面。

从 20 世纪 80 年代起，我国迎来了现代计量发展的新的历史机遇。1985 年颁布了《计量法》，使计量全面介入商贸、安全、健康、环保等涉及国计民生的重要领域，逐步建立我国的法制计量体系，使计量全面进入现代社会领域并展现了其公正、公平和权威的形象。《计量法》的实施，为各行各业几十万个企业规范了计量管理，配备了必要的计量器具，培训了计量技术和管理人才，在工业领域全面建立并完善了计量保证体系，使我国工业计量的规模和水平得到了空前的扩展和提高，并使计量转变为生产力。通过对贸易结算、安全防护、医疗卫生、环境监测领域的计量器具的强制检定，维护了国家和人民的利益。

进入 21 世纪后，随着国民经济的快速发展，国家对计量工作的支持力度不断增加，使我国现代计量有了更大规模的发展：以量子物理为依据的基础研究取得进一步发展，课题选择面向国际计量热点和前沿关键问题，例如量子质量基准、光钟、基本常量测量研究等，陆续取得丰硕的成果，并正在逐步建立我国现代科学计量体系；进一步完善国家计量法规，开拓法制计量的新领域，完善计量保障机构，逐步建立我国现代法制计量体系；进一步加强企业基础工作，完善企业测量管理体系；大力推广不确定度的应用，普遍开展校准服务，逐步建立我国现代工业计量体系；通过签订国际计量互认协议，广泛参加国际比对和同行评审，积极开展国际计量交流与合作，我国的计量基准和计量校准测试能力得到了国际上的普遍承认。我国的计量水平已跻身于国际先进行列。

（三）计量的特点

计量具有以下 4 个方面的特点。

1. 准确性

准确性是指测量结果与被测量真值的接近程度。它是开展计量活动的基础，只有在准确的基础上才能达到量值的一致。但由于实际上不存在完全准确无误的测量，因此在给出测量结果量值的同时，必须给出其测量不确定度（或误差范围）。否则，所进行的测量的质量（品质）就无从判断。所谓量值的"准确"，是指在一定的不确定度、误差极限或允许误差范围内的准确。只有测量结果的准确，计量才具有一致性，测量结果才具有使用价值，才能为社会提供计量保证。

2. 一致性

计量的基本任务是保证单位的统一与量值的一致，计量单位统一和单位量值一致是计量一致性的两个方面，单位统一是量值一致的前提。量值一致是指量值在一定不确定度内的一致，是在统一计量单位的基础上，无论在何时、何地，采用何种方法，使用何种测量仪器，以及由何人测量，只要符合有关的要求，其测量结果就应在给定的区间内一致。也就是说，测量结果应是可重复、可再现（复现）、可比较的。通过量值的一致性可证明测量结果的准确可靠。计量的实质是对测量结果及其有效性、可靠性的确认，否则计量就失去其社会意义。国际计量组织非常关注各国计量的一致性，采取了一些措施,例如,开展国际关键比对和辅助比对,目的是验证各国的测量结果在等效区间或协议区间内的一致性。

3. 溯源性

为了实现量值一致,计量强调"溯源性"。溯源性是确保单位统一和量值准确可靠的重要途径。溯源性指任何一个测量结果或计量标准的量值,都能通过一条具有规定不确定度的连续比较链,与计量基准联系起来。这种特性使所有的同种量值,都可以按这条比较链通过校准向测量的源头追溯,也就是溯源到同一个计量基准(国家基准或国际基准),或通过检定按比较链进行量值传递。否则,量值出于多源或多头,必然会在技术上和管理上造成混乱。所谓"量值溯源",是指自下而上通过不间断的比较链,使测量结果或测量标准的量值与国家基准或国际基准联系起来,通过校准而构成溯源体系;而"量值传递",则是指自上而下通过逐级检定或校准而构成检定系统,将国家基准所复现的量值通过各级测量标准传递到工作测量仪器的活动。自下而上的量值溯源和自上而下的量值传递,都使测量的准确性和一致性得到保证。

4. 法制性

古今中外,计量都是由政府纳入法制管理,确保计量单位的统一,避免不准确、不诚实的测量带来的危害,以维护国家和消费者的权益。计量的社会性本身就要求有一定的法制性来保障,不论是计量单位的统一,还是计量基准的建立,制造、修理、进口、销售和使用计量器具的管理,量值的传递,计量检定的实施等,不仅依赖于科学技术手段,还要有相应的法律、法规,依法实施严格的计量法制监督,也就是说,某些计量活动必须以法律、法规的形式做出相应的规定,并依法实施监督管理。特别是对国民经济有明显影响、涉及公众利益和可持续发展或需要特殊信任的领域,必须由政府建立起法制保障。否则,计量的准确性、一致性就不可能实现,计量的作用也难以发挥。

(四) 计量的分类

计量活动涉及社会的各个方面。国际上有一种观点,按计量的社会功能,把计量大致分为 3 个组成部分,即法制计量、科学计量、工业计量(又称工程计量),分别代表以政府为主导的计量社会事业、计量的基础和计量应用 3 个方面。

1. 法制计量

法制计量是计量的一部分,是计量工作的重要方面。计量作为社会事业,并不是每一个方面都需要政府管理,但政府应管什么? 政府应把管理重点放在制定与实施计量法律、法规并依法进行计量监督上,也就是说,法制计量是政府及法定计量检定机构的工作重点。在国民经济、社会生活中,存在着有利害冲突的计量,法制计量的目的是要解决由于不准确、不诚实测量所带来的危害,以维护国家和人民的利益。为了消除这种利害冲突,则必须实施依法管理。当前国际社会公认的法制计量领域即为《计量法》所规定的贸易结算、安全防护、医疗卫生、环境监测等领域。近年来,随着可持续发展战略的提出,各国对资源越来越重视,资源控制也将纳入依法管理的范围。因此,法制计量的领域是随经济发展而变化的。

什么是法制计量? 在 JJF 1001—2011《通用计量术语及定义》中指出,法制计量(legal metrology)是指"为满足法定要求,由有资格的机构进行的涉及测量、测量单位、测量仪器、测量方法和测量结果的计量活动,它是计量学的一部分"。在这个定义中,主要讲了法制计量所涉及的工作内容及执行方法。法制计量的内容主要包括:计量立法、统一计量单位、测量方法、计量器具和测量结果的控制、法定计量检定机构及测量实验室管理等。计量立法包括:国家计量法的制定、计量法规和规章的制定以及各种计量技术规范的制定。统一计量单位要求强制推行法定计量单位。测量方法和计量器具的控制包括:计量器具的型式批准、计量标准的考核、计量器具的强制检定(首次检定和后续检定)、计量器具的检查等。测量结果和有关计量技术机构的管理包括：定量包装商品净含量的管理、对校准和检测实验室的要求。当然，这些工作中的技术工作必须由法定计量检定机构或授权的计量技术机构来执行。总之，法制计量是政府行为，是政府的职责。

2. 科学计量

科学计量是科技和经济发展的基础，也是计量的基础。它是指基础性、探索性、先行性的计量科学研究，通常用最新的科技成果来精确地定义与实现计量单位，并为最新的科技发展提供可靠的测量基础。科学计量是计量技术机构的主要任务，包括计量单位与单位制的研究、计量基准与标准的研制、物理常量与精密测量技术的研究、量值传递和量值溯源系统的研究、量值比对方法与测量不确定度的研究。当然也包括对测量原理、测量方法、测量仪器的研究，以解决有关领域准确测量的问题，开展动态、在线、自动、综合测量技术的研究，开展新的科学领域中量值溯源方法的研究，提高测量人员测量能力的研究，联系生产实际开展与提高工业竞争能力有关的计量测试课题的研究，以及涉及法制计量和计量管理的研究等。科学计量是实现单位统一量值准确可靠的重要保障。

3. 工业计量

工业计量也称为工程计量。一般是指工业、工程，当然也包括农业和第三产业在内的生产企业中的实用计量。有关能源或材料的消耗、监测和控制，生产过程工艺流程的监控，生产环境的监测以及产品质量与性能的检测，企业的质量管理体系和测量管理体系的建立和完善，生产技术的开发和创新，企业的节能降耗与环保，统计技术的应用，经营和管理生产活动，安全的保障，提高生产效率等，无不与计量有关。因此，计量已成为生产活动中不可缺少的，成为企业的重要技术基础。工业计量的含义具有广义性，并不是指单纯的工业领域，广义的是指除了科学计量、法制计量以外的其他计量测试活动，它是涉及应用领域的计量测试活动的统称，涉及社会生活的各个领域，在生产和其他各种过程中的应用计量技术均属于工业计量的范畴。工业计量一词是我国对这些计量测试活动的一种习惯用语，涉及建立企业计量检测体系，开展各种计量测试活动，建立校准、测试服务市场，发展仪器仪表产业等方面。工业计量测试能力实际上也是一个国家工业竞争力的重要组成部分，在以高技术为基础的经济构架中显得尤为重要。工业计量在国民经济中的实际应用具有广阔的前景。

【案例2-10】　考评员到衡器检定室进行考核，问检定员小张："你从事衡器检定工作几年了？"

回答："两年多了。"

问："你们都参加过培训吗？"

回答："参加过。"

考评员问："请你给我讲讲什么是'计量'。"

回答："计量就是检定吧。"

又问："你们认为作为一个计量工作者最重要的工作目的是什么？"

回答："完成检定任务。"

考评员又问："你们没有培训过这些基础知识吗？"

回答："可能讲过，记不清了。"

【案例分析】　依据JJF 1001—2011《通用计量术语及定义》中计量的定义，计量就是"实现单位统一、量值准确可靠的活动"。问题在于培训工作不到位，检定员小张对"计量"基本概念的理解不全面，在实际工作中不能很好地应用。

按JJF 1069—2012《法定计量检定机构考核规范》6.2.2的规定："与计量检定、校准和检测等项目直接相关的人员，应经过必要的培训，具备相关的技术知识、法律知识和实际操作经验。"作为计量检定人员，应理解和应用JJF 1001—2011《通用计量术语及定义》的内容。确保单位统一和量值准确可靠是计量工作最根本的任务，而检定只是计量活动的一个方面。

三、计量学

（一）计量学概述

从科学的发展来看，计量曾经是物理学的一部分，后来随着领域和内容的扩展，形成了一门研究测量理论和实践的综合性科学，成为一门独立的学科——计量学。按 JJF 1001—2011《通用计量术语及定义》中的定义，计量学（metrology）是"测量及其应用的科学"，计量学涵盖有关测量的理论与实践的各个方面，而不论测量的不确定度如何，也不论测量是在科学技术的哪个领域中进行的。计量学研究的对象涉及有关测量的各个方面，如：可测的量；计量单位和单位制；计量基准、计量标准的建立、复现、保存和使用；测量理论及其测量方法；计量检测技术；测量仪器（计量器具）及其特性；量值传递和量值溯源，包括检定、校准、测试、检验和检测；测量人员及其进行测量的能力；测量结果及其测量不确定度的评定；基本物理常量、标准物质及材料特性的准确测定；计量法制和计量管理；有关测量的一切理论和实际问题。

计量学作为一门学科，它同国家法律、法规和行政管理紧密结合的程度，在其他学科中是少有的。计量是科学技术和管理的结合体，它包括计量科技和计量管理两个方面，两者相互依存、相互渗透，即计量管理工作具有较强的技术性，而计量科学技术中又涉及较强的法制性。因此，计量科学的研究不仅涉及有关计量科学技术，同时涉及有关法制计量和计量管理的内容。计量学有时简称计量。随着科学技术和生产的发展，计量学的内容还会更加丰富。

计量学通常采用了当代的最新科技成果，计量水平往往反映了科技水平的高低。计量又是科学技术的基础，没有计量就没有科技的发展，计量学的发展将大大推动科学技术的发展。

（二）计量学的范围

计量学应用的范围十分广泛，人们从不同角度，对计量学进行过不同的划分。按计量应用的范围，即按社会服务功能划分，通常把计量分为法制计量、科学计量和工业计量。我国目前按专业，把计量分为 10 大类计量，即几何量计量、热学计量、力学计量、电磁学计量、电子学计量、时间频率计量、电离辐射计量、声学计量、光学计量、化学计量。

1. 几何量计量

几何量计量在习惯上又称长度计量。其基本参量是长度和角度。按项目分类，包括：线纹、端度、线胀系数、大长度、角度、表面粗糙度、齿轮、螺纹、面积、体积等计量；也包括形位参数：直线度、平面度、圆度、垂直度、同轴度、平行度、对称度等计量；以及空间坐标计量、纳米计量等。几何量计量的应用十分广泛，绝大部分物理量都是以几何量信息的形式进行定量描述的，在计量工作中占有重要地位。

2. 热学计量

热学计量主要包括温度计量和材料的热物性计量。温度计量按国际实用温标可分为高温计量、中温计量和低温计量。热物性是重要的工程参量，热物性计量包括导热系数、热膨胀、热扩散率、比热容和热导特性等方面。通常在工业化自动生产过程中，温度、压力、流量是 3 个常用的热工量参数，为了与实际应用相结合，通常把压力、真空和流量放入热学计量部分，而把这一部分称为"热工计量"，但按专业划分，即按"量和单位"分类划分，压力、真空和流量应属于力学量。有时把热物性计量纳入化学计量中，则热学计量简称为温度计量。

3. 力学计量

力学计量作为计量科学的基本分支之一，其内容极为广泛。力学计量涉及的领域包括：质量计量、容量计量、力值计量、压力计量、真空计量、流量计量、密度计量、转速计量、扭矩计量、振动和冲击计量、重力加速度计量等，也包括表征材料机械性能的硬度计量等技术参量。力学计量是计量学中发展最早的分支之一，古代"度量衡"中的"量"和"衡"就是现在所谓的容量计量和质量计量。随着现代工业生产和社会经济的发展，特别是物理学和计算技术的发展，力学计量的研究内容和手段在不断地扩充和扩展。

4. 电磁学计量

电磁学计量的内容十分广泛，其分类方法也多种多样。按学科可分为电学计量和磁学计量；按工作频率可分为直流电计量和交流电计量两部分。电磁计量所涉及的专业范围包括：直流和 1 MHz 以下交流的阻抗和电量、精密交直流测量仪器仪表、模数/与数模转换技术和交流、直流比例技术、磁学量、磁性材料和磁记录材料、磁测量仪器仪表以及量子计量等。电学计量包括：交直流电压、交直流电流、电能、电阻、电容、电感、电功率等计量。磁学计量包括：磁通、磁矩、磁感应强度等磁学量的计量。电磁计量具有较高的准确度、灵敏度，能够实现连续测量，便于记录和进行数据处理，并可实施远距离测量，人们越来越多地将各种非电量转换为电磁量进行测量。

5. 电子学计量

电子学计量习惯上又称为无线电计量。从电子学计量覆盖的频率范围看，包括超低频、低频、高频、微波、毫米波和亚毫米波等整个无线电频段各种参量的计量。无线电计量需要测量的参数众多，大致可以分为两类：表征信号特征的参量，如电压、电流、场强、功率、电场强度、磁场强度、功率通量密度、频率、波长、波形参数、脉冲参量、失真、调制度（调幅、调频、调相）、频谱参量、噪声等；表征网络特性的参量，如集总参数电路参量（电阻、电导、电抗、电纳、电感、电容）、反射参量（阻抗、电压驻波比、反射系数、回波损失）、传输参量（衰减、相移、增益、时延）以及电磁兼容性等。电子学计量发展迅速，随着电子技术及通信技术的迅猛发展和智能型测量仪器、自动测试仪器的广泛应用，电子学计量在计量工作中发挥了越来越重要的作用。

6. 时间频率计量

时间频率计量所涉及的是时间和频率，时间是基本量，而频率是导出量。时间计量的内容包括：时刻计量和时间间隔计量。频率计量的主要对象，是对各种频率标准（简称频标）、晶体振荡器和频率源的频率准确度、长期稳定度、短期稳定度以及相位噪声的计量，以及对频率计数器的检定或校准。

7. 电离辐射计量

电离辐射计量的主要任务是 3 个：一是测量放射性本身有多少的量，即测量放射性核素的活动；二是测量辐射和被照介质相互作用的量；三是中子计量。电离辐射计量应建立放射性活度，X、γ射线吸收量，X、γ射线照射量和中子计量等计量基准和标准，开展对标准辐射源、医用辐射源、活度计、X、γ谱仪、比释动能测量仪、剂量计、照射量计、注量测量仪、电离辐射防护仪等测量仪器的检定和校准。电离辐射计量广泛应用于科学技术研究、核动力、核燃料、工农业生产、生物学、医疗卫生、环境保护、安全防护、资源勘探、军事国防等各个领域和部门。

8. 声学计量

声学计量包括超声、水声、空气声的各项参量的计量，声压、声强、声功率是其主要参量，还包括声阻、声能、传声损失、听力等计量。这些参量的测量和研究是声学计量技术的基础。声学计量包括以下内容：如空气声声压计量、超声声强和声功率计量、水声声压计量、听觉计量和机械噪声声功率及噪声声强计量。声学计量在量值传递、溯源过程中，所检定或校准的对象有传声器、声级计、听力计、超声功率计、水听器、标准噪声源及医用超声源、超声探伤仪、超声测厚仪等。水声计量已成为研究和利用海洋，以及进行探测、导航、通信等的一种强有力的手段，在国防和经济建设中有着广泛的应用。

9. 光学计量

光学计量包括自红外、可见光到紫外的整个光谱波段的各种参量的计量。根据研究对象的不同，光学计量主要包括：辐射度计量（辐射能量、辐射强度、辐射亮度、辐射照度、曝辐射量），光度计量（发光强度、光亮度、光出射度、光照度、光量、曝光量），激光辐射度计量（激光辐射量、激光辐射时域参量、激光辐射空域参量），材料光学参数计量（材料反射特性参数、材料透射特性参数），色度计量，光纤参数计量，光辐射探测器参数计量等。光学计量还包括：眼科光学计量、成像光学计量、几何光学计量等。

10. 化学计量

随着测量科学的不断发展，化学已从局限于定性描述一些化学现象逐步发展成为今天的定量描述物质运动的内在联系的一门基础科学，而化学计量则是在不同空间和时间里测量同一量时为保证其量值统一的基本手段。由于物质和化学过程的多样性和复杂性，在大多数化学测量中，物质都要经历某些化学变化，而且产生消耗，所以广泛采用相对测量法进行测量。由于化学过程的这一特点，在化学计量中多采用标准物质来进行量值传递和溯源，以及通过有关部门颁布标准测量方法、标准参考数据，建立量值传递和溯源体系。标准物质的研制在化学计量中十分重要。标准物质按特性分类分为：化学成分标准物质、物理化学特性标准物质、工程技术特性标准物质。化学计量包括燃烧热、酸碱度、电导率、黏度、湿度、基准试剂纯度等计量，也包括为建立生物技术可溯源的测量体系，开展生物量计量。

四、计量在国民经济和社会生活中的地位和作用

人们在广泛的社会活动中，每时每刻都在进行着大量的测量活动，科学实验、工农业生产、商品流通、人民生活都离不开测量，而且在测量过程中都在不断追求测量结果的准确、可靠。计量学是关于测量及其应用的科学。计量工作就是为测量的准确提供基础保证，以实现国家计量单位制度的统一和量值的准确可靠。

（一）计量与科学技术

门捷列夫讲："没有测量就没有科学。"聂荣臻元帅也曾说过："科技要发展，计量需先行……科学技术发展到今天，可以说，没有计量，寸步难行。"这些表述十分准确地说明了计量在科学研究中的重要地位和作用。从本质上讲，科学研究本身就是一个不断测量，不断分析测量数据，不断从测量数据中发现事物本质、事物间相互关系以及事物发展变化规律的过程。每一项科研成果的取得都是在成百上千次，甚至上万次的计量测试基础上，经过分析、比较、归纳得出的。计量测试技术是科技创新的"种子"和"引擎"，是国家核心竞争力的重要标志之一。没有计量测试技术的创新与发展，没有计量测试提供准确、可靠、一致、有效的计量测试数据，就很难提出创新的思路，也很难验证创新的成果。每一次计量测试精度的提高或者新测试方法的提出，都会产生一些新的科学发现，带来一些新的技术发明，促进新技术的革命。

当前，测量的对象已突破物理量，扩大到化学量、工程量、生物量、心理量等新领域。随着量子测量技术的研究与发展，计量技术将全面促进科技发展的速度与进程，为新一轮科技革命提供新的动力引擎。当然，科技的发展也给计量测试提供新的技术、新的理论、新的方法，两者相辅相成，相互促进，共同发展。

（二）计量与先进制造

从前3次工业革命可以看出，每次工业革命都是以计量测试技术的发展为前提。第4次工业革命以及未来先进制造，必须以计量测试技术的发展为引领。制造工艺的改进，数字化、信息化、智能化发展，精细化管理，产品质量和经济效益的提高，都必须以计量测试技术为基础。计量是工业的"眼睛"。计量测试技术贯穿于产品的全寿命周期管理和全产业链健康发展。没有准确的计量，就没有可靠的数据，也就根本谈不上高质量的产品，更谈不上高质量发展。国外工业发达国家把计量检测、原材料和工艺装备列为现代化工业生产的三大支柱。在以"定制化制造、柔性化生产"为特点的"智能制造"过程中，智能产品的基本信息，如基本尺寸、基本成分含量，都必须经过计量测试才能得到；智能产品要与智能装备进行信息交互，实现智能加工，必须经过计量测试才能相互感知，才能对智能产品进行定制化加工；加工后的基本信息只有通过计量测试才能重新写入新的智能产品中，为下一道工序提供新的、更加完备的基本信息。德国一家玻璃智能制造生产线上有3 000多个传感器，不停地感知有关信息，并经传输、分析、再感知、再分析，保证制造出带有"智能"功能的玻璃产品。随着第4次工业革命的推进，计量测试将是先进制造业的引领性技术和基础性设施。

（三）计量与农业生产

计量在农业生产中的应用十分广泛，如选种、育种、施肥、土壤成分化验、农作物营养成分分析、农药剂量与效果及残留物分析、农业标准化过程中指标检测以及农业生产经营管理等，都离不开计量。随着现代化农业的推进，计量测试的作用更加突显。例如，在农业机械上装有各种计量测试传感器，耕地时采集土地水分、成分等信息，因地施肥、因地耕种，有效地促进了土地使用效果；现代智能化大棚种植，通过计量测试技术实时监测大棚内温度、湿度、光照、水分等情况，实现自动化浇水、自动化调湿、自动化调温等，达到科学种植，极大地提高了农作物产品质量和数量；在农作物新品种培育中，计量对基因的检测等也发挥着重要作用。计量在农业生产中的广泛应用，促进了我国农业生产水平的大幅提升，促进了农业现代化进程加速。

（四）计量与民生

计量与民生息息相关。在商品流通领域中，计量器具的准确可靠是实现公平公正交易的基础。在医疗卫生领域，计量器具的准确可靠是保障人民群众身体健康的重要手段，如果医疗诊断用计量器具检测不准，就可能造成误诊；如果治疗用计量器具不准，就可能造成过度治疗或无效治疗。在日常生活中，时时处处都离不开计量：清晨起来，就要看看手表几点，为获得准确的时间，过去我们要用广播电台或电视台发布的标准时间进行调整，现在通过网络或导航系统直接进行了修正，这就是在进行时间计量"校准"活动；每天出门要关注天气情况，看看今天的温度是多少，这也需要计量；做衣服要用尺量长短；买粮食要用秤称重量；房子交易要测量面积；室内环境要测量污染物含量；要用水表、电度表、煤气表测量每天的水、电、煤气使用量；坐出租汽车要使用里程表计价；加油要用燃油加油机计费等。可以说，人们日常生活中的衣食住行都离不开计量。

随着人民群众生活质量的提高，人们普遍开始关注个人的身体健康和安全：为了健康，开始定期体检，观察各项指标是否合格，使用人体秤、体温计、血压计、血糖仪等，进行体重、体温、血压、血糖的测量；在生活中控制食盐、食用油的摄入量，使用标准定量的"小盐勺""小油壶"；关注食品中有无农药等残留量，饮用水是否符合标准要求，室内外环境空气质量是否达标，噪声是否超标，家用电器的电磁波、超声波对人体是否有害等。所有这些都需要准确可靠的计量。计量无时无刻不在百姓身边。

（五）计量与经济贸易

计量数据的准确、可靠及相互认可是贸易赖以正常进行的重要条件。贸易中很多商品都是根据商品的量来结算的，而商品的量必须借助计量器具来确定。据统计，近 80% 的贸易都要借助计量来完成。可以说，现代贸易若无计量保证是难以想象的。计量器具量值是否准确将直接影响买卖双方的经济利益，尤其在大宗物料的交接中，影响就更为突出。计量也是把好贸易中商品质量关的重要保证，任何一种商品的质量，总是用若干个参数指标来评价，而商品参数指标的准确测量都是依靠计量器具来完成的。

随着贸易全球化进程加快，国际贸易迅速发展，越来越需要复杂的测量以及合格评定、符合性试验、测量标准及标准物质来保障，计量作用更为凸显。全球市场贸易要求测量必须可溯源至国际计量标准，并且量值与国际一致，不相容的标准或者缺乏准确一致的计量，都可能阻碍商品进入贸易市场。为了打破国家间的技术壁垒，要求商品的测量数据和检验结果得到相关国家的承认和接受，这就必须有准确可靠的计量保障，具有相互可以接受的、一致的测量结果。各个国家正在按照国际标准推行校准实验室和检测实验室认可，开展合格评定和国际互认。而这一切的基础是现代测量能力，一个实验室与另一个实验室、一个国家与另一个国家之间的测量可比性，这些是建立测量结果互认和相互接受的基础。当前，在国际贸易中，由于存在技术壁垒，有些商品不能进入外国市场，其部分原因是国家测量技术和测量标准不符合贸易伙伴的要求。因此，测量技术的发展和测量标准的统一是克服这些技术壁垒的关键。

（六）计量与环境保护

从 20 世纪 80 年代起，我国政府就把环境保护作为一项基本国策。特别是十八大以来，党中央做出"大力推进生态文明建设"的战略决策，从 10 个方面绘出生态文明建设的宏伟蓝图。生态文明建设对我国能否可持续发展至关重要。合理开发利用资源，努力控制环境污染，防止环境质量恶化，保障经济社会全面、协调、可持续发展，计量检测是重要环节。"十四五"规划明确提出了"双碳"发展目标，而实现生态文明建设和"双碳"目标，计量是基础和关键。

水是生命之源，海洋、河流、冰川、湖泊的水质条件对我们都很重要，必须有规律地对水源进行监测，监测温度、酸碱度、盐度和重金属含量等；为了保护我们呼吸的新鲜空气，防止有害的太阳辐射，必须有规律地测量空气、监测温室气体以及汽车和工业废气的排放量；监测太阳辐射能的变化，跟踪天气、海洋温度和极地冰川融化速度的长期变化。土壤是食品生产的基地，优良的土壤有利于提高食物的质量和数量，保护植物和动物的多样性，必须持续地检测土壤状况，保证农作物最佳生长所需的土壤结构、酸碱度和肥沃度。声音是日常生活的一部分，但某些声音由于它的强度和持续性可能会损害环境，危害人们的健康，必须有规律地监测噪声污染，预防听力损伤；记录声波还可以预判可能发生的地震和海啸。监测放射性矿物资源在开采、冶炼和加工过程中的核辐射，可以有效减少对人的伤害和影响，以保护人们的健康和安全。当前，我国提出要实现"双碳"目标，必须对工业碳排放进行全面监控，同时开展碳交易等活动。这些都必须以计量测试为前提。

（七）计量与节约能源资源

节约资源是我国的基本国策，是实现经济社会全面、协调、可持续发展和造福子孙后代的大事。节能降耗主要是通过优化用能结构、合理控制和使用能源资源、提高能源效率、堵塞浪费漏洞、改造耗能大的工艺和设施、发展循环经济、开发可替代能源等措施来实现。而这些措施都需要以准确可靠的计量检测数据为依据，否则任何节能措施都无法实施。

工业企业是我国能源消费的大户，是节能降耗的重要对象和主力军，必须抓好企业节能工作。

要提高企业对能源计量的认识,只有准确可靠的计量数据,才可避免"煤糊涂""电糊涂""油糊涂""水糊涂"的产生。要提高能源计量检测能力,重视能源生产、供应、调配和消耗过程的测量,完善和配备符合实际需要的能源计量设备。要开展定期检定、校准,确保能源计量检测数据的准确可靠。要加强能源数据管理,完善能源计量数据的采集、统计、分析和应用。要重视节能改造,在节能改造中完善计量检测手段。计量是量化管理的关键,是统计的基础。没有准确的计量,精细化管理就无从谈起,统计的真实性便难以保证,国家相关用能指标和评价体系就无法构建,能源的科学决策宏观调控就无法实现。

节约能源不仅仅是企业的事,更需要全社会的共同参与。每个人、每个家庭都在消耗水、电、煤气等资源,都要通过水表、电能表、煤气表等进行能源的测量。而人们生活中使用的各类产品也都是需要消耗大量的能源资源才能制造出来的。因此,必须大力宣传计量和节能知识,提高全社会计量意识、节能意识,营造人人参与节能的良好社会氛围。要提倡"节能从我做起",节约一滴水、一度电,把节能作为自觉的行为。

(八) 计量与大数据

大数据的管理和应用需要顶层设计,但更需要坚实的数据基础。未来的大数据主要包括工业大数据、智慧城市大数据以及医疗方面的大数据,并且这3个方面的大数据增长最快。据统计,工业大数据以年增长40%以上的速度在增加。一条空调智能制造生产线上就装有1.2万个传感器,每秒钟采集1.5万条信息,每天产生3.2G的数据。某汽车智能制造生产线每天要收集480G数据,其中计量数据占到65%以上。计量测试数据是工业大数据的基础数据,是工业大数据的主要来源。智慧交通方面,一辆和谐号380AL中,传感器数量多达1 000多个,用于检测电流、电压、压力、温度、位移、速度等,用于分析列车的运行状态,对列车进行全面监控。在气象预测方面,我国目前有5万多个地面观测站,此外还有行业属性的农业观测站(如土壤墒情)、雷电观测站、交通气象观测站、在轨运行的卫星气象站等,通过对温度、压力、气流等几十个气象参数的计量,实现对气象的预测和分析,每年都有PB(100万GB)等级的数据量。精准医疗也需要大量的数据分析,一是通过对个人所有医疗数据、健康数据分析,全面准确治疗各种疾病或预测各种疾病的发生和发展;二是通过实现医院大数据共享,可以大大减少医疗检测费用,提高治疗效率。一个普通的三甲医院,接近70%的医疗数据来自医用机器人、大型医疗设备、健康和康复辅助器械、可穿戴设备以及相关微型传感器件,而其他30%的数据来自病人的基本信息、治疗信息和药物信息等。

要对大数据进行有效分析,数据的可靠准确最为重要。没有精准的计量,大数据可能就是垃圾数据,甚至成为误导数据。精准是大数据的本质属性和基本要求。

(九) 计量与国防建设

聂荣臻元帅曾在写给国防计量大会的贺信中指出:"计量是现代化建设中一项不可缺少的技术基础。国防计量更是重要!"一个国家如果没有强大的国防军事实力,只能被动挨打。国防科研离不开计量。当代战争是海陆空一体化、电子战、信息战的高科技战争,要求时间必须同步,频率必须一致,否则指挥通信将失控。象征国家实力的战略核武器研究需要电离辐射计量。用激光束摧毁远距离飞行器卫星和导弹已成为现实,这种具有极高能量的激光束是在众多高科技应用的基础上实现的,其输出光束的各种参数以及在整个系统实验过程中,都需要专门的测量仪器进行准确的测量。激光测距、激光制导、激光预警与对抗、激光雷达和其他各种激光能量武器系统的研究,都离不开光学计量。军工新材料的研究需要进行热物性计量,航空、航天器需要进行大力值、动态力、扭矩的计量。

国防现代化武器装备的科研和生产离不开计量。国防现代化武器装备具有系统庞大复杂,战术技术性能高和质量可靠性要求高,配套协调性强,新工艺、新技术多等特点。不仅要实现常用量的量值统一,还要实现工程量、工程参数的综合测量。要根据武器装备发展的需要,开展预先研究,探索解决一些带有前瞻性、关键性和难度大的重大计量测试课题。在武器装备的方案论证中,需要有针对性地研究计量标准和校准装置,研究新的计量测试技术和测试方法,利用先进的计量技术手段提供支持和保障。在型号试验的计量保障中,需要在短期内对成百上千台各类通用和专用计量测试设备采取应急检校措施,以确保武器装备试验成功。对军工产品的生产必须严把质量关,如航空、航天器中有上万个零部件,混入一个不合格品,就可能造成严重后果,必须保证安装的每个产品都是合格的。我国从 20 世纪 50 年代就开始建立了国防军工计量的管理和技术保障体系,为国防科技工业和武器装备发展做出了不可磨灭的贡献。

(十)计量与文化体育

我国计量的发展史,是中华民族灿烂文化的组成部分。如黄钟律管、西汉铜漏、始皇诏铜权、铜方升、新莽铜嘉量、日晷等,展现了我国古代计量的辉煌成就。在当今社会,文化已成为一个重要产业,文化产业已成为国民经济的重要组成部分,形成了文化企业、文化产品、文化市场等,文化已成为增强我国国际影响力的重要手段。在各类文化传播中,计量将发挥重要技术手段作用,如剧院、演艺、音乐、美术、摄影、广播、影视、音像、网络等,涉及声学计量、光学计量、电子学计量、时间频率计量等。在文物保护中,需要利用计量测试技术识别文物的真假;在文化遗产的传承和保护中,需要精准的计量手段表征文化遗产的特点和本质特征。这些都需要通过计量手段来完成和实现。

体育与计量也密切相关:体育场馆需要对其温度、湿度、风量、采光、电磁干扰等进行监控;只有通过先进的计量检测手段和技术,体育器材的设计和生产才能有保证;体育设施、体育竞技需要通过长度计量、质量计量、时间计量等实现严格的测控,如赛程的距离、器材和人体的称重、准确的计时,正是应用了光电测距仪、高精度称重仪器、电子计时器等计量技术,使体育竞赛成绩得到了科学的保证,使裁判的工作更加公平、公正,使比赛更为精彩;在体育训练中,要对运动员身体的机能进行评定,则要进行生理生化的监控和测试;要开展运动员兴奋剂的检测,以确保比赛的公平。

计量在文化和体育中应用越来越广泛。

度天地、量万物、衡公平,这既是计量重要性的体现,也是计量未来发展的职责所在。计量在国民经济和社会发展中的作用越来越突出,越来越明显,也越来越重要。

习题及参考答案

一、习　题

(一)思考题

　　1. 什么是测量?

　　2. 测量程序与测量方法的区别是什么?

　　3. 计量的目的是什么?

　　4. 计量有何特点?

　　5. 什么是计量学? 计量学研究的内容是什么?

　　6. 计量在国民经济和社会活动中有什么作用?

(二)选择题(单选)

　　1. _____是"实现单位统一、量值准确可靠的活动"。

　　A. 测量　　　　　　B. 科学试验　　　　　　C. 计量　　　　　　D. 检测

2._____是通过实验获得并可合理赋予某量一个或多个量值的过程。

    A. 计量　　　　　　　B. 测试　　　　　　　C. 测量　　　　　　　D. 校准

3.用人体秤测量人的体重使用的是_____。

    A. 直接比较测量法　　　　　　　　　B. 直接测量法

    C. 间接测量法　　　　　　　　　　　D. 动态测量法

（三）选择题（多选）

1.计量在国民经济中的作用包括_____。

    A. 发展科学技术的重要基础和手段

    B. 保证产品质量的重要手段

    C. 维护社会经济秩序的重要手段

    D. 确保国防建设的重要手段

2.下列属于计量的特点的有_____。

    A. 准确性　　　　　B. 一致性　　　　　C. 溯源性　　　　　D. 法制性

二、参考答案

（一）思考题（略）

（二）选择题（单选）:1. C；　2. C；　3. B。

（三）选择题（多选）:1. A B C D；　2. A B C D。

第三节　测量结果

一、被测量及影响量

（一）被测量

被测量(measurand)是指"拟测量的量。

注：

1. 对被测量的说明要求了解量的种类，以及含有该量的现象、物体或物质状态的描述，包括有关成分及所涉及的化学实体。

2. 在 VIM 第二版和 IEC 60050-300:2001 中，被测量定义为受到测量的量。

3. 测量包括测量系统和实施测量的条件，它可能会改变研究中的现象、物体或物质，使被测量的量可能不同于定义的被测量。在这种情况下，需要进行必要的修正。"

例1:用内阻不够大的电压表测量时,电池两端间的电位差会降低,开路电位差可根据电池和电压表的内阻计算得到。

例2:钢棒在与环境温度23 ℃平衡时的长度不同于拟测量的规定温度为20 ℃时的长度,这种情况下必须修正。

例3:在化学中,"分析物"或者物质或化合物的名称有时被称作"被测量"。这种用法是错误的,因为这些术语并不涉及量。

测量的目的是确定被测量的量值。被测量也就是我们想要测量的量,例如,被测量是给定的水样品在20 ℃时的蒸汽压力,给定的水样品是被测对象,20 ℃时的蒸汽压力是被测的特定量。

（1）要测量的是什么量,这是测量时必须搞清楚的。测量时要知道被测对象的特定量是什么,也就是我们通常说的要对被测量进行定义。

例如,安排或接受测量任务时,不能笼统地说测量电压,因为电压仅是一个广义量,受测量的量应该是一个特定量,例如,说明要测量"频率为 50 Hz 的某台稳压电源的输出电压",稳压电源是被测对象,"频率为 50 Hz 的该台稳压电源的输出电压"就是被测的特定量。

被测量的定义包括对测量有影响的有关影响量所进行的说明,其详细程度是相应于所需的测量准确度而定的,以便对与测量有关的所有的实际用途来说,其值是单一的。

例如,一根名义值为 1 m 长的钢棒,若需测至微米级准确度,其说明应包括定义长度时的温度和压力。例如,被测量应说明为:钢棒在 25.00 ℃ 和 101 325 Pa 时的长度(加上任何别的认为必要的参数,如棒被支撑的方法等)。否则,对于不同的温度和压力,就有不同的量值,被测量的量值就不是单个值了。然而,如果被测长度仅需毫米级准确度,当温度和压力或其他影响量的影响小到可以忽略的程度时,其定义的说明就无需规定温度或压力或其他影响量的值。

(2)要注意,测量有时会改变研究中的现象、物体或物质,此时实际受到测量的量可能不同于想要测量的被测量。例如,要测量干电池两极之间的开路电位差,当用较小内阻的电压表测量干电池两极之间的电位差时,由于负载效应,测得的电位差可能会降低。作为被测量的开路电位差,还要根据干电池和电压表的内阻计算得到。

(3)被测量不一定是物理量,还可以是化学量、生物量等。在医学测量中,被测量可能是一种生理活动。

(二) 影响量

影响量(influence quantity)是指"在直接测量中不影响实际被测的量、但会影响示值与测量结果之间关系的量"。

(1)测量时会受到各种因素的影响,例如,用安培计直接测量交流电流的幅度时受频率的影响,电流是被测量,而频率就是影响量;又如,在直接测量人体血浆中血红蛋白浓度时,胆红素物质量的浓度会影响测量结果;测量某杆长度时测微计的温度(不包括杆本身的温度,因为杆的温度可以进入被测量的定义中)是影响量,因为测微计作为测量仪器受到温度的影响,会使测量结果受到影响;测量摩尔分数时,质谱仪离子源的本底压力会影响测量结果。总之,与测量结果有关的测量标准、标准物质和参考数据(引用数据)之值会对测量结果的准确程度产生影响,测量仪器的短期不稳定以及如环境温度、大气压力和湿度等因素也会对测量结果有影响。

(2)间接测量的测量结果是由各直接测量的量通过函数关系计算得到,此时每项直接测量都可能受影响量的影响,从而影响最终测量结果。

(3)在 GUM 中,"影响量"按 VIM 第二版定义,不仅覆盖影响测量系统的量(如本定义),而且包含影响实际被测量的量。另外,在 GUM 中此概念不限于直接测量。

二、量的真值和约定量值

(一) 量的真值

量的真值(true quantity value)简称真值,是指"与量的定义一致的量值"。

量的真值只有通过完善的测量才能获得,但由于测量时不可避免地会受到各种影响量的影响,使通过测量得不到真值,因此真值按其本性是不确定的。

(1)在描述关于测量的"误差方法"中,认为真值是唯一的,但实际上往往是未知的。在"不确定度方法"中认为,由于定义本身细节不完善,不存在单一的真值,只存在与定义一致的一组真值。

（2）只有在基本常量的特殊情况下，量可被认为具有一个单一的真值。

（3）当被测量的定义的不确定度与测量不确定度的其他分量相比可忽略时，认为被测量具有一个"基本唯一"的真值，称为"被测量的真值"，其中"真"字可忽略，就称为"被测量值"。

（二）约定量值

约定量值（conventional quantity value）又称量的约定值，简称约定值，是指"对于给定目的，由协议赋予某量的量值"。

例如，标准自由落体加速度（以前称标准重力加速度）$g_n = 9.806\,65\ \mathrm{ms}^{-2}$；约瑟夫逊常量的约定量值 $K_{J-90} = 483\,597.9\ \mathrm{GHz\ V}^{-1}$；给定质量标准的约定量值 $m = 100.003\,47\ \mathrm{g}$。

有时将约定量值称为"约定真值"，现在不提倡这种用法。

有时约定量值是真值的一个估计值。

约定量值是有测量不确定度的，但通常被认为具有的测量不确定度相当小，甚至可能为零。

三、测量结果和测得的量值

（一）测量结果

测量结果（measurement result）是指"与其他有用的相关信息一起赋予被测量的一组量值。

注：

1. 测量结果通常包含这组量值的'相关信息'，诸如某些可以比其他方式更能代表被测量的信息。它可以概率密度函数（PDF）的方式表示。

2. 测量结果通常表示为单个测得的量值和一个测量不确定度。对某些用途，如果认为测量不确定度可以忽略不计，则测量结果可表示为单个测得的量值。在许多领域中这是表示测量结果的常用方式。

3. 在传统文献和 1993 版 VIM 中，测量结果定义为赋予被测量的值，并按情况解释为平均示值、未修正的结果或已修正的结果。"

（1）由测量得到的并赋予被测量的量值仅是被测量的估计值，其可信程度由测量不确定度定量表示。因此，测量结果通常表示为单个测得的量值和一个测量不确定度。

（2）测量结果通常还应包含这组量值的"相关信息"，例如，用 GUM 法评定测量不确定度时，在给出扩展不确定度时还要说明包含因子、包含概率和有效自由度等相关的信息。在用蒙特卡洛法评定测量不确定度时，可以给出输出量的概率密度函数（PDF）的信息。

（3）在传统文献和 1993 版 VIM 中，测量结果定义为赋予被测量的值，并按情况解释为平均示值、未修正的结果或已修正的结果。也就是说，现在的定义与传统定义不同的是：测量结果不仅是被测量的估计值（即赋予被测量的值），还包括其测量不确定度，并应附有相关说明。

（4）赋予被测量的值有以下两种情况：已修正的值和未修正的值。必要时，对给出的被测量的估计值还应说明是未修正的值还是已修正的值。

（二）测得的量值

测得的量值（measured quantity value）又称量的测得值，简称测得值，是指"代表测量结果的量值"。

（1）对某个被测量进行多次重复测量，每次测量可得到相应的测得值。用这一组独立的测得值可计算出作为结果的测得值，如平均值或中位值，通常用取平均值或中位值作为结果可以减小测量不确定度。

（2）由于被测量定义的细节不完全，使被测量不存在单一真值，只存在与定义一致的一组真值。当认为代表被测量的真值范围与测量不确定度相比小得多时，量的测得值可认为是实际唯一真值的估计值，该估计值通常是通过重复测量获得的各独立测得值的平均值或中位值。当认为代表被测量的真值范围与测量不确定度相比不太小时，被测量的测得值通常是一组真值的平均值或中位值的估计值。

（3）在 GUM 中，对测得的量值使用的术语有"测量结果""被测量的值的估计"或"被测量的估计值"。

四、描述测量结果的术语

（一）测量误差

1. 测量误差的应用

测量误差（measurement error）定义为"测得的量值减去参考量值"，实际工作中测量误差又简称误差。

测量误差的概念在以下两种情况下均可以使用：①当存在单个参考量值时，测量误差是可获得的。例如，某测得值与测量不确定度可忽略不计的计量标准比较时，可以用计量标准的量值作为参考量值，则测得值与计量标准的量值之差就是该测得值的测量误差，也就是说此时测量误差是已知的；当用给定的约定量值作为参考量值时，测量误差同样是已知的。由于计量标准的量值或约定量值是有不确定度的，有时称其为测量误差的估计值。②当参考量值是真值时，由于真值未知，测量误差是未知的。此时，测量误差仅是一个概念性的术语。

测量误差的估计值是测得值偏离参考量值的程度，通常情况是指绝对误差。但需要时也可用相对形式表示，即用绝对误差与被测量值之比表示时称相对误差（relative error），常用百分数或指数幂表示（例如 1% 或 1×10^{-6}），有时也用带相对单位的比值表示（例如 $0.3\ \mu V/V$）；给出测量误差时必须注明误差值的符号，当测量值大于参考值时为正号，反之为负号。

获得测量误差估计值的目的通常是为了得到测量结果的修正值。

测量误差不应与测量中产生的错误和过失相混淆。测量中的过错常被称为"粗大误差"或"过失误差"，它不属于测量误差定义的范畴。

测量仪器的特性用"示值误差""最大允许测量误差""准确度等级"等术语表示，不要与测量结果的测量误差相混淆。

2. 测量误差的分类

测量误差包括系统测量误差和随机测量误差两类不同性质的误差。

（1）系统测量误差

系统测量误差（systematic measurement error）简称系统误差，是指"在重复测量中保持不变或按可预见方式变化的测量误差的分量"。

系统误差是测量误差的一个分量。当系统误差的参考量值是真值时，系统误差是未知的。而当参考量值是测量不确定度可忽略不计的测量标准的量值或约定量值时，可以获得系统误差的估计值，此时系统误差是已知的。

系统误差的来源可以是已知的或未知的，对已知的来源，如果可能，系统误差可以从测量方法上采取措施予以减小或消除。例如，在用等臂天平称重时，可用交换法或替代法消除天平两臂不等引入的系统误差。

对于已知估计值的系统误差可以采用修正来补偿。由系统误差的估计值可以求得修正值或修正因子,从而得到已修正的测量结果。由于参考量值是有不确定度的,因此由系统误差的估计值得到的修正值也是有不确定度的,这种修正只能起补偿作用,不能完全消除系统误差。

（2）随机测量误差

随机测量误差（random measurement error）简称随机误差,是指"在重复测量中按不可预见方式变化的测量误差的分量"。

随机误差也是测量误差的一个分量。随机误差的参考量值是对同一被测量由无穷多次重复测量得到的平均值,即期望。由于实际上不可能进行无穷多次测量,因此定义的随机误差是得不到的,随机误差是一个概念性术语,不要用定量的随机误差来描述测量结果。

随机误差是由影响量的随机时空变化所引起的,它导致重复测量中数据的分散性。一组重复测量的随机误差形成一种分布,该分布可用期望和方差描述,其期望通常可假设为零。

测量误差包括系统误差和随机误差,从理想的概念上说,随机误差等于测量误差减系统误差。实际上不可能做这种算术运算。

3. 对系统误差的修正

修正（correction）是指"对估计的系统误差的补偿"。

修正的形式可有多种,例如,在测得值上加一个修正值或乘一个修正因子,或从修正值表上查到修正值或从修正曲线上查到已修正的值。

修正值是用代数方法与未修正测量结果相加,以补偿其系统误差的值。修正值等于负的系统误差估计值。修正因子是为补偿系统误差而与未修正测量结果相乘的数字因子。

由于系统误差的估计值是有不确定度的,修正不可能消除系统误差,只能一定程度上减小系统误差,因此这种补偿是不完全的。

（二）测量准确度、测量正确度和测量精密度

1. 测量准确度

测量准确度（measurement accuracy）简称准确度,是指"被测量的测得值与其真值间的一致程度"。

测量准确度是一个概念性术语,它不是一个定量表示的量,不能给出有数字的量值。当测量提供较小的测量误差时就说该测量是较准确的,或测量准确度较高。

术语"测量准确度"不应与"测量正确度""测量精密度"相混淆,尽管它与这两个概念有关。测量准确度有时被错误地理解为赋予被测量的测得值之间的一致程度,这是会与测量精密度发生混淆的。

2. 测量正确度

测量正确度（measurement trueness）简称正确度,是指"无穷多次重复测量所得量值的平均值与一个参考量值间的一致程度"。

测量准确度是一个概念性术语,它不是一个定量表示的量,不能用数值表示。测量正确度与系统测量误差有关,与随机测量误差无关。当系统测量误差小时,可以说测量正确度高。术语"测量正确度"不能用"测量准确度"表示,反之亦然。

3. 测量精密度

测量精密度（measurement precision）简称精密度,是指"在规定条件下,对同一或类似被测对象重复测量所得示值或测得值间的一致程度"。

测量精密度通常用不精密程度以数字形式表示,如在规定测量条件下的标准偏差、方差或变差系数。规定条件可以是重复性测量条件、期间精密度测量条件或复现性测量条件。

测量精密度用于定义测量重复性、期间测量精密度或测量复现性。

术语"测量精密度"有时用于指"测量准确度",这是错误的。

4. 期间测量精密度

期间测量精密度(intermediate measurement precision)简称期间精密度,是指"在一组期间精密度测量条件下的测量精密度"。

期间测量精密度测量条件简称期间精密度条件,是指除了相同测量程序、相同地点,在一个较长时间内重复测量同一或相类似被测对象的一组测量条件外,还可能有改变的其他条件。改变的条件可包括新的校准以及测量标准器、操作者和测量系统的改变。

在给出期间精密度时应对条件做说明,应包括改变和未变的条件以及实际改变到什么程度。

在化学中,术语"序列间精密度测量条件"有时用于指"期间精密度测量条件"。

(三) 测量重复性和测量复现性

1. 测量重复性

测量重复性(measurement repeatability)简称重复性(repeatability),是指"在一组重复性测量条件下的测量精密度"。

重复性测量条件简称重复性条件,是指"相同测量程序、相同操作者、相同测量系统、相同操作条件和相同地点,并在短时间内对同一或相类似被测对象重复测量的一组测量条件"。

在化学中,术语"序列内精密度测量条件"有时用于指"重复性测量条件"。

2. 测量复现性

测量复现性(measurement reproducibility)简称复现性,是指"在复现性测量条件下的测量精密度"。

复现性测量条件简称复现性条件,是指"不同地点、不同操作者、不同测量系统,对同一或相类似被测对象重复测量的一组测量条件"。

不同的测量系统可采用不同的测量程序。

在给出复现性时应说明改变和未变的条件及实际改变到什么程度。

【案例2-11】　某机构的计量技术人员3天前用0.03级力标准机对0.3级测力仪进行了5次测量,今天他又用0.1级力标准机对同一台0.3级测力仪进行了5次测量,然后将10次测量的数据汇总,计算得到该测力仪的测量重复性为0.23%。问题:该计量技术人员这样处理正确吗?

【案例分析】　不正确。依据JJF 1001—2011《通用计量术语及定义》中关于"测量重复性"的定义,测量重复性是指"在一组重复性测量条件下的测量精密度",而重复性测量条件是指"相同测量程序、相同操作者、相同测量系统、相同操作条件和相同地点,并在短时间内对同一或相类似被测对象重复测量的一组测量条件"。该计量技术人员对0.3级测力仪的测量条件不是重复性测量条件,他改变了测量中使用的计量标准,而且不是在短时间完成的测量,将这样得到的2组数据汇总来计算得到该测力仪的测量重复性是不对的。该案例中计量技术人员这样的测量条件符合JJF 1001—2011《通用计量术语及定义》中"复现性测量条件"的定义,计量技术人员计算得到的结果应该是该台0.3级测力仪的测量复现性,而不是测量重复性。

(四) 测量不确定度

1. 测量不确定度的概念和作用

测量不确定度(measurement uncertainty)简称不确定度,是指"根据所用到的信息,表征赋予被测量量值分散性的非负参数"。

　　测量不确定度是一个定量说明给出的测得值的不可确定程度和可信程度的参数。例如,当得到测得值为:$m=500$ g,$U=1$ g($k=2$),就知道被测对象的质量为(500 ± 1) g,测得值不可确定的区间是 499 g～501 g,在该区间内的包含概率约为 95％。这样的测量结果比仅给 500 g 给出了更多的信息。

　　测量不确定度是说明被测量的测得值分散性的参数,它不说明测得值是否接近真值。这种分散性有两种情况:

　　(1)由于各种随机性因素的影响,每次测量得到的值不是同一个值,而是以一定概率分布分散在某个区间内的许多值;

　　(2)虽然有时实际上存在着一个恒定不变的系统性影响,但由于不知道其值,也只能根据现有的认识,认为它以某种概率分布存在于某个区间内,可能存在于区间内的任意位置,这种概率分布也具有分散性。

　　所以,测量不确定度包括由系统影响引起的分量,如与修正值和测量标准所赋量值有关的分量及定义的不确定度。有时对估计的系统影响未做修正,而是当作随机效应导致的不确定度分量处理。

　　为了表征测得值的分散性,测量不确定度用标准偏差或其特定倍数表示,或者用说明了包含概率的区间半宽表示。用标准偏差表示的测量不确定度称为标准不确定度,测量不确定度表示为标准偏差的特定倍数或给定概率下分散区间的半宽时称扩展不确定度。它们都是非负的参数,单独表示时不加正负号。

　　测量不确定度一般由若干分量组成。其中一些分量可根据一系列测得值的统计分布,按测量不确定度的 A 类评定方法(统计方法)进行评定,并用实验标准偏差表征。而另一些分量则可根据经验或其他信息所获得的概率密度函数,按测量不确定度的 B 类评定方法(非统计方法)进行评定,也用标准偏差表征。

　　通常,对于一组给定的信息,测量不确定度是与赋予被测量的量值相联系的。不确定度在不同的量值会有变化。

　　测量不确定度没有系统和随机的性质,所以不能称随机不确定度和系统不确定度。在需要表述不确定度分量的来源时,可表述为:"由随机效应导致的测量不确定度"或"由系统效应导致的测量不确定度"。

　　不同场合下不确定度术语表述不同:不带形容词的测量不确定度用于一般概念和定性描述;带形容词的测量不确定度,如标准不确定度、合成标准不确定度和扩展不确定度,用于不同场合下对测量结果的定量描述。

　　2. 标准不确定度、合成标准不确定度、扩展不确定度的区别

　　(1) 标准不确定度

　　标准不确定度(standard uncertainty)是指"以标准偏差表示的测量不确定度"。它不是指由测量标准引起的不确定度,而是指不确定度由标准偏差的估计值表示,表征测得值的分散性。标准不确定度用符号 u 表示。

　　测量结果的不确定度往往由许多来源引起,对每个不确定度来源评定的标准偏差,称为标准不确定度分量,用 u_i 表示。

　　(2) 合成标准不确定度

　　合成标准不确定度(combined standard uncertainty)是指"由在一个测量模型中各输入量的标准测量不确定度获得的输出量的标准测量不确定度"。在数学模型中的输入量相关的情况下,当计算合成标准不确定度时必须考虑协方差。通俗地说,合成标准不确定度是由各标准不确定度分量合成得到的标准不确定度。合成的方法称为测量不确定度传播律。合成标准不确定度用符号

u_c 表示。

合成标准不确定度仍然是标准偏差,它是测得值标准偏差的估计值,它表征了测量结果的分散性。合成标准不确定度的自由度称为有效自由度,用 ν_{eff} 表示,它定量表明所评定的 u_c 的可靠程度。合成标准不确定度也可用 $u_c(y)/|y|$ 相对形式表示,必要时可以用符号 u_r 或 u_{rel} 表示。

(3)扩展不确定度

扩展不确定度(expanded uncertainty)是指"合成标准不确定度与一个大于1的数字因子的乘积"。

扩展不确定度是由合成标准不确定度的倍数得到,即将合成标准不确定度 u_c 扩展了 k 倍得到,用符号 U 表示,$U=ku_c$。扩展不确定度确定了测量结果可能值所在的区间。测量结果可以表示为:$Y=y\pm U$。式中,y 是被测量的最佳估计值。被测量的值 Y 以一定的概率落在 $(y-U, y+U)$ 区间内,该区间称为包含区间。所以扩展不确定度是测量结果的包含区间的半宽度。

测量结果的取值区间在被测量值概率分布总面积中所包含的百分数称为该区间的包含概率(coverage probability),用 p 表示。

扩展不确定度也可以用相对形式表示,例如,用 $U(y)/|y|$ 表示相对扩展不确定度,也可用符号 $U_r(y)$、U_r 或 U_{rel} 表示。

说明具有规定的包含概率为 p 的扩展不确定度时,可以用 U_p 表示。例如,U_{95} 表明由扩展不确定度决定的测量结果取值区间具有包含概率为 0.95,或 U_{95} 是包含概率为 95% 的统计包含区间的半宽度。

由于 U 是表示包含区间的半宽度,而 u_c 是用标准偏差表示的,所以它们均是非负参数,即 U 和 u_c 单独定量表示时,数值前都不应加正负号,如 $U=0.05$ V,不应写成 $U=\pm0.05$ V。

"为获得扩展不确定度,对合成标准不确定度所乘的大于1的数"称包含因子(coverage factor)。包含因子用符号 k 表示时,$U=ku_c$,一般 k 取 2 或 3。当用于表示包含概率为 p 的包含因子时,包含因子用符号 k_p 表示,$U_p=k_pu_c$。k 的取值决定了扩展不确定度的包含概率,若 u_c 近似正态分布,且其有效自由度较大,则:$U=2u_c$ 时,测量结果 Y 在 $(y-2u_c, y+2u_c)$ 区间内包含概率 p 约为 95%;$U=3u_c$ 时,测量结果 Y 在 $(y-3u_c, y+3u_c)$ 区间内包含概率 p 约为 99%。

包含概率是与包含区间有关的概率值。包含概率表明测量结果的取值区间包含了概率分布下总面积的百分数,表明了测量结果的可信程度。包含概率可以用 0~1 之间的数表示,也可以用百分数表示,例如,包含概率为 0.99 或 99%。

【案例 2-12】 某计量技术人员在校准 100Ω 标准电阻后,在出具的校准证书上给出"校准值为100.2 Ω,测量不确定度为 ±0.5%"。问题:测量不确定度这样表示对吗?

【案例分析】 依据 JJF 1001—2011《通用计量术语及定义》中关于"测量不确定度"的定义,测量不确定度应当为非负参数,该计量技术人员在校准证书上给出测量不确定度为 ±0.5% 是不对的。另外,在报告测量结果的测量不确定度时,必须说明是合成标准不确定度还是扩展不确定度,如果是扩展不确定度,还必须同时说明包含因子 k 为多少。例如可以报告:"校准值为100.2 Ω,测量不确定度 U_{rel} 为 0.5%($k=2$)"。该案例中计量技术人员笼统地给出测量不确定度的值是不对的。

3. 定义的不确定度、仪器的测量不确定度和零的测量不确定度

(1)定义的不确定度

定义的不确定度(definitional uncertainty)是指"由于被测量定义中细节量有限所引起的测量不确定度分量"。

定义的不确定度是在任何给定被测量的测量中实际可达到的最小测量不确定度。若定义中所描述的细节有任何改变,将会导致定义的不确定度的变化。

（2）仪器的测量不确定度

仪器的测量不确定度（instrumental measurement uncertainty）简称仪器不确定度，是指"由所用的测量仪器或测量系统引起的测量不确定度的分量"。

除原级测量标准采用其他方法外，仪器的不确定度是通过对测量仪器或测量系统校准得到的。当进行测量不确定度评定时，仪器的测量不确定度通常通过在仪器说明书、检定证书或校准证书中给出的有关信息，按 B 类测量不确定度评定得到。

（3）零的测量不确定度

零的测量不确定度（null measurement uncertainty）是指"规定的测得值为零时的测量不确定度"。

零的测量不确定度与示值为零或近似为零相关联，并包含一个区间，在该区间内难以判断被测量是否小到无法检出还是测量仪器的示值仅由于噪声引起。当对样品与空白之间的差值测量时也要用到"零的测量不确定度"这个概念。当修正值为零时，其不确定度也称为零的测量不确定度。

习题及参考答案

一、习　题

（一）思考题

1. 什么是被测量？举例说明影响量与被测量的区别。

2. 什么是量的真值？约定量值与真值的区别是什么？

3. 什么是测量结果？测量结果与测得的量值有什么关系？

4. 什么是测量误差？举例说明为获得测量误差的估计值而常用的参考量值。

5. 试说明系统误差和随机误差在定义上的区别。

6. 试说明修正的作用和修正的形式。

7. 测量准确度、测量正确度和测量精密度之间有什么区别？如何正确应用这些术语？

8. 什么是测量不确定度？测量不确定度与测量误差有什么不同？

9. 什么是标准不确定度、合成标准不确定度和扩展不确定度？

10. 什么是定义的不确定度、仪器的测量不确定度和零的测量不确定度？

（二）选择题（单选）

1. 拟测量的量称为_____。

    A. 被测量　　　　　B. 影响量　　　　　C. 被测对象　　　　　D. 测量结果

2. 与其他有用的相关信息一起赋予被测量的一组量值称为_____。

    A. 真值　　　　　　B. 约定量值　　　　C. 测量结果　　　　　D. 被测量

3. 用代数法与未修正测量结果相加，以补偿其系统误差的值称为_____。

    A. 校准值　　　　　B. 校准因子　　　　C. 修正因子　　　　　D. 修正值

4. 测量准确度可以_____。

    A. 定量描述测量结果的准确程度，如准确度为±1%

    B. 定性描述测量结果的准确程度，如准确度较高

    C. 定量说明测量结果与已知参考值之间的一致程度

    D. 描述测量值之间的分散程度

5. 以_____表示的测量不确定度称标准不确定度。

    A. 标准偏差　　　　　　　　　　　　　　B. 测量值取值区间的半宽度

C. 实验标准偏差　　　　　　　　　　　　D. 数学期望

6. 由合成标准不确定度的倍数(一般 2~3 倍)得到的不确定度称_____。

A. 总不确定度　　　　　　　　　　　　　B. 扩展不确定度

C. 标准不确定度　　　　　　　　　　　　D. B 类标准不确定度

7. 扩展不确定度用符号_____表示。

A. u_c　　　　　　　B. u　　　　　　　C. U　　　　　　　D. u_B

8. 定义为"在规定条件下,对同一或类似被测对象重复测量所得示值或测得值间的一致程度"的术语是_____。

A. 测量准确度　　　　　　　　　　　　　B. 测量重复性

C. 测量正确度　　　　　　　　　　　　　D. 测量精密度

（三）选择题（多选）

1. 测量误差按性质分为_____。

A. 系统测量误差　　　　　　　　　　　　B. 随机测量误差

C. 测量不确定度　　　　　　　　　　　　D. 最大允许测量误差

2. 以下方法中_____获得的是测量复现性。

A. 在改变了的测量条件下,计算对同一被测对象的测量结果之间的一致性,用实验标准偏差表示

B. 在相同条件下,对同一被测对象进行连续多次测量,计算所得测量结果之间的一致性

C. 在相同条件下,对类似被测对象进行测量,计算所得测量结果之间的一致性

D. 在相同条件下,由不同人员对同一被测对象进行测量,计算所得测量结果之间的一致性,用实验标准偏差表示

3. 测量不确定度小,表明_____。

A. 被测量的测量结果接近真值　　　　　　B. 被测量的估计值准确度高

C. 赋予被测量量值的分散性小　　　　　　D. 测得值所在的包含区间小

4. 测量不确定度评定方法中,根据一系列测量数据估算实验标准偏差的评定方法称为_____。

A. 测量不确定度的统计评定方法　　　　　B. 测量不确定度的先验估计方法

C. 测量不确定度的 B 类评定方法　　　　　D. 测量不确定度的 A 类评定方法

5. 以下表示的测量结果的不确定度中_____是不正确的。

A. $U(k=2)$　　　　　　　　　　　　　B. $u_c(k=2)$

C. $\mathrm{U}(k=2)$　　　　　　　　　　　　D. $U_p(p=0.95, \nu=9)$

6. 定义的不确定度是_____。

A. 由于被测量定义中细节量有限所引起的测量不确定度分量

B. 难以判断被测量是否小到无法检出所导致的不确定度分量

C. 对任何给定被测量的测量方式可达到的最小测量不确定度

D. 定义的改变可能会导致定义的不确定度大小的改变

二、参考答案

（一）思考题（略）

（二）选择题（单选）：1. A； 2. C； 3. D； 4. B； 5. A； 6. B； 7. C； 8. D。

（三）选择题（多选）：1. A B； 2. A D； 3. C D； 4. A D； 5. B C； 6. A C D。

第四节　测量仪器及其特性

一、测量仪器（计量器具）

（一）测量仪器及其作用

1. 测量仪器

测量仪器（measuring instrument）是指"单独或与一个或多个辅助设备组合，用于进行测量的装置"。它是用来实现测量以获得对被测量的量值（即真值）的认知的装置。为了满足测量仪器的预期用途的预定要求，测量仪器必须具有符合规定的计量特性，特别是测量仪器的准确度必须符合规定要求。

测量仪器形态上的特点是：

（1）本身是一个用于进行测量的独立装置；

（2）可以单独地或连同辅助设备一起使用。例如，体温计、电压表、度盘秤等可以单独地用来完成某项测量；另一类测量仪器，例如，热电偶需要与冰点器和电压表等辅助装置组合实现温度测量，砝码需要与天平（比较器）组合，另一些测量仪器则需与其他测量仪器和（或）辅助设备一起使用才能完成测量。

测量仪器按产生量值的对象分为两类：

（1）产生与正在测量的外部量相对应的测得的量值，这类测量仪器也被称为"表""计"或"测……仪"；

（2）以固定形态呈现自身量值，这类测量仪器具有"源"的特性，见下文的实物量具。

在我国有关计量法律、法规中，测量仪器被称为计量器具，即计量器具是测量仪器的同义词。

2. 测量仪器的作用

测量的目的是认识被测量的真值的大小。测量是以实验方式获得能合理赋予被测量的一个或多个量值的过程。在此过程中，获得量值通常是通过测量仪器来实现的，所以测量仪器是人们通过测量获得量值，得以定量地认识客观世界的重要工具。

工农业生产过程的控制和产品质量的保证、贸易、交通运输、国防、科学探索、人们的日常生活和医疗健康等都离不开测量和测量仪器，需要越来越多的测量和控制。

计量基标准中的测量仪器又是复现测量单位、实现量值传递（或量值溯源）的重要手段。为实现计量单位统一和量值的准确可靠，必须建立相应的计量基准和计量标准，并通过检定和校准来实现各级计量器具测量单位的统一和测量量值的准确性。

测量仪器（计量器具）又是实施计量法制管理的重要工具和手段。国家计量法规对用于贸易结算、医疗卫生、安全防护、环境监测4个方面且列入强制检定目录的工作计量器具实施强制检定，这些强制检定计量器具既是实施法制管理的对象，又是为维护国家和人民利益提供服务的重要手段。正是通过这些计量器具量值的准确可靠，使广大人民群众免受不准确、不诚实测量带来的危害。

可见，哪里需要准确的测量，哪里就需要测量仪器。正如我国著名科学家、国际计量委员会原委员王大珩院士指出的："仪器不是机器，仪器是认识和改造物质世界的工具，而机器只能改造却不能认识物质世界；仪器仪表是工业生产的'倍增器'，科学研究的'先行者'，军事上的'战斗力'和社会生活中的'物化法官'。"

(二) 实物量具、测量系统、测量设备和测量链

1. 实物量具

实物量具（material measure）的定义是"具有所赋量值，使用时以固定形态复现或提供一个或多个量值的测量仪器"。这里所说的固定形态应理解为，实物量具的量值是在使用时复现的，或是持续提供的。如砝码本身就一直呈现一个特定质量量值，标准信号发生器在使用时提供多个已知量值的输出量。

实物量具是一类特殊的测量仪器，其特点是：

（1）实物量具直接复现或提供自身标注的量值，即实物量具提供了其示值（标称值）所对应的量值，起着已知量值"源"的作用。相对于提供与正测量的外部输入量相对应的示值的测量仪器，这是实物量具最本质的特点。

（2）实物量具在使用时提供一个或多个量值。例如，量块、直尺本身就分别一直呈现了一个和一组长度量值；卷尺在使用中被拉直后复现了一组长度量值；一种标准物质能提供一个或多个量值，这里的多个量值可以是不同种类量的量值，如多种不同化学物质的浓度。

（3）由于提供特定的自身量值的特点，实物量具在结构上一般没有与外部量进行比较的测量机构。例如，砝码、标准电阻这类只呈现一个量值的实物量具没有测量机构，它只是持续提供量值的一个实物。可复现多个量值的电阻箱尽管具有可调节或选择自身所提供量值和相应示值的功能，但也没有与外部量进行比较的测量机构。

在用于测量时，实物量具实现与外部量的比较进而得到外部量相应示值的方式为：

（1）由于没有测量机构，在一般情况下，必须与其他配套的比较测量仪器组合使用，否则就不能直接测量出被测量值。例如，砝码要配套使用天平，标准电阻要配套使用电桥。

（2）自带比较测量机构的实物量具可实现对外部量的独立测量。例如，游标卡尺或千分尺可给出与某个被测长度相应的测量示值。

（3）由使用者承担比较测量机构作用的，不再需要其他辅助机构或测量仪器，实现对外部量的独立测量。例如，直尺的使用者承担了长度比较器的角色，通过被测物的长度与直尺的一系列自身量值的比较，将直尺的一个量值作为被测长度的示值。

实物量具的标称值是对实物量具自身量值的标示，是采用标准测量仪器对实物量具所提供量值的测得值经化整的值或近似值，以便为该实物量具的应用提供指导。例如，标在标准电阻上的量值 $100\ \Omega$，标在砝码上的量值 $10\ g$，标在单刻度量杯上的量值 $1\ L$，标在量块上的量值 $100\ mm$。

单量值实物量具的标称值，或者严谨地说，标称值按准确度等级信息确定有效位数后，可视为实物量具的示值。对于多刻度的玻璃量器和电阻箱之类的多量值实物量具，其示值通常为所用刻度标度值或所选择的设定值，通常取其上限作为标称值，这种标称值也可作为总标称值。与标称值同时标注的可能还有实物量具的准确度等级、使用条件（如额定电流值）等其他信息。

需要强调，在对实物量具的检定或校准实验和实物量具应用中，这种起"源"作用的实物量具的示值不是靠该测量实验获得的，而是来自实物量具自身的标称值、刻线标度值或设定值，这与起"表"作用的测量仪器的示值的获取方式明显不同。后者的示值是测量所获得的对外部量测量的指示值。

在计量学中，实物量具的示值误差表示其示值相对其实测值的偏离：

$$示值误差＝示值（标称值）－实测值（标准值）$$

这里，标准值是指检定校准中用标准器获得的对实物量具实际量值的测得值。

但术语偏差指实物量具制造相对于预期目标的偏差：

$$偏差＝实测值－设计值（标准值、目标值或标称值）$$

一般而言,制造时的设计值对应于产品的标称值。在涉及产品的有关标准时,应注意示值误差与偏差的概念差异。

【案例2-13】 考评员在考核某研究所的综合管理部门时,问其中的管理人员小李:"你看以下计量器具中,哪些是实物量具?(1)钢卷尺,(2)台秤,(3)注射器,(4)热电偶,(5)电阻箱,(6)卡尺,(7)铁路计量油罐车,(8)电能表。"小李回答:"我认为其中(1)、(3)、(4)、(6)是实物量具。"考评员又问另一名管理人员:"你认为他的回答对吗?"管理人员回答:"说不上来。"

问题:什么是实物量具?

【案例分析】 依据JJF 1001—2011《通用计量术语及定义》6.5规定,实物量具是指"具有所赋量值,使用时以固定形态复现或提供一个或多个量值的测量仪器"。实物量具本身直接复现或提供了量值,实物量具的示值就是其标称值。题中,除(2)台秤、(4)热电偶和(8)电能表不是实物量具外,其他(1)钢卷尺、(3)注射器、(5)电阻箱、(6)卡尺和(7)铁路计量油罐车都属于实物量具。其中,卡尺既符合实物量具的定义,自身又带有与被测长度比较的测量机构,在使用者的操作下可实现对外部量(长度)的测量。

2. 测量系统

测量系统(measuring system)是指"一套组装的并适用于特定量在规定区间内给出测得值信息的一台或多台测量仪器,通常还包括其他装置,诸如试剂和电源"。换句话说,是指组合起来用于特定量在规定区间内给出测得值信息的一台或多台测量仪器,通常还包括诸如试剂和电源等其他物品或装置。例如,半导体材料电导率测量装置、体温计检定装置、磁性材料磁特性测量装置、光学高温计检定装置等。这里测量系统包括各种测量仪器和其他辅助装置。其中,测量仪器也包括实物量具和标准物质,其他装置包括所需的任何试剂、供给及辅助装置。满足特定用途的测量系统可以只由一台测量仪器构成。

从定义看,测量系统是由各种测量仪器连同辅助装置组合起来的,可单独用于测量。测量系统作为计量标准时,根据不同情形也以标准装置、检定装置或校准装置的形式命名。

例如,要检定标准水银温度计的计量标准,需要有二等标准铂电阻温度计、测量电桥、低温槽、水槽、油槽、水三相点瓶、读数望远镜以及各恒温槽配套的控温设备,组成一整套测量系统。又如用于电视、雷达、通信设备的多参数测量用网络分析装置及应用于科研及工业生产的自动化测量系统,都是由若干测量仪器和/或其他装置组装起来形成一个系统。

3. 测量设备

测量设备(measuring equipment)是指"为实现测量过程所必需的测量仪器、软件、测量标准、标准物质、辅助设备或其组合"。它是在推行ISO 9000标准时,从GB/T 19022—2003《测量管理体系 测量过程和测量设备的要求》中引用过来的,它可以是某项检定、校准、试验或检验等过程中使用的测量设备。可见它通常并不是特指某台测量仪器,而是与测量过程所必需的测量仪器相关的包括硬件和软件的统称。为了实现测量,测量设备所具有的功能完整性表现为以下几个特点:

(1)概念的广义性。测量设备不仅包含一般的测量仪器,而且包含所需的测量标准或标准物质,还包含和测量仪器配合使用的各种辅助装置,以及进行测量所必需的资料和软件。测量设备也可以是检验和试验中用于测量的设备。定义的广义性是从ISO 9000标准的生产全过程实施质量控制所决定的。

(2)内容的扩展性。测量设备不仅仅是指测量仪器本身,还扩大到辅助装置,因为有关的辅助装置将影响测量的便利性、可靠性和准确性。这里主要指本身不能给出量值而没有它又不便甚至不能进行测量的装置和用品,包括作为辅助手段用的工具、工装、定位器、模具、夹具等试验硬件。

(3)测量设备不仅是指硬件还包括软件,它包括了进行测量所必需的资料。这里的资料是指设备使用说明书、作业指导书及有关测量程序文件等资料,当然也包括利用这些硬件实现测量的控制、采集和数据处理软件,没有这些就不能给出准确可靠的数据。因此,软件也应视为是测量设备的组成部分。

测量设备是一个总称,它比测量仪器或测量系统的含义更为广泛。提出此术语有利于对测量过程进行控制。

4. 测量链

测量链(measuring chain)是指"从敏感器到输出单元构成的单一信号通道测量系统中的单元系列"。换种说法,就是在测量系统中,构成信号从敏感器到输出单元的单一路径的系列单元。例如,由传声器、衰减器、滤波器、放大器和电压表组成的电声测量链;由波登管、杠杆系统、两个齿轮和机械刻度盘构成的压力表的机械式压力测量链。

(三) 测量仪器的分类

测量仪器按其结构、功能、作用、性质或所属专业领域,具有很多的分类方法。测量仪器按其输出形式特点可分为以下几类。

1. 指示式测量仪器

指示式测量仪器(indicating measuring instrument)是指"提供带有被测量量值信息的输出信号的测量仪器"。例如,电压表、测微仪、温度计和电子天平。这里的"指示"具有广义性,可以是任意一种输出形式,例如,可视信号、声音信号,或电信号。指示式测量仪器的输出信号也可以传输给一个或多个其他装置,例如,某种敏感元件与变送器的组合输出的(4~20)mA电流。

2. 显示式测量仪器

显示式测量仪器(displaying measuring instrument)是指"输出信号以可视形式表示的指示式测量仪器"。这里"显示"是指指示式测量仪器的输出为人眼可见形式。显示式测量仪器仅仅是就输出的人眼可见表现形式而言,而与仪器的测量原理无关。就显示信息而言,有的显示与被测的量值相同的量,有的则显示一个与被测的量值有函数关系但不是同种量的量。显示方式通常分为模拟显示和数字显示,也可以带有对示值的可见记录功能。

显示式测量仪器属于指示式测量仪器,但不包括只提供人眼不可见输出信号的指示式测量仪器。

1) 模拟显示式测量仪器

模拟显示既可以是连续可变的显示,例如,指针式的位移显示或亮度变化的显示,也可以是步进式的显示,例如,光柱长度显示或光的不同色度显示。如电测量仪器中不同测量原理的磁电系仪表、电磁系仪表、电动系仪表均属于模拟显示式测量仪器中的指针式显示。模拟显示是测量仪器的显示方式,其测量原理也可以是与电信号无关的,例如,玻璃水银温度计和弹簧秤。

2) 数字显示式测量仪器

数字显示是指提供数字化人眼可见输出,既可以是常见的即时数字显示方式,也可以是显示屏或记录纸上的一段时间内的数字方式的记录,但由于"显示"的限定,不包括数字通信和在存储器上的数字信息记录,因为它们不是人眼直接可见的。数字化输出的突出优势:一是客观,对数据的读取不会因人而异;二是直接,读取数据时不再需要与标尺比较或内插;三是数据有效位数不受限制,有利于提供高分辨力和高准确度的测量结果,而模拟显示的应用则受人的观察能力和速率的限制。数字显示式测量仪器也便于增加数字存储和数字通信功能,形成自动化测量系统。通常使用的数字电压表、数字电流表、数字功率表、数字频率计等都是数字显示式测量仪表。如一台应用称重传感器的地秤输出模拟电压信号,配用数字电压表后,则该地秤就可视为数字显示式测量仪器。

3. 记录式测量仪器

记录式测量仪器(recording measuring instrument)是指提供示值记录的测量仪器。这类测量仪器能将对应于被测量值的示值记录下来。给出的记录可以是模拟的(连续或断续线条),也可以是数字的;可记录一个量或多个量的值,如温度记录仪、气压记录仪、记录式光谱仪、热释光剂量计等。如温度记录仪可以单点记录,也可以多点打印记录。这类测量仪器具有记录器,记录器把被测量值记录到媒质上,记录媒质可以是带状、盘状、片状或其他形状的记录纸,也可以是磁带、磁盘等存储器;有时数字式测量仪器也可通过接口配以打印机、记录仪进行记录。绝大多数记录式测量仪器也具有显示功能,当然其主要的功能是记录,即记录式仪器也可带有指示装置以显示示值。

记录式测量仪器如果具备显示输出,即具有即时的模拟显示或数字显示,则同时也属于上面讲的显示式测量仪器;同理,如果具备指示输出,则同时也属于上面讲的指示式测量仪器。而一般意义上的记录式测量仪器,可以没有即时的显示和指示功能,其记录可以是人眼不可见的,例如在存储媒介上的数字化信息。

(四) 测量传感器、敏感器和检测器

1. 测量传感器

测量传感器(measuring transducer)是指"用于测量的,提供与输入量有确定关系的输出量的器件或器具"。它的作用就是将输入量按照确定的对应关系变换成易测量或处理的另一种量,或大小适当的同一种量再输出。在实践中,一些被测量往往不能找到能将它与已知量值直接进行比较的测量仪器来测量,或者测量准确度不高,如温度、流量、加速度等量,直接同它们的标准量比较是相当困难的,但可以将输入量变换成其他量,如电流、电压、电阻等易测的电学量;或变换成大小不同的同种量,如将大电流变换成较易测量的安培量级的电流,这种器件就称为测量传感器。通常,测量传感器直接用于测量时,其输入量就是被测量。如热电偶测量的输入量为温度,经其转变输出为热电动势,根据温度与其热电动势的对应关系,可从温度指示仪或电子电位差计上得到被测的温度值,因此热电偶就是一种测温的传感器。

传感器的种类很多,按被测的量分类,可分为温度传感器、力传感器、压力传感器、应变传感器、速度传感器等;按测量原理分类,可分为电阻式、电感式、电容式、热电式、压电式、光电式等。计量器具中所用的传感器种类繁多,按其测量原理及应用举例如下:

电阻式传感器,把被测量的量变化变换为电阻变化的传感器,如热电阻。

电感式传感器,把被测量的量变化变换为自感或互感变化的传感器,如电动量仪。

电容式传感器,把被测量的量变化变换为电容变化的传感器,如电动量仪。

压电式传感器,利用一些晶体材料的压电效应,把力或压力的变化变换为电荷量变化的传感器,在力、加速度、超声及声呐等测量中得到广泛应用。

压磁式传感器,利用一些铁磁材料的压磁效应,把力或压力的变化变换为磁导率变化的传感器,如测力、称重用传感器。

压阻式传感器,利用半导体材料的压阻效应,把压力的变化变换为电阻变化的传感器。

光电式传感器,利用光电效应,把光通量的变化变换为电量的传感器。

霍尔传感器,利用某些半导体材料的霍尔效应,将特定方向磁场的变化变换为霍尔电势变化的传感器。

热电式传感器,利用热电效应,将温度变化变换为电动势变化的传感器,如热电偶。

磁电式传感器,利用电磁感应定律,将转速的变化变换为感应电动势或其他频率变化的传感器。

电离辐射式传感器,利用电离辐射的穿透能力,使气体电离具有热效应和光电效应的变化变换

为电量变化的传感器,如 γ 射线测量仪。

测量传感器是其输入量到输出量的变换器,通常为测量仪器内部的某一部件。当输入和输出为同种量且输出量与输入量成正比时,有时也称为测量放大器;输出量为标准化信号的传感器通常也称为变送器,如温度变送器、压力变送器、流量变送器等。

2. 敏感器

敏感器(sensor)又称敏感元件,是指"测量系统中直接受带有被测量的现象、物体或物质作用的测量系统的元件"。敏感器是直接受被测量作用,能接受被测量信息的一个元件。例如,铂电阻温度计的敏感线圈、涡轮流量计的转子、压力表的波登管、液面测量仪的浮子、光谱光度计的光电池、双金属温度计的双金属片等。它通常是测量仪器或测量链中输入信号的直接接受者,可以是一个元件,也可以是一个器件。

3. 检测器

检测器(detector)是指"当超过关联量的阈值时,指示存在某现象、物体或物质的装置或物质"。检测器的用途是为了指示某个现象、物体或物质是否存在,即反映该现象、物体或物质的某特定量是否存在,或者是为了确定该特定量是否达到了某一规定的阈值的器件或物质。检测器并不是与被测量值无关的,其测量的信息结果是由被测量值决定的,并且具有一定的准确度,其特点是不必提供具体量值的大小。例如,对制冷装置检测其制冷剂是否泄漏的卤素检漏仪,在化学反应中用检测器的化学试纸,为了检测是否有某种电信号而使用的示波器,在电离辐射中为了确定辐射水平是否超过阈值用的给出声和光信号的个人剂量计等。

必须注意敏感器与测量传感器、检测器的区别,3 者的概念是不同的。测量传感器是提供与输入量有确定关系的输出量的器件,检测器是用于指示某个现象的存在而不必提供有关量值的器件或物质。下面以电阻温度计为例说明传感器与敏感器的区别。电阻温度计是测量传感器,在实际测温中处于被测温场的感温元件——热电阻才是温度测量的敏感元件,电阻温度计除了热电阻之外,还包括了内部连接导线等,所以热电阻只是敏感器,并不是传感器,而电阻温度计则是传感器。检测器与敏感器也是不同的概念,检测器是用以确定与所关注的量是否存在(是否达到阈值)的装置或物质,它给出所关注的量定性指示(有或无),如卤素检漏仪或有害气体报警器。有时也可采用能给出定量输出的测量传感器配合适当的指示装置实现检测器的功能。

(五) 显示器、记录器、指示器和测量仪器的标尺

1. 显示器

显示器(displayer)是指"测量仪器显示示值的部件"。显示器通常是测量仪器的输出单元或具有多种输出形式的输出单元的一部分。显然,这里讲的显示器对应于"(三)测量仪器的分类"中的显示式测量仪器,是其中的显示部件。显示方式是具有可视特点的指示方式,可分为 3 类:模拟显示、数字式显示和记录式。

模拟式显示既可以是连续可变的显示,也可以是步进式的显示。显示形式可以是多样的,例如,最常见的是指针式的位移显示,可以是改变光柱长度的显示,也可以是图形不同亮度或色度变化的显示。数字式显示是指数字化的人眼可见输出形式。它具有读取客观、直接和数据有效数位不受限制的特点。数字式显示现在多出现在电子测量仪器中。但在早期,数字式显示也采用机械传动方式实现。其中有些为半数字式,也就是数字模拟混合方式的显示器。例如,数字式显示的末位数字通过自身连续移动可进行与下一个相邻数字之间内插可获得对下一位数值的估计。记录式可以不局限于形式上的"显示",既可以是在记录纸上或显示屏上的可视形式的记录,也可以是磁带、磁盘、光盘或存储卡等存储媒介上的记录。

2. 记录器

记录器(recorder)是指"提供示值记录的测量仪器部件"。记录信息的形式可以是模拟的(连续或断续线条),也可以是数字的;记录的媒质可以是记录纸、磁带或磁盘等;可记录一个量或多个量的值。带有记录器的测量仪器属于记录式测量仪器。

记录器可能同时带有显示器的功能,它们不是同一种逻辑下的划分。

3. 指示器

指示器(index)是指"根据相对于标尺标记的位置即可确定示值的,显示单元中固定的或可动的部件"。这种显示单元是如何确定示值的呢? 显示单元的标尺上带有一组或多组有序的、带有数值标注的刻线标记,每组刻线与被测的量值有对应关系。当指示器与标尺之间发生与被测的量值相应的移动时,根据指示器相对于标尺标记的位置就可以确定示值。与固定标尺组合的可动指示器,最常见的是指针;与可动标尺组合的指示器通常为固定刻线或其他标识。例如,指针式电流表、百分表的指示器就是可动的指针;玻璃温度计、体温计、玻璃量器、U 形管压力计的指示器就是可上下升降的液面;光点式检流计的指示器就是可动的光点;水平仪中的指示器就是气泡。人体秤的分度盘,其指示器是固定的,而其标尺或度盘在转动。常用的千分尺具有双标尺和双指示器,其固定的整数标尺的指示器为可旋转筒的前沿,可转动的分数标尺的指示器为一固定刻线。

在概念上,这里讲的以指示器相对于标尺标记的位置确定示值的方式,是显示器的一种细分显示方式,对应于模拟显示式测量仪器的显示方式,而显示式测量仪器属于指示式测量仪器。"指示式测量仪器"名词中的指示具有广义性。

4. 测量仪器的标尺

测量仪器的标尺(scale of a measuring instrument)简称标尺,是指"测量仪器显示单元的部件,由一组有序的带数码的标记构成"。标尺是测量仪器显示单元中的一个部件,它带有一组有序的带数值的标记。标尺上的标记通常为一组刻线,与标记对应的是一组标注数字和这些数字所对应的单位。标注的单位可能与被测量单位相同,也可能不同,也可能没有单位。标尺通常固定或标注在度盘上。度盘可以是固定的,也可以是活动的,所以标尺也相应的是固定的或活动的。一个测量仪器可以有一个或多个标尺(如万用表)。例如,传统的电表、压力表、直尺等的标尺是固定的,而有些人体秤的度盘是活动的。

在模拟显示式测量仪器中,标尺使用十分广泛,带有指示器的显示单元均带有标尺。标尺是确定这类测量仪器示值大小的重要部件,因为标尺的准确度直接影响着测量仪器的准确度。

不是所有测量仪器都有标尺。模拟显示或模拟记录的测量仪器具有标尺或等同于标尺作用的部件。实物量具中的多刻度量具有标尺,例如直尺。

与标尺有关的术语及含义如下:

(1)标尺长度

标尺长度(scale length)是指"在给定标尺上,始末两条标尺标记之间且通过全部最短标尺标记各中点的光滑连线的长度"。标尺长度就是标尺的第一个标记(始端)与最末一个标记(末端)之间连线的长度,此连线应通过全部最短标记的中点,这根连线也可称为标尺基线。它可能是实线(对直线标尺而言),如直尺、卡尺,也可能是虚线(对圆弧曲线、圆等标尺而言),如指针式电压表、电流表、百分表;也可以是一条标尺基线,对多量程的标尺也可能有多条标尺基线。标尺长度以长度单位表示,它与被测量的单位或标在标尺上的单位无关。标尺长度对测量仪器的计量特性十分重要,因为它影响着测量仪器读数误差的大小。

(2)标尺间距

标尺间距(scale spacing)是指"沿着标尺长度的同一条线测得的两相邻标尺标记间的距离"。标尺间距是沿标尺长度的线段(即标尺基线)所测量得到的任何两个相邻标尺标记之间的距离。它以长度单位表示,而与被测量的单位和标在标尺上的单位无关。标尺间隔相同时,如标尺间距大,则有利于减小读数误差。

(3) 标尺间隔(分度值)

标尺间隔(scale interval)是指"对应两相邻标尺标记的两个值之差"。标尺间隔用标在标尺上的单位来表示,因而可能与被测量的单位不同,人们习惯上称为分度值,即标尺间隔和分度值是同义词。例如,百分表的分度值为 0.01 mm;千分表的分度值为 0.001 mm;玻璃体温计的分度值为 0.1 ℃。有的测量仪器有几个标尺,且其标尺间隔各不相同,则此时标尺的分度值往往是指最小的标尺间隔。分度值影响着测量仪器的示值误差,而且对某些测量仪器而言,其最大允许误差绝对值等于分度值或分度值的确定倍数。所以,对这类测量仪器,分度值也代表着准确度等级或最大允许误差。

(4) 标尺分度

标尺分度(scale division)是指"标尺上任何两相邻标尺标记之间的部分"。标尺分度主要说明标尺分成了多少个可以分辨的区间,决定标尺分度的数目是分得粗一点,还是分得细一点。如某长度测量仪器其两相邻标尺间隔为 1 mm,如果在这一相邻标尺中间再加上一条短刻线,则其标尺间隔变为 0.5 mm;如果在 1 mm 标尺间隔上等间隔地加上 9 条短刻线,则相邻标尺间隔则为 0.1 mm,分度更细了。要注意标尺分度和标尺间隔(分度值)的区别,标尺分度是说明如何确定标尺的数目和区间,而标尺间隔(分度值)是指两相邻标尺标记的两个值之差。从上面例子可见,两者有一定关系,分度数目多了,其分度值就小了。标尺分度数目和分度值,是很多测量仪器划分准确度等级的重要依据。

【案例 2-14】　考评员在考核电学室时,对室主任小黄提出了如下问题:"在以下 3 个测量仪器的标尺中(见下图),其标尺长度均为 60 mm,其测量范围分别为 A(0~6) mA、B(0~6) mA、C(0~20) mA,Z_A 为指针位置,请分别指出标尺的标尺间隔(分度值)、标尺间距、指示点 Z_A 的量值。"

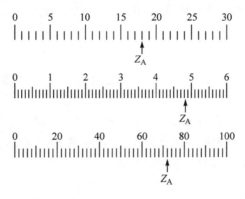

小黄进行了计算,做了如下回答:

标　尺	测量范围	标尺间隔(分度值)	标尺间距	Z_A 的量值
A	(0~6)mA	0.2 mA	2 mm	3.6 mA
B	(0~6)mA	0.1 mA	1 mm	4.8 mA
C	(0~20)mA	0.4 mA	1.2 mm	26.4 mA

【案例分析】　依据 JJF 1001—2011《通用计量术语及定义》中 6.17、6.18、7.12 给出的标尺间距、标尺间隔(分度值)及测量系统的灵敏度的定义,可以判断以上回答中,标尺间隔(分度值)、标尺间距是正确的。标尺 C 的"Z_A 的量值"不正确,灵敏度高低判断不全面。

标尺 C 的测量范围为 20 mA,指针位置 Z_A 的量值不可能为 26.4 mA。C 标尺 Z_A 的量值应为

36×0.4 mA$=14.4$ mA,而不是 66×0.4 mA$=26.4$ mA。

(六) 测量系统的调整和零位调整

1. 测量系统的调整

测量系统的调整(adjustment of a measuring system)简称调整,是指"为使测量系统提供相应于给定被测量值的指定示值,在测量系统上进行的一组操作"。

以测量范围(0~10) kPa、输出电流(4~20) mA 的线性压力测量系统为例,其测量结果 p 可根据输出电流 I 来计算:$p=10$ kPa$/16$ mA$\times(I-4$ mA$)$。为使压力为 5 kPa 时的示值准确,应调整测量系统,使得输入 5 kPa 标准压力量值时的示值为 12 mA。

测量系统由于长期使用或存放、长途运输、搬运、受到冲击,或者因故障进行了修理,经校准等手段确认其示值超过或接近最大允许误差,则可以通过对测量系统的调整,使其在要测量量的给定量值点上给出规定的示值。调整的示值点通常包括零点、满量程点或接近满量程的点;相应的调整称为零位调整(俗称调零、归零)和量程调整(有时也称为增益调整)。调整点也可能涉及测量范围中的其他点。调整的物理方法因测量系统的测量原理而异,例如,标尺的移动或调整传动机构及其他方法来进行调整;又如通过在调整腔内加铅或研磨,使砝码的质量与其标称值之间的偏差达到预定范围之内;通过改变导线长度调整电阻器的电阻到正确值;调整时钟的摆轮,使其在每秒时间内往复转动的次数达到最理想值;调整杠杆秤的杠杆长度;对使用中的仪表进行零位调整(机械零位和电气零位);仪表放大比调整及灵敏度调整等。有时调整以后,为了防止使用中随意变更,则要对可调部件加以封印。使用计算机或微处理器的数字化测量系统,通常仅通过改变一些系统参数的设定值实现调整。

测量系统的调整不应与测量系统的校准相混淆,校准是调整的一个先决条件,用于确定预期的调整量。测量系统调整后,通常必须再校准,以确认调整的效果。

2. 测量系统的零位调整

测量系统的零位调整(zero adjustment of a measuring system)简称零位调整,是指"为使测量系统提供相应于被测量为零值的零示值,对测量系统进行的调整"。调整的结果是使测量系统在所测量的量为零值时示值也为零。

应注意的是,对测量范围(0~10) kPa、输出电流(4~20) mA 的压力测量系统来说,将所要测量的量为 0 kPa 时的输出电流调整为规定的 4 mA,是测量系统的调整,但不是测量系统的零位调整。零位有要测量量为零值时的指定示值为零的特殊含义。

二、测量仪器的特性

(一) 示值、示值区间、标称量值、标称示值区间、标称示值区间的量程和测量区间

1. 示值

示值(indication)是指"由测量仪器或测量系统给出的量值"。示值可用可视形式或声响形式表示,也可传输到其他装置。示值通常由模拟输出显示器上指示的位置、数字输出所显示或打印的数字、编码输出的码形图、实物量具的赋值给出。示值与相应的被测量值不必是同类量的值。

假定所关注的量不存在或对示值没有贡献,而从类似于被研究的量的现象、物体或物质中所获得的示值,称为空白示值(blank indication),又称本底示值(background indication)。这意味着采用与被测量有关的某种物理现象作为测量原理,即使被测量为0,但由于其他因素也导致同类现象的发

生,使得测量仪器的示值不为 0。对所关注的量的测量需要扣除空白示值的贡献。

2. 示值区间

示值区间(indication interval)是指"极限示值界限内的一组量值"。示值区间可以用标在显示装置上的单位表示,例如,99 V～201 V。在某些领域中,本术语也称示值范围(range of indication)。

3. 标称量值

标称量值(nominal quantity value)简称标称值,是指"测量仪器或测量系统特征量的经化整的值或近似值,以便为适当使用提供指导"。例如,标在标准电阻器上的标称量值:100 Ω;标在单刻度量杯上的量值:1 000 mL;盐酸溶液包装上标注的 HCl 的物质的量浓度:0.1 mol/L;恒温箱标注的温度:-20 ℃。

4. 标称示值区间

标称示值区间(nominal indication interval)简称标称区间,是指"当测量仪器或测量系统调节到特定位置时获得并用于指明该位置的、化整或近似的极限示值所界定的一组量值"。标称范围通常以最小和最大示值表示,例如,100 V～200 V。在某些领域,此术语也称标称范围(nominal range)。

5. 标称示值区间的量程

标称示值区间的量程(range of a nominal indication interval,span of a nominal indication interval)是指"标称示值区间的两极限量值之差的绝对值"。

例如,对-10 V～+10 V 的标称示值区间,其标称示值区间的量程为 20 V。

6. 测量区间

测量区间(measuring interval)又称工作区间,是指"在规定条件下,由具有一定的仪器不确定度的测量仪器或测量系统能够测量出的一组同类量的量值",常被称为"测量范围"(measuring range),有时也称"工作范围"。它是测量仪器或测量系统以规定的仪器不确定度测量的同类量的量值集合。应注意,测量区间的下限不应与检测限相混淆。

(二) 测量仪器的计量特性

1. 响应特性

响应特性(response characteristic)是指"测量传感器、敏感器或测量仪器的响应随激励或某种其他影响因素变化的特性"。响应特性是一类与响应有关的特性的总称。这里讲的激励通常就是感受的变量或输入信号,响应就是输出量或输出信号。而输出量或输出信号应广义地理解,对于某些敏感器和测量传感器而言,是不具有传输特性的可测量的量,例如,应变片或热电阻的输出量为电阻。对一个完整的测量仪器来说,激励就是测量仪器所测量的量,而响应就是与所测量的量对应的输出或示值。显然,只有准确地确定了测量仪器、它的敏感器或测量传感器的响应特性,其输出或示值才能准确地反映所测量的量的量值。因此,可以说响应特性不仅是敏感器、测量传感器的特性之一,也是测量仪器最基本的特性之一。

因为响应特性可能随激励条件和环境条件的变化而变化,所以各种响应特性都是限定了其他因素的确定条件下,响应随激励或某种单一影响因素而变化的特性。其中,激励-响应的关系特性是最基本的响应特性,也称为输入输出特性。

激励不仅可以是通常所测量的量,也可以是通常所测量的量的某种分量或特定成分。例如,频率响应反映的是对单一频率的某种激励信号的响应随频率变化的分布特性,如电压放大器的频率响应。响应特性也可用来反映在恒定激励下,响应随温度、压力等工作条件变化的特性,称为相应的温度特性或压力特性。响应特性根据响应是否与时间有关,分为静态响应特性和动态响应特性。

在应用中,响应特性通常默认指的静态的激励-响应特性。在静态测量条件下激励 x(输入)和响应 y(即输出或示值)不随时间而改变,或处于稳定状态,则输入输出特性或静态响应特性可用下式表示:

$$y = f(x)$$

此关系可以建立在理论或实验的基础上。响应特性除了上述的函数形式表述外,也可以用数据表格或图形表示。当响应特性与激励呈正比时,静态响应特性为:

$$y = kx$$

式中,k 是测量传感器或测量仪器本身的一些固定参数值确定的常系数。只要 k 值一经确定,响应特性也就完全确定。例如,模拟式磁电系电流表理论推导可得出指针偏转角 α(响应)与被测电流 I(激励)有如下关系:

$$\alpha = \frac{BSn}{\tau}I = kI$$

式中:B——磁系统缝隙中的磁感应强度;

　　S——不动线圈的面积;

　　n——线圈匝数;

　　τ——游丝或张丝的反抗力矩系数。

它们对一台具体测量仪器来说都是取固定值的参数,即既不随时间改变,也不随被测电流改变(在一定范围内取值)。因此,如果已知条件充分,k 就是可唯一确定的常系数。也可以用实验方法确定 k 值,这时实际上是将已知的标准量值作为激励,确定测量传感器或测量仪器的校准曲线。

确定了测量传感器或测量仪器的静态响应特性,就可以方便地根据它来研究测量仪器的一系列静态特性(即用于测量静态量时测量仪器所呈现的特性),如灵敏度、线性、滞后、漂移等特性及由它们引起的测量误差。

动态响应特性对应于动态测量条件下测量传感器或测量仪器的激励随时间 t 快速改变,而其响应与激励的时间过程有关,因此动态响应特性是时间的函数。

当激励随时间快速变化,如果传感器或测量仪器的响应相对于激励出现时间延迟时,则其响应需要用动态响应特性描述。一般认为它们之间的关系可以用常系数微分方程来描述,用拉普拉斯积分变换来求解常系数线性微分方程十分方便,当激励按时间函数变化时,传递函数(响应的拉普拉斯变换除以激励的拉普拉斯变换)是响应特性的一种形式。

对于某些难以确定传递函数的测量传感器和测量仪器,常用特定的激励形式的响应作为动态响应特性,例如,阶跃响应、脉冲响应或特定波形的周期函数激励信号的响应。

静态响应特性不仅适用于静态测量,在已知测量传感器和测量仪器的响应延迟可以忽略的条件下,静态响应特性也可用于动态测量,即在该条件下激励随时间改变时响应总是可用该时刻的静态响应描述。

2. 测量系统的灵敏度

测量系统的灵敏度(sensitivity of a measuring system)简称灵敏度,是指"测量系统的示值变化除以相应的被测量值变化所得的商"。灵敏度反映测量系统正测量的量(亦称激励或输入量)变化引起仪器示值(亦称响应或输出量)变化的程度。这一概念也适用于测量传感器和测量仪器。

对于一般的测量系统,灵敏度用响应 y 对激励 x 的导数表示:

$$S = \frac{\mathrm{d}y}{\mathrm{d}x} = f'(x)$$

灵敏度可能随激励的变化而变化,是一个与激励 x 的值有关的变量。如激励的变化很小,而引起的响应改变很大,则说明该测量系统的灵敏度高。

对于线性测量系统来说,其灵敏度 S 可用响应 y 的增量 Δy 与激励 x 的相应增量 Δx 之比表示:

$$S = \frac{\Delta y}{\Delta x} = k$$

式中的 k 叫传递系数,不随 x 改变,是个常数。当响应 y 与激励 x 是同一种变量而且 $y=kx$ 时, k 有时也称放大倍数。

例如,在磁电系仪表中,响应特性是线性关系,灵敏度就是个常数;而在电磁系仪表中响应特性呈平方关系,灵敏度就随激励值变化。又如电动系仪表,测量功率时灵敏度是个常数,而测量电流或电压时却又随激励值变化。因此,在表述测量仪器的灵敏度时,往往要指明对哪个量而言。例如,对检流计,就要说明是指电流灵敏度还是电压灵敏度。

灵敏度是测量仪器或测量系统的一个十分重要的计量特性,是对激励信号微小变化的响应特性。对灵敏度的测量应使激励的变化远大于测量系统的分辨力。

3. 测量系统的选择性

测量系统的选择性(selectivity of a measuring system)简称选择性(selectivity),是指"测量系统按规定的测量程序使用并提供一个或多个被测量的测得值时,使每个被测量的值与其他被测量或所研究的现象、物体或物质中的其他量无关的特性"。定义中的"每个被测量的值"应被理解为每个被测量的测得值。这个定义的文字看上去比较抽象。下面是一些具体的例子:

(1)含质谱仪的测量系统在测量由两种指定化合物产生的离子电流比时,不会被电流的其他指定来源干扰的能力;

(2)测量系统测量给定频率下某信号分量的功率,不会受到诸多其他信号分量或其他频率信号干扰的能力;

(3)经常会有与所要信号频率略有不同的频率存在,接收机区分所要信号和不要信号的能力;

(4)存在伴生辐射情况下,电离辐射测量系统对被测的给定辐射的反应能力;

(5)测量系统用某种程序测量血浆中肌氨酸尿的物质的量浓度时,不受葡萄糖、尿酸盐、酮和蛋白质影响的能力;

(6)质谱仪测量地质矿中 ^{28}Si 同位素和 ^{30}Si 同位素的物质的量时,不受两者间的影响或来自 ^{29}Si 同位素影响的能力。

在物理学中,选择性是指只有一个被测量,其他量是被测量的同类量,并且它们是测量系统的输入量。在化学中,测量系统中被测量的量通常包含不同成分,并且这些量不必属于同类量;测量系统的选择性通常由在规定范围内所选成分浓度的量获得。物理学中使用的"选择性",在概念上接近于化学中有时使用的"种别性"(specificity)。

这里的选择性,应理解为一种响应特性的筛选能力,指测量系统从不同信号中筛选有用信号并抑制其他同类信号干扰的能力。

4. 阶跃响应时间

阶跃响应时间(step response time)是指"测量仪器或测量系统的输入量值在两个规定常量值之间发生突然变化的瞬间,到与相应示值达到其最终稳定值的规定极限内时的瞬间,这两者间的持续时间"。它是测量仪器响应特性的重要参数之一。在输入输出关系的响应特性中,阶跃响应时间反映了随着激励的阶跃变化其响应在时间上的快速跟进能力。阶跃响应时间短,则示值对输入的变化能迅速响应,有利于进行快速测量或调节控制。

传统的指针式仪表,当对其突然施加测量信号(阶跃输入信号)时,要求其指针摆动在快速反应和快速稳定(指针超调幅度小、反复摆动时间短)之间达到平衡,反应不宜过快和过慢。阻尼时间也是一种特殊的阶跃响应时间。动圈式仪表由张丝或轴承支承,由于指针在测量过程中要稳定下来需要一定时间,如果其调节性能不够理想,就会影响对突变信号的较快速测量。以电流表、电压表、功率表为例,其阶跃响应时间规定不得超过 4 s。其测量方法是,突然施加一个使指示器指示在标尺长2/3处的被测量,当指示器第一次摆动(即开始移动)时用秒表开始计时,当指示器摆动幅度达到标尺长度 1.5％时,停止计时,重复测量 5 次,取其平均值,所需的时间作为阶跃响应时间。

5. 分辨力

分辨力(resolution)是指"引起相应示值产生可觉察到变化的被测量的最小变化"。它是测量仪器的分辨力的简称,反映测量仪器对被测量的分辨能力。分辨力可能与内部噪声、外部噪声或摩擦等因素有关,也可能与被测量的值有关。

测量仪器的分辨力与测量仪器显示装置的分辨力是不同概念。不同之处在于,一方面测量仪器的被测量与示值可能不是同类量;另一方面,显示装置的分辨力仅由显示示值的可观察变化决定,测量仪器的分辨力则是由使用测量仪器时对被测量的测得值的可探测变化决定的,而测得值又是基于测量仪器的校准获知测得值与示值的关系。利用校准获得测量仪器的灵敏度,即显示装置的分辨力等于测量仪器的分辨力乘以测量仪器的灵敏度。

另外,分辨力不一定与鉴别阈相同。

6. 显示装置的分辨力

显示装置的分辨力(resolution of a displaying device)是指"能有效辨别的显示示值间的最小差值"。也就是说,显示装置的分辨力是指使用者对指示或显示装置对其最小示值差的辨别能力。显示装置提供示值的方式可以分为模拟式、数字式和半数字式等 3 种。

模拟式显示装置提供模拟方式的人眼可见指示,对应于前面的模拟显示式测量仪器,以指示器所指标尺标记所对应的数值为示值。根据标尺间隔和指示器的宽度比例,分辨力为标尺间隔或分度值的一半到1/10。

例如,线纹尺的最小分度值为 1 mm,则分辨力为 0.5 mm。如果对这两个相邻标记之间的部分进行细分,以内插方式估计指示器位置的读数,当能够判断指示器位于对两个相邻标记 n 等分后的某个细分区间内时,则分辨力就是标尺间隔(或分度值)的 n 分之一。例如,万能工具显微镜可以估读到两个相邻标记间隔的1/10。

对于数字式显示装置,当测量仪器输入和内部信号的噪声对示值的影响可忽略时,显示装置的分辨力,是最低位数字的最小可变化量。这类显示装置的分辨力属于设计参数。例如,数字电压表最低一位数字变化 1 个字的示值差为 1 μV,则分辨力为 1 μV。当测量仪器输入和内部信号的噪声对示值的影响幅度显著大于最低位数字的最小可变化量时,显示装置的分辨力属于性能参数,主要由噪声水平决定,每台装置的分辨力可能不同。

图 2-3　半数字标尺示意图

半数字式显示装置是以上两种的综合。它在除了末位均为数字显示的基础上,其末位以特定位置对一组一位有序数字的连续移动进行内插的方式,或通过标尺和指示器辅助读数。如家用电度表,如图 2-3 所示,此标尺右端数字能连续移动,这样能读到示值为 26 352.4 kW·h,分辨力为 0.1 kW·h。

显示装置的分辨力高可以降低读数误差,从而减少读数误差对测量结果的影响。有很多影响模拟式显示装置的分辨力的因素,如指示仪器的标尺间距,规定刻线和指针宽度,规定指针和度盘间的距离等。有的测量仪器用改进读数装置来提高分辨力,如广泛使用的游标卡尺,利用游标读数原理,用游标来提高卡尺读数的分辨力,使游标分辨力达到 0.10 mm、0.05 mm 和 0.02 mm。

7. 鉴别阈

鉴别阈(discrimination threshold)是指"引起相应示值不可检测到变化的被测量值的最大变化",也就是不引起相应示值产生可检测变化的所测量的量值的最大变化。上述定义难以实现时,在实际操作上,对指针式测量仪器,常采用引起相应示值可检测到变化的被测量值的最小变化作为鉴别阈。例如,一台天平的指针产生可觉察位移的最小负荷变化为 10 mg,则此天平的鉴别阈为 10 mg;又如,一台电子电位差计,当输入量在同一行程方向缓慢改变了 0.04 mV 时,指针才产生了可觉察的变化,则其鉴别阈为 0.04 mV。

测量鉴别阈时,应在确定的行程方向给予测量仪器一定的输入,使其处于某一示值。这时在同一行程方向平缓地改变激励,当测量仪器的输出产生可觉察的响应变化时,将此输入的激励变化作为鉴别阈。这里,为了准确地得到其鉴别阈,激励的变化(输入量的变化)应缓慢而且与之前的给定输入在同一行程上进行,以消除惯性或内部传动机构的间隙和摩擦的影响。通常一台测量仪器的鉴别阈还应在标尺的上、中、下不同示值范围的正向及反向行程进行测定,若其鉴别阈的数值不同,可以按其最大的激励变化来表示测量仪器的鉴别阈。

例如,二等标准活塞压力真空计的鉴别阈的大小是这样检测的。在被检压力真空计的测量上限压力 p,测量时两活塞按顺时针方向以(30~60) r/min 的转速转动,当在上述压力 p 达到平衡后,在被检压力真空计上加放能破坏两活塞平衡的最小砝码,其质量值即为被检压力真空计的鉴别阈。一般要求二等标准不大于 50 mg。

又如,电感测微仪鉴别力的测定,将量程开关置于最小一挡,并将仪器的示值调零,然后给传感器一个分度值的位移量,观察仪器的示值的变化量。以判断仪器的鉴别力是否达到或优于最小量程挡的一个分度值。

有时人们也习惯性地称鉴别阈为灵敏阈或灵敏限。产生鉴别阈的原因可能与噪声(内部或外部的)或摩擦阻尼等有关。

要注意灵敏度和鉴别阈的区别和关系,这是两个概念。灵敏度是由测量原理决定的,而鉴别阈由测量原理和制造水平两方面共同决定。灵敏度高,有利于获得小的鉴别阈;但仅靠提高制造水平来减小噪声或摩擦,能减小鉴别阈,却不能提高灵敏度。例如,有两台检流计 A 和 B,A 输入 1 mA 光标移动 10 格,B 输入 1 mA 光标移动 20 格,则 B 的灵敏度为 20 格/mA,比 A 的灵敏度 10 格/mA 高。若人眼睛的分辨力即可觉察的最小变化量为 0.1 格,则 A 改变 0.1 格对应于输入 0.01 mA,B 改变 0.1 格对应于输入 0.005 mA。可见 B 的鉴别阈为 0.005 mA,比 A 的 0.01 mA 小,此结果缘于 B 的灵敏度比 A 要高。

8. 死区

死区(dead band)是指"当被测量值双向变化时,相应示值不产生可检测到的变化的最大区间",也就是不引起相应示值产生可检测出变化的所测量的量值双向变化的最大区间。有的测量仪器由于机构零件的摩擦、零部件之间的间隙、弹性材料的变形、阻尼机构的影响等原因产生死区。死区可能与被测量的变化速率有关。当正在测量的量双向快速改变时,死区可能增大。

9. 检出限

检出限(detection limit 或 limit of detection)是指"由给定测量程序获得的测得的量值,其声称的物质成分不存在的误判概率为 β,声称物质成分存在的误判概率为 α"。检出限常以浓度(或质量)表示。检测结果为某被检测物质成分不存在时,需要给出误判概率为 β;检测结果为某被检测物质成分存在时,需要给出误判概率为 α。国际纯粹与应用化学联合会(IUPAC)推荐 α 和 β 的默认值为 0.05,即误判概率为 5%。5% 的误判概率不应理解为检测总数的 5% 存在误判。检测总数的误判比例还与检测样本的阴性与阳性的比例有关。

10. 测量仪器的稳定性

测量仪器的稳定性(stability of a measurement instrument)简称稳定性,是指"测量仪器保持其计量特性随时间恒定的能力"。通常稳定性是指测量仪器的计量特性随时间不变化的能力。稳定性可以进行定量的表征,主要是确定计量特性随时间变化的关系。通常可以用以下两种方式:用计量特性的某个量发生规定的变化所需经过的时间,或用计量特性经过规定的时间所发生的变化量来进行定量表示。

　　例如,对于标准电池,技术指标中对其长期稳定性(电动势的年变化幅度)和短期稳定性(3～5 天内电动势变化幅度)均有明确的规定;如量块尺寸的稳定性,以其每年允许的最大变化量(微米/年)来进行考核。又如,带有压力传感器的测量范围为(−0.1～250)MPa 的数字压力计,则其稳定性是由以下方法确定:仪器通电预热后,应在不做任何调整的情况下(有调整装置的,可将初始值调到零),对压力计进行正、反行程的一个循环的示值检定,并做记录,计算出各点正、反行程的示值误差。该示值误差与上一周期检定证书上相应各检定点正、反行程示值误差之差的绝对值,即为相邻两次检定之间的示值稳定性。对于准确度等级 0.05 级及以上的数字压力计,相邻两次检定之间的示值变化量不得大于最大允许误差的绝对值。

　　上述稳定性指标均是划分准确度等级的重要依据。对于测量仪器,尤其是计量基准、计量标准或某些实物量具,稳定性是重要的计量性能之一,示值的稳定是保证量值准确的基础。测量仪器产生不稳定的因素很多,主要原因是元器件的老化、零部件的磨损,以及使用、贮存、维护工作不仔细等。测量仪器进行的周期检定或校准,就是对其稳定性的一种考核,稳定性也是科学合理地确定检定周期的重要依据之一。

　　11. 仪器漂移

　　仪器漂移(instrument drift)是指"由于测量仪器计量特性的变化引起的示值在一段时间内的连续或增量变化"。仪器漂移所指的示值变化既与被测量的变化无关,也与影响量的刻意变化无关。如有的测量仪器的零点漂移,有的线性测量仪器静态特性随时间变化的量程漂移。如一种冷原子吸收测汞仪,规定在外接交流稳压器输出端接 10 mV 记录仪,仪器预热 2 h 后,测定 0.5 h 内零点的最大漂移应小于 0.1 mV。又如热导式氢分析器,规定用校准气体将示值分别调到量程的 5% 和 85%,经 24 h 后,分别记下前后读数,则在量程的 5% 处的示值变化称为零漂移,在量程的 85% 处的示值变化减去在量程的 5% 处的示值变化,称为量程漂移,它们所引起的误差不得超过基本误差。

　　例如,电阻应变仪零点漂移的测定。将标准模拟应变量标准器的示值置于零位,进行零位平衡后,从被检应变仪读数装置上读取零位值 a_0,在 4 h 内,第 1 小时每隔 15 min,以后每隔 30 min,分别从被检应变仪读数装置上读取相应的零位值 a_i,被检应变仪的零位漂移 Δz_i 为:

$$\Delta z_i = a_i - a_0$$

式中:a_i——在 4 h 内被检应变仪读数装置上相应的零位值;

　　　a_0——$t=0$ 开始测定时被检应变仪读数装置上的零位值。

　　零位漂移不得超过规定的要求。

　　又如,对具有压力传感器的(−0.1～250) MPa 的数字压力计零点漂移的测定。仪器通电预热后,在大气压力下,压力计有调零装置的可将初始值调到零,每隔 15 min 记录显示直到 1 h,各显示值与初始值的差值中绝对值最大的数值为零点漂移值。要求零点漂移在 1 h 内不得大于最大允许误差绝对值的 1/2。

　　产生漂移的原因,往往是温度、压力、湿度等的变化,或仪器本身性能的不稳定。测量仪器使用时采取预热、预先放置一段时间与室温等温,是减少其漂移的一些措施。

　　12. 示值误差

　　示值误差(error of indication)是指"测量仪器示值与对应输入量的参考量值之差",也可称为测量仪器的误差。测量仪器的示值是与测量仪器的输入量有关联的输出,与输入量不一定是同类量。使用示值误差的场合,通常对应着测量仪器示值就是对测量仪器输入量的估计值,即示值与输入量为同类量。示值的获取方式可能因测量仪器的种类而异。如测量仪器指示装置标尺上指示器所指示的量值,即标尺直接示值或乘以测量仪器常数所得到的示值。对实物量具,量具上标注的标称值就是示值;对模拟显示式测量仪器而言,示值概念也适用于相邻标尺标记间的内插估计值;对于数字显示式测量仪器,其显示的数值就是示值。示值也适用于记录器,记录装置上记录笔的位置所对应的量值就是示值。示值误差是测量仪器的最主要的计量特性之一。

确定测量仪器示值误差的参考量值实际上使用的是约定真值或已知的标准值。为确定测量仪器的示值误差,当其接受高等级的测量标准器检定或校准时,标准器复现或测得的量值即为约定真值,通常称为标准值或俗称实际值。所以,指示式测量仪器的示值误差=示值-标准值,实物量具的示值误差=标称值-标准值。例如,被检电流表的示值 I 为 40 A,用标准电流表检定,其电流标准值为 $I_0=41$ A,则示值误差 Δ 为:

$$\Delta = I - I_0 = 40\ \text{A} - 41\ \text{A} = -1\ \text{A}$$

即该电流表的示值比其约定真值小 1 A。

例如,一工作玻璃量器的容量的标称值 V 为 1 000 mL,经标准玻璃量器检定,其容量标准值(实际值)V_0 为 1 005 mL,则量器的示值误差 Δ 为:

$$\Delta = V - V_0 = 1\ 000\ \text{mL} - 1\ 005\ \text{mL} = -5\ \text{mL}$$

即该工作量器的标称值比其约定真值小 5 mL。

通常测量仪器的示值误差可用绝对误差表示,也可以用相对误差表示。确定测量仪器示值误差的大小,是为了判定测量仪器是否合格,或为了获得其示值的修正值。

在日常计算和使用时要注意示值误差、偏差和修正值的区别,不要相混淆。偏差(deviation)是指"一个值减去其参考值",对于实物量具而言,偏差就是实物量具的实际值(即标准值或约定真值)对于标称值偏离的程度,即偏差=实际值-标称值;而示值误差=示值(标称值)-实际值,修正值=-示值误差。

【案例 2-15】　考评员在考核长度室时,问检定员小王:"有一块量块,其标称值为 10 mm,经检定其实际值为 10.1 mm,则该量块的示值误差、修正值及其偏差各为多少?"小王回答:"其示值误差为+0.1 mm,修正值为-0.1 mm,偏差为-0.1 mm"。

问题:小王的回答是否正确? 如何理解并正确应用示值误差、偏差?

【案例分析】　小王的回答是错误的。依据 JJF 1001—2011《通用计量术语及定义》7.32,示值误差是指"测量仪器示值与对应输入量的参考量值之差"。经检定的实际值 10.1 mm 为约定真值,实物量具量块的示值就是它的标称值,所以量块的示值误差=标称值-实际值=10 mm-10.1 mm=-0.1 mm,说明此量块的标称值比约定真值小了 0.1 mm。因为修正值=-示值误差,所以在使用时量块的实际值要在标称值加上+0.1 mm 的修正值。

而对实物量具而言,偏差是指其实际值对于标称值偏离的程度,即实物量具的偏差=实际值-标称值=10.1 mm-10 mm=+0.1 mm,说明此量块的实际尺寸比 10 mm 标称尺寸大了 0.1 mm,在修理时要磨去 0.1 mm 才能够得到正确的值。

13. 引用误差

引用误差(fiducial error)是指"测量仪器或测量系统的误差除以仪器的特定值"。特定值一般称为引用值,它可以是测量仪器的量程,也可以是下限为零的标称范围或测量范围的上限等。测量仪器的引用误差就是测量仪器的绝对误差与其引用值之比。

例如,一台标称范围(0~150) V 的电压表,当在示值为 100.0 V 处,用标准电压表检定所得到的实际值(标准值)为 99.4 V,则该处的引用误差为:

$$\frac{100.0 - 99.4}{150} \times 100\% = 0.4\%$$

上式中,(100.0-99.4) V=+0.6 V 为 100.0 V 处的示值误差,而 150 V 为该测量仪器的标称范围的上限(即引用值),所以引用误差是对满刻度值而言的。上述例子所说的引用误差与相对误差的概念是有区别的,100.0 V 处的相对误差为:

$$\frac{100.0-99.4}{99.4} \times 100\% = 0.6\%$$

相对误差是相对于被检定点的示值而言,计算时分母的标准值是随示值而变化的。

当用示值范围的上限值作为引用值时,通常可在最大允许误差数值后附以缩写字母 FS(Full Scale)。例如,某测力传感器的满量程最大允许误差为±0.05%FS。

采用引用误差可以十分方便地表述测量仪器的准确度等级,例如,指示式电工仪表分为 0.1、0.2、0.5、1.0、1.5、2.5、5.0 这 7 个准确度等级,它们的仪表示值的最大允许误差都是以量程的百分数(%)来表示的,即 1 级电工仪表的最大允许误差表示为±1%FS。

引用误差使用引用值的相对比例表示的误差,便于对同量程的测量仪表比较误差的大小。但涉及不同量程时,要关注其绝对值。例如,使用(0～20) A 的电流表替代±1%FS 的(0～10) A 的电流表时,应采用±0.5%FS 的(0～20) A 的电流表。

14. 固有误差

固有误差(intrinsic error)是指"在参考条件下确定的测量仪器或测量系统的误差",又称基本误差。固有误差主要来源于测量仪器自身的缺陷,如仪器的结构、原理、使用、安装、测量方法及其测量标准传递等造成的误差。固有误差的大小直接反映了在参考条件下该测量仪器的准确度,"固有"在一定程度上意味着难以靠改善测量条件等外部因素提升该测量仪器的准确程度。一般而言,固有误差就是参考条件下的示值误差,因此固有误差是测量仪器划分准确度等级的重要依据。测量仪器在参考条件下的最大允许误差是对测量仪器自身存在的固有误差所允许的极限值的规定。

与固有误差相对应的是附加误差。附加误差就是因测量仪器在超出参考条件下工作所增加的误差。额定工作条件、极限工作条件等都不是参考条件,此时测量仪器在固有误差基础上增加了附加误差,其最大允许误差会超过在参考条件下的最大允许误差。附加误差产生的原因主要是影响量超出参考条件规定的范围。相对于固有误差是由外界因素造成的误差而言,附加误差是因测量仪器使用时环境条件与检定、校准时的环境条件不同而引起的误差。比如,测量仪器在静态条件下检定、校准,而在动态条件下使用,就会带来附加误差。

15. 仪器偏移

仪器偏移(instrument bias)是指"重复测量示值的平均值减去参考量值"。仪器偏移在概念上是对测量仪器示值的系统误差的估计值。采用重复测量的方式是为了减小单次测量中随机误差对仪器偏移的影响,以获得更可靠的估计值。

造成仪器偏移的原因有很多,如仪器设计原理上的缺陷、标尺或度盘安装不正确、使用时受到测量环境变化的影响、测量或安装方法不完善、测量人员的因素以及测量标准器的传递误差等。测量仪器示值的系统误差,按其误差出现的规律,除固定的系统误差外,有的系统误差是按线性变化、周期性变化或复杂规律变化的。在确定仪器偏移时,应考虑不同的示值偏移可能不同。

仪器偏移等同于重复测量中单次示值误差的平均值,与采用重复测量方式确定的示值误差是相同的概念。所以,仪器偏移也直接影响测量仪器的准确程度。因为在大多数情况下,测量仪器的示值误差主要取决于系统误差,有时系统误差比随机误差会大一个数量级,并且不易被发现。测量仪器要定期进行校准,主要就是为了在特定测量条件下确定测量仪器示值误差平均值的大小,即仪器偏移,并据此给出修正值,以用于修正同类测量条件下的已知系统误差,从而确保或提高测量仪器的准确程度。修正时采用的修正值是仪器偏移的相反数:

修正后的结果=示值+修正值=示值-仪器偏移

在参考条件下的仪器偏移可以理解为固有误差。所以,定期检定是控制、核查仪器在参考条件下的仪器偏移的主要手段。在参考条件下的仪器偏移是与固有误差相对应的概念,可用于测量仪器是否符合最大允许误差的判断,也可用于对测量仪器示值修正在参考测量条件下的已知系统误差。

16. 影响量引起的变差

影响量引起的变差(variation due to an influence quantity)是指"当影响量依次呈现两个不同的量值时,给定测得值的示值差或实物量具提供的量值差"。也就是测量模型中的输入量不变时,由于影响量的改变引起的输出量的示值的变化(此时被测量并未改变)或实物量具实际值的变化。例如,在环境温度 20 ℃和 28 ℃时,压力计的两个相应示值之差。

17. 基值测量误差

基值测量误差(datum measurement error)是指"在规定的测得值上测量仪器或测量系统的测量误差",可简称为基值误差。

需要注意测量仪器的测得值和示值的概念差异。测得值是代表被测量的测量结果的量值。示值是测量仪器或测量系统的输出,当输出是输入量的估计值时,示值就是测得值;而当输出是与输入量有确定关系的其他量时,测量仪器的示值并非测得值。

举例来说,测量范围为 $(0\sim10)$ kPa、输出为 $(4\sim20)$ mA 的压力测量仪器,测得压力 p 与输出电流 I 之间的关系为 $p=10$ kPa/16 mA $\times(I-4$ mA$)$ 或 $I=p\times16$ mA/10 kPa$+4$ mA。若输入压力为 4.9 kPa 时,输出电流为 12 mA,则 12 mA 是压力测量仪器的示值,但并不是压力 4.9 kPa 的测得值。此时,测得值为 10 kPa/16 mA $\times(12$ mA-4 mA$)=5$ kPa。因此,在测得值 5 kPa 的基值测量误差就是示值为 12 mA 时的测量误差(5 kPa-4.9 kPa)。

而术语"测量系统的调整"对于此例是为了将输入压力标准值为 5 kPa 时的输出电流(示值)调整为指定的 12 mA 所做的操作,操作的结果与将 5 kPa 测得值上的基值测量误差调为零(在 12 mA 示值点,压力测得值=输入压力=5 kPa)是相同的。

为了检定或校准示值就是测得值的这一类测量仪器,人们通常选取某些规定的示值点,确定测量仪器在该值上的基值误差。

对普通准确度等级的衡器来说,载荷点 $50e$ 和 $200e$ 是必检的基本点(e 是衡器的检定分度值),它们作为规定的示值在首次检定时基值误差分别不得超过 $\pm0.5e$ 和 $\pm1.0e$。如对于中(高)准确度等级的衡器,载荷点 $500e$ 和 $2\,000e$ 是必须检的,它们在首次检定时的基值误差分别不得超过 $\pm0.5e$ 和 $\pm1.0e$。

零值误差是一个重要和常用的基值误差,因为零值对考核测量仪器的稳定性、准确性具有十分重要的作用。

18. 零值误差

零值误差(zero error)是指"测得值为零值时的基值测量误差"。零值误差是指测得值为零值时测量仪器或测量系统的测量误差。

对于示值不同于测得值的测量仪器,例如,测量范围 $(0\sim10)$ kPa、输出电流 $(4\sim20)$ mA 的压力测量仪器,零值误差是测得值为 0 kPa(示值为 4 mA)时的测量误差,以压力单位表示。

测量仪器或测量系统的零位特指所要测量的量为零值时的示值,它不是测得值的概念。零位调整就是为使所测量的量为零值时的示值,也为指定的零值的调整过程。

所以,测量系统的零位调整并不完全对应于要测量的量为零值时的测量系统的调整,因为当要测量的量为零值时的指定示值不一定为零。

上例中的输出电流 $(4\sim20)$ mA 的压力测量仪器,适用于零值误差的概念,即 0 kPa 测得值(4 mA 示值)时的测量误差。"测量系统的调整"的概念对该测量仪器是适用的,例如,可进行使输入压力为 0 kPa 时的输出电流为 4 mA 的调整。但零位调整的概念对该测量仪器不适用。因为此时 0 mA 输出电流不是有意义的压力测量的示值，不存在 0mA 输出对应的测得值和测量误差，换言之，0 kPa 输入压力时所希望的示值是 4 mA 而不是 0 mA。

适用于零位概念的测量仪器或测量系统，输入为零值时的示值就是其零位（相对于指定零示值的偏差）。尽管正的零位对应于负的零值误差，但零位调整的结果等同于将零值误差调为零（测得值为零值时的测量误差为零）。

零值误差＝－零位×灵敏度。对示值就是测得值的测量仪器，零值误差＝－零位。

测量仪器的零位在通电情况下，称为电气零位；在不通电的情况下，称为机械零位。零位通常在全量程对示值都有影响，因此在测量仪器检定、校准或使用时十分重要，而且无需标准器就能确定零位的值。例如，各种指示仪表和千分尺、度盘秤等都具有零位调节器，检定或校准人员或使用者可进行调整以减小或消除零值误差，以确保测量仪器的准确程度。

有的测量仪器零位不能调整，在检定时应根据"零值误差＝－零位×灵敏度"检查其是否符合最大允许误差的要求。

19. 零的测量不确定度

零的测量不确定度（null measurement uncertainty）是指"规定的测得值为零时的测量不确定度"。这里，规定的测得值为零应理解为知道所测量的量实际为零，相应的测得值理应为零。零的测量不确定度可以用来表示清零或接近零的示值的测量不确定度，它所包含的示值区间难以分清是由于被测量太小不能检测引起，还是仅由于仪器噪声所引起。

零的测量不确定度的概念也适用于对样品与空白进行测量并获得差值的情形。

20. 仪器的测量不确定度

仪器的测量不确定度（instrumental measurement uncertainty）简称仪器不确定度，是指"由所用的测量仪器或测量系统引起的测量不确定度的分量"。

原级计量标准的仪器不确定度通常是通过不确定度评定得到的。而其他测量仪器或测量系统的不确定度是通过对测量仪器或测量系统校准得到的。

用某测量仪器或测量系统对被测量进行测量可以得到被测量的估计值，所用测量仪器或测量系统的不确定度在被测量估计值的不确定度中是一个重要的分量。关于仪器的测量不确定度的有关信息可在仪器说明书中获得。如果其中给出的是最大允许误差或准确度等级的信息，仪器的不确定度通常要按标准测量不确定度的 B 类评定进行估计。

在测量仪器说明书的技术指标中，常用不确定度表示规定的不确定度极限值之意，在概念上有所不同。

21. 最大允许测量误差

最大允许测量误差（maximum permissible measurement errors）简称最大允许误差，也被称为误差限，是指"对给定的测量、测量仪器或测量系统，由规范或规程所允许的，相对于已知参考量值的测量误差的极限值"。它是某一测量、测量仪器或测量系统的技术指标或规定中所允许的，相对于已知参考量值的测量误差的极限值；是表示对测量或测量仪器准确程度的规定（要求）的一个重要参数。测量仪器的说明书可能给出不同测量条件下的最大允许误差，如未对最大允许误差的测量条件提供具体说明，可视其为额定工作条件的最大允许误差。在对测量仪器或测量系统的检定中，如说明书未提供参考测量条件下的最大允许误差，通常将其技术指标中额定工作条件下或未说明工作条件的最大允许误差作为检定的参考条件下规定的最大允许误差。

当最大允许误差是对称双侧误差限，即有相同绝对值的上限和下限时，可表达为：最大允许误差＝±MPEV，其中 MPEV 为最大允许误差的绝对值的英文缩写。最大允许误差可用绝对形式表示，如

$\Delta=\pm a$；或用相对形式表示，$\delta=\pm|\Delta/x_0|\times100\%$，$x_0$ 为被测量的约定真值；对于测量仪器，也可以用引用误差形式表示，即 $\delta=\pm|\Delta/x_n|\times100\%$，$x_n$ 为引用值，通常是量程或满刻度值。

例如，测量上限处于(1 000～2 000)mm 的游标卡尺，按其不同的分度值和测量范围，所规定的最大允许误差见表 2-10(以绝对误差形式表示)。

表 2-10 游标卡尺的最大允许误差

测量尺寸范围/mm	最大允许误差/mm	
	分度值 0.05	分度值 0.1
500～1 000	±0.10	±0.15
>1 000～1 500	±0.15	±0.20
>1 500～2 000	±0.20	±0.25

1 级材料试验机的最大允许误差"±1.0%"，是以相对误差形式表示的。0.25 级弹簧式精密压力表的最大允许误差为"0.25%×示值范围上限值"，虽然也采用相对形式，但是是以引用误差形式表示的，所以在仪器任何刻度上其绝对形式的最大允许误差不变。

在文字表述上，最大允许误差是一个专用术语，最好不要分割，要规范化，可以把所指最大允许误差的对象作为定语放在前面，如"示值最大允许误差"，而不采用"最大允许示值误差""示值误差的最大允许值"等。测量仪器的示值误差前面不应加±号，测量仪器的示值误差只对某一测量点的示值而言，是确定值而不是一个区间。

测量仪器的示值误差和最大允许误差是不同概念，最大允许误差是测量仪器技术指标或特定测量应用的规定中对测量误差所规定的允许的测量误差的极限值。而以最大允许误差对测量误差做出规定时，意味着这种场合下的测量误差的参考量值不是采用未知的真值而是采用约定真值，即测量误差的值是可确定的。使用示值误差概念时，默认测量仪器的示值就是测量仪器的测得值，因此测量仪器的示值误差就是指测量仪器的测量误差。可通过检定、校准将测量仪器示值与参考量值(测量标准复现或测得的量值)比较确定示值误差的大小。应注意，测量仪器的最大允许误差并不意味着示值误差肯定不超出它的规定，经检定等方式确认合格的测量仪器才能认为其示值误差在相应测量条件下不超过最大允许误差。

检定通常要求参考量值的测量不确定度应远小于最大允许误差的绝对值，以减小误差接近最大允许误差时合格或不合格结论不可靠的区间。对于大多数检定，涉及的最大允许误差为正负对称双极限值，而且不考虑参考量值不确定度对判断测量仪器实际性能是否符合最大允许误差规定的影响。这意味着测量仪器的供需双方，或使用测量结果的买卖双方以对等程度承担参考量值不确定度导致的合格或不合格误判的风险，是出于对利益不同的双方的公正性的考虑。而像公路机动车测速这类特殊应用场合，规定测速系统的最大允许误差的上极限值为零，下极限为负值，以减小因测速系统误差引起的超速误判。

22. 准确度等级

准确度等级(accuracy class)是指"在规定工作条件下，符合规定的计量要求，使测量误差或仪器不确定度保持在规定极限内的测量仪器或测量系统的等别或级别"。这里说的规定的工作条件，通常是额定工作条件，也可能是规定的其他工作条件。准确度等级意味着对符合要求的测量仪器的测量误差或仪器不确定度的极限值的规定。

在我国，准确度等级中的等和级有不同的含义和用法。级对应于对最大允许误差的规定，是对示值误差的要求；使用以级表示准确水平的合格测量仪器时，直接使用测量仪器本身示值而不考虑对检定所确定示值误差的修正，因为最大允许误差表示的是测量仪器的示值的准确程度。当然，修正示值误差有利于进一步减小示值误差的影响。等对应于对测量不确定度极限值的规定,表示对测量仪器检定校准所赋予量值的准确水平;使用时需在测量仪器本身示值基础上附加检定校准所确定的修正值(修正检定校准确定的示值误差)才是对校准结果的应用,使得校准不确定度表示的准确程度有意义。测量标准器既可分等也可分级,而工作计量器具通常分级。

准确度等级通常用约定数字或字母等组成的代号表示,这些代号与测量误差的规定极限值或仪器不确定度的规定极限值存在明示的或默认的约定关系。例如,0.2级电压表、0级量块、E_2级砝码、一等标准电阻等。这里,0.2级如果没有其他明确规定,通常意味着最大允许误差为±0.2%;而0级、E_2级和一等的含义通常在与测量仪器相应的技术标准、计量检定规程或检定系统表等文件中做出规定。例如,标准电阻作为计量标准分为一等和二等,作为工作计量器具有从0.0005级到20级共15级,相应的最大允许误差绝对值从0.00005%到20%。电工测量指示仪表按准确度等级分类分为0.1,0.2,0.5,1.0,1.5,2.5,5.0共7级。这些等级体现了该测量仪器以示值范围的上限值(俗称满刻度值)为引用值的引用误差,如1.0级指示仪表,其引用误差就是±1.0%FS。准确度等级代号为B级的称重传感器,当载荷m处于$0 \leqslant m \leqslant 5000\,v$时($v$为传感器的检定分度值),其最大允许误差为$\pm 0.35\,v$。

准确度等级也可作为对测量仪器的一种分类方式。按准确程度的水平分类,有利于测量仪器的制造、销售,用户的合理选型,以及确定量值传递或溯源的需求水平。

要注意测量仪器的准确度、准确度等级、最大允许误差和规定的测量不确定度极限值等概念的差异。准确度用于定性地表示测量或测量仪器的准确程度,用准确度高或低表示测量结果与真值的接近程度。而准确度等级本身虽然不是一个量,但通过其与最大允许误差或仪器不确定度的规定极限值的对应关系,间接地量化反映对某类测量仪器预期的准确程度,是对准确程度的规定或要求。有的测量仪器的技术指标中不使用术语准确度等级(与对测量误差或仪器不确定度的规定限值相对应的代号),而是给出最大允许误差或测量不确定度的极限值。后两者的表达方式更直接和明确,尽管其具体极限值可能会随被测量量值和测量条件的不同而变化,使得表达形式显得更复杂。在仪器的技术指标中也有采用不确定度(的极限值)而不再使用准确度等级或最大允许误差的趋向,但只要这种定量表示的准确程度的符合性是用同类量的标准器以实验方法确定示值误差来判断确认的,其实际作用与最大允许误差的作用是类似的。

通常对新购置的测量仪器或使用中的测量仪器,需检定校准其实际性能是否符合准确度等级的要求,即检定校准所确定的测量仪器示值误差是否符合最大允许误差的规定,或者检定校准后得到的测量仪器量值的测量不确定度是否符合其测量不确定度限值的规定。

(三)测量仪器的使用条件

测量仪器的计量特性受测量仪器使用条件的影响,通常测量仪器允许的使用条件有以下4种形式。

1. 参考工作条件

参考工作条件(reference operating condition)简称参考条件,是指"为测量仪器或测量系统的性能评价或测量结果的相互比较而规定的工作条件"。为了使对不同测量仪器的性能评价或对不同测量结果进行相互比较,需要规定使它们具有可比性的一致的工作条件。

测量仪器具有自身的基本计量性能技术指标,如准确度等级和最大允许误差。测量仪器的计量性能是否符合这些要求,是在有一定影响量的情况下考核的。严格规定的考核同类测量仪器计量性能的工作条件就是参考条件,一般包括作用于测量仪器的影响量的参考值或参考范围。它将影响量对各测量仪器评价或测量结果的影响差异控制在足够小的范围内。只有在参考条件下才能反映测量仪器的基本计量性能和保证测量结果的可比性。每一次对一批测量仪器的性能评价或对几个测量结果的相互比较的参考条件可以是不同的。

检定和校准通常要给出对一类测量仪器具有可比性的量值结果和结论,其参考条件就是计量检定规程或校准规范上规定的工作条件,除了客户对校准工作条件提出特殊要求的情况。当然不同的测量仪器有不同的要求,如紫外、可见、近红外分光光度计,其检定规程规定:要求电源电压变化不大于(220±22) V,频率变化不超过(50±1) Hz,室温(15~30) ℃,相对湿度小于85%,仪器不受阳光直射,室内无强气流及腐蚀性气体,不应有影响检定的强烈振动和强电场、强磁场的干扰等要求。测量仪器的基本计量性能就是这种参考条件下所规定的。

有些检定规程或校准规范要求给出在相同温度下的检定或校准结果,比如对量块长度或气体流量计体积流量的检定要求给出在20℃的结果。这种规定应视为是对被测量的定义而不是测量仪器的实际工作条件,可理解为是对结果的规定或定义。

在计量比对中也需要规定参考条件,而且往往对比对结果的不确定度有更高水平预期,以增强结果的说服力。但有时受各参比实验室的工作条件差异的限制,无法规定差异足够小的参考工作条件。为了获得更好的比对结果,主导实验室需要预先确定主要影响量对比对传递标准的影响,以便对将各参比实验室的结果修正到统一的比对结果条件。

2. 额定工作条件

额定工作条件(rated operating condition)是指"为使测量仪器或测量系统按设计性能工作,在测量时必须满足的工作条件"。额定工作条件就是指测量仪器的正常工作条件。额定工作条件一般要规定被测量和影响量的范围或额定值,只有在规定的范围和额定值下使用,测量仪器才能达到规定的计量特性或规定的示值允许误差值,满足规定的正常使用要求。如工作压力表测量范围上限为10 MPa,则其上限只能用于10 MPa;如额定电流为10 A的电能表,其电流不得超过10 A。有的测量仪器的影响量的变化对计量特性具有较大的影响,而随着影响量的变化,会增大测量仪器的附加误差,则还需要规定影响量如温度、湿度、振动及其环境的范围和额定值的要求,通常应在仪器使用说明书中做出规定。在使用测量仪器时,搞清楚额定工作条件十分重要。只有满足这些条件,才能保证测量仪器的测量结果的准确可靠。当然在额定工作条件下,测量仪器的计量特性仍会随着测量或影响量的变化而变化。但此时变化量的影响,仍能保证测量仪器在规定的允许误差极限内。

3. 极限工作条件

极限工作条件(limiting operating condition)是指"为使测量仪器或测量系统所规定的计量特性不受损害也不降低,其后仍可在额定工作条件下工作,所能承受的极端工作条件"。这是指测量仪器能承受且不致损坏的极端工作条件,而且不会导致随后在额定操作条件下工作时低于规定的计量特性。极限工作条件应规定被测量和/或影响量的极限值。例如,有些测量仪器可以进行测量上限10%的超载试验;有的允许在包装条件下进行振动试验;有的考虑到运输、贮存和运行的条件,进行(−40~+50) ℃的温度试验或相对湿度达95%以上的湿度试验,这些都属于测量仪器的极限工作条件。在经受极限工作条件后,在规定的正常工作条件下,测量仪器仍能保持其规定的计量特性而不受影响和损坏。通常测量仪器所进行的型式试验,其中有的项目就属于是一种极端条件下对测量仪器的考核。

4. 稳态工作条件

稳态工作条件(steady state operating condition)是指"为使由校准所建立的关系保持有效,测量仪器或测量系统的工作条件,即使被测量随时间变化"。经校准的测量仪器或测量系统在此条件下工作,可保持校准结果有效,即使用于对随时间变化的被测量的测量。该术语中的"稳态"应理解为"保持校准特性有效"(的工作条件)。

习题及参考答案

一、习　题

（一）思考题

1. 什么是测量仪器？
2. 测量仪器按输出形式特点是如何分类的？
3. 实物量具有何特点？
4. 测量设备有何特点？
5. 敏感器、检测器和测量传感器的区别是什么？
6. 示值、示值区间、标称量值、标称示值区间、标称示值区间的量程和测量区间的区别是什么？
7. 什么是测量系统的灵敏度？
8. 什么是鉴别阈？
9. 什么是分辨力？
10. 什么是显示装置的分辨力？
11. 测量系统的灵敏度与鉴别阈有何区别？
12. 什么是测量仪器的死区？
13. 什么是测量仪器的漂移？
14. 什么是测量仪器的响应特性？
15. 什么是测量仪器的阶跃响应时间？
16. 什么是测量仪器的准确度等级？
17. 什么是测量仪器的示值误差？
18. 什么是测量仪器的最大允许测量误差？
19. 测量仪器的示值误差和测量仪器的最大允许测量误差有何区别？
20. 什么是测量仪器的基值测量误差？
21. 什么是测量仪器的零值误差？
22. 测量仪器的漂移和零值误差有何区别？
23. 什么是测量仪器的固有误差？
24. 什么是测量仪器的偏移？
25. 什么是测量仪器的稳定性？
26. 什么是测量仪器的引用误差？
27. 参考工作条件、额定工作条件和极限工作条件的区别是什么？

（二）选择题（单选）

1. 实物量具是＿＿＿＿＿＿＿＿。

　　A. 具有所赋量值，使用时以固定形态复现或提供一个或多个量值的计量器具

　　B. 能将输入量转化为输出量的计量器具

　　C. 能指示被测得值的计量器具

　　D. 结构上一般有测量机构，是一种被动式计量器具

2. 下列计量器具中＿＿＿＿＿＿＿＿是指示式测量仪器。

　　A. 血压计　　　　　B. 量块　　　　　　C. 电阻箱　　　　　D. 钢卷尺

3. 测量传感器是指＿＿＿＿＿＿＿＿。

　　A. 一种指示式计量器具

　　B. 输入和输出为同种量的仪器

C. 用于测量的,提供与输入量有确定关系的输出量的器件或器具

D. 通过转换得到的指示值或等效信息的仪器

4. 某一玻璃液体温度计,其标尺下限示值为－20 ℃,而其上限示值为＋80 ℃,则该温度计的示值上限与下限之差为该温度计的_____。

A. 示值区间　　　　　　　　　　　　　B. 标称示值区间

C. 标称示值区间的量程　　　　　　　　D. 测量区间

5. 有两台检流计,全量程光标最大偏转幅度相同,并都具有 100 格等分。A 台输入 1 mA 光标移动 10 格,B 台输入 1 mA 光标移动 20 格,则两台检流计的灵敏度的关系为_____。

A. A 比 B 高　　　B. A 比 B 低　　　C. A 与 B 相近　　　D. A 与 B 相同

6. 当一台天平的指针产生可觉察位移的最小负荷变化为 10 mg 时,则此天平的_____为 10 mg。

A. 灵敏度　　　　B. 分辨力　　　　C. 鉴别阈　　　　D. 死区

7. 一台温度计的标尺分度值为 10 ℃,读数时取与指针最接近的标尺刻线的数值,则其分辨力为_____。

A. 1 ℃　　　　　B. 2 ℃　　　　　C. 5 ℃　　　　　D. 10 ℃

8. 检定时,某一被检电压表的示值为 20 V,标准电压表测得的其输入电压实际值(标准值)为 20.1 V,则被检电压表在示值 20 V 处的误差为_____。

A. 0.1 V　　　　B. －0.1 V　　　　C. 0.05 V　　　　D. －0.05 V

9. 检定一台准确度等级为 2.5 级、上限为 100 A 的电流表,发现在 50 A 的示值误差为 2 A,且为各被检示值中最大,所以该电流表引用误差不大于_____。

A. ＋2％　　　　B. －2％　　　　C. ＋4％　　　　D. －4％

10. 零值误差表示测量仪器的_____。

A. 零位误差　　　　　　　　　　　　　B. 固有误差

C. 测得值为零时的测量误差　　　　　　D. 误差为零

11. 检定员对某一测量仪器在参考条件下,通过检定在各点均确定了该测量仪器的示值平均值的误差,这些误差是_____。

A. 测量仪器的最大允许误差　　　　　　B. 测量仪器的基值误差

C. 测量仪器的平均误差　　　　　　　　D. 测量仪器的固有误差(基本误差)

12. 使测量仪器工作而不受损坏,其后仍可在额定工作条件下工作且不低于其规定的计量特性,所能承受的极端条件称_____。

A. 参考工作条件　　　　　　　　　　　B. 额定工作条件

C. 极限工作条件　　　　　　　　　　　D. 正常使用条件

(三) 选择题(多选)

1. 单独地或连同辅助设备一起用以进行测量的装置在计量学术语中称为_____。

A. 测量仪器　　　B. 测量链　　　C. 计量器具　　　D. 测量传感器

2. 下列计量器具中_____属于实物量具。

A. 流量计　　　　B. 标准信号发生器　　　C. 砝码　　　　D. 秤

3. 测量设备是指测量仪器、_____以及进行测量所必需的资料的总称。

A. 软件　　　　　　　　　　　　　　　B. 测量标准(包括标准物质)

C. 被测件　　　　　　　　　　　　　　D. 辅助设备

4. 可以用_____定量表示对测量仪器准确程度的规定。

A. 最大允许误差　　　B. 准确度等级　　　C. 测量不确定度　　　D. 准确度

二、参考答案

（一）思考题（略）

（二）选择题（单选）：1. A；　2. A；　3. C；　4. C；　5. B；　6. C；　7. C；　8. B；　9. A；
10. C；　11. D；　12. C。

（三）选择题（多选）：1. A C；　2. B C；　3. A B D；　4. A B。

第五节　测量标准

一、测量标准概述

（一）测量标准的含义

测量标准（measurement standard,etalon）是指"具有确定的量值和相关联的测量不确定度,实现给定量定义的参照对象"。测量标准举例如下：具有标准测量不确定度为 3 μg 的 1 kg 质量测量标准；具有标准测量不确定度为 1 $\mu\Omega$ 的 100 Ω 测量标准电阻器；具有相对标准测量不确定度为 2×10^{-15} 的铯频率标准；量值为 7.072 并具有标准测量不确定度为 0.006 的氢标准电极；每种溶液具有测量不确定度的有证量值的一组人体血清中的可的松参考溶液；对 10 种不同蛋白质中每种的质量浓度提供具有测量不确定度的量值的有证标准物质。

测量标准的含义有：

（1）研制、建立测量标准的目的是定义、实现、保存或复现给定量的单位或一个或多个量值,这里所用的"实现"是按一般意义说的。"实现"有 3 种方式：一是根据定义,物理实现测量单位,这是严格意义上的实现；二是基于物理现象建立可高度复现的测量标准,它不是根据定义实现的测量单位,所以称"复现",如使用稳频激光器建立米的测量标准,利用约瑟夫森效应建立伏特测量标准或利用霍尔效应建立欧姆测量标准；三是采用实物量具作为测量标准,如 1 kg 的质量测量标准。

（2）在测量领域里作为计量基准或计量标准使用,而不是作为工作计量器具使用。测量标准必须具有确定的量值和相关联的测量不确定度。测量标准经常作为参照对象用于为其他同类量确定量值及其测量不确定度,并通过更高等级的测量标准对其进行校准,或通过比对等手段,确立其计量溯源性。

（3）给定量的定义可通过测量系统、实物量具或有证标准物质复现。测量标准是有一定形态的实体,而不是文本标准。

（4）几个同类量或不同类量可由一个装置实现,该装置通常也称测量标准。

（5）测量标准的标准测量不确定度是用该测量标准获得的测量结果的合成标准不确定度的一个分量。通常,该分量比合成标准不确定度的其他分量小。测量结果的量值及其测量不确定度必须在测量标准使用的当时确定。

（二）测量标准的分类和应用

测量标准按照级别、地位、性质、作用和用途不同,有多种分类方式。按照国际上的通用分类方式和 JJF 1001—2011《通用计量术语及定义》的规定,测量标准可分为国际测量标准、国家[测量]标准、原级[测量]标准、次级[测量]标准、参考[测量]标准、工作[测量]标准、搬运式[测量]标准、传递[测量]装置及参考物质等。

根据量值传递管理的需要，我国将测量标准分为计量基准、计量标准和标准物质3类。计量基准分为基准和副基准；计量标准分为社会公用计量标准、部门计量标准，以及企业、事业单位计量标准，并按等级分最高等级计量标准（简称最高计量标准）和其他等级计量标准（简称次级计量标准）；标准物质分为一级标准物质和二级标准物质。

JJF 1001—2011《通用计量术语及定义》给出了各种测量标准的定义，下面分别进行说明。

1. 国际测量标准

国际测量标准（international measurement standard）是指"由国际协议签约方承认的并旨在世界范围使用的测量标准"。

例如，国际千克原器；绒（毛）膜促性腺激素，世界卫生组织（WHO）第4国际标准1999,75/589,650每安瓿的国际单位；VSMOW2（维也纳标准平均海水）由国际原子能机构（IAEA）为不同种稳定同位素物质的量比率测量而发布。

2. 国家测量标准

国家测量标准（national measurement standard）简称国家标准，是指"经国家权威机构承认，在一个国家或经济体内作为同类量的其他测量标准定值依据的测量标准"。

国家测量标准在我国称为国家计量基准或简称计量基准。"国家权威机构承认"确定了国家测量标准的法制地位。目前我国的计量基准由国务院计量行政部门即国家市场监督管理总局来组织建立和批准承认。

3. 原级测量标准

原级测量标准（primary measurement standard）简称原级标准，是指"使用原级参考测量程序或约定选用的一种人造物品建立的测量标准"。

例如，物质的量浓度的原级测量标准由将已知物质的量的化学成分溶解到已知体积的溶液中制备而成；压力的原级测量标准基于对力和面积的分别测量；同位素物质的量比率测量的原级测量标准通过混合已知物质的量的规定的同位素制备而成；水的三相点瓶作为热力学温度的原级测量标准；而国际千克原器是一个约定选用的人造物品。

4. 次级测量标准

次级测量标准（secondary measurement standard）简称次级标准，是指"通过用同类量的原级测量标准对其进行校准而建立的测量标准"。

次级测量标准与原级测量标准之间的这种关系可通过直接校准得到，也可通过一个经原级测量标准校准过的媒介测量系统对次级测量标准赋予测量结果。通过原级参考测量程序按比率给出其量值的测量标准也是次级测量标准。

5. 参考测量标准

参考测量标准（reference measurement standard）简称参考标准，是指"在给定组织或给定地区内指定用于校准或检定同类量其他测量标准的测量标准"。

该定义给出了参考标准存在的范围及其性质和作用。在我国，这类标准称为计量标准。它与《计量法》中的计量标准器具（即计量标准）相对应，《计量法》中阐明了计量标准的法律地位及其作用，并规定社会公用计量标准、部门和企业、事业单位的最高计量标准为强制检定的计量标准。

6. 工作测量标准

工作测量标准（working measurement standard）简称工作标准，是指"用于日常校准或检定测量仪器或测量系统的测量标准"。工作测量标准通常用参考测量标准校准或检定。根据需要，工作标准还可以按其不同的准确度进行分等或分级。

7. 搬运式测量标准

搬运式测量标准（traveling measurement standard）简称搬运式标准，是指"为能提供在不同地点间传送、有时具有特殊结构的测量标准"。例如，由电池供电工作的便携式 Cs^{133} 频率测量标准。

8. 传递测量装置

传递测量装置（transfer measurement device）简称传递装置，是指"在测量标准比对中用作媒介的装置"。有时也用测量标准作为传递装置。

例如，国际间大力值的比对中，用高准确度、高稳定性的力传感器作为传递装置；为了在国际间进行硬度值的比对，研制了高稳定性、均匀性好的标准硬度块，把它作为媒介，这种标准硬度块就起到传递装置的作用。又如，在放射性核素活度比对中，由主导实验室研制，发放量值可溯源到国家计量基准的标准源或标准活度计作为传递装置。

9. 标准物质

标准物质（reference material，RM）又称参考物质，是指"具有足够均匀和稳定的特定特性的物质，其特性被证实适用于测量中或标称特性检查中的预期用途"。

标准物质既包括具有量的物质，也包括具有标称特性的物质，有时标准物质是与特制装置构成一体的。

（1）具有量的标准物质举例：给出了纯度的水，其动力学黏度用于校准黏度计；含有胆固醇但没有其物质的量浓度赋值的人体血清，仅用作测量精密度控制；阐明了所含二噁英的质量分数的鱼尾形纸巾，用作校准器。

（2）具有标称特性的标准物质举例：一种或多种指定颜色的色图；含有一种特定的核酸序列的 DNA 化合物；含有 19-雄（甾）烯二酮的尿。

（3）与特制装置构成一体的标准物质举例：装入三相点瓶中已知三相点的物质；置于透射滤光器支架上已知光密度的玻璃；安放在显微镜载玻片上尺寸一致的小球。

标称特性（nominal property）是指"不以大小区分的现象、物体或物质的特性"。标称特性具有一个值，它可用文字、字母代码或其他方式表示。例如，化学中斑点测试的颜色；在多肽中氨基酸的序列。标称特性的检查可提供一个标称特性值及其不确定度。

赋值或未赋值的标准物质都可用于测量精密度控制，只有赋值的标准物质才可用于校准或测量正确度控制。在给定的测量中，标准物质可能既用于校准又用于质量保证；标准物质的技术规范应该包括该物质的追溯性，指出其由来和处理过程。有些标准物质所赋予的量值计量溯源到国际单位制外的测量单位，如包含疫苗的物质，计量溯源到世界卫生组织规定的国际单位（IU）。

10. 有证标准物质

有证标准物质（certified reference material，CRM）是指"附有由权威机构发布的文件，提供使用有效程序获得的具有不确定度和溯源性的一个或多个特性量值的标准物质"。例如，在所附证书中，给出胆固醇浓度赋值及其测量不确定度的人体血清，用作校准器或测量正确度控制的物质。

权威机构发布的"文件"是以"证书"形式给出的（见 ISO Guide 31：2000），有证标准物质制备和颁发证书的程序是有规定的（见 ISO Guide 34 和 ISO Guide 35）。在定义中的"不确定度"包含了测量不确定度和标称特性值的不确定度两个含义。"溯源性"既包含量值的计量溯源性，也包含标称特性值的追溯性。"有证标准物质"的特定量值要求附有测量不确定度的计量溯源性。

在我国，有证标准物质是由国务院计量行政部门批准发布的国家标准物质。

（三）测量标准的作用和管理

测量标准在计量工作中具有十分重要的地位和作用，它是复现计量单位、确保国家计量单位制的统一和量值准确可靠的物质基础,也是我国实施量值传递与量值溯源、开展计量检定或校准的重要保证。要保证全国量值的统一,必须保证各类测量标准量值准确可靠。测量标准广泛应用于生产、科研、商贸领域和人民生活的各个方面,有着极其广阔的社会性,在整个计量立法中处于相当重要的地位。测量标准不仅是加强计量监督管理的对象,而且是各级计量部门提供计量保证、计量服务的技术基础。

按照《计量法》的规定,计量基准和标准物质由国务院计量行政部门负责审批和管理。计量标准中的社会公用计量标准、部门和企业、事业单位最高计量标准则以考核的方式进行管理,由各级计量行政部门负责实施;其他计量标准由建立计量标准的单位自主管理。

二、量值传递与量值溯源

(一)量值传递与溯源性的含义

量值传递(dissemination of the value of quantity)是指"通过对测量仪器的校准或检定,将国家测量标准所实现的单位量值通过各等级的测量标准传递到工作测量仪器的活动,以保证测量所得的量值准确一致"。

例如,633 nm 波长基准采用比较测量法检定激光干涉比长仪;激光干涉比长仪采用直接测量法检定一等标准金属线纹尺;一等标准金属线纹尺采用比较测量法检定二等标准金属线纹尺;二等标准金属线纹尺采用直接测量法检定三等标准金属线纹尺;三等标准金属线纹尺采用直接测量法检定工作计量器具——钢直尺。使用钢直尺在生产中测量得到的长度值就通过这一条不间断的链与 633 nm 波长国家计量基准联系起来,以确保测得的量值准确可靠,这一过程就是在实施量值传递。

计量溯源性(metrological traceability)是指"通过文件规定的不间断的校准链,测量结果与参照对象联系起来的特性,校准链中的每项校准均会引入测量不确定度"。

例如,生产厂把使用的钢直尺送到具有三等标准金属线纹尺的计量检定机构检定,而该三等标准金属线纹尺是向二等、一等标准线纹尺直至 633 nm 波长国家计量基准溯源的,由此使钢直尺在生产中测量得到的长度值就通过这一条不间断的链与国家计量基准联系起来,实现了量值溯源,称该生产厂的钢直尺在生产中测量得到的长度值具有计量溯源性。

由此可见,无论是进行量值传递,还是量值溯源,都离不开用准确度等级较高的计量标准在规定的不确定度之内对准确度等级较低的计量标准或工作计量器具进行检定或校准。因此,每一层次的检定或校准都是量值传递中的一个环节,同时也是量值溯源的一个步骤。

在计量溯源性定义中的参照对象,可以是通过实际实现的测量单位的定义或包括无序量测量单位的测量程序或测量标准。计量溯源性要求建立校准等级序列。对于在测量模型中具有一个以上输入量的测量,每个输入量本身应该是经过计量溯源的,并且校准等级序列可形成一个分支结构或网络。为每个输入量建立计量溯源性所做的努力应与对测量结果的贡献相适应。国际实验室认可合作组织认为确认计量溯源性的要素是向国际测量标准或国家测量标准的不间断的溯源链、文件规定的测量不确定度、文件规定的测量程序、认可的技术能力、向国际单位制的计量溯源性以及校准间隔。测量结果的计量溯源性不能保证其测量不确定度满足给定的目的,也不能保证不发生错误。

在我国,量值传递关系和量值溯源关系用国家计量检定系统表来表示。为了使量值传递和量值溯源的过程有序地进行,国务院计量行政部门组织制定了各种量值的国家计量检定系统表。国家计量检定系统表是为了规定量值传递程序而编制的一种法定技术文件,它对国家计量基准到各级计量标准至工作计量器具的检定程序做出了规定,其目的是保证单位量值由国家计量基准经过各级计量标准,准确可靠地传递到工作计量器具。它包括了从国家计量基准到工作计量器具的量值传递关系,使用的方法和仪器设备,各级标准器复现或保存量值的不确定度以及国家计量基准和计量标准进行量值传递的测量能力。我国自 1987 年至今,发布、实施的国家计量检定系统表已有 95 种,编号为 JJG 2001~JJG 2067、JJG 2069~JJG 2096。国家计量检定系统表概括了我国量值传递技术全貌,凝聚了我国的计量管理经验,反映了我国科学计量和法制计量水平,是我国计量工作者集体智慧的结晶。

《计量法》规定"计量检定必须按照国家计量检定系统表进行"。同时,为满足计量器具或测量仪器的溯源性要求而实施校准时,也应该根据计量器具或测量仪器的准确度要求,在国家计量检定系统表中选择合适的溯源途径,它可能是系统表中的一部分,也可能是其延伸,绘制出该计量器具通过一条什么样的比较链与国家计量基准相联系的溯源等级图,以作为其溯源性的证据。因此,国家计量检定系统表在计量领域占据着重要的法律地位。

在使用国家计量检定系统表时要注意其附加说明,即"工作计量器具可能会有新的产品或不同的名称,在检定系统表中不可能全部列出。对未列入国家计量检定系统表的工作计量器具,必要时可根据其被测量、测量范围和工作原理,参考相应检定系统表中列出的工作计量器具的测量范围和工作原理,确定适合的量值传递途径"。

(二) 量值传递与量值溯源的关系

量值传递和量值溯源是同一过程的两种不同的表达,其含义就是把每一种可测量的量从国际计量基准或国家计量基准复现的量值通过检定或校准,从准确度由高到低地向下一级计量标准传递,直到工作计量器具。作为某一个量的定值依据的国际计量基准或国家计量基准就是这个量的源头,是准确度最高点,从该点向下传递,量值的准确度逐渐降低,直至生产、生活和科学实验中获得的测得值,构成了这个量的一条不间断的量值传递链,从而使用工作计量器具所得到的测得值,通过这样一条不间断的链与国家计量基准或国际计量基准联系起来,即实现量值溯源。此时这条不间断的链又称溯源链。要实现量值的准确可靠,在每个量的传递链或溯源链中都要规定每一级的测量不确定度,从而使量值在传递过程中准确度的损失尽可能小,使量值传递和量值溯源真正有效。量值传递和量值溯源互为逆过程。

量值传递是自上而下逐级传递,是将国家计量基准所实现的单位量值通过检定或校准的方式逐级传递给各等级计量标准或工作计量器具的过程。在每一种量的量值传递关系中,国家计量基准只允许有一个。在我国,大部分国家计量基准保存在中国计量科学研究院。社会公用计量标准主要建立在各级法定计量检定机构,部门计量标准建立在省级及以上政府有关主管部门,企业、事业单位计量标准建立在企业、事业单位,工作计量器具广泛用于生产、科研、商贸领域和人民生活之中。

量值溯源是一种自下而上的溯源行为,溯源的起点是计量器具测得的量值即测得值,通过工作计量器具、各级计量标准直至国家计量基准。溯源的途径允许逐级或越级送往计量技术机构检定或校准,从而将测得值与国家计量基准的量值相联系,但必须确保溯源的链路不能间断。作为某一个量的定值依据的国际计量基准或国家计量基准就是这个量值的源头,是准确度的最高点。生产、生活和科学实验中获得测量值的工作计量器具由计量标准校准,各级计量标准再向上送校,直至源头,构成了这个量值的一条不间断的比较链,从而使用工作计量器具所得到的测得值,通过这样一条不间断的链与国家计量基准或国际计量基准联系起来,即实现量值溯源。量值溯源可以通过送检或送校来实现。

(三) 量值传递与量值溯源的必要性

《计量法》第一条规定了计量立法宗旨,是要保障国家计量单位制的统一和量值的准确可靠,为达到这一宗旨而进行的活动中最基础、最核心就是量值传递与量值溯源。它既涉及科学技术问题，也涉及管理问题和法制问题。

任何计量器具，由于种种原因，都具有不同程度的误差。计量器具只有其误差在允许范围内时才能放心使用，否则将得出错误的测量结果。如果没有自国家计量基准、各级计量标准或有证标准物质进行的量值传递或各种计量器具向这些国家计量基准、计量标准或有证标准物质寻求的溯源，要使新制造或购置的、使用中的、修理后的、不同形式的、分布于不同地区的、在不同环境下测量同一量值的计量器具都能在允许的误差范围内工作，是不可能实现的。

为保障全国量值传递的一致性和测量结果的可信度，为国民经济、社会发展及计量监督管理提供准确可靠的检定、校准数据或结果，就必须加强量值传递的管理，保障量值溯源的有效性。

三、计量基准

（一）计量基准的含义

计量基准，又称为国家计量基准，它是经国家决定承认，在一个国家内作为对有关量的其他测量标准定值的依据。

计量基准体现了一个国家的科学计量水平。在给定的计量领域中，所有计量器具进行的一切测量均可追溯到计量基准所复现或保存的计量单位量值，从而保证这些测量结果准确可靠和具有实际的可比性。计量基准无一例外地处在全国传递计量单位量值的最高点或起始的位置，也是全国计量单位量值溯源的终点。

我国《计量基准管理办法》规定，计量基准必须经国务院计量行政部门批准并颁发计量基准证书后，方可正式使用。根据需要，它可以代表国家参加国际比对，使量值与国际计量基准保持一致。

（二）计量基准的地位和作用

计量基准是一个国家量值的源头。我国的计量基准是经国务院计量行政部门批准作为统一全国量值的最高依据，全国的各级计量标准和工作计量器具的量值都要溯源于计量基准。

计量基准可以进行仲裁检定，所出具的数据能够作为处理计量纠纷的依据并具有法律效力。

四、计量标准

（一）计量标准的含义

计量标准是指准确度低于计量基准、用于检定或校准其他计量标准或工作计量器具的测量标准。

通常，计量标准的准确度应高于被检定或校准的计量器具的准确度。凡不用于量值传递或量值溯源，而只用于日常测量的计量器具，不管其准确度有多高都称为工作计量器具，不能称之为计量标准。

我国的计量标准，按其法律地位、使用和管辖范围的不同，分为社会公用计量标准、部门计量标准和企业、事业单位计量标准3类（参见图2-4）。为了使各项计量标准能在正常技术状态下进行量值传递，保证传递的量值的准确可靠，《计量法》规定凡建立社会公用计量标准、部门和企业、事业单位

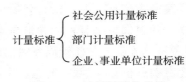

图2-4　计量标准的分类

最高计量标准,必须依法考核合格后,才有资格开展量值传递。

目前全国经过各级计量行政部门考核合格的计量标准有 10 万余项,其中,社会公用计量标准有 6 万余项,部门和企业、事业单位最高计量标准有 4 万余项。

(二)计量标准的地位和作用

计量标准在我国量值传递和量值溯源链中处于中间环节,起着承上启下的作用,即计量标准将计量基准所复现的量值,通过检定或者校准的方式传递到工作计量器具,确保工作计量器具量值的准确可靠和统一,从而使工作计量器具进行测量得到的数据可以溯源到计量基准。

计量标准是将计量基准的量值传递到国民经济和社会生活各个领域的纽带,是确保量值传递和量值溯源,实现全国计量单位制的统一和量值准确可靠必不可少的物质基础和重要保障。为了加强计量标准的管理,规范计量标准的考核工作,保障国家计量单位制的统一和量值传递的一致性、准确性,为国民经济发展以及计量监督管理提供公正、准确的检定、校准数据或结果,国家对一些重要的计量标准实行考核制度,并纳入行政许可的管理范畴。

计量标准中的社会公用计量标准作为统一本地区量值的依据,在社会上实施计量监督具有公证作用,在处理计量纠纷时,社会公用计量标准仲裁检定后的数据可以作为仲裁依据,具有法律效力。

(三)计量标准的考核和复查

1. 计量标准的考核

国务院计量行政部门统一监督管理全国计量标准考核工作,省级计量行政部门负责监督管理本行政区域内计量标准考核工作。

社会公用计量标准的考核:国务院计量行政部门组织建立的社会公用计量标准及各省级计量行政部门组织建立的各项最高等级的社会公用计量标准,由国务院计量行政部门主持考核;地(市)、县级计量行政部门组织建立的各项最高等级的社会公用计量标准,由上一级计量行政部门主持考核;各级地方计量行政部门组织建立其他等级的社会公用计量标准,由组织建立计量标准的计量行政部门主持考核。经考核合格,取得计量标准考核证书的,由建立该项社会公用计量标准的计量行政部门颁发社会公用计量标准证书。

部门计量标准的考核:国务院有关部门和省、自治区、直辖市有关部门建立的各项最高等级的计量标准,须经同级人民政府计量行政部门主持考核合格,取得计量标准考核证书,才能在部门内部开展非强制检定。

企业、事业单位计量标准的考核:企业、事业单位建立的各项最高计量标准,须经与企业、事业单位的主管部门同级的计量行政部门主持考核合格,取得计量标准考核证书,才能在单位内部开展非强制检定。

无主管部门的单位计量标准的考核:无主管部门的单位建立本单位的各项最高计量标准,应当向该单位登记注册地的计量行政部门申请考核。考核合格取得计量标准考核证书,才能在本单位内部开展非强制检定。

授权单位计量标准的考核:承担计量行政部门计量授权任务的单位建立相关计量标准,应当向授权的计量行政部门申请考核。考核合格取得计量标准考核证书,才能开展授权范围的检定工作。

【案例 2 - 16】 某市的计量所原来建立了二等铂铑 10-铂热电偶标准装置,现在又筹建了一等铂铑 10-铂热电偶标准装置作为最高等级的社会公用计量标准,于是该所向该市市场监管局申请计量标准考核。该市市场监管局及时组织考评员进行了考核,并发给计量标准考核证书。

【案例分析】 案例中的做法有两个方面不正确:一是根据《计量标准考核办法》第五条的规定,地(市)、县级计量行政部门组织建立的各项最高等级的社会公用计量标准,由上一级计量行政部门主持考核。案例中,该计量所建立的一等铂铑 10-铂热电偶标准装置为最高等级的社会公用计量标准,不应该向该市市场监管局申请计量标准考核,而应向省市场监管局申请考核。二是该市市场监管局不应当受理和组织考评员进行考核,并发给计量标准考核证书。

【案例 2 - 17】 某企业购买了一台准确度等级很高的电能计量标准作为企业的最高计量标准,并将计量标准器送省计量院检定合格后,就开始开展本企业电能表的检定工作。

【案例分析】 该企业的做法是不对的。根据《计量法实施细则》第十条及《计量标准考核办法》第五条的规定,企业、事业单位建立本单位各项最高计量标准,须向与其主管部门同级的计量行政部门申请考核,考核合格取得计量标准考核证书后,企业、事业单位方可使用。而该企业只是将计量标准器检定合格,没有向计量行政部门申请考核,就开始开展检定工作,所以不对。

2. 计量标准的复查

计量标准考核证书有效期为 5 年,计量标准考核证书有效期届满 6 个月前,持证单位应当向主持考核的计量行政部门申请复查考核。经复查考核合格的,准予延长有效期;不合格的,主持考核的计量行政部门应当向申请复查考核单位发送《计量标准考核结果通知书》。超过计量标准考核证书有效期的,应当按照新建计量标准重新申请考核。

【案例 2 - 18】 某事业单位计量中心建立了一项电声计量标准作为本单位的最高计量标准,经计量标准考核合格后,了解到所在行政区域内仅有本单位建立了电声计量标准,就向计量行政部门申请强制计量检定授权,经计量行政部门组织计量授权考核合格,承担所在行政区域对社会开展强制计量检定的任务。该建标单位在计量标准考核证书有效期满后未及时申请计量标准复查,电声计量标准器也没有连续、有效的检定证书,但是该单位一直对外开展强制检定工作。

【案例分析】 该单位的做法是不对的。根据《计量法实施细则》第十条、第二十八条以及《计量标准考核办法》第十七条的规定,授权的计量标准考核证书有效期届满 6 个月前,应当申请计量标准复查考核;计量标准器应当按期送检,确保取得连续、有效的检定证书。

五、标准物质

(一) 标准物质的含义

标准物质是具有一种或多种足够均匀和很好地确定了的特性,用以校准测量装置、评价测量方法或给材料赋值的一种材料或物质。标准物质在国际上又被称为参考物质。标准物质可以是纯的或混合的气体、液体或固体。

按照《计量法实施细则》的规定,用于统一量值的标准物质属于计量器具的范畴。我国纳入依法管理的标准物质称为国家标准物质,也称为有证标准物质。有证标准物质是指附有证书的标准物质,其一种或多种特性值用建立了溯源性的程序确定,使之可溯源到准确复现的表示该特性值的测量单位,每一种出证的特性值都附有给定包含概率(或包含因子)的不确定度。

国务院计量行政部门负责国家标准物质的审批工作,截至 2021 年年底,经国家批准的国家标准物质共有 15 188 种,其中一级标准物质 3 089 种,二级标准物质 12 099 种。

(二)标准物质的特点

标准物质有两个明显的特点:

(1) 具有量值准确性;

(2) 用于测量的目的。

(三)标准物质的分级

从量值传递和经济观点出发,将标准物质分为一级和二级两个级别。一级标准物质采用定义法或其他准确、可靠的方法对其特性量值进行计量,其不确定度达到国内最高水平,主要用于对二级标准物质或其他物质定值,检定、校准高准确度的仪器设备,或评定和研究标准方法;二级标准物质采用准确、可靠的方法或直接与一级标准物质相比较的方法对其特性量值进行计量,其不确定度能够满足日常计量工作的需要,主要用来作为工作标准使用,用于现场方法的研究和评定。

(四)标准物质的作用

标准物质是保证量值准确可靠和实现全国量值统一的法定依据。它可以作为计量标准来检定、校准或校对仪器设备,也可以作为比对标准来考核仪器设备、测量方法和操作程序是否正确,测定物质或材料的组成和性质,考核各实验室之间测量结果的准确度和一致性,鉴定所试制的仪器设备或评价新的测量方法,以及用于仲裁检定等。

(五)标准物质的管理

国务院计量行政部门对标准物质的申报、技术审查、定级、批准发布都做了明确的、严格的规定。企业、事业单位制造标准物质,必须具备与所制造的标准物质相适应的设施、人员和分析测量仪器设备。企业、事业单位制造标准物质新产品,应当进行定级鉴定,经评审取得国家标准物质定级证书后方可生产、销售。

习题及参考答案

一、习　题
(一)思考题

　　1. 什么是测量标准?

　　2. 我国测量标准如何分类?

　　3. 参考标准与工作标准的关系是什么?

　　4. 量值传递与量值溯源的关系是什么?

　　5. 计量标准的地位和作用是什么?

　　6. 计量标准如何进行考核与复查?

　　7. 标准物质如何分级?

　　8. 标准物质的特点和作用是什么?

(二)选择题(单选)

　　1. 根据测量标准的定义,下列计量器具中,不属于测量标准的是_____。

　　　　A. 100 kN 国家力值基准　　　　　　　　B. 100 kN 材料试验机

　　　　C. 100 kN 0.1 级标准测力仪　　　　　　D. 100 kN 力标准机

　　2. 下列计量器具中,不属于测量标准的是_____。

　　　　A. 计量基准　　　　B. 标准物质　　　　C. 计量标准　　　　D. 工作计量器具

　　3. 下列关于量值传递与量值溯源的叙述中,错误的是_____。

　　　　A. 量值传递是指通过对测量仪器的检定或校准,将国家测量标准所实现的单位量值通过各等级的测量标准传递到工作测量仪器的活动,以保证测量所得的量值准确一致

　　　　B. 量值溯源是指通过文件规定的不间断的校准链,测量结果与参照对象联系起来的特性,校准链中的每项链接均会引入测量不确定度,这种特性使所有的同种量的测量结果都可以

溯源到同一个计量基准

    C. 量值传递与量值溯源互为逆过程。量值溯源是自上而下逐级溯源；量值传递是自下而上，可以越级传递

    D. 量值传递与量值溯源互为逆过程。量值传递是自上而下逐级量传；量值溯源是自下而上，可以越级溯源

4. 下列计量标准中，不需要经过计量行政部门考核、批准就可以使用的是_____。

    A. 社会公用计量标准　　　　　　　　B. 部门最高计量标准

    C. 企业、事业最高计量标准　　　　　　D. 企业、事业次级计量标准

5. 下列关于最高计量标准和次级计量标准的描述中，错误的是_____。

    A. 在给定地区或在给定组织内，次级计量标准的准确度等级要比同类的最高计量标准低，次级计量标准的量值一般可以溯源到相应的最高计量标准

    B. 最高计量标准可以分为3类：最高社会公用计量标准、部门最高计量标准和企业、事业单位最高计量标准

    C. 如果一项计量标准的计量标准器由本机构量传，可以判断其为次级计量标准

    D. 最高计量标准是指在给定地区或在给定组织内，通常具有最高计量学特性的计量标准

6. 某单位以前没有流量方面的计量标准，现在新建立了一项流量计量标准，它的量值可以溯源到本单位的质量和时间计量标准，所以_____。

    A. 可以判定其属于最高计量标准

    B. 可以判定其属于次级计量标准

    C. 无法判定其属于最高计量标准还是次级计量标准

    D. 既可以作为最高计量标准，也可以作为次级计量标准

7. _____是经过计量行政部门考核、批准，作为统一本地区量值的依据，在社会上实施计量监督具有公证作用的计量标准。

    A. 社会公用计量标准　　　　　　　　B. 部门最高计量标准

    C. 企业、事业单位最高计量标准　　　　D. 企业、事业单位次级计量标准

8. 某市一家化工企业建立了一项温度最高计量标准，经当地市计量行政部门主持考核合格后，可以_____。

    A. 在该企业内部开展强制检定

    B. 在该企业内部开展非强制检定

    C. 在该企业内部开展强制检定和非强制检定

    D. 在全市范围内开展非强制检定

9. 某省的一个市建立了一项当地的最高社会公用计量标准，应向_____申请考核。

    A. 市计量行政部门　　　　　　　　　B. 省计量行政部门

    C. 主管部门　　　　　　　　　　　　D. 国务院计量行政部门

10. 申请考核单位应当在计量标准考核证书有效期届满前_____向主持考核的计量行政部门提出计量标准的复查考核申请。

    A. 1个月　　　　　B. 3个月　　　　　C. 5个月　　　　　D. 6个月

（三）选择题（多选）

1. 下列关于测量标准的描述中，正确的有_____。

    A. 测量标准是指具有确定的量值和相关联的测量不确定度，实现给定量的定义的参考对象

    B. 在我国，测量标准按其用途分为计量基准和计量标准

    C. 测量标准是指具有确定的量值和相关联的测量误差，实现给定量的定义的测量仪器

D. 测量标准经常作为参照对象用于为其他同类量确定量值及其测量不确定度

2. 下列关于计量标准的描述中,正确的有_____。

A. 计量标准是指准确度低于计量基准,用于检定或校准其他下一级计量标准或工作计量器具的计量器具

B. 计量标准的准确度应比被检定或被校准的计量器具的准确度高

C. 计量标准在我国量值传递(溯源)中处于中间环节,起着承上启下的作用

D. 只有社会公用计量标准及部门和企业、事业最高计量标准才有资格开展量值传递

3. 社会公用计量标准必须经过计量行政部门主持考核合格,取得_____,方能向社会开展量值传递。

A. 标准考核合格证书　　　　　　B. 计量标准考核证书

C. 原计量检定员证　　　　　　　D. 社会公用计量标准证书

4. 下列关于标准物质的描述中,正确的有_____。

A. 标准物质是具有一种或多种足够均匀和很好地确定了的特性,用以校准测量装置、评价测量方法或给材料赋值的一种材料或物质

B. 按照《计量法实施细则》的规定,用于统一量值的标准物质不属于计量器具的范畴

C. 有证标准物质是指附有证书的标准物质,其一种或多种特性值用建立了溯源性的程序确定,使之可溯源到准确复现的表示该特性值的测量单位,每一种出证的特性值都附有给定包含概率的不确定度

D. 标准物质有两个明显的特点:具有量值准确性和用于测量的目的

5. 二级标准物质可以用来_____。

A. 校准测量装置　　　　　　　　B. 标定一级标准物质

C. 评价测量方法　　　　　　　　D. 给材料赋值

二、参考答案

(一)思考题(略)

(二)选择题(单选):1. B; 2. D; 3. C; 4. D; 5. C; 6. A; 7. A; 8. B; 9. B; 10. D。

(三)选择题(多选):1. ABD; 2. ABC; 3. BD; 4. ACD; 5. ACD。

第六节　计量技术机构管理体系

JJF 1069—2012《法定计量检定机构考核规范》是针对各级市场监督管理部门依法设置或授权建立的法定计量技术机构提出的考核要求和考核方法。本节内容是依据现行有效的 JJF 1069—2012 编写的。其他计量技术机构可以按照国家标准 GB/T 27025—2019《检测和校准实验室能力的通用要求》(ISO/IEC 17025:2017)建立和运行管理体系。

一、计量技术机构管理体系的基本要求

计量技术机构(以下简称机构)应该是一个实体,所建立的管理体系应覆盖机构所进行的全部计量检定、校准和检测工作,包括在固定的设施内、离开固定设施的场所或在相关的临时或移动的设施中进行的工作。

机构管理体系应满足以下基本要求：

（1）有相应的管理人员和技术人员，不考虑他们的其他职责，他们应具有所需要的权力和资源来履行包括实施、保持和改进管理体系的职责，识别对管理体系或检定、校准和/或检测程序的偏离，以及采取预防或减少这些偏离的措施。

（2）有相应的措施，以保证机构负责人和员工的工作质量不受任何内部和外部的不正当的商业、财务和其他方面的压力和影响。

（3）有文件化的政策和程序，以保护顾客的机密信息和所有权，包括保护电子存储和传输结果的程序。

（4）有文件化的政策，以避免参与任何可能降低其能力、公正性、诚实性、独立判断力或影响其职业道德的活动。

（5）规定机构的组织和管理结构，以及质量管理、技术运作和支持服务之间的关系。

（6）规定对检定、校准和检测质量有影响的所有管理、操作、验证和核查人员的职责、权力及相互关系。

（7）由熟悉检定、校准或检测的方法、程序、目的和结果评价的监督人员对从事检定、校准和检测的人员（包括在培人员）实施有效的监督。

（8）有技术负责人，全面负责技术运作和确保机构运作质量所需的资源。

（9）指定一名人员作为质量负责人，不管现有的其他职责，赋予其在任何时候都能保证与质量相关的管理体系得到实施和遵循的责任和权力。质量负责人应有直接渠道接触决定政策和资源的机构负责人。

（10）指定关键管理人员（如技术负责人和质量负责人）的代理人。

（11）确保机构人员理解他们活动的相互关系和重要性，以及如何为管理体系总体目标的实现做出贡献。

（12）业务管理实现信息化，系统运行可靠。

（13）具有检定、校准或检测设备更新、改造和维持业务工作正常运行的经费保障能力，保持可持续发展。

此外，机构负责人应确保在机构内部建立适宜的沟通机制，并就管理体系有效性的事宜进行沟通。

二、检定、校准、检测工作公正性的要求

计量技术机构的公正性是其法制性的必然要求，也是其社会存在价值的基础。公正性应该是计量技术机构各项行为的重要准则，也是质量保证的重要组成部分。

机构公正性地位的确立，既是由其自身的性质所决定，更需要依靠自身的管理和行为规范来保证。机构要保证其公正性，就必须确保其组织结构的独立性（以保证对结果判断的独立性）、经济利益的无关性（不以营利为目的）以及人员的良好思想素质和职业道德。

计量技术机构的公正性要求主要表现在以下两个方面：

（1）要求计量技术机构的检定、校准和检测工作的质量不受任何内部和外部的压力和诱惑的影响。根据此要求，机构应采取多种措施，如公正性声明、工作人员守则、职业道德规范等措施保证其管理和技术人员的工作质量不受任何内部和外部的商务、财务和其他压力的影响。例如，工作人员不得收受客户的贿赂或酬金而将不合格判为合格，工作人员不应追求完成产值指标而不顾质量等。上级或本机构的行政领导不应由于种种原因而干预测量的数据及由此得出的结论，因此行政领导应发布不干预检定、校准和检测工作，充分保证其公正性的声明，并切实贯彻执行。公正性声明一般应反映在质量手册中。

（2）要求计量技术机构不参与任何影响公正性或职业道德的活动。根据此条要求，机构应制定文件化的政策和程序，以避免参与任何可能削弱其能力、公正性、诚实性、独立判断力或影响其职业道德的活动。例如，不参与顾客产品的经销、推销、推荐、监制等活动。

三、管理体系文件的建立和有效运行

管理体系文件是计量技术机构所建立的管理体系的文件化的载体。计量技术机构应将其政策、制度、计划、程序和作业指导书制定成文件，并达到确保机构的检定、校准和检测结果质量管理所需要的程度。体系文件应传达至有关人员，并被其理解、获取和执行。

管理体系文件通常包括：质量方针和总体目标、质量手册、程序文件、作业指导书、表格、质量计划、规范、外来文件、记录等。

（一）质量方针和总体目标

应在质量手册中阐明机构管理体系中与质量有关的政策，包括质量方针声明。应制定总体目标并在管理评审时加以评审。总体目标应是可测量的，并与质量方针保持一致。质量方针声明由机构负责人授权发布，至少包括下列内容：

（1）机构管理层对良好职业行为和为顾客提供检定、校准和检测服务质量的承诺；

（2）管理层关于机构服务标准的声明；

（3）与质量有关的管理体系的目的；

（4）要求机构所有与检定、校准和检测活动有关的人员熟悉与之相关的体系文件，并在工作中执行这些政策和程序；

（5）机构管理层对遵守 JJF 1069—2012《法定计量检定机构考核规范》或有关标准及持续改进管理体系有效性的承诺。

（二）质量手册

机构应编制和保持质量手册。质量手册应包括或注明含技术程序在内的支持性程序，并概述管理体系中所用文件的架构。质量手册中应确定技术负责人和质量负责人的作用和责任，包括确保遵循相关规范的责任。

（三）程序文件

机构应编制程序文件。程序文件与质量手册一起共同构成对整个管理体系的描述。程序文件的范围应覆盖 JJF 1069—2012《法定计量检定机构考核规范》或有关标准的要求，其详略程度应取决于机构的规模和活动类型、过程及相互作用的复杂程度以及人员能力。

（四）文件控制

机构应控制管理体系所要求的所有文件（内部制定或来自外部的），诸如法律法规、规章、其他规范性文件、检定规程、校准规范、检测（检验）规则或方法、抽样方案、标准以及图纸、软件、规范、指导书和手册等。

应编制形成文件的程序，以规定以下方面所需的控制：

（1）为使文件是充分与适宜的，文件发布前得到批准。

（2）必要时对文件进行评审与更新，并再次批准。

（3）确保文件的更改和现行修订状态得到识别。修订应予以控制，除非有别的特殊决定，应由原审查和批准人员审查和批准方可。这种人员须能利用适当的背景信息作为其审查和批准的依据。

（4）确保在使用处可获得适用文件的有效版本。

（5）确保文件保持清晰、易于识别。

（6）确保机构所确定的策划和运行管理体系所需的外来文件得到识别，并控制其分发。

（7）防止作废文件的非预期使用，如果出于某种目的而保留作废文件时，对这些文件进行适当的标识。

（五）记录控制

为提供符合要求及管理体系有效运行的证据而建立的记录，包括质量记录和技术记录，应得到控制。质量记录应包括来自内部审核和管理评审的报告及纠正措施和预防措施的记录等。技术记录是进行检定、校准和检测所得数据和信息的积累，它们表明检定、校准和检测是否达到了规定的质量或规定的过程参数。技术记录可包括表格，合同，工作单，工作手册，核查表，工作笔记，控制图，外部和内部的检定证书、校准证书和检测报告，顾客信函和反馈意见。

机构应制定形成文件的程序，以规定以下方面所需的控制：

（1）记录的识别、收集、索引、存取、存档、存放、维护和清理；

（2）记录应真实可信、清晰明了，并以便于存取的方式存放和保存在具有防止损坏、变质、丢失等适宜环境的设施中，并应规定记录的保存期；

（3）所有记录应予以安全保护和保密；

（4）保护和备份以电子形式存储的记录，并防止未经授权的侵入或修改。

四、资源的配备和管理

决定计量技术机构检定、校准和检测的正确性和可靠性的资源有人员、设施和环境条件、测量设备以及检定、校准和检测方法等。计量技术机构应提供所开展的检定、校准和检测项目一览表（包括诸如项目名称、量程或测量范围、测量不确定度或准确度等级或最大允许误差以及执行的规程、标准、规范或规则等），确定并提供履行其检定、校准和检测任务，以及建立和改进管理体系所需要的资源。

（一）人员

1. 人员配备

机构应根据工作的需要配备足够的管理、技术、监督、检定、校准和检测人员。每个检定、校准项目的检定、校准人员不得少于2人。检测项目中，每个检测参数或试验项目的实验人员不得少于2人。

机构应使用长期正式职工或合同制职工。机构应确保所有人员是胜任的且受到监督，并依据机构的管理体系要求工作。

2. 人员资质

与计量检定、校准和检测等项目直接相关的人员，应经过必要的培训，具备相关的技术知识、法律知识和实际操作经验。检定、校准和检测人员应按有关的规定经考核合格，并被授权后持证件上岗。在从事型式评价试验的人员中，每个检测参数或试验项目岗位至少有1人取得工程师以上技术职称，并且应当在本专业工作3年以上。

3. 人员培训

机构应制定对人员的教育、培训和技能目标。应有确定培训需求和提供人员培训的政策和形成文件的程序。培训计划应与机构当前和预期的任务相适应。应评价这些活动的有效性。

4. 人员职责

对与检定、校准和检测有关的管理人员、技术人员和关键支持人员,机构应明确规定有关人员的职责、所需要的专业知识、经验、资格和培训内容。

5. 授权与记录

机构应授权专门人员进行特定类型的抽样、检定、校准和检测;签发检定证书、校准证书和检测报告;提出意见和解释以及操作特定类型的设备。机构应保留所有技术人员的有关授权、能力、教育和专业资格、培训、技能和经验的记录,并包括授权和能力确认的日期。这些信息应易于获取。

(二)设施和环境条件

机构用于检定、校准和检测的设施,包括但不限于能源、照明和环境条件,应符合所开展项目的技术规范或规程所规定的要求,并应有利于检定、校准和检测工作的正确实施。

1. 环境条件控制

计量技术机构应确保其环境条件不会影响检定、校准和检测结果的有效性,或对所要求的测量质量产生不良影响。在机构固定设施以外的场所进行抽样、检定、校准和检测时,应予以特别注意。对影响检定、校准和检测结果的设施和环境条件的技术要求应制定成文件。如果相关的规范、方法和程序有要求,或者对结果的质量有影响时,机构应监测、控制和记录环境条件。对诸如生物消毒、灰尘、电磁干扰、辐射、湿度、供电、温度、声级和振动等应予以重视,使其适应于相关的技术活动。当环境条件危及到检定、校准和检测的结果时,应停止工作。

2. 实验室设施

机构应将不相容活动的相邻区域进行有效隔离。应采取措施以防止交叉污染,例如采取屏蔽、隔热、隔音、超净等措施。对影响检定、校准和检测质量的区域的进入和使用加以控制。机构应根据其特定情况确定控制的范围。应采取措施确保实验室的良好内务,并符合有关人身健康、操作安全和环境保护的要求,必要时应制定专门的程序。

(三)测量设备

1. 设备配置

机构必须配备正确进行检定、校准和检测(包括抽样、物品制备、数据处理与分析)所要求的所有抽样、测量和检测设备。

开展检定和校准,应列出所建立的计量基(标)准名称及设备一览表;开展商品量及商品包装计量检验和能源效率标识计量检测,应列出所有检测和试验项目的名称及设备一览表;开展型式评价,应对照型式评价大纲规定的试验项目列出试验设备一览表。一览表中应注明设备名称、型号、测量范围(或量程)、不确定度(或准确度等级/最大允许误差)、量值传递或溯源关系等。

当机构需要使用固定控制之外的设备时,应确保满足 JJF 1069—2012《法定计量检定机构考核规范》的要求。

2. 设备性能

用于检定、校准和检测的设备(包括软件)应达到要求的准确度,并符合相应的计量技术规范要求。设备在使用前应进行检查和(或)校准。

用于开展检定、校准的计量基准、计量标准必须按规定经考核合格,并取得相应的有效证书和溯源证明;开展检测的测量设备应持有有效的计量检定证书或校准证书;用于性能试验的设备应有有效的校准或检测报告,证明其性能符合规定要求。

3. 设备使用

设备应由经过授权的人员操作。设备使用和维护的最新版说明书（包括设备的制造商提供的有关手册），应便于有关人员取用。

4. 设备记录

（1）用于检定、校准的每项计量标准应当按照 JJF 1033—2016《计量标准考核规范》的要求建立文件集。

（2）应保存对检定、校准或检测具有重要影响的每一设备及其软件的记录。设备记录至少应包括：

① 设备及其软件的识别；

② 制造商名称、型式标识、系列号或其他唯一性标识；

③ 对设备是否符合规范的核查；

④ 当前的位置（如适用）；

⑤ 制造商的说明书（如果有），或指明其地点；

⑥ 所有检定或校准证书的日期、结果及其复印件，设备调整、验收标准和下次检定或校准的预定日期；

⑦ 设备维修计划（适当时），以及已进行的维护；

⑧ 设备的任何损坏、故障、改装或修理。

5. 设备管理

（1）用于检定、校准或检测并对结果有影响的每一设备及其软件，如可能均应加以唯一性标识。

（2）机构应具有安全处置、运输、贮存、使用和有计划维护测量设备的形成文件的程序，以确保其功能正常并防止污染或性能退化。在机构固定场所外使用测量设备进行检定、校准或检测时，可能需要附加的程序。

（3）曾经过载或处置不当、给出可疑结果、已显示缺陷、超出规定限度的设备，均应停止使用。这些设备应予隔离以防误用，或加贴标签、标记以清晰表明该设备已停用，直至修复并通过检定、校准或检测表明能正常工作为止。机构应核查这些缺陷或偏离规定极限对先前的检定、校准和（或）检测的影响，并执行"不符合工作的控制"程序。

（4）机构控制下的需检定或校准的所有测量设备，只要可能，应使用标签、编码或其他标识表明其检定或校准状态，包括上次检定或校准的日期和再检定、校准或失效的日期。

（5）无论什么原因，若设备脱离了机构的直接控制，机构应确保该设备返回后，在使用前对其功能和检定或校准状态进行检查并能显示满意结果。

（6）当需要利用期间核查以维持设备检定或校准状态的可信度时，应按照规定的程序进行。

（7）当检定或校准产生了一组修正因子时，机构应有程序确保其所有备份（例如计算机软件中的备份）得到正确更新。

（8）用于检定、校准和检测的设备，包括硬件和软件应得到保护，以防止发生致使检定、校准和检测结果失效的调整。

【案例 2-19】　在对某计量检定机构评审时，评审员在检定温度计的实验室墙上看到两张同一温度标准器的修正值表，其数据不尽相同。评审员问检定人员：在进行检定时怎样使用这两张修正值表。检定人员告之，两张中有一张是标准器今年检定后的修正值表，另一张是去年检定后的修正值表，我们只使用今年的修正值表，去年的那一张已经不用了。评审员抽查了该标准器今年检定以后的检定、校准原始记录，发现在使用这个标准器时有的用的是今年的修正值，而有的却用了去年的修正值。

【案例分析】　依据 JJF 1069—2012《法定计量检定机构考核规范》6.4.5.7:"当检定或校准产生了一组修正因子时,机构应有程序确保其所有备份(例如计算机软件中的备份)得到正确更新。"计量标准器在检定或校准后,设备保管人和使用人应用新的修正值替换旧的修正值。为工作时查阅而编制的修正值表,应按受控的技术文件管理,在今年的新修正值表上盖上受控章,而在去年的旧修正值表上盖作废章,并从工作场所撤出,以防误用。如果有使用计算机进行数据处理的,应将计算机程序中预置的修正值以新的修正值替换。这些工作程序都应写在设备保管人和使用人的职责规定中,或仪器设备管理程序中,以保证做到。本案例中,由于去年和今年检定后的两张修正值表同时存在,以致发生了混淆,出现了检定、校准工作中错用修正值的情况。

为保证检定、校准结果的准确可靠,必须重视修正值的正确使用,计量标准器经检定、校准后产生的新的修正值必须及时替换旧的修正值,以免误用。该温度计检定室人员应立即对新的修正值表加盖受控章,并从墙上取下旧的修正值表盖上作废章。然后对今年标准器检定后使用此修正值进行检定、校准的原始记录全部给予核对,凡错用了修正值的,一律改正,重新出具证书,并如实通知客户,为客户更换正确的证书。该室还应针对这一问题修订有关仪器设备维护保养的作业指导书,将有关修正值及时替换的内容补充进去。

【案例 2 - 20】　一天早晨,检定人员老张在检定一件计量器具之前,对需要使用的计量标准器进行例行的加电检查时,发现标准器没有了数字显示。他打开该计量标准器的使用记录,未见最近的使用记录和设备状态的记载。老张记得昨天见过本组的小李曾使用过这台设备,于是向小李询问。小李说昨天操作时不小心过载了,之后设备就没有数字显示了。老张问小李为什么不向组长报告,也不在该设备使用记录上记载。小李说他很害怕,想悄悄地找个人把设备修好。小李是刚到本单位一个月的新职工,还未受过系统的培训。由于最近工作量很大,组里人手不够,很多检定工作,组长就叫小李去做了。

【案例分析】　依据 JJF 1069—2012《法定计量检定机构考核规范》6.4.5.3,当设备由于过载或处置不当,出现故障时,比如给出可疑结果、不能正常工作等,应立即停止使用,并将设备上的合格标志改成停用标志。如果可能还应将这样的设备撤离工作现场,以防止误用。

依据 JJF 1069—2012《法定计量检定机构考核规范》6.2,应配备足够的人员,制定对人员的管理、使用和培训的制度,并认真执行。

设备的状况对检定、校准结果的正确与否十分重要。一旦出现设备故障,必须按规定的程序进行处理,保证设备在修复后经检定、校准合格才能使用。同时必须采取措施,消除所有由于设备的故障对检定、校准的影响。小李没有记录,也不报告,还想悄悄找人修好的做法显然是不符合要求的,这种做法对设备的安全也是十分不利的。

使用人员应将设备故障情况如实记录在设备使用记录上,如故障发生的时间、地点、出现的不正常现象、由于什么原因导致、进行了什么处理等。然后,需要做两件事。一件是按规定的程序申请维修,经批准由专业人员实施,例如,设备制造厂的维修部门,或设备的特约维修部门,或其他有资质的维修机构提供的维修服务。不能在未经批准的情况下擅自拆机维修。设备修好以后,必须经过检定或校准证明设备已经合格后,才能重新启用。第二件事是检查是否由于此设备故障,对之前用该设备进行的检定或校准结果造成了影响。例如,在设备故障前后的检定或校准数据可能是不准确的,需要重新给予检定或校准。或者由于该设备的停用,可能对已受理的客户的仪器的检定或校准要因此而拖延,不能兑现对客户的承诺。此时要填写"不合格报告",尽快采取相应的措施,尽量减少对客户利益造成的损害。

在处理这一设备故障问题时,要找到发生问题的原因,针对原因采取纠正措施,避免此事故再次发生。在此案例中,设备故障是由于操作设备的人员没有经过必要的培训,不能正确使用设备造成的。这个单位由于工作任务重,就让没有经过培训的人员独立操作设备进行检定或校准,这种做法是错误的。检定、校准人员应经过必要的培训,具备相关的技术知识、法律知识和实际操作经验,按有关的规定经考核合格,并被授权后持证上岗。监督人员要在工作过程中,对新的职工和正在培训期间的职工给予重点监督。只有这样做,才能避免这类事故的出现。

五、计量标准、测量设备量值溯源的实施

测量的溯源性是由能出示其资格、测量能力和溯源性证明的计量技术机构的检定或校准服务来保证的。由这些机构出具的检定/校准证书应表明通过一个不间断的校准链与国家基准相联系。检定证书和校准证书应包含包括了测量结果及其不确定度和(或)一个是否符合检定规程或校准规范中规定要求的结论。

为此,在计量技术机构中,用于检定、校准和检测的所有设备,包括对检定、校准、检测和抽样结果的准确性或有效性有显著影响的辅助测量设备(例如,用于测量环境条件的设备),均应具有在有效期内的检定或校准证书,以证明其溯源性。机构应制定设备检定或校准的程序和计划。

(一)测量设备量值溯源的实施

计量技术机构应编制和执行测量设备的周期检定或校准计划,以确保由本机构进行的检定、校准和检测可溯源到国家基准或社会公用计量标准。

(二)计量标准量值溯源的实施

计量技术机构应具有计量标准量值传递和溯源框图、周期检定的程序和计划。计量标准应由有资格的计量技术机构检定或校准。机构所持有的计量标准器具应仅用于检定或校准,不能用于其他目的,除非能表明其作为计量标准的性能不会失效。计量标准在任何调整之前或之后均应检定或校准。

(三)标准物质量值溯源的实施

如果可能,标准物质应溯源到国际单位制单位,或有证标准物质。只要技术和经济条件允许,应对内部标准物质进行核查。

(四)期间核查

应根据规定的程序和日程对计量基(标)准、传递标准或工作标准以及标准物质进行核查,以保持其检定或校准状态的置信度。

【案例2-21】 某单位的计量标准器具送到一个国家法定计量检定机构进行周期检定以后,检定证书上显示,该计量标准器具已经过调整,并给出了调整前后示值误差的检定结果数据。在调整前的示值误差已超过了该仪器的最大允许误差,经调整后检定合格。请问:该单位取回计量标准器具和检定证书后应该做哪些工作?

【案例分析】 依据JJF 1069—2012《法定计量检定机构考核规范》6.4,该计量标准器具的保管人员和使用人员在将计量标准器具和检定证书取回后,应仔细阅读检定证书。当发现存在经调整后合格,且调整前示值误差已超过最大允许误差的情况时,应考虑在该仪器送去检定之前,由于示值超差,可能已影响到此前用此计量标准器具进行的检定和校准结果的准确性。

有哪些检定、校准可能受到影响呢?这时应首先检查对此计量标准器做过的期间核查记录。如果期间核查的结果都显示仪器正常,那么标准器超差可能发生在最后一次期间核查到本次周期检定之前,应检查从最后一次期间核查以后进行的检定和校准的所有原始记录。对其中受到计量标准器

具示值影响的数据进行分析。如果没有确实的把握确认检定和校准结果未受到标准器超差的影响，则此阶段所做过的检定和校准应重新试验，根据新的测量结果重新出具检定或校准证书，将情况向客户说明。如果对该计量标准器具没有进行过期间核查，那么从上次周期检定以后，直到本次周期检定之前都有发生标准器超差的可能性，就要对自上次检定以后使用该标准器进行的所有检定和校准，都要检查是否受到了计量标准器具超差的影响，并采取纠正措施，重新出具正确的检定或校准证书。也可以通过检查从上次周期检定到本次周期检定之间该计量标准器的使用记录、维护保养记录，从中发现有可能使计量标准器示值发生变化的疑点，重点检查疑点以后检定校准的原始记录。

该计量标准器具的保管人员和使用人员还应根据这台设备的具体情况，分析其超差的原因，针对原因采取纠正的措施，避免以后再出现这种问题。

六、与顾客有关的过程

计量技术机构与顾客有关的过程包括两个方面：一是要求、标书和合同的评审；二是服务顾客。

（一）要求、标书和合同的评审

机构应建立和维持评审顾客要求、标书和合同的程序。这些为签订检定、校准或检测合同而进行评审的政策和程序应确保：

（1）对顾客的要求予以明确、形成文件，并易于理解；

（2）机构具有满足顾客要求的资格、能力和资源；

（3）选择适当的、能满足顾客要求的检定、校准和检测方法。

与顾客要求之间的任何不同意见，应在工作开始之前得到解决。每项合同应符合法律、法规规定的要求，并得到机构和顾客双方的接受。同时，应保存评审的记录以及合同执行期间就顾客的要求或工作结果与顾客进行讨论的有关记录。

评审的内容应包括被机构分包出去的所有工作。对合同的任何偏离均应通知顾客。如果在工作开始后需要修改合同，应重新进行同样的合同评审过程，并将所有修改内容通知所有受到影响的人员。

（二）服务顾客

机构对顾客开展检定、校准和检测等服务时，必须遵守人民政府计量行政部门或相关法律、法规对有关工作质量、完成时间和收取费用等方面的规定。

机构应与顾客或其代表保持沟通与合作，以便明确顾客的要求与反馈，并在确保其他顾客机密的前提下，允许顾客到实验室监视与其工作有关的操作。

七、检定、校准和检测方法及方法的确认

检定、校准和检测方法是实施检定、校准和检测的技术依据。因此，计量技术机构必须高度重视检定、校准和检测方法的选择和确认等工作。

（一）基本要求

机构应使用适合的方法和程序进行在其授权内的所有检定、校准和检测，包括物品的抽样、处置、运输、储存和准备，适当时，还应包括测量不确定度的评定及分析检定、校准或检测数据的统计技术。

如果缺少指导书可能影响检定、校准和检测结果，机构应具有所有相关设备的使用和操作指导

书和(或)处置、准备检定、校准和(或)检测物品的指导书。所有与实验室工作有关的指导书、标准、手册和参考资料应保持现行有效版本并易于员工取阅。对校准或检测方法的偏离只有在该偏离已被文件规定、经技术确认、获得批准和顾客同意的情况下才允许发生。

（二）方法的选择

（1）开展计量检定时，机构必须使用国家计量检定规程，如无国家计量检定规程，则可使用部门或地方计量检定规程。计量检定规程必须是现行有效版本。

（2）开展校准时，机构应使用满足顾客需要的，对所进行的校准适宜的国家校准规范。如无国家校准规范应尽可能使用公开发布的，如国际的、地区的或国家的标准或技术规范，或使用相应的计量检定规程。机构应确保其使用的标准或技术规范是现行有效的版本。必要时，应采用附加细则对标准或技术规范加以补充，以确保应用的一致性。

当顾客未指定所用的校准方法时，机构应从国际、区域或国家标准中发布的，或由知名的技术组织或有关科学书籍和期刊公布的，或由设备制造商指定的方法中选择合适的方法。机构依据JJF 1071《国家计量校准规范编写规则》制定的或采用的方法如能满足预期用途并经过确认，也可使用。所选用的方法应通知顾客。在校准开始之前，机构应确认能够正确地运用校准方法。如校准方法发生了变化，应重新进行确认。

当认为顾客指定的方法不合适或已过期时，机构应通知顾客。

（3）开展计量器具型式评价时，应使用国家统一的型式评价大纲或包含型式评价要求的计量检定规程。如无国家统一制定的大纲，机构可根据国家计量技术规范 JJF 1015—2014《计量器具型式评价通用规范》、JJF 1016—2014《计量器具型式评价大纲编写导则》以及相关计量技术规范和产品标准的要求，拟定型式评价大纲。大纲应履行论证、审核和批准程序，并报国务院计量行政部门和委托的省级人民政府计量行政部门。

（4）开展商品量及商品包装计量检验时，应使用国家统一的商品量及商品包装计量检验技术规范，如无国家统一制定的技术规范，应执行由省级以上人民政府计量行政部门规定的检测方法。

（5）开展用能产品能源效率标识计量检测时，应使用国家统一的用能产品能源效率标识计量检测技术规范。

（三）机构制定的方法

机构受人民政府计量行政部门的委托制定计量检定规程、校准规范和检测规则，或为其应用而制定校准或检测方法的过程应是一项有计划的活动，应指定有足够资源的有资格的人员进行。

计划应随方法制定的进度加以更新，并确保所有有关人员之间的有效沟通。

（四）非标准的方法

在校准规范、检测技术规范或标准中未包含的方法称非标准方法。如果必须使用非标准方法，应理解顾客的要求，明确校准或检测的目的，并征得顾客的同意。所制定的方法在使用前应经适当的确认。

（五）方法的确认

1. 方法确认的概念

（1）确认是通过核查并提供客观证据，以证实某一特定预期用途的特定要求得到满足。

（2）用于确定某方法性能的技术应当是下列之一，或是其组合：

① 使用参考标准或标准物质进行校准；

② 与其他方法所得的结果进行比较；

③ 实验室间比对；

④ 对影响结果的因素做系统性评审；

⑤ 根据对方法的理论原理和实践经验的科学理解，对所得结果不确定度进行的评定。

（3）按预期用途对被确认方法进行评价时，方法所得值的范围和准确度应适应顾客的需求。上述值如：结果的不确定度、检出限、方法的选择性、线性、重复性和（或）复现性、灵敏度等。

（4）确认包括对要求的详细说明、方法特性量的测定、对利用该方法能满足要求的核查以及对有效性的声明。

2. 方法确认的要求

（1）机构需要做方法确认的范围：非标准方法、机构设计（制定）的方法、超出其预定范围使用的标准方法、扩充和修改过的标准方法。

（2）确认的目的：证实该方法适用于预期的用途。确认应尽可能全面，以满足预定用途或应用领域的需要。

（3）确认记录：机构应记录确认所获得的结果、使用的确认程序以及该方法是否适合预期用途的声明。

【案例 2-22】   某法定计量检定机构在接受评审组评审时，某评审员在一间实验室对其申请考核的一个项目进行评审。评审员询问检定人员这一项目是依据什么文件实施检定、校准的，检定人员立刻拿出所依据的国家计量检定规程，并告诉评审员这一规程今年进行了修订，我们已经换了最新版本的检定规程。评审员随后检查了该项目使用的设备、环境条件，以及进行检定、校准的原始记录。评审员发现其设备并未按新规程进行补充，原始记录的格式仍然是修订前的内容。评审员让检定人员说说新旧规程有什么不同，他们认为两者差不多。

【案例分析】   依据 JJF 1069—2012《法定计量检定机构考核规范》7.3，开展检定、校准、检测必须执行适合的规程、规范、大纲和检验规则，这些规程、规范、大纲和检验规则必须是现行有效版本。

本案例中的检定人员在检定、校准所依据的方法文件被修订后，没有通过学习正确理解掌握新版本的检定规程，使现行有效的检定规程没有得到认真的执行，这样就不能保证检定、校准结果的质量。

当新的规程、规范等文件颁布后，负责文件管理的部门不仅要及时收集新的版本，还要负责将使用人员领用的旧版本收回。发给新的版本（在此案例中这一步已经做到），更换新的版本是为了执行，因此更重要的是要尽快组织规程、规范的使用人员学习。如果有权威机构组织的宣贯培训，要尽可能参加。如果没有外部组织的培训，机构内部要组织学习、研讨，尽快掌握和正确理解新版本的要点。然后对照新版本检查原来使用的标准器、配套设备以及环境条件等硬件设施是否符合新版本的要求。如果不符合，应提出需要改造、补充新设备的申请，尽快实施改造和购置。同时检查相关的原始记录格式，检定、校准操作的作业指导书等软件是否符合新版本要求，按新要求修改原始记录格式，修订作业指导书等。将以上工作制定成实施新版本规程、规范的工作计划，确定开始执行新规程、规范的具体时间。检定、校准人员应按照工作计划进行准备，当硬件条件具备，软件进行了修改后，按新版本试运行。同时对人员进行实际操作的培训，重新分析测量结果的不确定度，给出新的校准和测量能力。在做好所有准备工作以后，正式按新版本执行。

（六）校准和测量能力

1. 校准和测量能力的概念

校准和测量能力（CMC）是校准实验室在常规条件下能够提供给客户的校准和测量的能力，即在常规条件下的校准中可获得的最小的测量不确定度。通常用包含因子 k 为 2 或包含概率 p 为 0.95

的扩展不确定度表示。

校准和测量能力,其实质是由于这次校准给被校准的仪器带来的误差,或者说校准工作本身的误差。误差是会传递的,通过这次校准后,它就传递给了被校准的仪器。

2. 校准和测量能力的评价要求

机构应具有评价其校准和测量能力的程序,且评价应覆盖机构所开展的所有校准项目的参数和量程。

(七) 测量不确定度的评定

(1) 机构应有评定测量不确定度的程序,并对开展的各种类型的检定、校准和检测都应按有关法规、检定规程、校准规范、型式评价大纲和检测规则所规定的要求进行测量不确定度的评定。

(2) 评定测量不确定度时,对给定条件下的所有重要不确定度分量,均应采用 JJF 1059—2012《测量不确定度评定与表示》所推荐的方法或其他法规、规范规定的方法进行评定和表示。

(八) 数据控制

(1) 应对计算、数据传送和信息系统进行系统和适当的检查。

(2) 当利用计算机或自动化设备对检定、校准和检测的数据进行采集、处理、记录、报告、存储或检索时,机构应确保:

① 由使用者开发的计算机软件应被制定成足够详细的文件,并对其适用性进行适当确认。

② 建立和实施数据保护的程序。这些程序应包括(但不限于)数据输入或采集、数据存储、数据传输和数据处理的完整性和保密性。

③ 维护计算机、自动设备和信息系统以确保其功能正常,并提供保护检定、校准和检测数据完整性所必需的环境和运行条件。

八、检定、校准和检测物品的处置

1. 物品处置过程

机构应有用于检定、校准和检测物品的运输、接受、处置、保护、存储、保留和(或)清理的程序,包括为保护检定、校准和检测物品完整性以及机构与顾客利益所需的全部条款。

2. 物品标识

机构应有检定、校准和检测物品的标识系统。物品在机构运转的整个期间应保留该标识。标识系统的设计和使用应确保物品不会在实物上或在涉及的记录和其他文件中混淆。如果合适,标识系统应包含物品群组的细分和物品在实验室内外部的传递。

3. 物品接收

在接受检定、校准和检测物品时,应记录异常情况或对检定、校准或检测方法中所述的正常(或规定)条件的偏离。当对物品是否适合检定、校准或检测有疑问,或当物品不符合所提供的描述,或对所要求的检定、校准和检测规定不够详尽时,机构应在工作前询问顾客,以得到进一步的说明,并记录下讨论的内容。

4. 物品存储

机构应有程序和适当的设施和环境条件避免检定、校准和检测物品在存储、处置和准备过程中发生性能退化、丢失或损坏。应遵守随物品提供的处理说明。当物品需要被存放在规定的环境条件下时,机构应对存放和安全做出安排,以保护该物品或其有关部分的状态和完整性。

九、检定、校准和检测中抽样的控制

抽样是一种按规定的程序,从物质、模片、材料或产品的总体中抽取一部分,为检定、校准或检测提供有代表性的样本。抽样也可能是被测或被校物质、模片、材料或产品的相应技术规范所要求的。在某种情况下,例如在法庭分析情况下,样品可能不是规定的具有代表性的,而是由可用性所确定的。

为了确保抽样工作的科学性、公正性和有效性,计量技术机构应对检定、校准和检测中的抽样实施以下3个方面的控制:

(1) 机构为实施检定、校准或检测而涉及对物质、材料或产品进行抽样时,应有用于抽样的抽样计划和程序。抽样计划和程序在抽样的地点应能够得到。只要合理,抽样计划应根据适当的统计方法制定。商品量及商品包装计量检验的抽样方法国家有规定的按其规定执行。抽样过程应注意需要控制的因素,以确保检定、校准和检测结果的有效性。

(2) 在实施抽样时,如果顾客对文件规定的抽样程序有偏离、增加或删节的要求时,应详细记录这些要求和相关的抽样资料,并记入包括检定、校准和检测结果的所有文件中,同时告知相关人员。

(3) 当抽样作为检定、校准和检测工作的一部分时,机构应有程序记录与抽样有关的资料和操作。这些记录应包括所用的抽样程序、抽样人员的识别、环境条件(如果相关)、必要时有抽样位置的图示或其他等效方法,如果合适,还应包括抽样程序所依据的统计方法。

十、检定、校准和检测质量的保证

为了达到保证检定、校准和检测的质量的目标,必须对检定、校准和检测实施过程和实施结果两个方面进行有效地控制,对控制获得的数据进行分析,并且采取相应的措施。

(一) 检定、校准和检测过程的控制

对检定、校准和检测过程的控制,就是对检定、校准和检测过程中所涉及的测量设备、测量方法、环境条件和人员操作技能等可能影响结果准确性的因素分别实施有效的控制。

机构应策划并在受控条件下进行检定、校准和检测,并将控制条件予以记录。

受控条件应包括:

(1) 使用经检定合格或校准满足要求的计量标准、测量仪器和试验设备;

(2) 应用经确认有效的检定规程、校准规范、型式评价大纲、商品量及商品包装计量检验规则和能源效率标识计量检测规则;

(3) 可获得所要求的信息资源;

(4) 保持所要求的环境条件;

(5) 使用具备资质和能力的人员;

(6) 合适的结果报告方式;

(7) 按规定实施质量控制。

此外,应有实验过程中出现异常现象或突然的外界干扰时的处理办法(如设备故障、损坏、人身安全等)。

(二) 检定、校准和检测结果的控制

机构应有质量控制程序以监控检定、校准和检测结果的有效性。所得数据的记录方式应便于可

发现其发展趋势,如可行,应采用统计技术对结果进行审查。这种监控应有计划并加以评审,监控方法有(但不限于)下列几种:

(1) 定期使用一级或二级有证标准物质进行内部质量控制;

(2) 参比实验室间的比对或能力验证计划;

(3) 利用相同或不相同方法进行重复检定、校准或检测;

(4) 对存留的物品进行再检定、校准或检测;

(5) 分析一个物品不同特性结果的相关性。

(三) 计量比对和能力验证的实施

机构应建立计量比对和能力验证的程序,积极参加相关专业的计量比对和能力验证活动。凡人民政府计量行政部门指定的计量比对和能力验证,在授权项目范围内的,机构必须参加。

(四) 质量控制数据分析

应分析质量控制的数据,当发现质量控制数据将超出预先确定的判据时,应遵循已有的计划采取措施来纠正出现的问题,并防止报告错误的结果。

十一、原始记录和数据处理

计量技术机构对原始记录和数据处理的管理应符合以下要求:

(1) 机构应按规定的期限保存原始记录,包括得出检定、校准和检测结果的原始观测数据及其导出数据,被检定、校准和检测的物品的信息记录,实施检定、校准和检测时的人员、设备和环境条件及依据的方法的记录和数据处理记录,并按规定要求保留出具的检定证书、校准证书和检测报告的副本。

(2) 每份检定、校准或检测记录应包含足够的信息,以便在可能时识别不确定度的影响因素,并保证该检定、校准或检测在尽可能与原来条件接近的条件下能够复现。记录应包括负责抽样的人员、各项检定、校准和检测的执行人员和结果核验人员的签名。

(3) 观测结果、数据和计算应在产生时予以记录,并能按照特定的任务分类识别。

(4) 当在记录中出现错误时,对每一错误应划改,不可擦掉或涂掉,以免字迹模糊或消失,并将正确值填写在其旁边。对记录的所有改动应有改动人的签名或签名缩写。对电子存储的记录也应采取同等措施,以避免原始数据的丢失或未经授权的改动。

【案例 2-23】　计量校准人员小王有这样的工作习惯:他每次进行实验操作时先将实验数据和计算记录在一张草稿纸上,待做完实验后,再将数据和计算结果整整齐齐地抄在按规定印有记录格式的记录纸上,草稿纸则不再保存。有一次,因某仪器的校准结果引起了关于仪器质量的索赔纠纷,用户方告到法院,将通过法院裁决。这台仪器正是校准人员小王校准和出具校准证书的。法院在调查时要求提供校准原始记录,但由于提供的是抄件,法院认为不能作为凭证,给调查和判断造成了麻烦。

【案例分析】　依据 JJF 1069—2012《法定计量检定机构考核规范》7.10,原始记录必须是产生当时记录的,不能事后追记或补记,也不能以重新抄过的记录代替原始记录。检定、校准人员必须要改掉用草稿纸记录以后重抄的习惯。原始记录必须做到真实客观,信息量足够,能从中了解到不确定度的重要影响因素,在需要时能在尽可能与原来条件接近的条件下使检定或校准实验重现。重抄的记录不能作为原始记录,也不能作为承担法律责任的凭证。在重抄过程中很容易发生错漏,导致结果的不可靠。必须记录客观事实,直接观察到的现象,记录读取的数据和数据处理的过程,不得虚构记录,伪造数据。证书、报告在各种执法活动中要承担法律责任,而证书、报告是依据原始记录编制的,因此必须保证原始记录的真实和信息的完整。为此必须使用按规定设计的记录格式;记录要有编号、页号;要包含足够的信息;要符合记录书写要求和修改要求;要按规定在原始记录上亲笔签名;按规定的保存期限妥善保存。

十二、检定、校准和检测结果的报告

计量检定证书、校准证书和检测报告是计量技术机构向顾客提供的具有法律效力的最终产品,是机构检定、校准和检测工作质量的具体体现。证书和报告的准确性和可靠性直接关系顾客的切身利益,也关系计量技术机构自身的形象和信誉。鉴于证书和报告的重要作用,计量技术机构对证书和报告的管理应符合以下 8 个方面的要求。

(一)基本要求

机构应准确、清晰、明确和客观地报告每一项检定、校准和检测的结果,并符合检定规程、校准规范、型式评价大纲和检验、检测规则中规定的要求。

结果通常是以检定证书(或检定结果通知书)、校准证书、型式评价报告或检验、检测报告的形式出具,并应包括顾客要求的,说明检定、校准和检测结果所必需的和所用方法要求的全部信息。只有在与顾客签订书面协议的情况下,可用简化的方式报告结果。

(二)检定证书

机构进行检定工作,必须按《计量检定印、证管理办法》的规定,出具检定证书或加盖检定合格印。当被检定的仪器已被调整或修理时,如果可获得,应保留调整或修理前后的检定记录,并报告调整或修理前后的检定结果。

(三)校准证书

机构进行校准工作,应出具校准证书,并应符合相关的技术规范的规定。校准证书应仅与量和功能性检测的结果有关,校准证书中给出校准值或修正值时,应同时给出它们的不确定度。校准证书中,如欲做出符合某规范的说明时,应指明符合或不符合该规范的哪些条款。如符合某规范的声明中略去了测量结果和相关的不确定度时,机构应记录并保持这些结果,以备日后查阅。做出符合性声明时,应考虑测量不确定度。

当被校准的仪器已被调整或修理时,如果可获得,应报告调整或修理前后的校准结果。

当依据的校准规范包含复校时间间隔的建议或与顾客达成协议时,校准证书可给出复校时间间隔,除此之外校准证书不包含复校时间间隔。

(四)检测报告

机构进行计量器具型式评价、商品量及商品包装计量检验和能源效率标识计量检测等计量检测,必须按人民政府计量行政部门要求和相应计量技术规范的规定出具相应的型式评价报告、检验报告和检测报告。

(五)意见和解释

当证书中包含意见和解释时,机构应把意见和解释的依据制定成文件。意见和解释应被清晰标注。检测报告中包含的意见和解释可以包括(但不限于)下列内容:

(1)关于结果符合或不符合要求的说明;

(2)合同的履行情况;

（3）如何使用结果的建议；

（4）用于改进的指导意见。

（六）证书和报告的格式

证书和报告的格式应设计成适用于所进行的各种检定、校准或检测类型，并尽量减小产生误解或误用的可能性。检定证书的格式应按《计量检定印、证管理办法》和计量检定规程的要求设计。校准证书和检测报告的格式应按照有关的规定执行。

（七）证书和报告的修改

对已发布的检定证书、校准证书和检验、检测报告的实质性修改，应仅以追加文件或信息变更的形式，并包括如下声明：

"对序号为……（或其他标识）的检定证书（或校准证书、检验、检测报告）的补充文件"，或其他等效的文字形式。

当有必要发布全新的检定证书、校准证书或检验、检测报告时，应注以唯一性标识，并注明所代替的原件。

（八）证书和报告的管理

证书专用印章应有专人保管，应对计量检定证书、校准证书和检验、检测报告的管理和保存制定管理程序。

十三、不符合工作的控制

计量技术机构应具有当检定、校准和检测工作或工作结果不符合管理体系的要求或顾客同意的要求时应执行的政策和程序。该政策和程序应保证：

（1）确定对不符合工作进行管理的责任和权限，规定当识别出不符合工作时所采取的措施（包括必要时暂停工作，扣发检定证书、校准证书和检验、检测报告）；

（2）对不符合工作的严重性进行评价；

（3）立即进行纠正，同时对不符合工作的可接受性做出决定；

（4）必要时，通知顾客并取消工作；

（5）规定批准恢复工作的职责。

对管理体系或检定、校准或检测活动的不符合工作或问题的识别，可能出现在管理体系和技术运作的各个环节，例如顾客投诉，质量控制，仪器校准，消耗材料的核查，对员工的考察或监督，检定证书、校准证书和检验、检测报告的核查，管理评审，内部审核和外部考核。

当评价表明不符合工作可能再度发生，或对机构的运作或对其政策和程序的符合性产生怀疑时，应立即执行管理体系所规定的纠正措施程序。

十四、内部审核和管理评审的实施

（一）内部审核的实施

1. 审核过程

机构应根据预定的日程表和形成文件的程序，定期对其活动进行内部审核，以验证其运作持续符合管理体系和 JJF 1069—2012《法定计量检定机构考核规范》的要求。内部审核计划应涉及管理体系的全部要素,包括检定、校准和检测活动。质量负责人按照日程表的要求和管理层的需要策划和组织内部审核。审核应由经过培训和具备资格的人员执行,只要资源允许,审核人员应独立于被审核的活动。内部审核的周期通常不超过 12 个月。

2. 消除不符合及原因

当审核中发现的问题导致对运作的有效性,或对机构检定、校准和(或)检测结果的正确性或有效性产生怀疑时,机构应及时采取纠正措施。如果调查表明机构给出的结果可能已受影响,应书面通知顾客。

3. 审核记录

审核活动的领域、审核发现的情况和因此而采取的纠正措施,应予以记录。

4. 后续活动

后续活动应该包括对所采取措施的验证和验证结果的报告。

(二) 管理评审的实施

1. 评审要求

机构负责人应根据预定的日程表和形成文件的程序,定期对机构的管理体系以及检定、校准和检测活动进行评审,以确保其持续的适宜性、充分性和有效性。评审应包括评价改进的机会和管理体系变更的需求,包括质量方针和总体目标变更的需求。

应保持管理评审的记录。

2. 评审输入

管理评审的输入应包括以下方面的信息:

(1) 政策和程序的适宜性;

(2) 总体目标的实施结果;

(3) 管理和监督人员的报告;

(4) 近期内部审核的结果;

(5) 纠正措施和预防措施;

(6) 由外部机构进行的评审;

(7) 计量比对或能力验证的结果;

(8) 工作量和工作类型的变化;

(9) 顾客反馈;

(10) 投诉;

(11) 改进的建议;

(12) 其他相关因素,如质量控制活动、资源以及员工培训。

3. 评审输出

管理评审的输出应包括与以下方面有关的任何决定和措施:

(1) 管理体系有效性及其过程有效性的改进;

(2) 与法律、法规要求和顾客要求有关的检定、校准和检测的改进;

(3) 资源需求。

应记录管理评审中的发现和由此采取的措施。机构负责人应确保这些措施在适当和约定的时间内得到实施。

十五、纠正措施和预防措施的制定和实施

(一) 纠正措施

纠正措施是指"为消除已发现的不合格或其他不期望情况的原因所采取的措施"。机构管理体系或技术运作中的问题可以通过各种活动来识别,例如,不符合工作的控制、内部或外部审核、管理评审、顾客的反馈或员工的观察。

1. 要求

机构应制定纠正措施的政策和形成文件的程序,指定合适的人员,在识别出不符合工作或对管理体系或技术运作政策和程序有偏离时实施纠正措施。

2. 原因分析

纠正措施程序应从确定问题根本原因的调查开始。原因分析是纠正措施程序中最关键,有时也是最困难的部分。根本原因通常并不明显,因此需要仔细分析产生问题的所有潜在原因。潜在原因可包括:顾客要求、样品、样品规格、方法和程序、员工的技能和培训、消耗品、设备及其检定或校准。

3. 纠正措施的选择和实施

需要采取纠正措施时,机构应识别出各项可能的纠正措施,并选择和实施最可能消除问题和防止问题再次发生的措施。

纠正措施应与问题的严重程度和风险大小相适应。

机构应将纠正措施所导致的任何变更制定成文件并加以实施。

4. 纠正措施的监控

机构应对纠正措施的结果进行监控,以确保所采取的纠正措施是有效的。

5. 附加审核

当对不符合或偏离的识别,导致对机构符合其政策和程序,或符合 JJF 1069—2012《法定计量检定机构考核规范》产生怀疑时,机构应尽快依据内部审核的规定对相关活动区域进行附加审核。附加审核常在纠正措施实施后进行,以确定纠正措施的有效性。仅在识别出问题严重或对业务有危害时,才有必要进行附加审核。

(二) 预防措施

预防措施是指为消除潜在不符合或其他潜在不期望情况的原因所采取的措施。采取预防措施是为了防止不符合的发生,也是对计量技术机构的检定、校准和检测技术以及管理体系实施改进的极好机会。

为此,计量技术机构应识别技术方面和管理体系方面所需要的改进和潜在不符合的原因。当识别出改进机会或需采取预防措施时,应制定措施计划并加以实施和监控,以减少这类不符合情况发生的可能性并改进。

预防措施程序应包括措施的启动和控制,以确保其有效性。预防措施是事先主动识别改进机会的过程,而不是对已发现问题或投诉的反应。

除对运作程序进行评审之外,预防措施还可能涉及数据分析,包括趋势和风险分析以及能力验证结果。

十六、管理体系的持续改进

"持续改进"是质量管理原则的核心。由于计量技术机构是以满足顾客和法律、法规的要求为主要关注焦点,而顾客和法律、法规的要求是不断变化的,所以要提高顾客满意的程度,符合法律、法规的要求,就必须开展持续改进的活动。

为持续改进管理体系,要求计量技术机构要不断寻求对管理体系过程进行改进的机会,以实现管理体系所设定目标(质量方针、总体目标)。改进措施可以是日常渐进的改进活动,也可以是重大的战略性改进活动,机构在管理体系的建立和运行过程中尤其应关注日常渐进的改进活动。

为了促进管理体系有效性的持续改进,计量技术机构应考虑以下活动:

(1) 通过质量方针和总体目标的建立,营造一个激励改进的氛围并开展相关活动;

(2) 利用内部审核的结果来不断发现管理体系的薄弱环节;

(3) 通过分析,找出顾客的不满意,检定、校准和检测未满足要求,过程不稳定等诸多不符合项;

(4) 采取必要的预防措施和纠正措施,避免不符合的发生或再发生;

(5) 通过在管理评审活动中对管理体系的适宜性、充分性和有效性的充分评价,持续改进管理体系。

习题及参考答案

一、习　题

(一) 思考题

1. 计量技术机构如何保证所开展工作的公正性?

2. 计量技术机构的管理体系文件应包括哪些主要内容?

3. 计量技术机构应如何保证所有计量标准和测量设备的溯源性?

4. 检定、校准和检测工作的实施包括哪些基本的过程?

5. 为什么要进行方法确认? 如何进行方法确认?

6. 计量技术机构应如何保证检定、校准和检测工作的质量?

7. 对原始记录和数据处理的管理有哪些基本的要求?

8. 对检定、校准和检测结果的报告有哪些基本的要求?

9. 计量技术机构为何要实施管理体系的持续改进? 如何实施持续改进?

10. 为何要实施纠正措施和预防措施? 纠正措施和预防措施有何区别?

(二) 选择题(单选)

1. 计量技术机构必须配备为正确进行检定所必需的_____。

　　A. 抽样设备　　　　　B. 测量设备　　　　　C. 检测设备　　　　　D. 计量标准

2. 开展校准时,机构应使用满足_____的,对所进行的校准适宜的校准方法。

　　A. 仪器生产厂要求　　　　　　　　　　B. 计量检定机构要求

　　C. 顾客需要　　　　　　　　　　　　　D. 以上全部

3. 开展商品量检测时,应使用国家统一的商品量检测技术规范,如无国家统一制定的技术规范,应执行由_____规定的检测方法。

　　A. 省级以上人民政府计量行政部门　　　　B. 县级以上人民政府计量行政部门

　　C. 国务院计量行政部门　　　　　　　　　D. 计量检定机构

4. 为了达到保证检定、校准和检测质量的目标,必须对检定、校准和检测的_____两个方面进行全面有效的控制,对控制获得的数据进行分析,并且采取相应的措施。

A. 原始记录和证书报告　　　　　　　　　B. 实施过程和实施结果

C. 人员和设备　　　　　　　　　　　　　D. 检测方法和检测设备

5. 检定、校准和检测结果的原始观测数据应在_____予以记录。

A. 产生后　　　　　　B. 产生时　　　　　　C. 工作时　　　　　　D. 以上都可以

6. 计量技术机构采取纠正措施的目的是_____。

A. 查找不符合　　B. 查找不符合原因　　C. 消除不符合　　D. 消除不符合原因

（三）选择题（多选）

1. 管理体系文件通常包括_____。

A. 质量方针和总体目标　　　　　　　　　B. 质量手册、程序文件

C. 技术规范、作业指导书　　　　　　　　D. 人事管理制度

2. 决定计量技术机构检定、校准和检测的正确性和可靠性的资源包括_____。

A. 人员和测量设备　　　　　　　　　　　B. 设施和环境条件

C. 检定、校准和检测方法　　　　　　　　D. 与顾客的良好关系

3. 对出具的计量检定证书和校准证书，以下_____项要求是必须满足的基本要求。

A. 应准确、清晰和客观地报告每一项检定和校准的结果

B. 应给出检定或校准的日期及有效期

C. 出具的检定、校准证书上应有责任人签字并加盖单位专用章

D. 证书的格式和内容应符合相应技术规范的规定

4. 每份检定、校准或检测记录应包含足够的信息，以便必要时_____。

A. 追溯环境因素对测量结果的影响　　　　B. 追溯测量设备对测量结果的影响

C. 追溯测量误差的大小　　　　　　　　　D. 在接近原来条件下复现测量结果

二、参考答案

（一）思考题（略）

（二）选择题（单选）：1. D；　2. C；　3. A；　4. B；　5. B；　6. D。

（三）选择题（多选）：1. A B C；　2. A B C；　3. A C D；　4. A B D。

第七节　计量安全防护

一、计量安全防护的定义

随着社会的进步和经济的发展，与职业工作环境条件密切相关的、涉及影响从业人员健康与安全的问题越来越受到公众的普遍关注。各国政府、有关部门和产业界都从不同的角度研究如何不断改善从业人员的职业工作环境，从而促进从业人员的健康与安全。我国制定了有关职业健康安全的法律、法规、规章和标准，《中华人民共和国宪法》确定了我国职业健康安全法规的基本原则："国家通过各种途径，创造劳动就业条件，加强劳动保护，改善劳动条件"；《中华人民共和国劳动法》《中华人民共和国安全生产法》《中华人民共和国职业病防治法》确定了我国职业健康安全法规的基本内容。我国职业健康安全法规规定的内容可概括为：事故预防、事故处理、法律责任 3 个主要方面。在事故预防方面的法规要求基本可概括为 4 个方面：人员与设施、设备与物品、作业环境和管理。

为了使组织通过预防与工作相关的伤害和健康损害，以及主动改进其职业健康安全绩效，提供健康安全的工作场所，我国制定了职业健康安全标准：GB/T 45001—2020《职业健康安全管理体系　要

求及使用指南》。该标准规定了职业健康安全管理体系要求,并为其给出了使用指南。该标准适用于任何具有以下愿望的组织:通过建立、实施和保持职业健康安全管理体系以改进健康安全,消除危险源和使职业健康安全风险(包括体系缺陷)最小化,利用职业健康安全机遇而获益,解决与其活动相关的职业健康安全管理体系的不符合。该标准适用于任何规模、类型和活动的组织,适用于组织控制下的职业健康安全风险。获得有关符合该标准的声明的认可,说明该组织已经将该标准的所有要求融入组织的职业健康安全管理体系之中,并毫无遗漏地满足全部要求。

国家计量技术规范 JJF 1069—2012《法定计量检定机构考核规范》对计量安全防护也提出了相应的要求:"应采取措施确保实验室的良好内务,并符合有关人身健康、操作安全和环境保护的要求,必要时应制定专门的程序""应有实验过程中出现异常现象或突然的外界干扰时的处理办法(如设备故障、损坏、人身安全等)。"

因此,保障计量人员的职业健康安全是计量工作中一项十分重要的内容。

计量安全防护是指在计量工作及相关活动中人员、设备的安全和防护问题。劳动保护是我国的一项基本国策,就此而言,计量安全防护是要保护计量工作人员在日常工作过程中的安全与健康。换言之,计量安全防护是指计量工作人员在从事计量工作或相关活动过程中获得符合国家法律、法规所规定的劳动安全保障条件,建立安全健康风险意识,贯彻"安全第一、预防为主"的安全生产管理的基本方针,从而预防事故发生和控制职业危害。

安全泛指没有危险、不受威胁和不出事故的状态。而危险是指可能导致人身伤害或疾病、设备或财产损失以及工作环境破坏的状态。事故就是造成人员死亡、疾病(职业病)、伤害、损坏及其他损失的意外情况。事故是突然发生的,安全防护就是防止事故发生和保护人员与设备安全所采取的措施。

为了做好安全防护工作,就必须进行危险源辨识和风险评估。危险源是指可能导致人身伤害或疾病、财产损失、工作环境破坏或这些情况组合的根源或状态。危险源辨识就是认识危险源的存在并确定其特性的过程。危险源可能会引起事故的发生,某一个或某些危险源引发事故的可能性和其可能造成的后果称之为风险。

二、计量安全防护的基本方法和要点

(一)计量工作的特点

计量工作涉及计量人员、测量标准、配套设施、测量方法、被测对象、环境条件等许多方面,计量安全防护必须根据计量工作的特点进行。计量工作有如下特点:

(1)计量涉及的专业面广。从大力值的测力设备到高电压设备、电离辐射源、射频辐射源,以及各种化学试剂、标准物质等,许多测量活动都会涉及安全风险。

(2)计量要求的环境条件严格。为达到计量标准的高准确度和高稳定性,往往需要采用恒温、防振、屏蔽等控制环境条件的设施,长期处于这些设施中可能会对人员的健康有影响。

(3)计量标准及其配套设备价格昂贵。一旦由于火灾、爆炸或其他因素造成设备损坏,不仅财产损失严重,并且由于计量技术机构服务面广,会波及影响到量值传递工作的正常进行。

(4)计量所依据的方法由法规性文件加以控制。计量人员必须执行检定规程或校准规范,一些实验室还制定了操作规程或检测细则,因此可以在制定规程或规范时对本专业存在的危险源提出防范措施和严格的操作要求。计量的这个特点有利于安全防护。

(二)计量安全防护的基本方法

(1)辨识危险源,找到不安全因素;

（2）通过风险评估，分析危险源可能带来的危害程度，采取适当措施进行风险控制，规划防护设施和应急措施；

（3）起草操作规范和安全防护规范；

（4）最大限度地为计量人员提供安全防护；

（5）实施计量过程的安全管理，保障计量人员的人身安全。

（三）计量安全防护的要点

危险源可能的来源也就是计量安全防护要重视的要点，大致如下：

（1）物理因素，例如噪声、振动、强光、气压（低压/高压）、电离辐射、强电磁场辐射；

（2）生物因素，例如细菌、病毒；

（3）化学因素，例如汞、苯、硫酸、铅、溶剂；

（4）环境因素，例如窒息、脱水、吸入微粒、温度过高或过低；

（5）火灾危险，例如爆炸、烟熏（有毒气体/有毒蒸气）、高腐蚀化学物质、汽油；

（6）机械因素，例如压缩空气/高压水流（例如切屑液流）、超负荷、切断、拉伸、缠绕、磨损、碰撞、剪切、刺穿、高处坠落、尖锐物体刺伤、设备运输中磕碰、滑倒或绊倒；

（7）心理因素，例如压力、暴力、灾害、抑郁等引起的心理问题。

上述涉及的只是一般性地描述了部分专业、场所的安全问题和防护要点，为计量人员考虑安全防护提供参考。计量人员应以此为基础，识别自己从事的专业和项目中的危险源，评估其风险，通过改善、维护和运行健康安全防护体系，不断完善自身和计量基准、计量标准的安全。

危险源的识别应从涉及人员、场所和活动加以考虑，例如，实验室的固定人员、临时人员和来访人员；固定场所和非固定场所、用户现场进行的计量活动；日常的计量活动和计量活动前的准备阶段、后续的收尾工作；量值溯源设施、设备的维护、维修活动等。

三、影响计量人员或仪器设备安全的危险源分析及防护措施

（一）恒温环境

为了保证计量的量值准确，减少环境对测量结果的影响，计量技术机构往往需要控制实验室内环境的温度、湿度。对实验室内空气的流速进行必要的控制。与此同时，为了保证温度的稳定和节约能源，降低成本，实验室环境条件控制系统往往采用循环空气，影响了新鲜空气量的进入。

因此，在计量实验室工作的人员可能面临下列危险源：

（1）空气中的化学成分，如房屋装修造成的污染、设备排出的气体、清洁剂、实验用化学试剂、实验过程中产生的物质、人员呼出的二氧化碳等；

（2）实验室内外温度差对人体造成的不良刺激；

（3）空调恒温造成的人体舒适性降低或局部温度过低等影响；

（4）由于进入实验室人员感染传染病而造成疾病的传播。

这些危险源，对于工作人员而言，可能不会迅速构成伤害。但是长期的积累可能造成工作人员的体质下降，出现关节炎或局部不适，如背疼等问题。

防护措施：可采取包括加强新风量、减少污染源和加强人员防护等措施降低风险。改变新鲜空气占循环空气量的比例，是决定实验室内空气清洁程度的重要因素。恒温室内应避免化学气体（清洁剂、设备排出的气体、仪器构成物质的泄出、标准试剂）的产生；必须使用清洁剂等化学物质时，应采用直排系统，将产生的有害气体排出室外。送风速度、送风温度及空气品质对室内工作的人员舒

适性和长期健康的影响较大。例如,由于较大的气流速度对舒适性的影响非常大,在必须采用大流量空调系统时,工作人员必须采取保温措施,避免局部体温下降造成的身体伤害。

(二) 环境空间

计量实验室是从事计量工作的基础设施,为计量基准或标准提供实验场地和环境条件,用于保存计量基准、计量标准的仪器和设备,保存测量记录等。

作为提供工作场所和工作条件的计量实验室,其危险源可能包括以下几方面:

(1) 建筑材料中逐步释放或在发生火灾时释放的有害化学物质;

(2) 实验室功能空间和通道的划分不合理或过于狭小,物品存放、日常操作、人员和车辆通行等过程中的任何失误就可能造成事故;

(3) 缺乏必要的辅助设备用于搬运、安装被测物品,容易造成人员伤害;

(4) 具有机械伤害、辐射伤害等的危险场地防护设施不完善或标识不明显;

(5) 危险监测系统和应急处理设施,如烟雾探测器、喷淋灭火或适用的消防设施配置不合理或不充足,影响发生火灾时的及时发现和处理;

(6) 报警设施不具备或不明显,应急设施,如绷带等急救物品及化学污染冲洗设施、紧急出口等安全设施不充分。

这些危险源,在处理不当时,可能造成非常不良的后果。例如,建筑或装饰材料的错误选择,可能造成失火时产生毒气,使人窒息;又如缺乏报警设施,如不具备火警紧急按钮,电话需要拨前置号码,但在电话机处没有明显标识,在紧急情况下,可能由于慌乱,电话无法拨通,造成报警的延误,使人员和仪器设备严重受损。

防护措施:加强日常安全管理,消除潜在危险,或采取措施,降低风险。例如,对危险区域进行提示,对高危区域(例如,操作放射源时对辐射区域)进行信号提示和入口锁闭,防止人员误入造成危害。

(三) 机械伤害

机械伤害是物体之间的相互运动使人体或设备局部受到挤压、碰撞、撞击、夹断、剪切、割伤和擦伤、卡位或缠住,而造成的伤害。

在实验室内搬运大型仪器、标准器和被测件,对基准、标准仪器进行检修维护,或对被测样品进行清洗时,这些设备的意外运动,标准器和被测件放置不稳固造成的滑动,以及仪器设备、被测件表面的尖利部分均是造成操作人员机械伤害的危险源。机械对人体造成的伤害,轻则剧痛出血,重则肢体伤残,危及生命。

除了上述机械伤害以外,还要防止搬运大型仪器、标准器和被测件时由于超过人力承受能力造成的人员肌肉拉伤,以及由此引起的其他机械伤害。

防护措施:应该对实验室的日常工作进行评估,采取防止机械伤害的措施。例如,配备适当的起重设备,人员佩戴适当的保护用具(如防护手套和防护鞋等),在检修等非正常状态时,放置禁止操作标识,按照规定的程序安放和处理被测样品等措施。

同时,为了及时处理机械损伤,在工作场所配备急救用品,制定应急预案,在发生机械伤害时根据损伤程度及时采取必要措施,可以最大限度地减小机械伤害造成的损伤。

(四) 用电安全

电流通过人体,它产生的热效应会造成人体电灼伤甚至死亡,引起的化学效应会造成电烙印和皮肤金属化;电流通过导线或设备运行时产生的电磁场对人体的辐射,会导致人员头晕、乏力和神经衰弱;设备老化或维护不良,造成接触不良或绝缘能力下降,容易引起局部过热或放电火花,造成火灾。

防护措施：

（1）各种开关、插头、插座等均采用符合安全标准的合格产品，电线的布置符合安全用电规范，电气设备使用接地线，不超负荷用电，安装触电保安器等，避免漏电、过热引起的触电或火灾风险，避免意外触电引起的人员伤害；

（2）带电接头、电磁场周围均采取加防护罩等方式进行防护，避免意外触电、被辐射的风险；

（3）采取标识和围挡措施，避免人员过分靠近危险区域，避免意外触电、被辐射的风险；

（4）安装保险丝或限流开关等，防止过大的电流引起的火灾风险；

（5）为相关人员配备必要的防护用品，如绝缘鞋、绝缘手套等，避免意外触电风险；

（6）对特别危险的工作，采取机器、机械手、自动控制器或机器人代替人到现场进行操作，避免意外触电、被辐射的风险。

（五）化学毒物安全

化学计量和生物计量涉及许多化学物质。其他的计量专业，也会用到部分化学物质作为溶剂、清洁剂或燃料等。许多化学物质具有易燃、易爆、有毒等特性，需要特别防范。

就化学物质的毒性而言，凡作用于人体并产生有害作用的物质都称毒物。毒物侵入人体后与人体组织发生化学或物理化学作用，并在一定条件下破坏人体的正常生理机能，引起某些器官和系统发生暂时性或永久性的病变，这种病变称为中毒。在劳动作业过程中由毒物引起的中毒称职业中毒。

毒物的含义是相对的，一方面，物质只有在特定条件下作用于人体才具有毒性；另一方面，任何物质只要具备了一定的条件，就可能出现毒害作用。具体讲某物质是否是毒物，与它的数量及作用条件直接相关，这就是说，虽然在体内有潜在性有毒物质存在，但并不意味着发生了中毒。在人体内，含有一定数量的铅、汞，但不能说由于这些物质的存在就判定发生了中毒。

因此，分析采用化学物质的计量工作中存在的毒物危险源时，应该找出在计量工作中和计量工作环境中可能使用到的、过量接触会对人体健康产生影响的化学物质。通过分析这些化学物质对人体健康产生影响的途径和数量，分析可以采取的预防措施的可能性，评估计量活动中化学毒物对工作人员健康和安全的风险。

毒物进入人体的途径有 3 种，即通过呼吸道、消化道和皮肤，但最主要的是通过呼吸道进入，其次是通过皮肤进入，而经过消化道进入的仅在特殊情况下发生。因此，预防计量人员中毒，主要是确定工作场所中工作时容许毒物的最高允许浓度，以限制工作场所空气中有害物质的浓度。在这种极限浓度下工作，无论短时间还是长时间的接触毒物，对人体均无特别危害。规定容许毒物的最高允许浓度时，应考虑有些化学物质具有在人体内积累的效应，即容许毒物的最高允许浓度应保证工作人员长期在此环境下工作也不会致病。

防护措施：

（1）防毒技术措施包括预防和净化回收措施两部分。预防措施是指尽量减少人与毒物直接接触的措施；净化回收措施是指由于受工作条件的限制，仍存在有毒物质散逸的情况下，可采用通风的方法将有毒物质收集起来，再用各种净化法消除其危害。

（2）个人防护措施是防止毒物进入人体的最后一道防线，要根据毒物进入人体的途径采取有效的防护措施。

① 呼吸防护：用于防毒的呼吸防护器具大致可分为两类，即过滤式防毒呼吸器和隔离式防毒呼吸器。过滤式防毒呼吸器主要有过滤防毒面具和过滤防毒口罩。它们的主要部件是一个面具或口罩，后面接一个滤毒罐。它们的净化过程是先将吸入空气中的有害粉尘等物质阻挡在滤网外，过滤后的有毒气体再经过滤毒罐进行化学或物理吸附（吸收）。滤毒罐是针对特定毒物，并有有效期的，

使用前应进行检查。有毒气体的浓度超过 1% 或者空气中含氧量低于 18% 时,不能使用过滤式防毒呼吸器,应采取隔离式呼吸器,使供气系统和现场空气隔绝,从而可以在毒物浓度较高的环境中使用。

② 皮肤防护:皮肤本身是人体具有保护作用的屏障,因此水溶性物质不能通过无损的皮肤进入人体内。但当水溶性物质与脂溶性或类脂溶性物质(如有机磷化合物和某些金属有机化合物)共存时,就有可能通过皮肤进入人体。皮肤防护措施包括:工作服、工作帽、工作鞋、手套、口罩、眼镜等,这些防护品可以避免有毒物质与人体皮肤的接触。对于上述采取措施后仍然外露的皮肤,则需通过涂抹皮肤防护剂来达到防护目的。

(3) 保障化学毒物安全,还必须采取群防群治的管理措施,让有可能接触到化学物质的工作人员拥有知情权,保证其获得防护的权利,了解所接触的化学物质的毒性和预防措施,了解发生事故时可能产生的危害和应采取的措施,了解发生中毒事故后的症状,以便在出现不良症状时可以及时发现、及时报告、及时获得医治,避免危害的进一步扩大。

(六)消防安全

燃烧是一种同时伴有放热和发光效应的、激烈的氧化反应。燃烧必须同时具备下列 3 个条件:可燃物、氧化剂和点火源。它们是构成燃烧的 3 个要素,缺一不可。一般说来,凡是能在空气、氧气或其他氧化剂中发生燃烧反应的物质都称为可燃物。凡是能和可燃物发生反应并引起燃烧的物质称为氧化剂。点火源是具有一定能量,能够引起可燃物质燃烧的能源,有时也称着火源。

燃烧可分为闪燃、自燃和点燃等几种类型,每种类型的燃烧都有其特点。

闪燃是可燃性液体的特征之一。各种液体的表面都有一定量的蒸气存在,蒸气的浓度取决于该液体的温度。对同一种液体,温度越高,蒸气浓度越大。液体表面的蒸气与空气混合会形成可燃性混合气体。当液体升温至一定的温度,蒸气达到一定的浓度时,如有火焰或炽热物体靠近此液体表面,就会发生一闪即灭的燃烧,这种燃烧现象叫作闪燃。在规定的试验条件下,液体发生闪燃的最低温度,叫作闪点。闪燃主要适用于可燃性液体,某些固体,如萘和樟脑等,能在室温下挥发或缓慢蒸发(升华),因此也会发生闪燃现象。由于在闪点温度下,生成的蒸气不多,仅能维持一刹那的燃烧;液体蒸发速度还不快,来不及供应新的蒸气使燃烧继续下去,所以闪燃一下就灭了。但闪燃往往是持续燃烧的先兆。当可燃性液体温度高于闪点时,随时都有被点燃的危险。闪点是评定液体火灾危险性的主要根据。液体的闪点越低,火灾危险性越大。

自燃包括本身自燃和受热自燃(加热自燃)。某些物质在没有外来热源影响时,由于物质内部所产生的物理(辐射、吸附等)、化学(分解、化合等)及生物化学(细菌腐烂、发酵等)过程产生热量,这些热量在某些条件下会积聚起来,导致升温,又进一步加快上述过程的行进速度,于是可燃物温度越来越高,当达到一定温度时,就会发生燃烧。这种现象叫本身自燃。由外来热源将可燃物加热,使其温度达到自燃温度,未与明火接触就会发生燃烧,这叫受热自燃(加热自燃)。自燃都是在不接触明火的情况下"自动"发生的燃烧。本身自燃不需要外来热源,在常温下,甚至有的物质在低温下,就能发生自燃,所以能够发生本身自燃的物质潜在火灾的危险性更大一些,需要特别注意。常见的自燃现象有:堆积植物的自燃、煤的自燃、涂油物(油纸、油布)的自燃、化学物质及化学混合物的自燃等。

点燃即可燃物质与明火直接接触引起燃烧,在火源移去后仍能保持继续燃烧的现象。物质被点燃后,先是局部区域(与明火接触处)被强烈加热,达到引燃温度,产生火焰,然后该局部燃烧产生的热量,足以把邻近的部分加热到引燃温度,燃烧就得以蔓延开去。

在实验室中,可燃物是比较多的。随着消防安全管理的加强,装饰材料、实验室工作台、储物柜等均已经尽量采用阻燃物或难燃物制造。正常的工作条件下一般不会出现点燃性火灾。但是,由于实验室功能要求,难免还有许多可燃物在使用。有时使用到的一些化学物质,如作为溶剂的汽油等,更是易燃物。因此,控制的措施包括以难燃或阻燃材料代替可燃材料;防止可燃物质的跑、冒、滴、漏;对那些相互作用能产生可燃气体或蒸气的物品,应加以隔离,分开存放;消除点火源,包括安装防爆灯具、禁止烟火、接地、避雷、隔离和控制温度等。

考虑到闪燃和自燃的可能性,在条件具备时,空气干燥造成的静电火花,电线接头松动造成的升温,均可能构成火灾条件,形成灾害性后果。所以,使用、存放易燃、可燃物品时,应该避免现场同时出现构成燃烧的3个要素,特别要注意隐藏的危险,控制液态化学物品不要达到闪点,控制各种要素不出现非正常的过热现象,避免闪燃和自燃的发生。

引发爆炸的条件是爆炸品(含还原剂与氧化剂在内)或可燃物与空气的混合物(在爆限之内)和引爆源同时存在并相互作用。如果采取有效的措施消除上述条件之一,就可以防止火灾或爆炸事故的发生。因此,应遵循防火和防爆的基本原则进行安全防护工作。

防护措施:

(1)防火的基本原则

① 严格控制火源;

② 采用耐火材料;

③ 监视酝酿期特征;

④ 阻止火焰的蔓延;

⑤ 阻止火灾可能发展的规模;

⑥ 配备相应的消防器材;

⑦ 组织训练消防队伍。

(2)防爆的基本原则

① 防止爆炸性混合物的形成;

② 严格控制着火源;

③ 燃爆开始时及时泄出压力;

④ 切断爆炸传播途径;

⑤ 减弱爆炸压力和冲击波对人员、设备和建筑物的损坏。

(七) 辐射安全

辐射包括电磁波辐射、电离辐射和光辐射。以光辐射为例,包括红外线、可见光和紫外线波段。眼睛是对光辐射最敏感的人体器官。

红外线波长为 760 nm~1 000 μm,除了红外辐射计量标准外,加热金属、熔融玻璃及强发光体等作业环境均可成为红外辐射源。红外线主要对眼睛有伤害,特别是近红外(主要是 800 nm~1.6×10^3 nm),可引起白内障。波长小于 10^3 nm 的红外线可到达视网膜引起视网膜脉络膜灼伤,主要伤害黄斑区。这种伤害多见于使用弧光灯、电焊和氧乙炔焊割等作业,可戴绿色镜片防护镜。

紫外辐射的波长为 100 nm~400 nm。常见的紫外线波长为 220 nm~290 nm。从事电焊、气焊、氩弧焊、等离子焊接、电炉炼钢、使用碳弧灯和水银灯等有关作业,都有可能受到过量紫外线的照射。紫外辐射可引起皮肤潮红、皮肤红斑、眼角膜结膜炎等。

激光具有亮度高、单色性、方向性和相干性好等一系列优点,计量领域除了建立激光功率及激光能量计量标准外,在长度计量中还用激光干涉仪作为长度标尺等。随着激光的用途日益扩大,作业环境中接触激光的人数越来越多。激光的生物作用主要有光效应、热效应、冲击波效应、电磁场效应和光化学效应。激光对机体的损伤主要表现为对眼睛和皮肤的伤害,对眼睛的伤害以视网膜灼伤为多见。处在不同频段的激光可引起不同的眼病,如烧伤、角膜炎、虹膜炎和白内障等。激光对眼睛的伤害,与激光的波长、脉冲宽度、脉冲间隙时间、光束的能量或功率密度、入射角度、受照组织特征等因素相关。激光对皮肤的伤害主要表现为灼烧,皮肤的损伤阈比眼睛的损伤阈大 5 个数量级以上。

激光对皮肤的伤害与激光类型、波长、能量密度与持续时间有关。

对激光辐射的防护措施主要有：采取防护设施，如采光充分，操作室围护结构用吸光材料制成，色调宜暗，整个激光光路应设置不透明的保护遮光罩；个人防护措施有：穿着颜色略深的防燃工作服，戴有边罩的防护眼镜，并定期检查镜片是否失效，特别要防护红宝石和钕激射器发出的激光。即使使用功率较低的激光器，由于其能量比较集中，也不允许长时间直视激光源，以免造成视网膜灼伤，视力受损。

四、开展现场检定、校准、检测时有关安全的注意事项

由于计量技术的发展，测量仪器越来越多地直接安装到生产现场，这些仪器也越来越复杂化和大型化。到顾客的实验室或生产现场进行测量仪器的检定、校准、检测是计量工作人员必须面对的课题。对现场环境不熟悉，现场条件不理想，计量标准需要运输和现场组装等，增加了现场工作的难度。

因此，开展现场检定、校准、检测时，必须注意下列安全事项：

（1）了解现场的安全规定。

（2）佩戴必要的防护用品，如安全帽、护目镜、防噪耳罩、工作鞋、工作服、工作手套等。

（3）对现场进行观察，不仅观察计量活动相关的环境条件和设备条件，还要观察相关区域中容易发生危险的可能，采取必要的防护。例如，注意观察现场的工作区、危险区和通行区的标识，佩戴安全帽、护目镜的提示，发生火灾等紧急情况时的疏散通道提示和实际情况等。

（4）遵守现场的安全规定，在规定的区域通行和作业。

（5）打开自行携带的计量标准时应有条不紊，摆放有序，防止摔碰，防止丢失，检查现场的电源、接地等设施是否符合要求。

（6）现场休息时注意设备的安全，必要时及时收起容易丢失的物件，设置标识防止他人误摸、误动测量仪器。

五、计量实验室的安全防护制度

计量实验室是计量人员从事检定、校准工作的主要场所，通常在实验室内存放了计量标准器及配套设备，包括实物量具、标准物质，还可能包括计量工作所需的化学试剂或各种危险物品。为防止损失和产生事故，必须做好防盗、防火、防爆、防水、防毒和安全用电等工作。

通常情况下，计量实验室的安全防护制度应大致包括如下内容：

（一）防盗

（1）非工作人员未经许可不得进入计量实验室。

（2）室内无人时随即关好门窗。

（3）加强防卫，经常检查，堵塞漏洞。

（4）计量实验室内不得存放现金及私人贵重物品。

（5）发生盗窃案件时，保护好现场，及时向领导、治安部门报告。

（二）防火、防爆

（1）计量实验室备有防火设备：灭火器、砂箱等。严禁在实验室内生火取暖。

（2）易燃、易爆的化学药品要妥善分开保管，应按药品的性能，分别做好贮藏工作，注意安全。

（3）做化学实验时要严格按照操作规程进行,谨防失火、爆炸等事故发生。

（三）防水

（1）计量实验室的上、下水道必须保持通畅,计量楼要有自来水总闸,生物、化学实验室设置分闸,总闸与分闸应分别指定专门人员负责启闭。

（2）冬季做好水管的保暖和放空工作,要防止水管受冻爆裂酿成水患。

（四）防毒

（1）当计量实验室储存有毒物质时,有毒物质应按规定妥善保管和贮藏。实验中会产生毒气、毒液时,必须做好防毒工作。实验后的有毒残液要妥善处理。

（2）建立危险品专用仓库,凡易燃、有毒氧化剂、腐蚀剂等危险性药品要设专柜单独存放。

（3）化学危险品在入库前要验收登记,入库后要定期检查,严格管理,做到"五双管理",即双人管理、双人收发、双人领料、双人记账、双重把锁。

（4）实验中严格遵守操作规程,制作有毒气体要在通风橱内进行,实验室应装有排风扇或其他通风设施,保持实验室内通风良好。

（5）要备有废液瓶或废液缸,实验室附近有废液处理池,防止有毒物质蔓延、泄漏。

（五）安全用电

（1）计量实验室供电线路安装布局要合理、科学、方便,大楼有电源总闸,分层设分闸,并备有触电保安器。

（2）总闸及分闸分别由责任人控制,每天上下班检查启闭情况。

（3）计量实验室电路及用电设备要定期检修,保证安全,决不"带病"工作。如有电器失火,应立即切断电源,可使用沙子或二氧化碳、四氯化碳、1211灭火器或干粉灭火器等灭火器。使用时,必须保持足够的安全距离,对 10 kV 及以下的设备,该距离不应小于 40 cm。

在扑救未切断电源的电气火灾时,需使用以下几种灭火器:四氯化碳灭火器,对电气设备发生的火灾具有较好的灭火作用,因为四氯化碳不燃烧,也不导电。二氧化碳灭火器,最适合扑救电器及电子设备发生的火灾,因为二氧化碳没有腐蚀作用,不致损坏设备。干粉灭火器,综合了四氯化碳和二氧化碳的长处,适用于扑救电气火灾,灭火速度快。

注意绝对不能用酸碱或泡沫灭火器,因其灭火药液有导电性,手持灭火器的人员会触电。这种药液会强烈腐蚀电器设备,且事后不易清除。在未切断电源前,切忌用水或泡沫灭火器灭火。

（4）如发生人身触电事故,应立即切断电源,及时进行人工呼吸,急送医院救治。

六、事故的预防及应急处理

（一）建立规章制度和加强人员教育

基于安全防护科学知识,在现场设施和过程分析的基础上建立规章制度或程序文件。通过对规章制度的实施,可以预防事故的发生,减少生产过程中人员、环境或设备面临的风险。

合理的规章制度要保证其可执行性。规章制度设计错误或不合理,包括操作工序设计和安全配置等方面存在问题,例如,交叉作业过多,安全设施制造错误或不符合设计要求,安装错误或调整未到位,未定时维护或状态不良等,均可能造成安全事故,或在发生安全事故时不能减少事故的危害。

规章制度得到实施,除了规章制度的合理性外,还必须使每个计量人员能理解规章制度的内容和要求。

人员教育可以提高计量人员对规章制度的理解程度。理解并正确执行规章制度可以提高自己的人身安全,避免不必要的风险。避免下列现象:

(1) 思想上存有侥幸心理,忽视安全,忽视警告。如使用不安全设备,用手代替工具操作,攀坐不安全位置,拆除安全装置造成安全装置失效,未按规定佩戴各种个人防护用品,穿着不安全装束,无意或违章接近危险部位等。

(2) 不遵守操作规程,违章作业。

(3) 操作者心理波动大,精神紧张,生理上发生疾病,身体过度疲劳等,造成思想不集中导致误操作,调整错误造成安全装置失效。

(4) 教育培训不够造成操作技能不熟练,不懂安全操作技术,缺乏安全知识和自我保护能力,工作不负责。

(5) 对安全工作不重视,组织机构不健全;没有建立或落实安全生产责任制,缺乏监督,管理松懈;管理者业务素质低,错误指导,规章制度执行不力。

(6) 安全操作规程不完善或劳动制度不合理等。

(二) 建立安全监测和报警机制

防火、防盗的安全监测和报警措施包括:

(1) 安装安全监视设备,如摄像头、烟雾探测器和温度探测器等;

(2) 安装必要的安全设施和配套的设备,并定期检查维护,保证其正常工作,如紧急情况下的疏散通道和指示标识、灭火设备、冲淋设备等;

(3) 在显著位置标示火警、急救电话等信息;

(4) 在电话机旁显著标示正确报警的拨号规则(如需要加拨 0 或 9 等),避免紧急情况下的误拨号,以免延误报警。

(三) 建立应急预案及相关设施

(1) 对人员进行应急知识培训,学会使用现场应急设备,掌握应急预案,通过定期的演习使工作人员熟悉应急预案。

(2) 配备必要的应急药品,在发生事故时可以采取最快的初步处理。

(3) 有化学药品灼伤风险的地方,配备冲淋设备,以便发生事故时可及时冲洗。

(4) 使用液体的地方应配备吸水和清除设施,如砂、拖布等。

(5) 根据设备特点配备消防设备,如灭火器、水管等。

习题及参考答案

一、习　题

(一) 思考题

1. 什么是计量安全防护?

2. 什么是安全、危险、事故、风险? 它们之间有什么关系?

3. 什么是危险源?

4. 计量安全防护有哪些基本方法?

5. 在检定、校准和测试过程中,可能影响人员和仪器设备安全的危险源有哪些? 如何采取防护措施?

6. 开展现场检定、校准、检测时,要注意哪些安全事项?

7. 计量实验室的安全防护制度通常包括哪些内容?

(二)选择题(单选)

1. 计量安全防护是指在计量工作及相关活动中_____的安全和防护问题。

　　A. 测量数据　　　　B. 财产　　　　　　C. 人员、设备　　　　D. 环境

2. 认识危险源的存在并确定其特性的过程称为危险源辨识。危险源辨识是_____的基础。

　　A. 风险评估　　　　B. 事故规律调查　　C. 危害范围评估　　D. 损失大小评估

3. 燃烧必须同时具备下列 3 个条件:可燃物、氧化剂和点火源。工作中必须使用可燃物时,最容易和有效的安全措施是_____。

　　A. 消除氧化剂　　　B. 消除点火源　　　C. 配备灭火器材　　D. 培训消防人员

(三)选择题(多选)

1. 工作场所防止人身触电的有效保护措施包括_____。

　　A. 触电保安器

　　B. 采取标识和围挡措施,避免人员过分靠近危险区域

　　C. 为相关人员配备必要的防护用品

　　D. 加防静电地板及采取其他防静电措施

2. 为保证安全,在开展现场检定、校准、检测时,必须注意_____。

　　A. 了解和遵守现场的安全规定

　　B. 观察相关区域中容易发生危险的可能性

　　C. 依据检定、校准、检测的技术规范进行操作

　　D. 携带必要的防护用品

3. 计量实验室防火的有效措施包括_____。

　　A. 配备必要的灭火器材,如灭火器、砂箱等

　　B. 对易燃易爆的化学品要单独存放

　　C. 做化学试验时严格按照操作规程进行

　　D. 加强工作人员的安全风险教育和应急知识培训

二、参考答案

(一)思考题(略)

(二)选择题(单选):1. C;　2. A;　3. B。

(三)选择题(多选):1. A B C;　2. A B C D;　3. A B C D。

第八节　职业道德教育

一、道德和职业道德

(一)道德和职业道德的概念

1. 道德

道德是调整人们相互关系的社会规范,是人们关于善良与邪恶、正义与非正义、光荣与耻辱、公正与偏私的观念、原则和规范的总和。道德通过社会舆论,树立道德典范,培养人们的道德信念并使

之转化为行为,从而服务于社会的利益。道德作为调整和维护社会利益、社会关系和社会秩序的规范,在本质上与法律、法规是一致的。

社会秩序和社会生活的正常运转,除了有以强制力为后盾的法律进行规范和调整外,更多的是靠社会道德力量起作用。法律的规范和调整使社会处于稳定状态,而道德的力量使社会更加和谐、完善。

随着我国改革开放和现代化建设的深入发展,社会主义精神文明建设呈现出积极、健康、向上的良好态势,公民道德建设迈出了新的步伐。爱国主义、集体主义、社会主义思想日益深入人心,为人民服务的精神不断发扬光大,崇尚先进、学习先进蔚然成风,追求科学、文明、健康生活方式,已成为人民群众的自觉行动,社会道德风尚发生了可喜变化,中华民族的传统美德与体现时代要求的新的道德观念相融合,成为我国公民道德建设发展的主流。

公民道德建设需要遵循以下方针:社会主义道德建设与社会主义市场经济相适应;坚持继承优良传统与弘扬时代精神相结合;坚持尊重个人合法权益与承担社会责任相统一;坚持注重效率与维护社会公平相协调;坚持把先进性要求与广泛性要求结合起来;坚持道德教育与社会管理相配合社会主义道德建设要以为人民服务为核心,以集体主义为原则,以爱祖国、爱人民、爱劳动、爱科学、爱社会主义为基本要求,以社会公德、职业道德、家庭美德为着力点,以"爱国守法、明礼诚信、团结友善、勤俭自强、敬业奉献"为基本要求。全社会大力倡导以下基本道德规范:

(1)树立为人民服务的观念:正确处理个人与社会、竞争与协作、先富与共富、经济效益与社会效益等关系,提倡尊重人、理解人、关心人,发扬社会主义人道主义精神,努力为人民、为社会多做好事。

(2)树立集体主义精神:正确认识和处理国家、集体、个人的利益关系,提倡个人利益服从集体利益、局部利益服从整体利益、当前利益服从长远利益,反对小团体主义、本位主义和损公肥私、损人利己,把个人的理想与奋斗融入广大人民群众的共同理想和奋斗之中。

(3)发扬爱国主义精神:提高民族自尊心、自信心和自豪感,以热爱祖国、报效人民为最大光荣,以损害祖国利益、民族尊严为最大耻辱,提倡学习科学知识、科学思想、科学精神、科学方法,艰苦创业、勤奋工作,反对封建迷信、好逸恶劳,积极投身于建设中国特色社会主义的伟大事业。

(4)遵守社会公德:文明礼貌,助人为乐,爱护公物,保护环境,遵纪守法,努力在社会上做一个好公民。

(5)遵守职业道德:爱岗敬业、诚实守信、办事公道、服务群众、奉献社会,努力在工作中做一个好建设者。

(6)建立家庭美德:尊老爱幼、男女平等、夫妻和睦、勤俭持家、邻里团结,成为家庭的好成员。

2. 职业道德

人们生活在社会上,需要获得各种物质的和精神的生活条件。当一个人从事一定职业时,就以自己的职业角色为社会服务。人与人、人与社会、行业之间的关系,需要通过职业道德来规范和调整。

所谓职业道德,是指一定职业范围内的特殊道德要求,是人们在本职工作中所必须遵循的行为规范。职业道德是所有从业人员在职业活动中应该遵循的行为准则,职业道德是从所从事职业所在行业的整体利益出发,以行业的生存和兴旺为目标来规范和评价职业内从业人员的行为,在特定的职业生活中逐步形成和发展的。职业道德不具有强制性,但通过培训和同业人员的相互影响发挥作用。共同的职业道德修养使所有的同行对职业内发生在本职本行的高尚行为感到共同光荣,对不良行为感到共同耻辱,对自己的过失感到内疚。职业道德会强烈地影响同行业人员的兴趣、爱好、性格和作风,从而形成一个行业形象,影响着社会对这个行业的总体印象和信任程度。

(二)职业道德的作用

职业道德调整人们在职业活动中发生的各种职业关系。这些关系包括:

1. 从业单位内部人与人之间的关系

作为一个职业,需要各种不同层次和职责的多种人员协同工作,才能实现职业的目标。从业单位内部人与人之间关系的好与坏,直接影响着职工的工作能力和劳动效率。职业道德在职业内部分工的基础上,协调人与人之间的关系,使人们各司其职,从而保持职业的整体协调运作,实现职业效率。

2. 人与物的关系

对职业中所接触的设备、设施、工具、材料等物质资料的态度,影响着工作效率、影响着职业中的同仁以及职业的服务对象的满意程度。因此,职业中人与物的关系实际上还是体现出人与人的关系,或影响着人与人的关系。

职业道德规范着从业过程中人与物的关系,追求人与物的和谐,通过"利器"提高工作效率,通过爱"物"和物尽其用实现降低职业成本,达成职业与环境的和谐。

3. 职业所联系的社会关系

职业所联系的社会关系,即从事某职业的职工同与本职业相联系的社会各方面的关系。处理好这种关系,是职业道德最基本的要求。职业道德规范的职业,会提升社会对这个职业的总体印象和信任程度。良好的职业印象便于该职业的从业人员建立与社会其他行业的协作关系。良好的职业道德使国家、社会及其一般成员的需要获得最大程度的满足。

(三) 职业道德的特点

1. 职业道德具有历史继承性和相对稳定性

无论哪个时代,职业道德观念总是对前一时代职业道德观念的继承和发展,承其精髓,弃其糟粕。医生救死扶伤,教师为人师表,商人公平诚信,是这些行业历来的职业道德。正是职业道德的这种历史继承性和相对稳定性,形成了一种传统职业世代相传的职业道德传统。

2. 职业道德受制于道德文化

一个社会的职业道德受到该社会道德文化的制约。不同的社会有不同的生产方式、社会组织、思想意识和地理环境、历史与现实的区别,本民族文化与外来文化的差异等,从而形成了不同社会和不同民族的道德和职业道德的群体性认识、心理状态和行为模式。

3. 职业道德规范与职业活动的目的具有一致性

职业道德原则制约着职业主体的行为,并服务于职业活动,尽可能地使职业活动实现该社会的经济、政治目标。

职业道德离不开职业主体,即职业从业人员的集体需要良好的职业道德,使从业人员的表现令其服务对象满意。国家、社会及其成员的需要是职业存在的价值。

二、注册计量师的职业道德

(一) 注册计量师的职业特点

职业特点是职业道德形成的基础,决定了该职业与其他职业的职业道德的差别。

注册计量师的职业特点:

(1) 注册计量师是技术人员,必须掌握相关的技术和具有相应的能力,保证完成计量工作任务;

(2) 注册计量师依据国家计量法律、法规、规章和有关计量技术规范开展工作,受法律、法规和规章以及有关管理规定的制约;

（3）注册计量师必须保证所出具的数据及有关资料的真实、可靠、准确和完整，对出具的数据承担相应责任；

（4）注册计量师接触顾客的技术信息，应具有保密意识，为顾客保密。

为社会提供公正、准确的数据是注册计量师职业活动的目的，注册计量师在遵守法律、法规和有关管理规定的同时，也必须恪守职业道德，在社会生活中树立良好形象。

（二）注册计量师的职业道德要求

1. 依法办事

注册计量师要依法从事计量技术工作。法制计量管理是依据法律、法规，为保障测量的量值准确一致，保障贸易结算、安全防护、医疗卫生、环境监测等方面的测量数据准确而进行的工作，是执法行为，必须保证执法的准确和公正。计量技术工作是法制计量管理的技术基础，计量数据是执法的依据。因此，注册计量师要遵守法律、法规和有关管理规定。要遵守《计量法》，执行《计量基准管理办法》和《计量标准考核办法》，依法建立、保存、维护和使用计量基准、计量标准，开展计量器具检定工作，保证量值准确；要贯彻执行《国务院关于在我国统一实行法定计量单位的命令》，正确使用法定计量单位；执行《法定计量检定机构考核规范》和相关计量检定规程等计量技术规范，参与本单位管理体系建立与运行，保证计量技术机构的运行符合开展计量工作的需要。

2. 客观公正

注册计量师要以实事求是的态度开展工作，不应受任何行政的或经济的干扰，保证测量数据的客观性和公正性。作为注册计量师，必须能够以科学为基础，依据实测数据，及时、准确地出具证书或报告。坚决抵制任何诱惑或干扰，避免测量结果失真的行为。

注册计量师要客观公正，不得为某种主观期望的结论而捏造、篡改、拼凑测量结果或者测量数据，也不得投机取巧、断章取义，不得隐瞒或者歪曲事实真相，不得违反科学规律，给出与客观事实不符的数据与结论。

注册计量师应认真履行职责，勇于承担责任。注册计量师在证书/报告上签字，是履行自己的职责，表明经过自己的严谨工作，获得了这样的一个技术结论，能够保证这个数据是准确的，可以承担相应的责任。在顾客对证书/报告内容不理解或出现争议时，注册计量师要对证书/报告中的内容提供解释，帮助顾客理解证书/报告的内容和含义，引导顾客正确使用证书/报告的结果与结论。在报告/证书出现错误时，注册计量师应该能够积极协助有关部门查找造成错误的原因，制定纠正措施和预防措施，避免类似错误的再次发生，并承担自己应该承担的责任。

3. 严谨细致

注册计量师工作必须严谨细致，保证数据准确、可靠。一切计量技术工作的目标最终都是要使测量数据达到所预期的计量要求。注册计量师从事的工作是检定、校准、检验和测试，是量值溯源链中的一个环节。这个环节获得的测量结果是下一溯源链环节测量结果的不确定度来源。上一环节的毫厘之差，可能造成下级或最终测量数据的千里之失。

因此，注册计量师必须具有强烈的责任心，了解自己签署的每一份证书/报告均可能涉及该仪器后续工作的准确度，错误的数据可能造成用户的巨大经济损失。有了责任心，注册计量师才可能努力确保证书/报告的正确性，在出现问题时能够努力发现问题、查找原因，承担由于自己的失误而造成的影响或损失。

注册计量师在计量检定过程中，要严格执行计量检定规程，并按计量检定规程要求的测量环境条件、计量标准器的准确度以及计量检定方法和细则进行操作，以保证实现最终的测量结果的不确定度满足计量要求。

　　注册计量师在计量校准过程中,要选择或制定科学合理的计量校准规范,正确执行校准规范,保证校准结果的正确性;要正确编写校准作业指导书,按照作业指导书的程序进行操作,以保证达到校准测量能力。应按照现场的实际情况记录各种参数,保证原始数据和有关资料的准确、完整、真实并足够的详细,以便确定校准结果的不确定度,在出现问题时可以通过审查数据和资料、实验复现等方法分析原因。

　　注册计量师的工作严谨细致,不仅可以保证测量数据的准确,也可以较好地保护自己的权益不受侵害。例如对测量结果有争议时,可以依据准确、完整,并足够详细的原始数据和有关资料,通过审查数据和资料、实验复现等方法,证明自己在测量方法选择、规程和规范的严格执行等方面的正确性。

4. 诚实守信

　　注册计量师应当遵循诚实守信的原则。要严格履行委托合同的有关约定,保证计量技术活动的内容、质量和时间要求。

　　注册计量师必须严格保守在计量技术工作中知悉的国家秘密和他人的商业、技术秘密。注册计量师在从事计量技术工作时,为了正确理解被测对象,了解计量需求,可能会接触到国家秘密和顾客的商业、技术秘密。注册计量师必须注意,对于这些技术细节,只了解应当知晓的部分,而不要过分探听与工作无关的其他内容;对了解到的技术内容要注意保密,绝不能有意地泄漏给任何其他人员或机构;要遵守有关保密规定,防止无意地泄漏任何国家的或顾客的秘密。对顾客提供的技术资料,应该详细登记,有专门的地方存放和专人保管,不要随意摊放,防止泄密事件发生。

5. 服务热情

　　注册计量师要树立全心全意为人民服务的思想,努力以自己所掌握的知识和技术服务社会,回馈社会。注册计量师除了根据委托正确执行检定规程或校准规范,必要时要与顾客沟通,充分了解顾客对计量的需求,向顾客介绍一些必要的计量知识,提出建议,保证顾客获得符合其需求的服务。

6. 团队合作

　　注册计量师是计量技术机构的工作人员,是在一个组织框架下开展工作的。为了保证计量工作的顺利开展,保证测量结果的量值准确可靠,需要各级领导、业务部门、采购部门、后勤保障部门、质量管理部门和测量、核验等各种人员的全力配合。注册计量师必须具有良好的团队合作精神。在团队合作中,应该服从领导,尊重分工,各司其职。对不同的学术观点,应进行平等的讨论,不得武断压制,更不得进行人身攻击。要发扬尊老扶新的良好风尚,尊重老计量工作者,虚心学习他们的经验和知识;老计量工作者也要注意培养和关心青年科技人才,放手让他们担当重任。要尊重他人的工作成果和知识产权。在计量工作中,要相互尊重,主动搞好协作配合,注意避免不利于团结协作的现象发生。

7. 不断进取

　　科学技术的迅速发展,对计量技术提出更多、更高的要求,需要计量技术人员进行解决;科学技术的不断发展,会提出许多新的可能,提高测量准确度,或测量过去无法测量的参数;新的技术被采纳,形成标准方法后,需要消化吸收,形成计量技术机构的测量方法和测量能力。这些都需要注册计量师具有积极进取的事业心,不断学习,进行知识更新,提高技术水平。参加技术培训,总结工作经验,发表论文,参与计量技术规范的制修订和宣贯工作等,都是不断进取的方法和途径。

8. 勇于创新

　　计量技术工作的核心是量值准确、可靠。在日常工作中,依据计量检定规程、计量校准规范开展工作,获得可靠的数据。这种方法相对安全,没有争议,出现问题时承担的责任比较小。

　　随着科学技术的不断发展,对计量工作提出了许多新的要求和挑战,往往无法使用现有的检定规程或校准规范解决各种问题。这就需要注册计量师利用自己的能力和知识发现问题、解决问题，勇于创新，推动计量技术的进步。

一级注册计量师应具有较强的本专业计量技术课题研究能力，能够应用新的科学技术成果，提升计量基准、计量标准的准确度。二级注册计量师也应具有规定计量专业的检定、校准的实践能力，解决实际工作中出现的问题，不断总结工作中的体会和经验，为改进工作积极提出建设性的意见。

(三) 小　结

"爱岗敬业、诚实守信、办事公道、服务群众、奉献社会，努力在工作中做一个好建设者"是我国所有行业的从业者都应该遵守的职业道德。"依法办事，客观公正，严谨细致，诚实守信，服务热情，团队合作，不断进取，勇于创新"是上述要求在计量师行业中的实践。

总之，树立注册计量师的职业道德，是为了使注册计量师的服务最大限度地符合顾客的需求，保证顾客的利益，从而维护计量行业的公正形象和公信力；同时，建立注册计量师正确的职业道德观，也是为了树立注册计量师的良好形象，从而最大限度地保护注册计量师的利益。

社会的安定、和谐，需要法律和道德的双重力量进行维护。我国在加强法制建设的同时，也在大力加强社会主义道德建设。职业道德是道德的组成部分，加强职业道德建设，遵守职业道德，可以树立良好的职业形象，推动所从事的职业日臻完美。

注册计量师的工作是为社会提供准确可靠的数据，需要遵守国家的法律、法规，也需要通过遵守职业道德建立良好的职业形象，获得社会的认可，服务于社会。

【案例 2 - 24】　某实验室的主任认为，职业道德只是每个人的自觉行为，单位集体发挥不了什么作用。计量技术人员只要遵守法律、法规，完成好计量检定和校准工作，就可以保证实验室的良好运行。

【案例分析】　职业道德不是个人的行为规范，是由行业共识所形成的。遵守法律、法规，搞好本职工作是从事一项工作的基本要求。通过同事之间共同形成的爱岗敬业，诚实守信，办事公道，服务群众，奉献社会的自觉，才能在社会层面展示计量工作者服务社会的精神面貌；努力在工作中做到依法办事，客观公正，严谨细致，诚实守信，服务热情，团队合作，不断进取，勇于创新，才能形成计量工作者的团队精神，形成积极面对社会需求、努力为社会服务的态度。法律、法规和道德规范是注册计量师良好行为的基础。实验室是计量行业的基本单元。只有每一个基本单元在加强法制教育的同时，大力加强社会主义道德教育，加强计量职业道德教育，才会形成计量工作者一致的职业道德，保证计量的数据准确、服务精益求精、计量能力不断扩展和提升，满足社会技术、经济不断发展的要求。

习题及参考答案

一、习　题

(一) 思考题

1. 什么是道德？道德与法律的关系是什么？

2. 什么是职业道德？不同职业的职业道德是否具有共同点？

3. 注册计量师的职业道德主要有哪些？与注册计量师的职业特点有何联系？

(二) 选择题(单选)

1. 职业道德是同行均承认的道德准线，是所有从业人员在职业活动中应该遵循的行为准则，职业道德_____。

　　A. 可以提高和维护从业人员的形象和声誉

　　B. 是以行业的生存和兴旺为目标

　　C. 不具有强制性，但通过培训和同业人员的相互影响发挥作用

    D. 以上都是

2. 不同职业的职业道德有相同部分,也有不同部分,其原因在于_____。

    A. 职业的共同特点和差异点　　　　　　　B. 该行业领导人的个人喜好

    C. 职业间的相互影响　　　　　　　　　　D. 以上都是

3. 注册计量师要客观公正,不得_____。

    A. 为某种主观期望的结论而捏造、篡改、拼凑测量结果或者测量数据

    B. 投机取巧、断章取义、隐瞒或者歪曲事实真相

    C. 违反科学规律,给出与客观事实不符的结论

    D. 以上都是

4. 注册计量师职业活动的目的是为社会提供_____的数据。

    A. 公正、客观　　　　B. 详细、准确　　　　C. 公正、准确　　　　D. 真实、完整

（三）选择题（多选）

1. 建立注册计量师的职业道德,是为了_____。

    A. 使注册计量师的服务最大限度地符合顾客的需求,保证顾客的利益

    B. 维护计量技术机构的公正形象和公信力

    C. 建立注册计量师的良好形象,最大限度地保护注册计量师的利益

    D. 提高工作效率

2. 注册计量师的职业道德包括_____。

    A. 依法办事,客观公正　　　　　　　　　B. 严谨细致,诚实守信

    C. 服务热情,团队合作　　　　　　　　　D. 不断进取,勇于创新

3. 注册计量师必须具有良好的团队精神。在团队合作中,应该_____。

    A. 服从领导,尊重分工,各司其职

    B. 对不同学术观点应进行平等的讨论,相互尊重

    C. 团结协作,发扬尊老扶新的良好风尚

    D. 在与顾客发生争执时,挺身维护自己的同志

4. 科学技术的不断发展,对计量工作提出了许多新的要求和挑战,这就需要注册计量师勇于创新,推动计量技术的进步,体现在_____。

    A. 能够应用新的科学技术成果,改进工作并提高计量标准和检定、校准的水平

    B. 为改进计量工作提出建设性意见

    C. 尊重领导,联系群众

    D. 提高自身能力,解决工作中出现的实际问题

5. 注册计量师必须具有_____,了解自己签署的每一份证书均可能涉及该仪器后续工作的准确度,错误的数据可能造成仪器用户的巨大经济损失。

    A. 实事求是、客观公正的态度　　　　　　B. 强烈的责任心

    C. 为人民服务的观念　　　　　　　　　　D. 克己奉公的精神

二、参考答案

（一）思考题（略）

（二）选择题（单选）:1. D;　2. A;　3. D;　4. C。

（三）选择题（多选）:1. ABC;　2. ABCD;　3. ABC;　4. ABD;　5. ABC。

下 篇

测量数据处理与计量专业实务

第三章

测量数据处理

本章重点介绍测量误差的处理与评价、测量不确定度的评定与表示，以及测量结果的处理和报告。内容主要包括：系统误差的发现和减小系统误差影响的方法，用实验标准偏差估计随机误差影响的方法，算术平均值及其实验标准偏差的计算，异常值的判别和剔除，测量重复性和测量复现性的评定，计量器具误差的表示与评定，计量器具其他一些计量特性的评定，测量不确定度评定相关的统计知识，GUM法评定测量不确定度的步骤和方法，数据的有效位数和修约规则，以及测量结果的表示和报告。

第一节　测量误差的处理与评价

一、系统误差的发现和减小系统误差影响的方法

（一）系统误差的发现

（1）在规定的测量条件下多次测量同一个被测量，从被测量的测得值与计量标准所复现的量值之差可以发现并得到恒定系统误差的估计值。

（2）在测量条件（如时间、温度、频率等条件）改变时，测得值按某一确定的规律变化，可能是线性的或非线性的增大或减小，确定的规律变化说明测量结果中存在可变的系统误差。

（二）减小系统误差影响的方法

通常，消除或减小系统误差影响有以下几种方法。

1. 采用修正的方法

对系统误差的已知部分，用对测量仪器的示值进行修正的方法来减小系统误差影响。例如，温度计示值为 30 ℃，用计量标准测得的结果是 30.1 ℃，则已知系统误差的估计值为 −0.1 ℃。也就是修正值为 +0.1 ℃，修正后的测得值等于未修正示值加修正值，即测得值为 30 ℃＋0.1 ℃＝30.1 ℃。

2. 采用在实验过程中尽可能减少或消除一切产生系统误差因素的方法

例如，使用测量仪器时，应该对中的未能对中，应该调整到水平、垂直或平行理想状态的未能调

好,都会带来测量的系统误差,操作者应仔细调整,以便减小误差。又如在对模拟显示式仪表读数时,由于测量人员每个人的习惯不同会导致人为读数误差,采用数字显示仪器后可消除人为读数误差。

　　3. 选择使系统误差抵消而不致带入测得值中的测量方法

　　这里举例说明常用的几种方法:

　　(1) 恒定系统误差消除法

　　① 异号法

　　改变测量中的某些条件,如测量方向、电压极性等,使两种条件下的测得值的误差的符号相反,取其平均值以消除系统误差。

　　例如,带有螺杆式读数装置的测量仪存在空行程,即螺杆旋转时刻度变化而量杆不动,带来恒定系统误差。为消除这一系统误差,可从两个方向对线,第一次顺时针旋转对准刻度读数为 d,设不含系统误差的值为 a,空行程带来的恒定系统误差为 ε,则 $d=a+\varepsilon$;第二次逆时针旋转对准刻度读数为 d',此时空行程带来的恒定系统误差为 $-\varepsilon$,即 $d'=a-\varepsilon$。于是取平均值就可以得到消除了系统误差的测得值:$a=(d+d')/2$。

　　② 交换法

　　适当交换测量中的某些条件,如交换被测物的位置,设法使两次测量的误差源对测得值的作用相反,从而抵消系统误差。

　　例如,用天平称重,在右边的秤盘中放置被测物(质量为 X),在左边的秤盘中放置砝码(质量为 P),使天平平衡,这时被测物的质量 $X=Pl_1/l_2$。当两臂长度相等($l_1=l_2$)时,$X=P$。如果两臂长度存在微小的差异($l_1\neq l_2$),而仍以 P 为测得值,就会使测得值存在系统误差。为了抵消这一系统误差,可以将被测物与砝码互换位置,此时天平不会平衡,改变砝码质量到 P' 时天平平衡,则这时被测物的质量 $X=P'l_2/l_1$。所以可以用位置交换前后的两次测得值的几何平均值得到消除了系统误差的测得值:

$$X=\sqrt{PP'}$$

　　③ 替代法

　　保持测量条件不变,先用某一已知量值的标准器替代被测件再作测量,使指示仪器的指示不变或指零,这时被测量等于已知的标准量,达到消除系统误差的目的。

　　例如,用精密电桥测量某个电阻器时,先将被测电阻器接入电桥的 1 个臂,使电桥平衡;然后用1 个标准电阻箱代替被测电阻器接入,调节电阻箱的电阻,使电桥再次平衡。则此时标准电阻箱的电阻值就是被测电阻器的电阻值。可以消除因电桥其他 3 个臂的不理想等因素引入的系统误差。

　　(2) 可变系统误差消除法

　　① 用对称测量法消除线性系统误差

　　合理地设计测量顺序可以消除测量系统的线性漂移或周期性变化引入的系统误差。

　　例如,用电压表作指示,测量被检电压源与标准电压源的输出电压之差。由于电压表的零位存在线性漂移(如图 3-1 所示),会使测量引入可变的系统误差。可以采用下列测量步骤来消除这种系统误差:顺序测量 4 次,在 t_1 时刻从电压表上读得标准电压源的电压测得值 a,在 t_2 时刻从电压表上读得被检电压源的电压测得值 x,在 t_3 时刻从电压表上再读得被检电压源的电压测得值 x',在 t_4 时刻再读得标准电压源的电压测得值 a'。

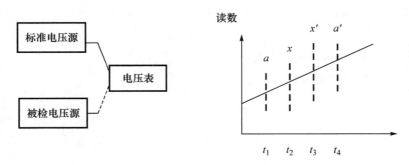

图 3-1　对称测量法

设标准电压源和被检电压源的电压分别为 V_s 和 V_x，系统误差用 ε 表示，则：

t_1 时：$a = V_s + \varepsilon_1$；

t_2 时：$x = V_x + \varepsilon_2$；

t_3 时：$x' = V_x + \varepsilon_3$；

t_4 时：$a' = V_s + \varepsilon_4$。

测量时只要满足 $t_2 - t_1 = t_4 - t_3$，当线性漂移条件满足时，则有 $\varepsilon_2 - \varepsilon_1 = \varepsilon_4 - \varepsilon_3$，于是有：

$$V_x - V_s = \frac{x + x'}{2} - \frac{a + a'}{2}$$

由上式得到的被检电压源与标准电压源的输出电压之差的测得值中消除了由于电压表线性漂移引入的系统误差。

又如，用质量比较仪作指示仪表，用 F_2 级标准砝码替代被校砝码的方法校准标称值为 10 kg 的 M_1 级砝码，为消除由质量比较仪漂移引入的可变系统误差，砝码的替代方案按"标准—被校—被校—标准"顺序进行。测量数据如下：第一次加标准砝码，读数为 $m_{s1} = +0.010$ g；接着加被校砝码，读数为 $m_{x1} = +0.020$ g；第二次加被校砝码，读数为 $m_{x2} = +0.025$ g；第二次加标准砝码，读数为 $m_{s2} = +0.015$ g。则被校砝码与标准砝码的质量差 $\Delta m = (m_{x1} + m_{x2})/2 - (m_{s1} + m_{s2})/2 = (0.045 \text{ g} - 0.025 \text{ g})/2 = +0.01$ g，由此获得被校砝码的修正值，为 -0.01 g。

② 用半周期偶数测量法消除周期性系统误差

周期性系统误差通常可以表示为：

$$\varepsilon = a \sin \frac{2\pi l}{T}$$

式中：T——误差变化的周期；

l——决定周期性系统误差的自变量（如时间、角度等）。

因为相隔 $T/2$ 半周期的两个测得值中的误差是大小相等、符号相反的，所以凡相隔半周期的一对测得值的均值中不再含有此项系统误差。这种方法广泛用于测角仪上。

（三）修正系统误差影响的方法

1. 在原测得值上加修正值

修正值的大小等于系统误差估计值的大小，但符号相反。

当测得值与相应的标准值比较时，测得值的系统误差估计值为：

$$\Delta = \bar{x} - x_s \tag{3-1}$$

式中：Δ——测得值的系统误差估计值；

$\bar{x}$——未修正的测得值；

x_s——标准值。

要注意:当对测量仪器的示值进行修正时,Δ 为仪器的示值误差:

$$\Delta = x - x_s$$

式中:x——被评定的仪器的示值或标称值;

x_s——标准装置给出的标准值。

则修正值 C 为:

$$C = -\Delta \tag{3-2}$$

已修正的测得值 X_c 为:

$$X_c = \bar{x} + C \tag{3-3}$$

【案例 3-1】 用 1 Ω 的标准电阻校准一个欧姆表时,表的平均示值为 1.000 3 Ω。问:该表的系统误差估计值、修正值分别为多少? 在 1 Ω 附近的测得值与示值的关系是什么?

【案例分析】 系统误差估计值＝平均示值－标准值＝1.000 3 Ω－1 Ω＝0.000 3 Ω

1 Ω 示值的修正值＝－0.000 3 Ω

1 Ω 示值附近的测得值(修正后的示值)＝示值－0.000 3 Ω

对于随量值变化的修正值,应给出修正函数。这种函数关系也可直观地以图形或表格形式给出:

(1)画修正曲线

测得值的修正值随某个影响量(如温度、频率、时间、长度等)的变化而变化。应该根据影响量取不同值时的修正值画出修正曲线,以便在需要时可以查曲线得到所需的修正值。例如,电阻的温度修正曲线的示意图如图 3-2 所示。

实际画图时,通常要采用最小二乘法将各数据点拟合成最佳曲线或直线。

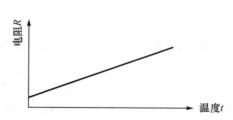

图 3-2　电阻温度修正曲线

(2)制定修正值表

当测得值同时随几个影响量的变化而变化时,或者在修正数据非常多且函数关系不清楚等情况下,最方便的方法是将修正值制成表格,以便在需要时可以查表得到所需的修正值。表格形式举例如表 3-1 所示。

表 3-1　电阻的频率和温度修正值表　　　　　　单位:Ω

频率/Hz	温度/℃					
	20	30	40	50	60	70
10						
200						

2. 对原测得值乘修正因子

修正因子 C_r 等于标准值与未修正测得值之比:

$$C_r = \frac{x_s}{\bar{x}} \tag{3-4}$$

已修正的测得值 X_c 为未修正测得值乘修正因子:

$$X_c = C_r \bar{x} \tag{3-5}$$

注意:

① 获得修正值或修正因子的最常用的方法是比较测得值与计量标准的标准值,也就是通过校

准得到。修正曲线往往还需要采用实验方法获得。

② 修正值和修正因子都是有不确定度的。在获得修正值或修正因子时,需要评定这些值的不确定度。

③ 使用已修正测得值时,该测得值的不确定度中应该考虑由于修正不完善引入的不确定度分量。

二、用实验标准偏差估计随机误差影响的方法

随机误差是指"在重复测量中按不可预见方式变化的测量误差的分量"。它是测得值与对同一被测量由无穷多次重复测量得到的平均值之差。由于实际工作中不可能测量无穷多次,因此不能得到随机误差的值。随机误差的大小程度反映了测得值的分散性,即测量的重复性。

理论上,可用标准偏差在统计上表征随机误差的大小。在实际测量中,可用有限次测量的数据得到的标准偏差的估计称为实验标准偏差(常简称实验标准偏差),用符号 s 表示。实验标准偏差常用于表征主要体现随机误差影响的测量重复性。实验标准偏差是表征测得值分散性的量。

多次测量的算术平均值的实验标准偏差在理想情况下是单次测得值实验标准偏差的 $1/\sqrt{n}$(n 为测量次数)。因此可以说,当重复性较差时可以增加测量次数取算术平均值作为测量结果的测得值,来减小测量的随机误差。

测得值表示的是测量结果,采用算术平均和修正等减小系统误差和随机误差影响的方法时,最后的结果才称为测得值。因此,下面涉及多次测量时,单次测量得到的数值称为观测值,一般不用测得值。

(一) 几种常用的实验标准偏差的估计方法

在相同条件下,对同一被测量 X 进行 n 次重复测量,每次的观测值为 x_i,测量次数为 n,则实验标准偏差可按以下几种方法估计。

1. 贝塞尔公式法

将有限次独立重复测量的一系列观测值代入式(3-6)得到对实验标准偏差的估计:

$$s(x) = \sqrt{\dfrac{\displaystyle\sum_{i=1}^{n}(x_i - \overline{x})^2}{n-1}} \qquad\qquad (3-6)$$

式中:n——测量次数;

　　　x_i——第 i 次测量的观测值;

　　　$\overline{x}$——n 次测量的算术平均值,$\overline{x} = \dfrac{1}{n}\displaystyle\sum_{i=1}^{n}x_i$;

　　$s(x)$——(观测值 x 的)实验标准偏差。

自由度 ν 为 $n-1$,残差 $v_i = x_i - \overline{x}$。

【案例 3-2】　对某被测件的长度重复测量 10 次,测量数据如下:10.000 6 m,10.000 4 m,10.000 8 m,10.000 2 m,10.000 3 m,10.000 5 m,10.000 5 m,10.000 7 m,10.000 4 m,10.000 6 m。用实验标准偏差表征测量的重复性,请计算实验标准偏差。

【案例分析】

$n=10$,计算步骤如下:

(1) 计算算术平均值

　　　$\overline{x} = 10$ m $+$ (0.000 6 $+$ 0.000 4 $+$ 0.000 8 $+$ 0.000 2 $+$ 0.000 3 $+$ 0.000 5 $+$ 0.000 5

$+0.000\ 7+0.000\ 4+0.000\ 6)$ m/10$=10.000\ 5$ m

（2）计算 10 个残差 $v_i = x_i - \overline{x}$

$+0.000\ 1$ m，$-0.000\ 1$ m，$+0.000\ 3$ m，$-0.000\ 3$ m，$-0.000\ 2$ m，$0.000\ 0$ m，$0.000\ 0$ m，$+0.000\ 2$ m，$-0.000\ 1$ m，$+0.000\ 1$ m

（3）计算残差平方和

$$\sum_{i=1}^{n}(x_i-\overline{x})^2 = 0.000\ 1^2 \times (1+1+9+9+4+0+0+4+1+1)\ \text{m}^2 = 30 \times 0.000\ 1^2\ \text{m}^2$$

（4）计算实验标准偏差

$$s(x) = \sqrt{\frac{\sum_{i=1}^{n}(x_i-\overline{x})^2}{n-1}} = \sqrt{\frac{30 \times 0.000\ 1^2}{10-1}}\ \text{m} = 1.8 \times 0.000\ 1\ \text{m} = 0.000\ 18\ \text{m}$$

所以取一位有效数字时，实验标准偏差 $s(x)=0.000\ 2$ m（自由度 $\nu=n-1=9$）。

2. 极差法

从有限次独立重复测量的一列观测值中找出最大值 $x_{\max}$ 和最小值 $x_{\min}$，得到极差 $R=x_{\max}-x_{\min}$；根据测量次数 n 查表 3-2 得到 C_n 值，代入式（3-7）得到对实验标准偏差的估计：

$$s(x) = (x_{\max}-x_{\min})/C_n \tag{3-7}$$

式中：C_n——极差系数。

极差系数的取值既与观测数据的数量有关，也与观测数据的分布有关。对于正态分布的观测数据，极差法的 C_n 值列于表 3-2。

表 3-2　正态分布的观测数据的极差系数 C_n 表

n	2	3	4	5	6	7	8	9	10	15	20
C_n	1.13	1.69	2.06	2.33	2.53	2.70	2.85	2.97	3.08	3.47	3.74
ν	0.9	1.8	2.7	3.6	4.5	5.3	6.0	6.8			

【案例 3-3】 对某被测件进行了 4 次测量，测量数据为：0.02 g，0.05 g，0.04 g，0.06 g。假设观测值的波动性符合正态分布，请用极差法计算实验标准偏差。

【案例分析】

计算步骤如下：

（1）计算极差：$R=x_{\max}-x_{\min}=0.06$ g-0.02 g$=0.04$ g。

（2）查表 3-2 得 C_n 值：$n=4$，$C_n=2.06$。

（3）计算实验标准偏差 $s(x)=(x_{\max}-x_{\min})/C_n=0.04$ g$/2.06=0.02$ g（自由度 $\nu=2.7$）。

3. 较差法

从有限次独立重复测量的一列观测值中，将每次观测值与后一次观测值比较得到差值，代入式（3-8）得到实验标准偏差的估计：

$$s(x) = \sqrt{\frac{(x_2-x_1)^2+(x_3-x_2)^2+\cdots+(x_n-x_{n-1})^2}{2(n-1)}} \tag{3-8}$$

用较差法计算的实验标准偏差，在统计学意义上不是对相对于理论平均值的标准偏差的估计，而是测量时间间隔内漂移量的标准偏差，反映观测数据漂移的分散性。其大小与测量时间间隔的选取有关，观测数据随时间漂移时，测量时间间隔越小，得到的标准偏差也越小。

对较差法的使用要非常慎重，注意其对应的标准偏差的概念差异，避免错误使用。

（二）各种估计方法的比较

贝塞尔公式法是计算实验标准偏差的一种基本方法，适用于各种分布类型。在 GUM 中，都是采用这类直接利用方差的计算方法。

通过多次观测数据以实验标准偏差作为标准偏差的估计值时，数据量 n 很小时，估计值的可靠性会随着 n 的减小而显著降低。

极差法的突出优点是计算量小，但对数据的利用率不如贝塞尔公式法，在非计算机时代是最常用的方法。但极差系数的数值与分布类型有关，通常以默认方式给出的极差系数的数值都是正态分布的极差系数值。

较差法更适用于随机过程的方差分析，如适用于在一些特定领域的频率等量对稳定度或漂移的评价。应该注意，在一般情况下，其计算结果与相对于平均值的残差的实验标准偏差是不同概念。只有在数据间的变化与时间无关的特殊条件下，较差法与贝塞尔公式计算的实验标准偏差具有相同的数学期望。

三、算术平均值及其实验标准偏差的计算

（一）算术平均值的计算

在相同条件下对被测量 X 进行有限次重复测量，得到一系列观测值 $x_1, x_2, \cdots, x_n$，其算术平均值为：

$$\bar{x} = \frac{1}{n} \sum_{i=1}^{n} x_i \tag{3-9}$$

（二）算术平均值实验标准偏差的计算

从严格概念上讲，算术平均值的实验标准偏差，应该用对这种平均结果的重复测量所获得一组平均值，利用贝塞尔公式来计算。

在理想的随机误差分布模型下（观测数据的随机分散性不变，没有随时间的漂移的前提下），若单次观测值的实验标准偏差为 $s(x)$，则算术平均值的实验标准偏差 $s(\bar{x})$ 可用式（3-10）进行估计：

$$s(\bar{x}) = \frac{s(x)}{\sqrt{n}} \tag{3-10}$$

有限次测量的算术平均值的实验标准偏差与 $\sqrt{n}$ 成反比。从图 3-3 可见，测量次数增加，$s(\bar{x})$ 减小，即算术平均值的分散性减小。增加测量次数，用多次测量的算术平均值作为被测量的最佳估计值，可以减小随机误差，或者说，减小由于各种随机影响引入的不确定度。但随测量次数的进一步增加，算术平均值的实验标准偏差减小的程度减弱，相反会增加人力、时间和仪器磨损等问题，所以一般取 $n=3\sim20$。

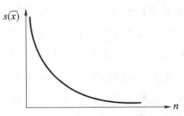

图 3-3　算术平均值的实验标准
偏差与测量次数 n 的关系

应该注意的是，由于漂移的存在，使用公式（3-10）获得对平均值的实验标准偏差的估计可能显著地小于直接采用贝塞尔公式计算的实验标准偏差的实际值。n 的取值越大，这种风险越大。

【案例 3-4】　某计量人员在建立计量标准时，对计量标准进行过重复性评定，对被测件重复测量 10 次，按贝塞尔公式计算出实验标准偏差 $s(x)=0.08$ V。现在，在相同条件下对同一被测件测量 4 次，取 4 次测量的算术平均值作为被测量的最佳估计值，他认为算术平均值的实验标准偏差为 $s(x)$

的 1/4,即 $s(\overline{x})=0.08\ \mathrm{V}/4=0.02\ \mathrm{V}$。

【案例分析】　案例中的计算是错误的。计量人员应搞清楚算术平均值的实验标准偏差与单次测量的测得值的实验标准偏差有什么关系? 依据 JJF 1059.1—2012《测量不确定度评定与表示》,按贝塞尔公式计算出的实验标准偏差 $s(x)=0.08\ \mathrm{V}$ 是单次测得值的实验标准偏差,它表明单次测得值的测量重复性。多次测量取平均可以减小单次测量重复性的影响,算术平均值的实验标准偏差是单次测得值的实验标准偏差的 $1/\sqrt{n}$。所以算术平均值的实验标准偏差应该为:

$$s(\overline{x})=\frac{s(x)}{\sqrt{n}}=\frac{0.08\ \mathrm{V}}{\sqrt{4}}=0.04\ \mathrm{V}$$

(三) 算术平均值的应用

由于算术平均值是数学期望的多次重复测量的最佳估计值,所以通常用算术平均值作为测量结果的值。当用算术平均值作为被测量的估计值时,算术平均值的实验标准偏差就是用 A 类评定得到的由重复性引起的标准不确定度。

四、异常值的判别和剔除

(一) 什么是异常值

异常值(abnormal value)通常是指测量中,因测量条件、测量仪器或人员操作等出现异常得到的不正常的测量结果。震动、冲击、电源变化、电磁干扰等意外的条件变化,人为的读数或记录错误,仪器内部的偶发故障等,可能是造成异常值的原因。由于异常不常出现,其结果相对于正常情况下的偏离常被称为"偶然误差",由人为因素导致的也被称为存在着"粗大误差"。由于非正常情况下所得结果不作为测量结果使用,所以"偶然误差"和"粗大误差"不属于测量误差的范畴。

测量中发现异常,或之后发现存在异常,应剔除相应的测量数据。

在测量数据处理中,如果对一个被测量重复观测所得的若干结果中出现了与其他值偏离较远且不符合统计规律的个别值,就将其称为离群值(outlier)。离群值可能来自不同分布规律的总体,或属于意外的、偶然的测量错误。在测量应用中,也常将这种在统计上异常的离群值视为异常值。

如果一系列测得值中混入异常值,必然会歪曲测量的结果。这时若能将该值剔除不用,即可使结果更符合客观情况。在有些情况下,一组正确测得值的分散性,本来是客观地反映了实际测量的随机波动特性,但若人为地丢掉了一些偏离较远但不属于异常值的数据,由此得到的所谓分散性很小,实际上是虚假的。因为,以后在相同条件下再次测量时原有正常的分散性还会显现出来。所以必须正确地判别和剔除异常值。

在测量过程中,记错、读错、仪器突然跳动、突然震动等异常情况引起的已知原因的异常值,应该随时发现、随时剔除,这就是物理判别法。有时,仅仅是怀疑某个值,对于不能确定哪个是异常值时,可采用统计判别法进行判别。

【案例 3-5】　检定员在检定一台计量器具时,发现记录的数据中某个数较大,她就把它作为异常值剔除了,并再补做一个数据。

【案例分析】　案例中的那位检定员的做法是不对的。在测量过程中除了当时已知原因的明显错误或突发事件造成的数据异常可以随时剔除外,如果仅仅是看不顺眼或怀疑某个值,不能确定是否是异常值的,不能随意剔除,必须用统计判别法(如格拉布斯法等)判别,判定为异常值的才能剔除。

（二）判别异常值常用的统计方法——格拉布斯准则

设在一组重复观测值 x_i 中，x_i 相对于其平均值的残差 v_i 的绝对值 $|v_i|$ 的最大者为可疑值 x_d，当给定的包含概率为 $p=0.99$ 或 $p=0.95$，也就是显著性水平为 $\alpha=1-p$（即 α 为 0.01 或 0.05）时，如果满足式（3-11），可以判定 x_d 为异常值。

$$\frac{|x_d-\overline{x}|}{s} \geqslant G(\alpha,n) \tag{3-11}$$

式中：$G(\alpha,n)$——与显著性水平 α 和重复观测次数 n 有关的临界值，见表 3-3。

表 3-3　格拉布斯准则的临界值 $G(\alpha,n)$ 表

n	α		n	α	
	0.05	0.01		0.05	0.01
3	1.153	1.155	17	2.475	2.785
4	1.463	1.492	18	2.504	2.821
5	1.672	1.749	19	2.532	2.854
6	1.822	1.944	20	2.557	2.884
7	1.938	2.097	21	2.580	2.912
8	2.032	2.221	22	2.603	2.939
9	2.110	2.323	23	2.624	2.963
10	2.176	2.410	24	2.644	2.987
11	2.234	2.485	25	2.663	3.009
12	2.285	2.550	30	2.745	3.103
13	2.331	2.607	35	2.811	3.178
14	2.371	2.659	40	2.866	3.240
15	2.409	2.705	45	2.914	3.292
16	2.443	2.747	50	2.956	3.336

【案例 3-6】　使用格拉布斯准则检验以下 $n=6$ 个重复观测值中是否存在异常值：0.82，0.78，0.80，0.91，0.79，0.76。

【案例分析】
计算步骤如下：
算术平均值：$\overline{x}=0.81$；
实验标准偏差：$s=0.053$；
计算各个观测值的残差 $v_i=x_i-\overline{x}$，分别为：0.01，-0.03，-0.01，0.10，-0.02，-0.05；其中绝对值最大的残差为 0.10，相应的观测值 0.91 为可疑值 x_d，则：

$$\frac{|x_d-\overline{x}|}{s}=\frac{0.10}{0.053}=1.89$$

按 $p=95\%=0.95$，即 $\alpha=1-0.95=0.05$，$n=6$，查表 3-3 得：$G(0.05,6)=1.822$，则：

$$\frac{|x_d-\overline{x}|}{s}=1.89$$

$$1.89>1.822$$

可以判定 0.91 为异常值，应予以剔除。
在剔除 0.91 后，剩下 5 个重复观测值，重新计算，得到的算术平均值为 0.79，实验标准偏差

$s=0.022$。在 5 个数据中找出残差绝对值为最大的值,则 $x_d=0.76$,

$$|x_d-\bar{x}|=|0.76-0.79|=0.03$$

按格拉布斯准则进行判定:$\alpha=0.05$,$n=5$,查表得:$G(0.05,5)=1.672$,则:

$$\frac{|x_d-\bar{x}|}{s}=\frac{0.03}{0.022}=1.36$$

$$1.36<1.672$$

可以判定 0.76 不是异常值。

五、测量重复性和测量复现性的评定

(一)测量重复性的评定

1. 检定或校准结果的重复性评定

检定或校准结果的重复性是指在重复性测量条件下,用计量标准对常规被检定或被校准对象重复测量所得示值或测得值间的一致程度。重复性测量条件是指相同的测量程序;相同的观测者;在相同的条件下使用相同的计量标准;在相同的地点;短时间内重复测量。

检定或校准结果的重复性通常用实验标准偏差来表示。检定或校准结果重复性评定的方法见国家计量技术规范 JJF 1033—2016《计量标准考核规范》。

2. 测量重复性评定

测量重复性是指在重复性测量条件下,对同一被测量进行连续多次测量所得结果之间的一致程度。

测量重复性是被测量估计值的不确定度的一个分量,它是获得测量结果时,各种随机影响因素的综合反映,包括所用的计量标准、配套仪器、环境条件等因素以及实际被测量的随机变化。由于被测对象也会对测得值的分散性有影响,特别是当被测对象是非实物量具的测量仪器时。因此,测得值的分散性通常比计量标准本身所引入的分散性稍大。

测量重复性用实验标准偏差 $s_r(y)$ 定量表示,公式如下:

$$s_r(y)=\sqrt{\frac{\sum_{i=1}^{n}(y_i-\bar{y})^2}{n-1}}\qquad\qquad(3-12)$$

式中:y_i——每次测量的测得值;

　　n——测量次数;

　　$\bar{y}$——n 次测量的算术平均值。

在评定重复性时,通常 $n=10$。

在被测量估计值的不确定度评定中,当被测量估计值由单次测量得到时,由重复性引入的标准不确定度分量为 $s_r(y)$;当被测量估计值由 n 次重复测量的平均值得到时,由重复性引入的标准不确定度分量为 $\frac{s(y_i)}{\sqrt{n}}$。

(二)测量复现性的评定

测量复现性是指在不同地点,由不同操作者、不同测量系统对同一或相类似被测对象进行重复测量的测量结果之间的一致性。改变了的测量条件可以是:测量地点、操作者、测量系统(含测量仪器和计量标准)以及与之相关的测量原理、测量方法。改变的可以是这些条件中的一个或多个。因此,给出测量复现性时,应明确说明所改变的测量条件的具体内容和程度。

测量复现性可用实验标准偏差来定量表示。常用符号为 $s_R(y)$,计算公式为:

$$s_R(y) = \sqrt{\frac{\sum_{i=1}^{n}(y_i - \overline{y})^2}{n-1}} \qquad (3-13)$$

例如,为了考察本实验室计量人员的实际操作能力,实验室主任请每一位计量人员在同样的条件下对同一件被测件进行测量,并按式(3-13)计算测量复现性。此时式中,y_i 为每个人的测得值,n 为测量人员数,$\overline{y}$ 为 n 个测得值的算术平均值。这个例子中改变了"人"这个条件。从一次考察可以看出不同人员测量结果间的复现性,多次考察还可以看出不同人员测量的复现性的测量重复性。

几个实验室为了验证测量结果的一致性而进行比对,在不同的实验室、不同的地点,由不同的人员按照相同的测量方法对同一被测件进行测量,可以将各实验室的测得值按式(3-13)计算出测量复现性。在计量标准的稳定性评定中,实际所做的是计量标准随时间改变的复现性。

测量复现性中所涉及的测得值通常指已修正的结果,特别是在改变测量仪器和计量标准后,不同仪器和不同标准均有其修正值。

由于稳定性不符合测量复现性的定义,稳定性评定的是计量标准随时间改变的特性,因而计量标准的稳定性评定不属于测量复现性评定。

六、计量器具误差的表示与评定

(一) 最大允许误差的表示形式

计量器具又称测量仪器。最大允许误差(maximum permissible errors)是给定测量仪器的规程或规范所允许的示值误差的极限值。它是生产厂规定的测量仪器的技术指标,又称误差限。最大允许误差有上限和下限,通常为对称限,表示时要加"±"号。

最大允许误差可以用绝对误差、相对误差、引用误差或它们的组合形式表示。

1. 用绝对误差形式表示的最大允许误差

例如,标称值为 1 Ω 的标准电阻,说明书指出其最大允许误差为 ±0.01 Ω,即示值误差的上限为 +0.01 Ω,示值误差的下限为 −0.01 Ω,表明该电阻器允许的阻值为 0.99 Ω～1.01 Ω。

2. 用相对误差形式表示的最大允许误差

这种形式的最大允许误差等于其绝对误差与相应示值之比,用百分数形式表示。

例如,测量范围为 1 mV～10 V 的电压表,其最大允许误差为 ±1%。这种情况下,在测量范围内每个示值的绝对误差形式的最大允许误差是不同的,如 1 V 时,为 ±1%×1 V=±0.01 V,而 10 V 时,为 ±1%×10 V=±0.1 V。

如果用相对误差形式表示最大允许误差,就有利于整个测量范围内的技术指标用统一的百分数形式表示。

3. 用引用误差形式表示的最大允许误差

这种形式的最大允许误差等于绝对误差与特定值之比,用百分数形式表示。

特定值又称引用值,通常把仪器量程或标称范围的上限(也称满刻度值)作为特定值。

例如,一台电流表的最大允许误差为 ±3%×FS,这是用引用误差形式表示的最大允许误差,FS 为满刻度值的英文缩写。又如一台(0～150) V 的电压表,其说明书给出的引用误差限为 ±2%,说明该电压表的任意示值的允许误差限均为 ±2%×150 V=±3 V。

用引用误差的形式表示最大允许误差时,这种最大允许误差通常为不随示值变化而改变的固定数值,意味着仪器的用绝对误差形式表示的最大允许误差也是不随示值变化而改变的固定值;对于测量范围下限非负的仪器,若改用相对误差的形式表示最大允许误差,则越接近测量范围的上限,最大允许误差的绝对值越小。

4. 用组合形式表示的最大允许误差

这种形式的最大允许误差是用绝对误差、相对误差、引用误差几种形式组合起来表示的。

例如,一台脉冲产生器的脉宽的技术指标为$\pm(\tau \times 10\% + 0.025 \ \mu s)$,这是相对误差与绝对误差的组合。又如,一台数字电压表的技术指标为$\pm(1 \times 10^{-6} \times 量程 + 2 \times 10^{-6} \times 读数)$,这是引用误差与相对误差的组合。注意:用这种组合形式表示最大允许误差时,"$\pm$"应在括号外,$\pm(\tau \times 10\% \pm 0.025 \ \mu s)$,$\pm\tau \times 10\% \pm 0.025 \ \mu s$ 或 $10\% \pm 0.025 \ \mu s$ 都是错误的。

【**案例 3-7**】　在计量标准研制报告中报告了所购置的配套电压表的技术指标:该仪器的测量范围为 0.1～100 V,准确度为 0.001%。

【**案例分析**】　计量人员应正确表达测量仪器的特性。案例中计量标准研制报告对电压表的技术指标描述存在两个错误:

(1)测量范围为 0.1～100 V,表达不对。应写成 0.1 V～100 V 或(0.1～100) V。

(2)准确度为 0.001%,描述不对。测量仪器的准确度只是定性的术语,不能用于定量描述。正确的描述应该是:电压表的最大允许误差为$\pm$0.001%,或写成$\pm 1 \times 10^{-5}$(这是用相对误差表示的)。值得注意的是最大允许误差有上下两个极限,应该有"$\pm$"。

(二) 计量器具示值误差的评定

计量器具的示值误差(error of indication)是指计量器具(即测量仪器)的示值与相应测量标准提供的量值之差。在计量检定时,把高一级计量标准所提供的量值作为约定值,也称为标准值,被检计量器具的指示值或标称值也称为示值。则示值误差可以用下式表示:

$$示值误差 = 示值 - 标准值$$

根据被检计量器具的情况不同,示值误差的评定方法有比较法、分部法和组合法等三种。

(1)比较法。例如,电子计数式转速表的示值误差是用转速表对一定转速输出的标准转速装置进行多次测量,由转速表示值的平均值与标准转速装置转速的标准值之差得出。又如:三坐标测量机的示值误差是用双频激光干涉仪对其产生的一定位移进行 2 次测量,由三坐标测量机的示值减去双频激光干涉仪测得值的平均值得到。

(2)分部法。例如,静重式力标准机是通过对加荷的各个砝码和吊挂部分质量的测量,并分析当地的重力加速度和空气浮力等因素,得出力标准机的示值误差。又如:邵氏橡胶硬度计的检定,由于尚不存在邵氏橡胶硬度基准计和标准硬度块,所以是通过测量其试验力、压针几何尺寸和伸出量、压入量的测量指示机构等指标,评定硬度计示值误差是否处于规定的控制范围内。

(3)组合法。例如,用组合法检定标准电阻,被检定的一组电阻和已知标准电阻具有同一标称值,将被检定的一组电阻与已知标准电阻进行相互比较,被检定的一组电阻间也相互比较,列出一组方程,用最小二乘法计算出各个被检电阻的示值误差。量块和砝码等实物量具的检定也可以采用组合法。又如:正多面体棱体和多齿分度台的检定,采用的是全组合常角法,即利用圆周角准确地等于 2π 弧度的原理,得出正多面体棱体和多齿分度台的示值误差。

1. 计量器具的绝对误差和相对误差计算

(1)绝对误差的计算

示值误差可用绝对误差表示,按下式计算:

$$\Delta = x - x_s \qquad\qquad (3-14)$$

式中:Δ——用绝对误差表示的示值误差;

  x——被检计量器具的示值;

  x_s——标准值。

例如,标称值为 100 Ω 的标准电阻器,用高一级电阻计量标准进行校准,由高一级计量标准提供的校准测得值为 100.02 Ω,则该标准电阻器的示值误差计算如下:

$$\Delta = 100\ \Omega - 100.02\ \Omega = -0.02\ \Omega$$

示值误差是有符号有单位的量值,其计量单位与被校计量器具示值的单位相同,可能是正值,也可能是负值,表明仪器的示值是大于还是小于标准值。当示值误差为正值时,正号可以省略。在示值误差是基于多次测量所得测得值的平均值计算而得的情况下,示值误差是被校计量器具的系统误差的估计值。如果需要对示值进行修正,则修正值 C 由下式计算:

$$C = -\Delta \qquad\qquad (3-15)$$

【案例 3-8】 检查某个标准电阻器的校准证书,该证书表明标称值为 1 MΩ 的示值误差为 0.001 MΩ,由此给出该电阻的修正值为 0.001 MΩ。

【案例分析】 该证书给出的修正值是错误的。修正值与误差的估计值大小相等而符号相反。该标准电阻的示值误差为 0.001 MΩ,所以该标准电阻标称值的修正值为 -0.001 MΩ。其标准电阻的实际值为标称值加修正值,即 1 MΩ+(-0.001 MΩ)=0.999 MΩ。

(2) 相对误差的计算

相对误差(relative error)等于测量仪器的示值误差 Δ 除以相应示值 x_s。相对误差用符号 δ 表示,按下式计算:

$$\delta = \frac{\Delta}{x_s} \times 100\% \qquad\qquad (3-16)$$

在误差的绝对值较小的情况下,示值相对误差也可用下式计算:

$$\delta = \frac{\Delta}{x} \times 100\%$$

【案例 3-9】 标称值为 100 Ω 的标准电阻器,其绝对误差为 -0.02 Ω,如何计算相对误差?

【案例分析】 相对误差计算如下:

$$\delta = (-0.02\ \Omega/100\ \Omega) \times 100\% = -0.02\% = -2 \times 10^{-4}$$

相对误差同样有正号或负号,但由于它是一个相对量,一般没有单位(即量纲为 1),常用百分数表示,有时也用其他形式表示(如 mΩ/Ω)。

2. 计量器具的引用误差的计算

引用误差(fiducial error)是测量仪器的示值的绝对误差与该仪器的特定值之比值。特定值又称引用值(x_N),通常是仪器量程或标称范围的上限值(或称满刻度值)。引用误差 δ_f 按下式计算:

$$\delta_f = \frac{\Delta}{x_N} \times 100\% \qquad\qquad (3-17)$$

引用误差同样有正号或负号,它也是一个相对量,一般没有单位(即量纲为 1),常用百分数表示,有时也用其他形式表示(如 mΩ/Ω)。

【案例 3-10】 由于电流表的准确度等级是按引用误差规定的,例如 1 级表,表明该表以引用误差表示的最大允许误差为 ±1%。现有一个 0.5 级的测量上限为 100 A 的电流表,问在测量 50 A 时用绝对误差和相对误差表示的最大允许误差各有多大?

【案例分析】

(1) 由于已知该电流表是 0.5 级,表明该表的引用误差限为 ±0.5%,测量上限为 100 A,根据公式,该表任意示值用绝对误差表示的最大允许误差为 $\Delta = 100\ \text{A} \times (\pm 0.5\%) = \pm 0.5\ \text{A}$,所以示值为 50 A 时允许的最大绝对误差是 $\pm 0.5\ \text{A}$。

（2）在示值为 50 A 时允许的最大相对误差是 $(\pm 0.5\ \text{A}/50\ \text{A}) \times 100\% = \pm 1\%$。

（三）检定时判定计量器具合格或不合格的判据

1. 什么是符合性评定

符合性评定又称计量器具（测量仪器）的合格评定,就是评定仪器的示值误差是否在最大允许误差范围内,也就是评定测量仪器是否符合其技术指标的要求,凡符合要求的判为合格。

评定的方法是将被检计量器具与相应的计量标准进行技术比较,在检定点上得到被检计量器具的示值误差,再将示值误差与被检计量器具的最大允许误差相比较确定被检计量器具是否合格。

2. 检定时测量仪器示值误差符合性评定的基本要求

按照 JJF 1094—2002《测量仪器特性评定》的规定,对测量仪器特性进行符合性评定时,若评定示值误差的测量不确定度满足下面要求:

评定示值误差的测量不确定度（U_{95} 或 $k=2$ 时的 U）与被评定测量仪器的最大允许误差的绝对值（MPEV）之比小于或等于 1/3,即满足:

$$U_{95} \leqslant \frac{1}{3}\text{MPEV} \tag{3-18}$$

时,示值误差评定的测量不确定度对符合性评定的影响可忽略不计（也就是合格评定误判概率很小）,此时合格判据为:

$$|\Delta| \leqslant \text{MPEV} \qquad \text{判为合格} \tag{3-19}$$

不合格判据为

$$|\Delta| > \text{MPEV} \qquad \text{判为不合格} \tag{3-20}$$

式中：$|\Delta|$——被检计量器具示值误差的绝对值;

MPEV——被检计量器具示值的最大允许误差的绝对值。

例如,依据检定规程检定 1 级材料试验机时,材料试验机的最大允许误差为 $\pm 1.0\%$,某一检定点的示值误差为 -0.9%,可以直接判定该点的示值误差合格,而不必考虑示值误差评定的不确定度 $U_{95\text{rel}} = 0.3\%$ 的影响。

对于型式评价和仲裁鉴定,必要时 U_{95} 与 MPEV 之比也可小于或等于 1/5。

【案例 3-11】　用一台多功能源标准装置,对数字电压表测量范围为 $(0 \sim 20)$ V 的 10 V 电压值进行检定,得到被校数字电压表的示值误差为 $+0.000\ 7$ V,需评定该数字电压表的 10 V 点是否合格。

【案例分析】　经分析得知,包括多功能源标准装置提供的直流电压的不确定度及被检数字电压表重复性等因素引入的不确定度分量在内,示值误差的扩展不确定度 $U_{95} = 0.25$ mV。根据要求,被检数字电压表的最大允许误差为 $\pm(0.003\ 5\% \times$ 读数 $+ 0.002\ 5\% \times$ 量程）,所以在 $(0 \sim 20)$ V 测量范围内,10 V 示值的最大允许误差为 $\pm 0.000\ 85$ V,即 MPEV $= 0.85$ mV,满足 $U_{95} \leqslant (1/3)\text{MPEV}$ 的要求。且被检数字电压表的示值误差的绝对值（0.000 7 V）小于其最大允许误差的绝对值（0.000 85 V）,所以被检数字电压表的检定结论为合格。

注：在编写检定规程时,已经对执行规程时示值误差可能的测量不确定度进行过评定,并已验证其能满足检定系统表量值传递的要求,因此依据规程对计量器具进行检定时,由于该规程对检定方法、计量标准、环境条件等已做出明确规定,只要满足规程的要求且被检计量器具处于正常状态,规程要求的各个检定点的示值误差不超过某准确度等级的最大允许误差的要求,就可判定该计量器具符合该准确度等级的要求,不再需要考虑示值误差评定的测量不确定度对符合性评定的影响。

3. 考虑示值误差的测量不确定度的符合性评定

依据技术规范(除计量检定规程外)对测量仪器示值误差进行评定,并且需要对示值误差是否符合最大允许误差做出符合性判定时,必须对得到的示值误差进行测量不确定度评定,当示值误差的测量不确定度(U_{95}或$k=2$时的U)与被评定测量仪器的最大允许误差的绝对值(MPEV)之比不满足小于或等于1/3的要求时,必须考虑示值误差的测量不确定度对符合性评定的影响。

(1)合格判据

当被评定的测量仪器的示值误差Δ的绝对值小于或等于其最大允许误差的绝对值MPEV与示值误差的扩展不确定度U_{95}之差时可判为合格,即:

$$|\Delta|\leqslant\text{MPEV}-U_{95} \qquad 判为合格 \qquad (3-21)$$

【案例3-12】 用高频电压标准装置检定一台最大允许误差为±2.0%的高频电压表,得到被检高频电压表在1 V时的示值误差为−0.008 V,需评定该电压表1 V点的示值误差是否合格。

【案例分析】 示值误差的扩展不确定度$U_{95rel}=0.9\%$,由于最大允许误差为±2%,U_{95}/MPEV不满足小于或等于1/3的要求,故在合格评定中要考虑测量不确定度的影响。但由于被检高频电压表在1 V时的示值误差为−0.008 V,所以$|\Delta|=0.008$ V。示值误差的扩展不确定度$U_{95}=0.9\%\times$1 V=0.009 V,MPEV=2%×1 V=0.02 V,MPEV−U_{95}=0.02 V−0.009 V=0.011 V,满足$|\Delta|\leqslant$MPEV−U_{95}的要求,因此该高频电压表的1 V点的示值误差可判为合格。

(2)不合格判据

当被评定的测量仪器的示值误差Δ的绝对值大于或等于其最大允许误差的绝对值MPEV与示值误差的扩展不确定度U_{95}之和时可判为不合格,即:

$$|\Delta|\geqslant\text{MPEV}+U_{95} \qquad 判为不合格 \qquad (3-22)$$

【案例3-13】 用高频电压标准装置检定一台最大允许误差为±2.0%的高频电压表,得到被检高频电压表在1 V时的示值误差为0.030 V,需评定该电压表1 V点的示值误差是否合格。

【案例分析】 示值误差的扩展不确定度$U_{95rel}=0.9\%$,由于最大允许误差为±2%,U_{95}/MPEV不满足小于或等于1/3的要求,故在合格评定中要考虑测量不确定度的影响。

由于被检高频电压表在1 V时的示值误差为0.030 V,所以$|\Delta|=0.030$V。示值误差的扩展不确定度为$U_{95}=0.9\%\times$1 V=0.009 V,最大允许误差的绝对值MPEV=2%×1 V=0.02 V,MPEV+U_{95}=0.009 V+0.02 V=0.029 V,因此$|\Delta|>$MPEV+U_{95},该高频电压表的1 V点的示值误差可判为不合格。

(3)待定区

当被评定的测量仪器的示值误差既不符合合格判据又不符合不合格判据时,就处于待定区。这时不能下合格或不合格的结论,即:

$$\text{MPEV}-U_{95}<|\Delta|<\text{MPEV}+U_{95} \qquad 判为待定 \qquad (3-23)$$

当测量仪器示值误差的评定处于不能做出符合性判定时,可以先用准确度更高的计量标准、改善环境条件、增加测量次数和改善测量方法等措施降低示值误差的测量不确定度U_{95},再进行合格评定。

对于只有不对称或单侧允许误差限的被评定测量仪器,仍可按照上述原则进行符合性评定。

【案例3-14】 用标准线纹尺检定一台投影仪。在10 mm处该投影仪的最大允许误差为±6 μm;标准线纹尺校准投影仪的扩展不确定度为$U=0.16$ $\mu m(k=2)$。

用被检投影仪对标准线纹尺的10 mm点测量10次,得到的测量数据如表3-4所示。

表3-4 测量数据

i	1	2	3	4	5	6	7	8	9	10
x_i/mm	9.999	9.998	9.999	9.999	9.999	9.999	9.999	9.998	9.999	9.999

问:该投影仪的检定结论合格还是不合格?

【案例分析】

$U_{95}/\mathrm{MPEV}=0.16\ \mu\mathrm{m}/6\ \mu\mathrm{m}=1/37.5\ll1/3$,满足检定要求。

示值 $x=\bar{x}=9.998\ 8\ \mathrm{mm}$;标准值 $x_s=10\ \mathrm{mm}$;示值误差 $=x-x_s=9.998\ 8\ \mathrm{mm}-10\ \mathrm{mm}=-0.001\ 2\ \mathrm{mm}=-1.2\ \mu\mathrm{m}$。

标准值示值误差绝对值($1.2\ \mu\mathrm{m}$)小于 MPEV($6\ \mu\mathrm{m}$),满足 $|\Delta|<\mathrm{MPEV}$ 的要求,故判为合格。

检定结论:合格。

七、计量器具其他一些计量特性的评定

(一)准确度等级

测量仪器的准确度等级应根据检定规程的规定进行评定。有以下几种情况。

1. 按最大允许误差评定准确度等级

依据有关计量技术规范,当测量仪器的示值误差不超过某一准确度等级对应的最大允许误差要求,且其他相关特性也符合规定的要求时,就判定该测量仪器在该准确度等级合格。使用这种仪器时,可直接用其示值,不需要加修正值。

例如,弹簧式精密压力表,用限定引用误差的最大允许误差绝对值表示其准确度等级,分为 0.1 级、0.16 级、0.25 级、0.4 级、0.6 级。0.1 级表明用限定引用误差的最大允许误差为 $\pm0.1\%$。

又如,砝码,用绝对误差形式的最大允许误差表示其准确度等级,用大写拉丁字母辅以阿拉伯数字表示,分为 E_1、E_2、F_1、F_2、M_1、M_2、M_{11}、M_{22} 各等级。它们各自对应的最大允许误差及相关要求可查相应的检定规程中的规定。

2. 按示值的校准关系的测量不确定度评定准确度等级

校准关系指校准(也适用于部分检定)中确定的标准量值与测量仪器示值之间的对应关系。校准关系常用下列形式给出:

(1)标准值与示值的对照表;

(2)示值与示值误差(或标准值与示值误差、示值与修正值、标准值与修正值)的对照表;

(3)示值与修正因子的对照表(修正因子不变时,仅给出修正因子)。

其中,对照表也可用图形方式或数学公式形式给出。使用者在测量时,可利用上述校准关系将从测量仪器直接获得的示值转化为与校准时的标准值对应的测得值。

以用示值误差表示校准关系为例,如果依据计量检定规程对测量仪器进行检定,得出测量仪器示值误差,测量仪器示值误差的扩展不确定度满足与其准确度等级对应的测量不确定度极限值的要求,且其他相关特性也符合规定的要求时,就判定该测量仪器在该准确度等级合格。这表明测量仪器校准关系的扩展不确定度不超出某个给定的极限。使用经这种方法评定的测量仪器时,示值必须加修正值,或乘修正因子,或直接用校准关系获得测得值。

例如,1 等量块所对应的扩展不确定度可在检定规程或校准规范中查到,如按级检定合格的,不使用修正,测量不确定度按照最大允许误差估计;如按等检定合格的,必须使用修正值,采用证书的测量不确定度。

3. 测量仪器有多个测量范围或可测量多个参数时准确度等级的评定

当被评定的测量仪器包含两个或两个以上的测量范围,并对应不同的准确度等级时,应分别评定各个测量范围的准确度等级。对多参数的测量仪器,应分别评定各测量参数的准确度等级。目前,大多数多参数宽测量范围的电子测量仪器不再给出准确度等级。

(二) 分辨力

应注意测量分辨力与显示装置分辨力的差异。当测量仪器的示值就是其测得值(对被测量的估计值)时,测量分辨力与显示装置分辨力相等。

测量仪器的分辨力,通常通过测量仪器的显示装置或读数装置能有效辨别的示值最小变化来评定。

(1) 测量仪器的数字显示装置的分辨力:最低位数字显示变化一个步进量时的示值差。例如,数字电压表最低位数字显示变化一个字的示值差为 1 μV,则分辨力为 1 μV。

(2) 用标尺读数装置(包括带有光学机构的读数装置)读数时,若读数直接取最接近的标尺标记对应的数值(不做内插细分),该显示装置的分辨力为标尺上任意两个相邻标记之间最小分度值的一半。例如,线纹尺的最小分度值为 1 mm,则分辨力为 0.5 mm。又如:衰减常数为 0.1 dB/cm 的截止式衰减器,其刻度的最小分度值为 10 mm,则该衰减器的分辨力为 0.05 dB。若采用内插细分估读方式,分辨力可为上述数值的几分之一。

(三) 稳定性

这是对测量仪器保持其计量特性恒定能力的评定。通常可用以下几种方法来评定:

(1) 方法一:通过测量标准观测被评定测量仪器计量特性的变化,当变化达到某规定值时,其变化量与所经过的时间间隔之比即为被评定测量仪器的稳定性。

例如,用测量标准观测某标准物质的量值,当其变化达到规定的 ±1.0% 时所经过的时间间隔为 3 个月,则该标准物质的量值的稳定性为 ±1.0%/3 个月。

(2) 方法二:通过测量标准定期观测被评定测量仪器计量特性随时间的变化,用所记录的被评定测量仪器计量特性在观测期间的变化幅度除以其变化所经过的时间间隔,即为被评定测量仪器的稳定性。

例如,观测动态力传感器电荷灵敏度的年变化情况,按以下公式计算其静态年稳定性:

$$S_b = \frac{S_{q2} - S_{q1}}{S_{q1}} \times 100\%$$

式中:S_b——传感器电荷灵敏度年稳定性;

S_{q1}——上年检定得到的传感器电荷灵敏度;

S_{q2}——本年检定得到的传感器电荷灵敏度。

例如,信号发生器按规定时间预热后,在 10 min 内连续观测输出幅度的变化。先用 n 个观测值中最大值与最小值之差除以输出幅度的平均值得到幅度的相对变化量,再除以时间间隔 10 min,就得到该信号发生器的幅度稳定性。如某信号发生器的输出幅度稳定性为 $1 \times 10^{-3}/10$ min。

(3) 方法三:频率源的频率稳定性用阿伦方差的正平方根值评定时称为频率稳定度。频率稳定度按下式计算:

$$\sigma_y(\tau) = \sqrt{\frac{1}{2m} \sum_{i=1}^{m} \left[y_{i+1}(\tau) - y_i(\tau) \right]^2}$$

式中:$\sigma_y(\tau)$——用阿伦方差的正平方根值表示的频率稳定度;

τ——取样时间;

m——取样个数减 1;

$y_i(\tau)$——第 i 次取样时,在取样时间 τ 内频率相对偏差的平均值。

例如,某铷原子频率标准的频率稳定度为

$$\tau = 1 \text{ s}, \qquad \sigma_y(\tau) = 1 \times 10^{-11}$$
$$\tau = 10 \text{ s}, \qquad \sigma_y(\tau) = 3 \times 10^{-12}$$
$$\tau = 100 \text{ s}, \qquad \sigma_y(\tau) = 1 \times 10^{-12}$$

（4）当稳定性不是对时间而言时，应根据检定规程、技术规范或仪器说明书等有关技术文件规定的方法进行评定。

（四）漂　移

根据技术规范要求，用测量标准在一定时间内观测被评定测量仪器计量特性随时间的慢变化，记录前后的变化值或画出观测值随时间变化的漂移曲线。

例如，热导式氢分析仪，规定分别用标准气体将示值调到量程的 5% 和 85%，记下 24 h 前后的读数，5% 点的示值变化称为零点漂移，85% 点的示值变化减去 5% 点的示值变化称为量程漂移。

当测量仪器计量特性随时间呈线性变化时，漂移曲线为直线，该直线的斜率即漂移率。在测得随时间变化的一系列观测值后，可以用最小二乘法拟合得到最佳直线，并根据直线的斜率计算出漂移率。

（五）响应特性

在确定条件下，激励与对应响应之间的关系称为测量仪器的响应特性。评定方法是：在确定条件下，对被评定测量仪器测量范围内的不同测量点输入信号，并测量输出信号。当输入信号和输出信号不随时间变化时，记下被评定测量仪器的不同激励输入时的输出值，列成表格、画出曲线或得出输入输出量的函数关系式，即为测量仪器静态测量情况下的响应特性。

例如，将热电偶的测温端插入可控温度的温箱中，并将热电偶的输出端接到数字电压表上，改变温箱的温度，观测不同温度时热电偶输出电压的变化，输出电压随温度变化的曲线即为该热电偶的温度响应特性。

又如，改变信号发生器的频率，同时测量信号发生器响应于各频率的输出电平，输出电平随频率变化的曲线即为信号发生器输出的频率响应特性。

习题及参考答案

一、习　题

（一）思考题

1. 如何发现存在系统误差？

2. 减小系统误差影响的方法有哪些？

3. 举例说明几种消除恒定系统误差的方法。

4. 修正值与系统误差估计值有什么关系？

5. 修正系统误差影响的方法有哪些？

6. 写出贝塞尔公式，举例说明用贝塞尔公式法计算实验标准偏差的全过程。

7. 对被测量进行了 4 次独立重复测量，得到以下测得值（单位略）：10.12，10.15，10.10，10.11，请用极差法估算实验标准偏差 $s(x)$。

8. 如何判别测量数据中是否有异常值？

9. 使用格拉布斯准则检验以下 $n = 6$ 个重复观测值中是否存在异常值：2.67，2.78，2.83，2.95，2.79，2.82。发现异常值后应如何处理？

10. 检定或校准结果的重复性与测量重复性是否有区别？

11. 如何评定测量重复性？

12. 测量复现性与测量重复性有什么区别？

13. 最大允许误差有哪些表示形式？

14. 如何评定计量器具的示值误差？

15. 相对误差和引用误差分别如何计算？

16. 什么是符合性评定？

17. 测量仪器符合性评定的基本要求是什么？

18. 试述合格评定的判据，什么时候要考虑示值误差的测量不确定度？

19. 你在计量检定工作中是根据什么原则判定被检计量器具是合格还是不合格？

20. 如何评定计量器具的准确度等级？

21. 如何评定测量仪器的以下计量特性：分辨力、稳定性、漂移、响应特性？

（二）选择题（单选）

1. 在规定的测量条件下多次测量同一个量所得测得值与计量标准所复现的量值之差是测量的_____的估计值。

  A. 随机误差　　　　B. 系统误差　　　　C. 不确定度　　　　D. 引用误差

2. 当测得值与相应的标准值比较时，得到的系统误差估计值为_____。

  A. 测得值与真值之差　　　　　　B. 标准值与测得值之差

  C. 测得值与标准值之差　　　　　　D. 约定量值与测得值之差

3. 估计测得值 x 的实验标准偏差的贝塞尔公式是_____。

A. $s(x)=\sqrt{\dfrac{\sum\limits_{i=1}^{n}(x_i-\overline{x})^2}{n-1}}$ B. $s(x)=\sqrt{\dfrac{\sum\limits_{i=1}^{n}(x_i-\overline{x})^2}{n(n-1)}}$

C. $s(x)=\sqrt{\dfrac{\sum\limits_{i=1}^{n}(x_i-\mu)^2}{n(n-1)}}$ D. $s(x)=\sqrt{\dfrac{\sum\limits_{i=1}^{n}(x_i-\mu)^2}{n-1}}$

4. 若测得值的实验标准偏差为 $s(x)$，则 n 次测量的算术平均值的实验标准偏差为_____。

A. $s(\overline{x})=\dfrac{s(x)}{n}$ B. $s(\overline{x})=\dfrac{s(x)}{\sqrt{n(n-1)}}$

C. $s(\overline{x})=\dfrac{s(x)}{\sqrt{n}}$ D. $s(\overline{x})=\dfrac{s(x)}{\sqrt{n-1}}$

5. 在重复性条件下，用温度计对某实验室的温度重复测量了 16 次，通过计算得到 16 个观测值分布的实验标准偏差 $s=0.44$ ℃，则其测量结果的标准不确定度是_____。

  A. 0.44 ℃　　　　B. 0.11 ℃　　　　C. 0.88 ℃　　　　D. 0.22 ℃

6. 对一个被测量进行重复观测，在所得的一系列测得值中，出现了与其他值偏离较远的个别值时，应_____。

  A. 将这些值剔除

  B. 保留所有的数据，以便保证测量结果的完整性

  C. 判别其是否是异常值，确为异常值的予以剔除

  D. 废弃这组测得值，重新测量，获得一组新的测得值

7. 在相同条件下，对同一被测量进行连续多次测量，测得值为 0.01 mm，0.02 mm，0.01 mm，0.03 mm。用极差法计算得到的测量重复性为_____。（注：测量次数为 4 时，极差系数近似为 2）

  A. 0.02 mm　　　　B. 0.01 mm　　　　C. 0.015 mm　　　　D. 0.005 mm

8. 为表示数字多用表测量电阻的最大允许误差，以下的表示形式中_____是正确的。

A. $\pm(0.1\%R+0.3\ \mu\Omega)$　　　　　　B. $\pm(0.1\%+0.3\ \mu\Omega)$

C. $\pm0.1\%\pm0.3\ \mu\Omega$　　　　　　　D. $(0.1\%R+0.3\ \mu\Omega), k=3$

9. 一台(0~150) V 的电压表,说明书说明其引用误差限为±2%。说明该电压表的任意示值的用绝对误差形式表示的最大允许误差为_____。

　　A. ±3 V　　　　　　B. ±2 V　　　　　　C. ±1.5 V　　　　　　D. ±0.02 V

10. 对被测量进行了 5 次独立重复测量,得到以下测得值:0.31,0.32,0.30,0.35,0.32。被测量的最佳估计值为_____。

　　A. 0.31　　　　　　B. 0.32　　　　　　C. 0.33　　　　　　D. 0.34

11. 用标准电阻箱检定一台电阻测量仪,被检测量仪的最大允许误差(相对误差)为±0.1%,标准电阻箱评定电阻测量仪示值误差的扩展不确定度为1×10^{-4}(包含因子 k 为 2)。当标准电阻箱分别置于 0.1 Ω,1 Ω,10 Ω,100 Ω,1 000 Ω,1 MΩ 时,被检表的示值分别为 0.101 5 Ω,0.998 7 Ω,10.005 Ω,100.08 Ω,999.5 Ω,1.001 6 MΩ。检定员判断该测量仪检定结论为_____。

　　A. 不合格　　　　　　　　　　　B. 合格

　　C. 不能下不合格结论　　　　　　D. 不能下合格结论

12. 在检定水银温度计时,温度标准装置的恒温槽示值为 100 ℃,将被检温度计插入恒温槽后被检温度计的指示值为 99 ℃,则被检温度计的示值误差为_____。

　　A. +1 ℃　　　　　　B. +1%　　　　　　C. -1 ℃　　　　　　D. -2%

(三)选择题(多选)

1. 使用格拉布斯准则检验以下 $n=5$ 个重复观测值:1.79,1.80,1.91,1.79,1.76。下列答案中_____是正确的。[注:格拉布斯准则的临界值 $G(0.05, 5)=1.672$]

　　A. 观测值中存在异常值　　　　　　B. 观测值中不存在异常值

　　C. 观测值中有一个值存在粗大误差　　D. 观测值中不存在有粗大误差的值

2. 注册计量师在检定或校准过程中应尽可能减少或消除一切产生系统误差的因素,如采取以下措施中的_____是正确的。

　　A. 在仪器使用时尽可能仔细调整

　　B. 改变测量中的某些条件,例如测量方向、电压极性等,使两种条件下的测量结果中的误差符号相反,取其平均值作为测量结果

　　C. 将测量中的某些条件适当交换,例如交换被测物的位置,设法使两次测量中的误差源对测量结果的作用相反,从而抵消系统误差

　　D. 增加测量次数,用算术平均值作为测量结果

3. 对测量结果或测量仪器示值的修正可以采取的措施是_____。

　　A. 加修正值　　　　　　　　　　B. 乘修正因子

　　C. 给出中位值　　　　　　　　　D. 给出修正曲线或修正值表

二、参考答案

(一)思考题(略)

(二)选择题(单选):1. B;　2. C;　3. A;　4. C;　5. B;　6. C;　7. B;　8. A;　9. A;　10. B;
11. A;　12. C。

(三)选择题(多选):1. A C;　2. A B C;　3. A B D。

第二节 测量不确定度的评定与表示

一、测量不确定度评定相关的统计知识

(一) 概率分布

概率分布(probability distribution)是指用于表述随机变量取值的概率规律。常用概率分布函数和概率密度函数定量表示这种概率规律。

连续型随机变量的概率密度函数描述这个随机变量的输出值,在某个确定的取值点附近的可能性的函数,是分布函数的导数。概率密度函数如图 3-4 所示。

对于一个测量,测得值 X 的取值由于其不确定性落在区间 $[a,b]$ 内的概率 p 可用式(3-24)计算:

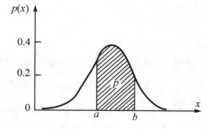

图 3-4 概率密度函数曲线

$$p(a \leqslant X \leqslant b) = \int_a^b p(x)\mathrm{d}x \qquad (3-24)$$

式中,$p(x)$ 为概率密度函数,数学上积分代表面积。

由此可见,概率 p 是概率密度曲线下在区间 $[a,b]$ 内包含的面积,又称包含概率。当 $p=0.9$,表明测得值有 90% 的可能性落在该区间内,该区间包含了概率分布下总面积的 90%。在 $(-\infty \sim +\infty)$ 区间内的概率为 1,即随机变量在整个值集的概率为 1。$p=1$(即概率为 1)表明测得值以 100% 的可能性落在该区间内,也就是可以相信测得值必定在此区间内。

(二) 概率分布的数学期望、方差和标准偏差

1. 数学期望

数学期望简称期望(expectation),又称为(随机变量的)均值(mean)。常用符号 μ 表示,也可用 $E(X)$ 表示被测量 X 的期望。

离散随机变量的期望为:

$$\mu = E(X) = \sum_{i=1}^{\infty} p_i x_i \qquad (3-25)$$

连续随机变量的期望为:

$$\mu = E(X) = \int_{-\infty}^{+\infty} x p(x)\mathrm{d}x \qquad (3-26)$$

期望是概率密度函数曲线与横坐标轴所构成面积的重心所在的横坐标,所以期望是决定概率密度函数曲线位置的量。对于单峰、对称的概率密度函数来说,期望值在该曲线峰顶对应的横坐标处。

2. 方 差

(随机变量的)方差(variance)用符号 σ^2 表示:

$$\sigma^2 = \lim_{n \to \infty} \left[\frac{\sum_{i=1}^{n} (x_i - \mu)^2}{n} \right] \qquad (3-27)$$

$$\sigma^2 = V(X) = E\{[X - E(X)]^2\} \qquad (3-28)$$

已知测得值的概率密度函数时,方差可表示为:

$$\sigma^2 = \int_{-\infty}^{+\infty} (x-\mu)^2 p(x)\,\mathrm{d}x \tag{3-29}$$

当期望值为零时方差可表示成:

$$\sigma^2 = \int_{-\infty}^{+\infty} x^2 p(x)\,\mathrm{d}x \tag{3-30}$$

方差反映了随机变量在所有可能取值的统计平均幅度的大小和测得值的分散程度。但由于方差是平方值,使用不方便、不直观,在测量应用中与被测量的单位也不一致,因此引出了标准偏差这个术语。

3. 标准偏差

(随机变量的)标准偏差(standard deviation)简称为标准差,是方差的正平方根值,用符号 σ 表示:

$$\sigma = \lim_{n \to \infty} \sqrt{\frac{\sum_{i=1}^{n} (x_i - \mu)^2}{n}} \tag{3-31}$$

标准偏差是表明随机变量取值分散性的参数,σ 小表明取值比较集中,σ 大表明取值比较分散。

4. 用期望和标准偏差表征概率密度函数

期望和方差是表征概率密度函数的两个特征参数。由于方差的数值不直观,通常用期望和标准偏差来表征一个概率密度函数。μ 和 σ 对正态分布概率密度函数曲线的影响见图3-5,μ 影响概率密度函数曲线的横向位置;σ 影响概率密度函数曲线的形状,σ 小表示分布的范围小。

期望 μ 与标准偏差 σ 或方差 σ^2 都是以无穷多次取值的理想情况定义的概念或量值,在实际应用中通常只能获得他们的估计值。

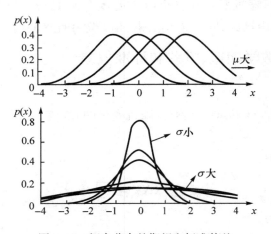

图3-5　概率分布的期望和标准偏差

(三) 有限次测量时的算术平均值和实验标准偏差

1. 算术平均值

对于有限次测量得到的一组数据,算术平均值是使这组数据的实验标准偏差取最小值的最佳估计值。

由大数定理证明,若干个独立同分布的随机变量的平均值以无限接近于1的概率接近于其期望值 μ,所以算术平均值是其期望的最佳估计值。因此,通常用算术平均值作为对被测量的一组相同水平观测值的最佳估计值,即作为测量结果的值。

在相同条件下对被测量 X 进行有限次重复测量,得到一系列观测值 $x_1,x_2,\cdots,x_n$,其算术平均值 $\overline{x}$ 为:

$$\overline{x}=\frac{1}{n}\sum_{i=1}^{n}x_i \tag{3-32}$$

算术平均值是有限次测量的平均值,它是由样本构成的统计量,它也是有概率分布的。

2. 实验标准偏差

用有限次测量的数据得到的标准偏差的估计值称为实验标准偏差,用符号 s 表示。实验标准偏差 s 是有限次测量时标准偏差 σ 的估计值。最常用的估计方法是贝塞尔公式法,即在相同条件下,对被测量 X 做 n 次重复测量,则 n 次测量中某单个测得值 x_k 的实验标准偏差 $s(x_k)$ 可按式(3-33)计算:

$$s(x_k)=\sqrt{\frac{\sum_{i=1}^{n}(x_i-\overline{x})^2}{n-1}} \tag{3-33}$$

式中:n——测量次数;

x_i——0 第 i 次测量的观测值;

$\overline{x}$——n 次测量的算术平均值;

自由度 ν 为 $n-1$,残差 $v_i=x_i-\overline{x}$。

n 次测量的算术平均值 $\overline{x}$ 的实验标准偏差 $s(\overline{x})$ 为:

$$s(\overline{x})=s(x_k)/\sqrt{n}$$

在给出标准偏差的估计值时,自由度越大,表明该估计值的可信度越高。

(四) 正态分布

正态分布又称高斯分布,其概率密度函数 $p(x)$ 为:

$$p(x)=\frac{1}{\sigma\sqrt{2\pi}}e^{-\frac{(x-\mu)^2}{2\sigma^2}} \quad (-\infty<x<+\infty) \tag{3-34}$$

1. 正态分布的特性

正态分布曲线如图 3-6 所示,具有如下特征:

(1)单峰:概率密度曲线在均值 μ 处具有一个极大值;

(2)对称分布:正态分布以 $x=\mu$ 为其对称轴,概率密度曲线在均值 μ 的两侧是对称的;

(3)当 $x\to\infty$ 时,概率密度曲线以 x 轴为渐近线;

(4)概率密度曲线在离均值等距离处两边(即 $x=\mu\pm\sigma$)各有一个拐点;

(5)同所有概率密度曲线一样,它与 x 轴所围面积为 1,即各样本值出现概率的总和为 1;

(6)μ 为位置参数,σ 为形状参数。

由于 μ,σ 能完全表达正态分布的形态和位置,所以常用简略符号 $X\sim N(\mu,\sigma)$ 表示正态分布。当 $\mu=0,\sigma=1$ 时表示为 $X\sim N(0,1)$,称为标准正态分布。

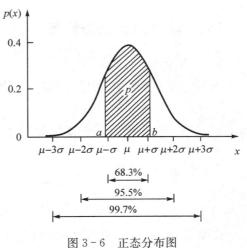

图 3-6　正态分布图

p—包含概率;$\mu\pm k\sigma$—包含区间;k—包含因子

2. 正态分布的概率计算

随机变量 X 落在 $[a,b]$ 区间内的概率为:

$$p(a \leqslant X \leqslant b) = \int_a^b p(x)\mathrm{d}x = \frac{1}{\sigma\sqrt{2\pi}}\int_a^b \mathrm{e}^{-\frac{(x-\mu)^2}{2\sigma^2}}\mathrm{d}x = \phi(u_2) - \phi(u_1) \qquad (3-35)$$

式中, $u = (x-\mu)/\sigma$。

$$\phi(z) = \frac{1}{\sqrt{2\pi}}\int_{-\infty}^z \mathrm{e}^{-\frac{u^2}{2}}\mathrm{d}u \qquad 称为标准正态分布函数,见表 3-5。$$

表 3-5　标准正态分布函数表(摘录)

z	1.0	2.0	2.58	3.0
$\phi(z)$	0.841 34	0.977 25	0.995 06	0.998 65

令 $\delta = x - \mu$,若设 $|\delta| \leqslant 3\sigma$,计算随机变量 X 落在 $[\mu-3\sigma, \mu+3\sigma]$ 区间内的概率。

这里,对应于 $|\delta| \leqslant 3\sigma$ 的两个极限端点, $u = \delta/\sigma = \pm 3$, $u_1 = z_1 = -3$, $u_2 = z_2 = 3$。

按正态分布考虑,根据公式(3-35)计算概率:

$$p(|x-\mu| \leqslant 3\sigma) = \phi(3) - \phi(-3) = 2\phi(3) - 1 = 2 \times 0.998\ 65 - 1 = 0.997\ 3, 即\ p \approx 99.7\%。$$

同样,随机变量 X 落在 $[\mu-2\sigma, \mu+2\sigma]$ 区间内的概率为:

$$p(|x-\mu| \leqslant 2\sigma) = \phi(2) - \phi(-2) = 2\phi(2) - 1 = 2 \times 0.977\ 25 - 1 = 0.954\ 5, 即\ p \approx 95\%。$$

由此可见,正态分布时,区间 $[\mu-2\sigma, \mu+2\sigma]$ 在概率密度曲线下包含的面积约占其总面积的 95%。也就是:当 $k=2$ 时,包含概率约为 95%。

用同样的方法可以计算得到正态分布时随机变量落在 $[\mu-k\sigma, \mu+k\sigma]$ 包含区间内的包含概率,如表 3-6 所列。包含概率与 k 值有关,在概率论中 k 被称为置信因子,在不确定度评定中 k 被称为包含因子。

表 3-6　正态分布时包含概率 p 与包含因子 k 的关系

包含概率 p	0.5	0.682 7	0.9	0.95	0.954 5	0.99	0.997 3
包含因子 k	0.675	1	1.645	1.96	2	2.576	3

(五) 常用的非正态分布

1. 均匀分布

均匀分布为等概率(密度)分布,又称矩形分布,如图 3-7 所示。均匀分布的概率密度函数为:

$$p(x) = \begin{cases} \dfrac{1}{a_+ - a_-} & a_- \leqslant x \leqslant a_+ \\ 0 & x > a_+, x < a_- \end{cases}$$

均匀分布的标准偏差:

$$\sigma(x) = \frac{a_+ - a_-}{\sqrt{12}} \qquad (3-36)$$

式中 a_+ 和 a_- 分别为均匀分布包含区间的上限和下限。当对称分布时, $a_+ = a$,可用 a 表示矩形分布的区间半宽度,即 $a = (a_+ - a_-)/2$,则标准偏差

$$\sigma(x) = \frac{a}{\sqrt{3}} \qquad (3-37)$$

2. 三角分布

三角分布呈三角形,对称的三角分布如图 3-8 所示。半宽度为 a 时,对称上下限的三角分布的概率密度函数为:

$$p(x)=\begin{cases} \dfrac{a+x}{a^2} & -a\leqslant x<0 \\[2mm] \dfrac{a-x}{a^2} & 0\leqslant x\leqslant a \\[2mm] 0 & 其他 \end{cases}$$

三角分布的标准偏差为:

$$\sigma(x)=\frac{a}{\sqrt{6}} \tag{3-38}$$

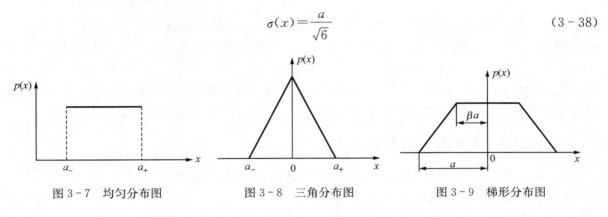

图 3-7　均匀分布图　　　　图 3-8　三角分布图　　　　图 3-9　梯形分布图

3. 梯形分布

梯形分布的形状为梯形,对称上下限的梯形分布如图 3-9 所示。设梯形的上底半宽度为 βa,下底半宽度为 a,$0<\beta<1$,则对称上下限的梯形分布的概率密度函数为:

$$p(x)=\begin{cases} \dfrac{1}{a(1+\beta)} & |x|\leqslant\beta a \\[2mm] \dfrac{a-|x|}{a^2(1-\beta^2)} & \beta a\leqslant|x|\leqslant a \\[2mm] 0 & 其他 \end{cases}$$

梯形分布的标准偏差为:

$$\sigma(x)=a\sqrt{1+\beta^2}/\sqrt{6} \tag{3-39}$$

4. 反正弦分布

反正弦分布又称 U 形分布。反正弦分布的概率密度函数为:

$$p(x)=\frac{1}{\pi\sqrt{a^2-x^2}} \qquad |x|\leqslant a$$

反正弦分布如图 3-10 所示。

a 为概率分布包含区间的半宽度。

反正弦分布的标准偏差为:

$$\sigma(x)=a/\sqrt{2} \tag{3-40}$$

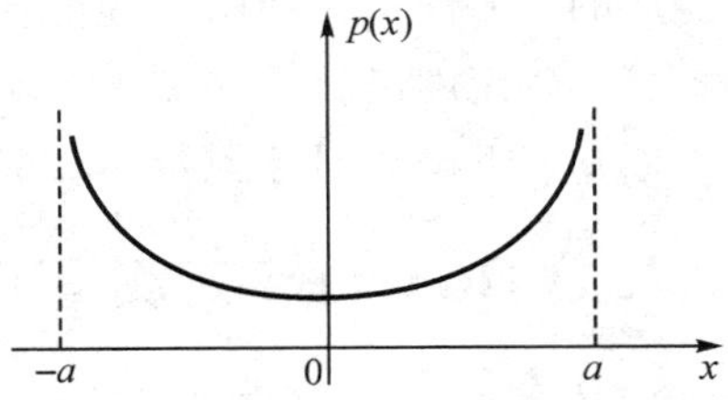

图 3-10　反正弦分布图

5. 几种有确定半宽度的非正态分布

上述几种非正态分布的标准偏差与包含因子的关系列于表 3-7 中。

表 3-7　几种非正态分布的标准偏差与包含因子的关系

概率分布	标准偏差 σ	包含因子 $k(p=100\%)$
均匀	$a/\sqrt{3}$	$\sqrt{3}$
三角	$a/\sqrt{6}$	$\sqrt{6}$
梯形	$a\sqrt{1+\beta^2}/\sqrt{6}$	$\sqrt{6}/\sqrt{1+\beta^2}$
反正弦	$a/\sqrt{2}$	$\sqrt{2}$

二、GUM 法评定测量不确定度的步骤和方法

测量不确定度的评定方法应依据 JJF 1059 系列进行,该系列规范现分两部分:JJF 1059.1—2012《测量不确定度评定与表示》,又称 GUM 评定方法或 GUM 法;JJF 1059.2—2012《用蒙特卡洛法评定测量不确定度》,又称 MCM。

如果相关国际组织已经制定了某种计量标准所涉及领域的测量不确定度评定指南,则在这些指南的适用范围内,测量不确定度评定也可以依据这些指南进行。

(一) GUM 法评定测量不确定度的步骤

(1) 明确被测量,必要时给出被测量的定义及测量过程的简单描述。

(2) 分析不确定度的来源并写出测量模型。

(3) 评定测量模型中的各输入量的标准不确定度 $u(x_i)$,计算灵敏系数 c_i,从而给出与各输入量相对应的输出量 y 的不确定度分量 $u_i(y)=|c_i|u(x_i)$。

(4) 计算合成标准不确定度 $u_c(y)$,计算时应考虑各输入量之间是否存在值得考虑的相关性,对于非线性测量模型则应考虑是否存在值得考虑的高阶项。

(5) 列出不确定度分量的汇总表,表中应给出每一个不确定度分量的详细信息。

(6) 对被测量的概率分布进行估计,并根据概率分布和所要求的包含概率 p 确定包含因子 k_p。

(7) 无法确定被测量 y 的概率分布,或该测量领域有规定时,也可以直接取包含因子 $k=2$。

(8) 由合成标准不确定度 $u_c(y)$ 和包含因子 k 或 k_p 的乘积,分别得到扩展不确定度 U 或 U_p。

(9) 给出测量不确定度的最后陈述,其中应给出关于扩展不确定度的足够信息。利用这些信息,至少应该使用户能根据所给的扩展不确定度进而评定其测量结果的合成标准不确定度。

通常,GUM 法评定测量不确定度的流程如图 3-11 所示。

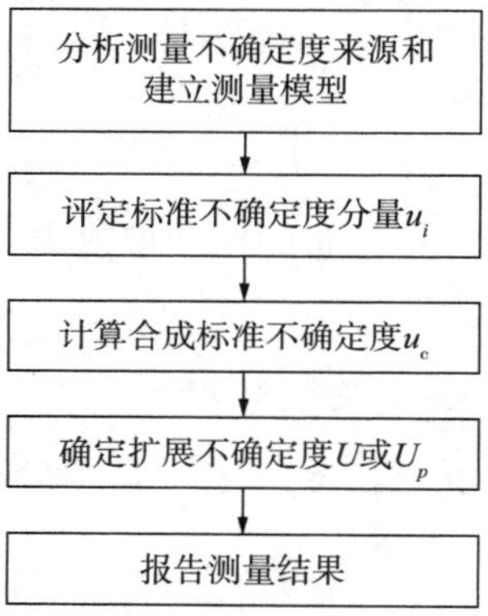

图 3-11　GUM 法评定测量不确定度的流程

(二) GUM 法评定测量不确定度的方法

1. 分析测量不确定度的来源

不确定度来源的分析取决于对测量方法、测量设备、测量条件及对被测量的详细了解和认识,必须具体问题具体分析。所以,测量人员必须熟悉业务、钻研专业技术,深入研究有哪些可能的因素会影响测量结果,根据实际测量情况分析对测量结果有明显影响的不确定度来源。

通常测量不确定度来源从以下方面考虑:

（1）被测量的定义不完整

例如，定义被测量是一根标称值为 1 m 的钢棒的长度，要求测准到微米量级。

此时被测钢棒受温度和压力的影响已经比较明显，而这些条件没有在定义中说明，在不同温度、不同压力下可以得出不同的测量结果。定义细节的不完整会对测量结果引入不确定度。

（2）复现被测量的测量方法不理想

例如，在微波测量中"衰减"量是在匹配条件下定义的，但实际测量系统不可能理想匹配，因此要考虑失配引入的测量不确定度。

又如，无线电信号的失真度是在纯电阻负载上信号的全部谐波电压的有效值与基波电压有效值之比的百分数。但失真度测量仪是采用基波抑制法，先用电压表测出基波抑制后的全部谐波电压，再测出未抑制基波的信号总电压，由它们之比得到的失真度。由于这种方法未能测出基波电压，因此测得的失真度值与定义的失真度不一致，由这种失真度测量仪测得的失真度存在着由于复现被测量的测量方法不理想引入的不确定度。

（3）取样的代表性不够，即被测样本不能代表所定义的被测量

例如，被测量定义为聚四氟乙烯在给定频率时的介电常数。由于测量方法和测量设备的限制，只能取聚四氟乙烯介质材料板的一部分做成样块，并对样块进行测量。如果选用的材料板有杂质，测量所取用的样块恰好是杂质较多的地方，样本就不能完全代表所定义的被测材料聚四氟乙烯。在介电常数测量结果中要考虑样本代表性不够引入的不确定度。

（4）对测量过程受环境影响的认识不恰如其分或对环境的测量与控制不完善

例如，以测量木棒长度为例，如果实际工作中湿度对木棒的测量有明显影响，但测量时由于认识不足而没有采取措施，在评定测量结果的不确定度时，就应把因湿度影响引起的不确定度考虑进去。

又如，在水银温度计的校准中，被校温度计与标准温度计都放在同一个恒温槽中，恒温槽内的温度由一台温度控制器控制，在实际工作过程中，控制器不可能将恒温槽的温度稳定在一个恒定值上，槽的温度会在一个小的温度范围内变化，因此要考虑这种温度控制不完善引入的不确定度。

（5）对模拟式仪器的读数存在人为偏移

在读取模拟式仪器的示值时，一般要在最小分度内估读。由于观测者的位置或个人习惯的不同等可能对同一状态的指示会有不同的读数，这种差异会引入不确定度。

（6）测量仪器的计量性能的局限性

通常情况下，测量仪器的不准（最大允许误差）是影响测量结果不确定度的主要来源之一，例如用天平测量物体的质量时，测量结果的不确定度必须包括所用天平和砝码引入的不确定度。

测量仪器的其他计量特性如仪器的分辨力、灵敏度、鉴别阈、死区及稳定性等的影响也应根据情况加以考虑。

例如，对于较小差别的两个输入信号，由于测量仪器的分辨力不够，仪器的示值差为零，这个零值就存在着分辨力不够引入的测量不确定度。

又如，用频谱分析仪测量信号的相位噪声，当被测量小到低于相位噪声测试仪的噪声门限（鉴别阈）时，就测不出来了，此时要考虑噪声门限引入的不确定度。

（7）测量标准或标准物质提供的量值不准确

计量校准中被校仪器是用与测量标准比较的方法实现校准的。对于给出的校准关系（例如示值误差或修正因子），测量标准（包括标准物质）的不确定度是其要考虑的主要不确定度来源。

（8）引用的数据或其他参量值不准确

例如，测量黄铜棒的长度时，为考虑长度随温度的变化，要用到黄铜的线膨胀系数 α，查数据手册可以得到所需的 α 值。该值的不确定度是测量结果的不确定度来源之一。

（9）测量方法和测量程序的近似和假设

例如，被测量表达式的近似程度，自动测试程序的迭代程度，电测量中由于测量系统不完善引起的绝缘漏电、热电势、引线电阻等，都会引入不确定度。

（10）在相同条件下被测量在重复观测中的变化

在实际工作中，多次测量通常可以得到一系列不完全相同的数据，测得值具有一定的分散性，这是由诸多随机因素的影响造成的，这种随机变化常用测量重复性表征，也就是重复性是测量结果的不确定度来源之一。

除此之外，如果已经对测量结果进行了修正，给出的是已修正的测量结果，则还要考虑修正值不完善引入的测量不确定度。

通常，在分析测量结果的不确定度来源时，可以从测量仪器、测量环境、测量方法、被测量等方面全面考虑，应尽可能做到不遗漏、不重复。特别应考虑对测量结果影响较大的不确定度来源。

测量中的失误或突发因素不属于测量不确定度的来源。在测量不确定度评定中，应剔除测得值中的离群值（异常值）。

2. 输入量的标准不确定度的评定

（1）标准不确定度的 A 类评定方法

对被测量 X，在同一条件下进行 n 次独立重复观测，观测值为 $x_i(i=1,2,\cdots,n)$，得到算术平均值 $\bar{x}$ 及实验标准偏差 $s(x)$。当用算术平均值 $\bar{x}$ 作为被测量的最佳估计值时，被测量估计值的重复性引入的标准不确定度 $u(\bar{x})$ 按式（3-41）进行估计：

$$u(\bar{x})=s(\bar{x})=\frac{s(x)}{\sqrt{n}} \tag{3-41}$$

① 基本的标准不确定度 A 类评定流程（见图 3-12）

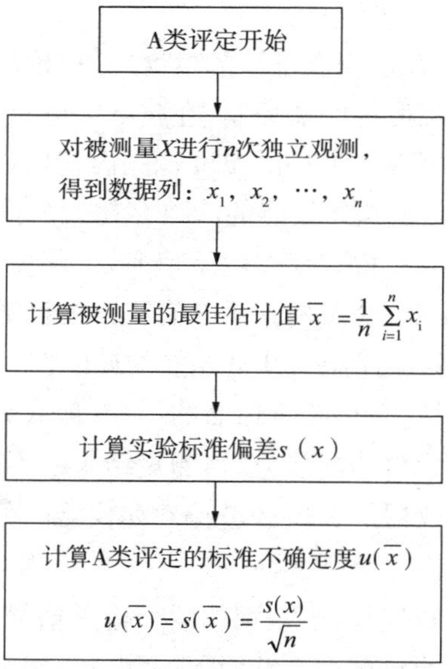

【案例 3-15】 对一等活塞压力计的活塞有效面积进行检定，在各种压力下，测得 10 次活塞有效面积与标准活塞面积之比 l 如下（用 l 的测得值乘标准活塞面积可得到被检活塞的有效面积）：
0.250 670，0.250 673，0.250 670，0.250 671，
0.250 675，0.250 671，0.250 675，0.250 670，
0.250 673，0.250 670

问 l 的最佳估计值及其 A 类评定的重复性引入的标准不确定度。

【案例分析】 由于 $n=10$，l 的测得值为 $\bar{l}$，计算如下

$$\bar{l}=\left(\sum_{i=1}^{n}l_i\right)\Big/n=0.250\ 672$$

由贝塞尔公式求单次观测值的实验标准偏差：

$$s(l)=\sqrt{\frac{\sum_{i=1}^{n}(l_i-\bar{l})^2}{n-1}}=2.05\times10^{-6}$$

由测量重复性导致 l 的测得值 $\bar{l}$ 的标准不确定度为：

$$u(\bar{l})=\frac{s(l)}{\sqrt{n}}=0.63\times10^{-6}$$

图 3-12　重复性引入的标准不确定度的 A 类评定流程

② 测量过程标准不确定度的 A 类评定

采用 A 类评定获得的标准不确定度会由于观测次数较少使得标准不确定度的可靠性不高。当有相同测量水平的多组测量获得的样本标准偏差时,可合并样本标准偏差以提高标准偏差的可靠性(减小因观测次数少引起的标准偏差估计值的波动)。

对一个测量过程,如果采用核查标准进行核查的方法使测量过程处于统计控制状态,则该测量过程的实验标准偏差为合并样本标准偏差 s_p。

若每组核查的测量次数 n 相同(即自由度相同),第 j 组核查时的实验标准偏差为 s_j(自由度均为 $n-1$),共核查 m 组,则合并样本标准偏差 s_p 按式(3-42)计算:

$$s_p = \sqrt{\dfrac{\sum\limits_{j=1}^{m} s_j^2}{m}} \tag{3-42}$$

此时 s_p 的自由度为 $\nu=(n-1)m$。

在此测量过程中,以平均值作为测量结果的 A 类评定的由重复性引入的标准不确定度为:

$$u = s_p / \sqrt{n'}$$

式中的 n' 为获得平均值时的测量次数。

【案例 3-16】　对某测量过程进行过 2 组核查,均在受控状态。第一组核查时,测 4 次,$n=4$,得到观测值:0.250 mm,0.236 mm,0.213 mm,0.220 mm;第二组核查时,也测 4 次,求得 $s_2=0.015$ mm。在该测量过程中实测某一被测件,测量 6 次,问被测量估计值 y 的重复性引入的标准不确定度。

【案例分析】　根据第一组核查的数据,用极差法求得实验标准偏差:查极差系数 C_n 表得极差系数 $C_4=2.06$,则:

$$s_1 = (0.250-0.213)\ mm/2.06 = 0.018\ mm$$

第二组核查时,也测 4 次,得 $s_2=0.015$ mm。

共核查 2 组,即 $m=2$,则该测量过程的合并样本标准偏差为:

$$s_p = \sqrt{\dfrac{s_1^2 + s_2^2}{m}} = \sqrt{\dfrac{0.018^2 + 0.015^2}{2}}\ mm = 0.017\ mm$$

在该测量过程中实测某一被测件,测量 6 次,A 类评定的被测量估计值 y 的重复性引入的标准不确定度为:

$$u(y) = s_p / \sqrt{n'} = 0.017\ mm/\sqrt{6} = 0.007\ mm$$

其自由度为 $\nu=(n-1)m=(4-1)\times 2=6$。

③ 规范化常规测量时标准不确定度的 A 类评定

规范化常规测量是指已经明确规定了测量程序和测量条件的测量,如日常按检定规程进行的大量同类被测件的检定,当可以认为对每个同类被测量的实验标准偏差相同时,通过累积的测量数据,计算出自由度充分大的合并样本标准偏差,以用于 A 类评定每次测量时重复性引入的标准不确定度。

在规范化的常规测量中,测量 m 个同类被测量,得到 m 组数据,每组测量 n 次,第 j 组的平均值为 $\bar{x}_j$,则合并样本标准偏差 s_p 按式(3-43)计算:

$$s_p = \sqrt{\dfrac{\sum\limits_{j=1}^{m} \sum\limits_{i=1}^{n} (x_{ij} - \bar{x}_j)^2}{m(n-1)}} \tag{3-43}$$

每个被测件测得的最佳估计值 $\bar{x}_j$ 的标准不确定度按式(3-44)计算:

$$u(\bar{x}_j) = s_p / \sqrt{n} \tag{3-44}$$

其自由度 $\nu = m(n-1)$。

若对每个被测件的测量次数 n_j 不同，即各组的自由度 ν_j 不等，各组的实验标准偏差为 s_j，则合并样本标准偏差 s_p 按式（3-45）计算：

$$s_p = \sqrt{\dfrac{\sum\limits_{j=1}^{m} \nu_j s_j^2}{\sum\limits_{j=1}^{m} \nu_j}} \qquad (3-45)$$

式中，$\nu_j = n_j - 1$。

对于常规的计量检定或校准，当无法满足 $n \geqslant 10$ 时，为使得到的实验标准偏差更可靠，如果有可能，建议采用合并样本标准偏差 s_p 计算由重复性引入的标准不确定度分量。

【案例 3-17】 对一批共 10 个相同准确度等级的 10 kg 砝码校准时，对每个砝码重复测 4 次（$n=4$），观测值为 $x_i(i=1,2,3,4)$；共测了 10 个砝码（$m=10$），得到 10 组观测值 $x_{ij}(i=1,\cdots,4;j=1,\cdots,10)$；数据如表 3-8 所示。

表 3-8　数据表

测量次数 i	砝码号 j									
	#1	#2	#3	#4	#5	#6	#7	#8	#9	#10
$i=1$	x_{11} 10.01	x_{12} 10.03	x_{13} 10.02	x_{14} 10.01	x_{15} 10.02	x_{16} 10.03	x_{17} 10.01	x_{18} 10.01	x_{19} 10.03	x_{110} 10.01
$i=2$	x_{21} 10.02	x_{22} 10.01	x_{23} 10.04	x_{24} 10.01	x_{25} 10.04	x_{26} 10.02	x_{27} 10.03	x_{28} 10.04	x_{29} 10.01	x_{210} 10.02
$i=3$	x_{31} 10.03	x_{32} 10.01	x_{33} 10.01	x_{34} 10.02	x_{35} 10.01	x_{36} 10.03	x_{37} 10.02	x_{38} 10.02	x_{39} 10.01	x_{310} 10.04
$i=4$	x_{41} 10.01	x_{42} 10.02	x_{43} 10.02	x_{44} 10.03	x_{45} 10.02	x_{46} 10.01	x_{47} 10.04	x_{48} 10.02	x_{49} 10.03	x_{410} 10.01

问：计算这种常规的砝码校准中砝码质量测得值的由重复性引入的标准不确定度。

【案例分析】 这种情况下可以采用 A 类评定方法进行评定，用 10 个砝码校准的合并样本标准偏差计算测得值的标准不确定度，这样可以增加自由度，也就提高了所评定的标准不确定度的可信度。合并样本标准偏差可由式（3-42）计算，计算结果列入表 3-9。

表 3-9　计算列表

砝码号 j	1	2	3	4	5	6	7	8	9	10
$\bar{x}_j$	$\bar{x}_1$ 10.018	$\bar{x}_2$ 10.018	$\bar{x}_3$ 10.023	$\bar{x}_4$ 10.018	$\bar{x}_5$ 10.023	$\bar{x}_6$ 10.023	$\bar{x}_7$ 10.025	$\bar{x}_8$ 10.023	$\bar{x}_9$ 10.020	$\bar{x}_{10}$ 10.020
$G_j = \sum\limits_{i=1}^{4}(x_{ij}-\bar{x}_j)^2$	0.000 28	0.000 28	0.000 48	0.000 28	0.000 48	0.000 28	0.000 50	0.000 48	0.000 40	0.000 60
$\sum\limits_{j=1}^{10} G_j$	0.004 03									
$s_p = \sqrt{\dfrac{\sum\limits_{j=1}^{10} G_j}{10 \times (4-1)}}$	0.012 kg 　自由度 $\nu = m(n-1) = 10 \times (4-1) = 30$									

$$u(\overline{x}_j) = s_p/\sqrt{n} = 0.012 \text{ kg}/2 = 0.006 \text{ kg}$$

用 A 类评定得到砝码测得值由重复性引入的标准不确定度为 0.006 kg,其自由度为 30。

④ 由最小二乘法拟合最佳直线上得到预期值的标准不确定度的 A 类评定

由最小二乘法拟合的最佳直线的方程:$y = a + bx$。

预期值 y_j 的实验标准偏差按式(3-46)计算:

$$s_p(y_j) = \sqrt{s_a^2 + x_j^2 s_b^2 + b^2 s_x^2 + 2x_j r(a,b) s_a s_b} \tag{3-46}$$

式中,$r(a,b)$ 为 a 和 b 的相关系数;s_a,s_b 和 s_x 分别为 a,b 和 x 的实验标准偏差。

则用 A 类评定方法得到的预期值 y_j 的标准不确定度为 $u(y_j) = s_p(y_j)$。

注意:A 类评定时应尽可能考虑随机效应的来源,使其反映到测得值中去。例如:

a. 若被测量是一批材料的某一特性,A 类评定时应该在这批材料中抽取足够多的样品进行测量,以便把不同样品间可能存在的随机差异导致的不确定度分量反映出来;

b. 若测量时需对测量仪器进行调零,则获得 A 类评定的数据时应注意每次测量要重新调零,以便计入每次调零的随机变化导致的不确定度分量;

c. 通过直径的测量计算圆的面积时,在直径的重复测量中,应随机地选取不同的测量方向;

d. 在一个气压表上重复多次读取示值时,每次把气压表扰动一下,然后让它恢复到平衡状态后再进行读数。

(2) 标准不确定度的 B 类评定方法

标准不确定度的 B 类评定不采用 A 类评定方法,而借助于一切可利用的有关信息进行科学判断,得到估计的标准偏差。

标准不确定度的 B 类评定流程见图 3-13。

B 类评定步骤:

a. 根据有关信息或经验,判断被测量的可能值区间 $[\overline{x}-a, \overline{x}+a]$;

b. 假设测得值在区间内的概率分布;

c. 根据概率分布和要求的包含概率 p 估计包含因子 k,则 B 类评定的标准不确定度 u 按式(3-47)计算:

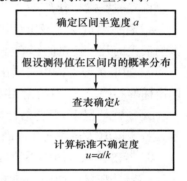

图 3-13　标准不确定度的 B 类评定流程

$$u = \frac{a}{k} \tag{3-47}$$

式中,a 为被测量可能值区间的半宽度,k 为包含因子。

B 类评定方法:

① B 类评定时可能的信息来源及如何确定可能值的区间半宽度

区间半宽度 a 值是根据有关的信息确定的。一般情况下,可利用的信息包括:

a. 以前的观测数据;

b. 对有关技术资料和测量仪器特性的了解和经验;

c. 生产部门提供的技术说明文件(制造厂的技术说明书);

d. 校准证书、检定证书、测试报告或其他提供的数据、准确度等级等;

e. 手册或某些资料给出的参考数据及其不确定度;

f. 规定测量方法的校准规范、检定规程或测试标准中给出的数据;

g. 其他有用信息。

例如:

a. 制造厂的说明书给出测量仪器的最大允许误差为 $\pm\Delta$,并经计量部门检定合格,则可能值的区间为 $(-\Delta, \Delta)$,区间的半宽度为:

$$a = \Delta$$

b. 校准证书提供的值,给出其扩展不确定度为 U,则区间的半宽度为:

$$a=U$$

c. 由手册查出所用的参考数据,同时给出该数据的误差不超过 $\pm\Delta$,则区间的半宽度为:

$$a=\Delta$$

d. 由有关资料查得某参数 X 的最小可能值为 a_-,最大可能值为 a_+,区间半宽度可以用下式确定

$$a=\frac{1}{2}(a_+-a_-)$$

e. 数字显示装置的分辨力为 1 个数字所代表的量值 δ_x,则取:

$$a=\delta_x/2$$

f. 当测量仪器或实物量具给出准确度等级时,可以按检定规程或有关规范所规定的该等别或级别的最大允许误差或测量不确定度进行评定。

g. 根据过去的经验判断某值不会超出的范围来估计区间半宽度 a 值。

h. 必要时,用实验方法来估计可能的区间。

②B 类评定时如何假设可能值的概率分布和确定 k 值

首先假设概率分布。

a. 若被测量受许多相互独立的随机影响的量的影响,这些量变化的概率分布各不相同,但其中影响最大的几个变量的影响幅度相近时,被测量受到的随机影响接近正态分布。

b. 如果有证书或报告给出的扩展不确定度是 U_{90}、U_{95} 或 U_{99},除非另有说明,可以按正态分布来评定标准不确定度,但给出相应的包含因子 k 的数值时,应根据 k 直接计算标准不确定度。

c. 一些情况下,只能估计被测量的可能值区间的上限和下限,测得值落在区间外的概率几乎为零。若测得值落在该区间内的任意值的可能性相同,则可假设为均匀分布。

d. 若落在该区间中心的可能性最大,则假设为三角分布。

e. 若落在该区间中心的可能性最小,而落在该区间上限和下限处的可能性最大,则假设为反正弦分布。

f. 对被测量的可能值落在区间内的情况缺乏了解时,一般假设为均匀分布。

实际工作中,可依据同行专家的研究和经验来假设概率分布。例如,无线电计量中失配引入的不确定度为反正弦分布;几何量计量中度盘偏心引入的测角不确定度为反正弦分布;测量仪器最大允许误差、分辨力、数据修约、度盘或齿轮回差、平衡指示器调零不准等导致的不确定度按均匀分布考虑;两个独立量值之和或差的概率分布为三角分布;按级使用量块时,中心长度偏差导致的概率分布为两点分布。

然后根据概率分布确定 k 值。

a. 已知扩展不确定度是合成标准不确定度的若干倍,则该倍数就是 k 值。

b. 假设概率分布后,根据要求的概率查表得到 k 值。

例如:

如果数字显示仪器的分辨力为 δ_x,则区间半宽度 $a=\delta_x/2$,可假设为均匀分布,查表得 $k=\sqrt{3}$,由分辨力引入的标准不确定度分量为:

$$u(x)=\frac{a}{k}=\frac{\delta_x}{2\sqrt{3}}=0.29\delta_x$$

若某数字电压表的分辨力为 $1~\mu V$(即最低位的一个数字代表的量值),则由分辨力引入的标准不确定度分量 $u(V)=0.29\times1~\mu V=0.29~\mu V$。

③ 常用的概率分布与 k 值的关系见表 3-10 和表 3-11。

表 3−10 正态分布时 k 值与概率 p 的关系

p	0.50	0.90	0.95	0.99	0.997 3
k	0.676	1.64	1.96	2.58	3

表 3−11 几种非正态分布时的 k 值

概率分布	均匀分布	反正弦分布	三角分布	梯形分布	两点分布
$k(p=100\%)$	$\sqrt{3}$	$\sqrt{2}$	$\sqrt{6}$	$\sqrt{6}/\sqrt{(1+\beta^2)}$	1

注：β 为梯形上底半宽度与下底半宽度之比。

④ 标准不确定度 B 类评定的示例

【案例 3−18】 校准证书上给出标称值为 1 000 g 的不锈钢标准砝码质量 m_s 的测得值为 1 000.000 325 g，且校准不确定度为 24 μg（按 3 倍标准不确定度计），求砝码的标准不确定度。

【案例分析】 标准不确定度的评定：由于 $a=U=24$ μg，$k=3$，则砝码的标准不确定度为 $u(m_s)=24$ μg$/3=8$ μg。

【案例 3−19】 校准证书上说明标称值为 10 Ω 的标准电阻在 23 ℃时的测得值为 10.000 074 Ω，扩展不确定度为 90 μΩ，包含概率为 99%，求电阻的相对标准不确定度。

【案例分析】 标准不确定度的评定：由校准证书的信息可知：

$$a=U_{99}=90 \text{ μΩ}, p=0.99$$

假设为正态分布，查表得到 $k=2.58$，则电阻测得值的标准不确定度为：

$$u(R_s)=90 \text{ μΩ}/2.58=35 \text{ μΩ}$$

相对标准不确定度为 $u(R_s)/R_s=3.5\times10^{-6}$。

【案例 3−20】 手册给出纯铜在 20 ℃时的线热膨胀系数 $\alpha_{20}(Cu)$ 为 16.52×10^{-6} ℃$^{-1}$，并说明此值的误差不超过 $\pm0.40\times10^{-6}$ ℃$^{-1}$，求 $\alpha_{20}(Cu)$ 的标准不确定度。

【案例分析】 标准不确定度的评定：根据手册，$a=0.40\times10^{-6}$ ℃$^{-1}$，依据经验假设为等概率地落在区间内，即均匀分布，查表得 $k=\sqrt{3}$，铜的线热膨胀系数的标准不确定度为：

$$u(\alpha_{20})=0.40\times10^{-6} \text{ ℃}^{-1}/\sqrt{3}=0.23\times10^{-6} \text{ ℃}^{-1}$$

【案例 3−21】 由数字电压表的仪器说明书得知，该电压表的最大允许误差为 $\pm(14\times10^{-6}\times$读数$+2\times10^{-6}\times$量程)，用该电压表测量某产品的输出电压，在 10 V 量程上测 1 V 时，测量 10 次，其平均值作为被测量的估计值，得 $\overline{V}=0.928\ 571$ V，问测量结果的不确定度中数字电压表引入的标准不确定度是多少？

【案例分析】 标准不确定度的评定：电压表最大允许误差的模为区间的半宽度：

$$a=(14\times10^{-6}\times0.928\ 571 \text{ V}+2\times10^{-6}\times10 \text{ V})=33\times10^{-6} \text{ V}=33 \text{ μV}$$

设在区间内为均匀分布，查表得到 $k=\sqrt{3}$，则测量结果中由数字电压表引入的标准不确定度为 $u(V)=33$ μV$/\sqrt{3}=19$ μV。

【案例 3−22】 某法定计量技术机构要评定被测量 Y 的最佳估计值 y 的合成标准不确定度 $u_c(y)$，y 的输入量中有碳元素 C 的相对原子质量，通过资料查出 C 的相对原子质量为 $A_r(C)=12.010\ 7(8)$。资料说明这是国际纯化学和应用化学联合会给出的值。如何评定由于碳元素 C 的相对原子质量不准确引入的标准不确定度分量？

【案例分析】 根据 2005 年国际纯化学和应用化学联合会给出的值，碳元素 C 的相对原子质量为 $A_r(C)=12.010\ 7(8)$，括号内的数是标准不确定度，与相对原子质量的末位对齐。所以碳元素 C 的相对原子质量为 $A_r(C)=12.010\ 7$，其标准不确定度为 $u[A_r(C)]=0.000\ 8$。

⑤ B 类评定的标准不确定度的自由度

B 类评定的标准不确定度的自由度可由式(3-48)估计：

$$\nu_i \approx \frac{1}{2} \times \frac{u^2(x_i)}{\sigma^2[u(x_i)]} \approx \frac{1}{2}\left[\frac{\Delta u(x_i)}{u(x_i)}\right]^{-2} \tag{3-48}$$

$\Delta u(x_i)/u(x_i)$ 为 $\sigma[u(x_i)]/u(x_i)$ 的估计值,是 $u(x_i)$ 的相对标准不确定度。根据经验,先按所依据的信息来源的不可信程度来判断 $u(x_i)$ 的相对标准不确定度,再按式(3-48)计算出自由度 ν。B 类评定的标准不确定度的自由度列于表 3-12。

表 3-12　B 类标准不确定度的自由度估计

$\Delta u(x_i)/u(x_i)$	0	0.10	0.20	0.25	0.30	0.40	0.50
ν	∞	50	12	8	6	3	2

3. 输入量间不相关时合成标准不确定度的评定

无论各输入量的标准不确定度是由 A 类评定还是 B 类评定得到,合成标准不确定度是由各标准不确定度分量合成得到的。被测量估计值 y 的合成标准不确定度用符号 $u_c(y)$ 表示。

(1)当各输入量间不相关

被测量 y 的标准不确定度分量合成时可用式(3-49)计算:

$$u_c(y) = \sqrt{\sum_{i=1}^{N} u_i^2(y)} \tag{3-49}$$

对于直接测量,可简单地写成式(3-50):

$$u_c = \sqrt{\sum_{i=1}^{N} u_i^2} \tag{3-50}$$

(2)当被测量的函数形式为 $Y = A_1 X_1 + A_2 X_2 + \cdots + A_N X_N$,且各输入量间不相关时,合成标准不确定度 $u_c(y)$ 按式(3-51)计算:

$$u_c(y) = \sqrt{\sum_{i=1}^{N} A_i^2 u^2(x_i)} \tag{3-51}$$

(3)当被测量的函数形式为 $Y = A(X_1^{P_1} X_2^{P_2} \cdots X_N^{P_N})$,且各输入量间不相关时,合成标准不确定度 $u_c(y)$ 按式(3-52)计算:

$$\frac{u_c(y)}{|y|} = \sqrt{\sum_{i=1}^{N} [P_i u(x_i)/x_i]^2} \tag{3-52}$$

如果在式(3-52)中 $P_i = 1$,则被测量的测量结果的相对合成标准不确定度是各输入量的相对标准不确定度的方和根值,可按式(3-53)计算:

$$\frac{u_c(y)}{|y|} = \sqrt{\sum_{i=1}^{N} [u(x_i)/x_i]^2} \tag{3-53}$$

【案例 3-23】　某法定计量机构为了得到质量 $m=300$ g 的计量标准,采用了两个质量分别为 $m_1=100$ g,$m_2=200$ g 的砝码。m_1 与 m_2 校准的相对标准不确定度 $u_{rel}(m_1)$、$u_{rel}(m_2)$ 按其校准证书,均为 1×10^{-4}。在评定 m 的相对标准不确定度 $u_{rel}(m)$ 时,测量模型为 $m=m_1+m_2$。假设输入量估计值 m_1 与 m_2 相互独立,灵敏系数均为 $+1$,则:

$$u_{crel}(m) = \sqrt{u_{rel}^2(m_1) + u_{rel}^2(m_2)} = \sqrt{2} \times 10^{-4}$$

得出 $u_c(m)$ 为:

$$u_c(m) = u_{crel}(m) \times m = 0.043 \text{ g}$$

问题:案例中的合成标准不确定度的计算方法是否正确? 应该如何合成? 在不确定度的合成

中,什么情况下可直接用输入量的相对标准不确定度进行合成?

【案例分析】 案例的计算方法不正确,依据 JJF 1059.1—2012 的规定:当测量模型为:

$$Y = f(X_1, X_2, \cdots, X_n) = A X_1^{P_1} X_2^{P_2} \cdots X_N^{P_N}$$

且各输入量间不相关时,输出量的相对合成标准不确定度可用输入量的相对标准不确定度合成。也就是只有当函数为相乘的关系时,被测量估计值的相对合成标准不确定度等于输入量的相对标准不确定度的方和根值。

由于案例中的测量模型不是乘积形式(测量模型为 $m = m_1 + m_2$),因而不能直接用输入量的相对标准不确定度按公式(3-53)进行合成,案例的计算是错误的。这种测量模型下,只能用式 $u_c(y) = \sqrt{\sum_{i=1}^{N} u^2(x_i)}$ 计算。当用该式进行 $u_c(y)$ 的评定时,应根据已知的 $u_{rel}(m_1)$ 与 $u_{rel}(m_2)$ 计算出 $u(m_1)$ 与 $u(m_2)$。

$$u(m_1) = u_{rel}(m_1) \cdot m_1 = 1 \times 10^{-4} \times 100 \text{ g} = 0.01 \text{ g}$$
$$u(m_2) = u_{rel}(m_2) \cdot m_2 = 1 \times 10^{-4} \times 200 \text{ g} = 0.02 \text{ g}$$

$u(m_1)$ 与 $u(m_2)$ 的灵敏系数均为 +1,合成标准不确定度为:

$$u_c(m) = \sqrt{u(m_1)^2 + u(m_2)^2} = \sqrt{0.01^2 + 0.02^2} \text{ g} = 0.022 \text{ g}$$

相对合成标准不确定度:

$$u_{crel}(m) = u_c(m)/m = 0.022 \text{ g}/300 \text{ g} = 0.7 \times 10^{-4}$$

可见 $u_{crel}(m)$ 小于 $u_{crel}(m_1)$ 和 $u_{crel}(m_2)$ 这两个分量。这主要是由于假设两个标准砝码的质量相互独立(不确定度完全不相关)所致。采用相同溯源方式的标准砝码时,应慎用这种假设。

【案例 3-24】 在测长机上测量某轴的长度,测量结果为 40.001 0 mm,要求进行测量不确定度分析与评定,列出不确定度分量综合表并给出测量结果的合成标准不确定度。

【案例分析】 经分析,各项不确定度分量为:

① 读数的重复性引入的标准不确定度分量 u_1

根据对指示仪的 7 次读数计算得到算术平均值的实验标准偏差为 0.17 μm,$u_1 = 0.17$ μm。

② 测长机主轴不稳定性引入的标准不确定度分量 u_2

由实验数据求得测量结果的实验标准偏差为 0.10 μm,$u_2 = 0.10$ μm。

③ 测长机标尺不准引入的标准不确定度分量 u_3

根据检定证书的信息知道该测长机合格,符合最大允许误差为 ±0.1 μm 的技术指标要求,假设为均匀分布,取 $k = \sqrt{3}$,则 $u_3 = 0.1$ μm$/\sqrt{3} = 0.06$ μm。

④ 温度影响引入的标准不确定度分量 u_4

根据轴材料温度系数的有关信息评定得到其标准不确定度为 0.05 μm,$u_4 = 0.05$ μm。

列出的不确定度分量综合表见表 3-13。

表 3-13　不确定度分量综合表

序　号	不确定度分量来源	评定方法	不确定度分量的符号	不确定度分量的值
1	读数的重复性	A 类	u_1	0.17 μm
2	测长机主轴不稳定	A 类	u_2	0.10 μm
3	测长机标尺不准	B 类	u_3	0.06 μm
4	温度影响	B 类	u_4	0.05 μm

由于各分量间不相关,则轴长测量结果的合成标准不确定度为:

$$u_c = \sqrt{\sum_{i=1}^{4} u_i^2} = \sqrt{0.17^2 + 0.10^2 + 0.06^2 + 0.05^2}\ \mu m = 0.21\ \mu m$$

4. 扩展不确定度的确定

(1)扩展不确定度 U 由合成标准不确定度 u_c 乘包含因子 k 得到,按式(3-54)计算:

$$U = k u_c \tag{3-54}$$

测量结果可表示为 $Y = y \pm U$;y 是被测量 Y 的最佳估计值,被测量 Y 的可能值以较高的包含概率落在 $[y-U, y+U]$ 区间内,即 $y-U \leqslant Y \leqslant y+U$,扩展不确定度 U 是该包含区间的半宽度。

(2)包含因子 k 的选取

包含因子 k 的值根据 $U=k u_c$ 所确定的区间 $y \pm U$ 需具有的包含概率来选取。k 值一般取 2 或 3。当取其他值时,应说明其来源。

为了使所有给出的测量结果之间能够方便地相互比较,在大多数情况下取 $k=2$。当接近正态分布时,测得值落在由 U 所给出的统计包含区间内的概率为:

若 $k=2$,则由 $U=2u_c$ 所确定的区间具有的包含概率约为 95%。

若 $k=3$,则由 $U=3u_c$ 所确定的区间具有的包含概率约为 99% 以上。

当给出扩展不确定度 U 时,应注明所取的 k 值。未注明包含因子 k 值时,则指 $k=2$。

注意:当将扩展不确定度所确定的区间的包含概率规定为 p 时,扩展不确定度用符号 U_p 表示,按式(3-55)计算:

$$U_p = k_p u_c \tag{3-55}$$

k_p 是包含概率为 p 时的包含因子。

5. 表示不确定度的符号

常用的符号如下:

(1) 标准不确定度的符号:u;

(2) 标准不确定度分量的符号:u_i;

(3) 相对标准不确定度的符号:u_r 或 u_{rel};

(4) 合成标准不确定度的符号:u_c;

(5) 扩展不确定度的符号:U;

(6) 相对扩展不确定度的符号:U_r 或 U_{rel};

(7) 明确规定包含概率为 p 时的扩展不确定度的符号:U_p;

(8) 包含因子的符号:k;

(9) 明确规定包含概率为 p 时的包含因子的符号:k_p;

(10) 包含概率的符号:p;

(11) 自由度的符号:ν;

(12) 合成标准不确定度的有效自由度的符号:ν_{eff}。

习题及参考答案

一、习　题

(一)思考题

1. 测量结果为正态分布时,表示被测量落在 $\mu \pm k\sigma$ 区间内($k=2$)的概率是多少? 是如何得来的?

2. 有哪些常用的概率分布? 它们的区间半宽度与包含因子分别有什么关系?

3. 什么是评定测量不确定度的 GUM 法？GUM 法评定测量不确定度有哪些步骤？

4. 测量不确定度的来源可以从哪些方面考虑？

5. 标准不确定度有哪几类评定方法？

6. 如何用 A 类评定方法评定输入量的标准不确定度？

7. 规范化常规测量时如何进行标准不确定度的 A 类评定？

8. 试述标准不确定度 B 类评定的步骤。

9. 试述 B 类评定时可能的信息来源及如何确定可能值的区间半宽度。

10. B 类评定时，如何假设可能值的概率分布和确定 k 值？

11. 输入量间不相关时计算合成标准不确定度有哪些简化公式？

12. 扩展不确定度 U 和 U_p 有什么区别？

13. 用什么方法确定扩展不确定度 U？

14. 如何正确书写常用的不确定度符号？

15. 评定测量不确定度的 GUM 法有哪些适用条件？

（二）选择题（单选）

1. 在相同条件下对被测量 X 进行有限次独立重复测量的算术平均值是_____。

    A. 被测量的期望值   B. 被测量的最佳估计值

    C. 被测量的真值   D. 被测量的近似值

2. 均匀分布的标准偏差是其区间半宽度的_____。

    A. $1/\sqrt{2}$ B. $\sqrt{3}$ C. $1/\sqrt{3}$ D. $\sqrt{6}$

3. 借助于一切可利用的有关信息进行科学判断，得到估计的标准偏差为_____标准不确定度。

    A. A 类评定的   B. B 类评定的

    C. 合成   D. 扩展

4. 如果有证书或报告给出的扩展不确定度是 U_{90}、U_{95} 或 U_{99}，除非另有说明，可以按_____分布用 B 类方法评定标准不确定度。

    A. 正态   B. 均匀

    C. 反正弦   D. 三角

5. 当被测量的测量函数为 $y = \sum\limits_{i=1}^{N} x_i$，各输入量的测量不确定度之间不相关时，合成标准不确定度 $u_c(y)$ 可用_____式计算。

    A. $\dfrac{u_c(y)}{y} = \sqrt{\sum\limits_{i=1}^{N}\left[u(x_i)/x_i\right]^2}$ B. $u_c(y) = \sqrt{\sum\limits_{i=1}^{N}\left[u(x_i)\right]^2}$

    C. $u_c(y) = \sum\limits_{i=1}^{N} u(x_i)$ D. $u_c(y) = \sqrt{\dfrac{1}{N-1}\sum\limits_{i=1}^{N} u^2(x_i)}$

6. 为了使所有给出的测量结果之间能够方便地相互比较，在确定扩展不确定度时，大多数情况下取包含因子_____。

    A. $k=3$ B. $k=2.58$ C. $k=1.73$ D. $k=2$

7. 扩展不确定度的符号是_____。

    A. u_i B. u_c C. U D. U_c

（三）选择题（多选）

1. 下列表示中_____的表示形式是正确的。

    A. $U_{95} = 1\% \ (\nu_{\text{eff}} = 9)$ B. $U_r = 1\% \ (k = 2)$

C. $U_c = 0.5\%$ 　　　　　　　　　　D. $U = \pm 0.5\%\ (k=1)$

2. 报告测量结果时可以用以下几种形式中的_____定量表示其测量不确定度。

    A. 标准不确定度分量 u_i 　　　　　　B. A 类标准不确定度 u_A

    C. 合成标准不确定度 u_c 　　　　　　D. 扩展不确定度 U

3. 某个计量标准中采用了标称值为 1 Ω 的标准电阻,校准证书上说明该标准电阻在 23 ℃时校准给出的测得值为 1.000 074 Ω,扩展不确定度为 90 μΩ($k=2$),在该计量标准中标准电阻使用其测得值时引入的标准不确定度分量为_____。

    A. 90 μΩ 　　　　　　　　　　　　B. 45 μΩ

    C. 4.5×10^{-6} Ω 　　　　　　　　D. 4.5×10^{-5} Ω

4. 数字显示仪器的分辨力为 1 μm,可假设在区间内的概率分布为均匀分布,则由分辨力引入的标准不确定度分量为_____。

    A. $\dfrac{1}{\sqrt{3}}$ μm 　　　　　　　　　B. $\dfrac{2}{\sqrt{3}}$ μm

    C. $\dfrac{1}{2\sqrt{3}}$ μm 　　　　　　　　D. 0.29 μm

5. 按照国家计量技术规范 JJF 1059.1—2012 和 JJF 1059.2—2012 的规定,评定被测量估计值的测量不确定度的方法有_____。

    A. 误差合成的方法 　　　　　　　　B. 概率分布传播的方法

    C. 按不确定度传播律计算的方法 　　D. 对测得值进行统计分析的方法

二、参考答案

(一) 思考题(略)

(二) 选择题(单选):1. B;　2. C;　3. B;　4. A;　5. B;　6. D;　7. C。

(三) 选择题(多选):1. A B;　2. C D;　3. B D;　4. C D;　5. B C。

第三节　测量结果的处理和报告

一、最终报告时测量不确定度的有效位数及数字修约规则

(一) 测量不确定度的有效位数

1. 什么叫有效数字

我们用近似值表示一个量的数值时,通常规定"近似值修约误差限的绝对值不超过末位的单位量值的一半",则该数值从其第一个不是零的数字起到最末一位的全部数字都是有效数字。例如,3.141 5 意味着修约误差限为 ±0.000 05,3.141 5 有五位有效数字;3×10^{-6} Hz 意味着修约误差限为 ±0.5 × 10^{-6} Hz,3×10^{-6} Hz 有一位有效数字。

值得注意的是,第一个不是零的数字左边的 0 不是有效数字,其后的 0 均是有效数字。如 3.860 0 有五位有效数字,0.003 8 有两位有效数字,1 002 有四位有效数字。

对某一个数字,根据保留数位的要求,将多余位的数字按照一定规则进行取舍,这一过程称为数据修约。规范表达测量结果及其测量不确定度必须对有关数据进行修约。

2. 测量不确定度的有效数字位数

在报告测量结果时,不确定度 U 或 $u_c(y)$ 都只能有一位或两位有效数字。也就是说,报告的测

量不确定度最多有两位有效数字。

例如,国际上 2005 年公布的相对原子质量,给出的测量不确定度只有一位有效数字;2006 年公布的物理常量,给出的测量不确定度均有两位有效数字。

在不确定度计算过程中可以适当多保留几位数字,以避免中间运算过程的修约误差影响到最后报告的不确定度。

最终报告时,测量不确定度的有效位数究竟取一位还是两位? 这主要取决于修约误差限的绝对值占测量不确定度的比例大小。经修约后近似值的误差限称修约误差限,有时简称修约误差。

例如,取一位有效数字,$U=0.1$ mm,则修约误差限为 ±0.05 mm,修约误差限的绝对值占不确定度的比例为 50%;而取两位有效数字,$U=0.13$ mm,则修约误差限为 ±0.005 mm,修约误差的绝对值占不确定度的比例为 3.8%。

所以,当第一位有效数字是 1 或 2 时,应保留两位有效数字。除此之外,测量要求不高时可以保留一位有效数字。测量要求较高时,一般取两位有效数字。

(二) 数字修约规则

1. 通用的数字修约规则

通用的数字修约规则为:以保留数字的末位为单位,末位后的数字大于 0.5 者,末位进一;末位后的数字小于 0.5 者,末位不变(即舍弃末位后的数字);末位后的数字恰为 0.5 者,使末位为偶数(即当末位为奇数时,末位进一;当末位为偶数时,末位不变)。

我们可以简洁地记成:"四舍六入,逢五取偶"。

报告测量不确定度时按通用规则进行数字修约的举例:

$u_c=0.568$ mV,应写成 $u_c=0.57$ mV 或 $u_c=0.6$ mV。

$u_c=0.561$ mV,应写成 $u_c=0.56$ mV。

$U=10.5$ nm,应写成 $U=10$ nm。

$U=10.500\ 1$ nm,应写成 $U=11$ nm。

$U=11.5\times10^{-5}$ 取两位有效数字,应写成 $U=12\times10^{-5}$;

取一位有效数字,应写成 $U=1\times10^{-4}$。

$U=1\ 235\ 687\ \mu A$,取一位有效数字,应写成 $U=1\times10^6\ \mu A=1$ A。

修约的注意事项:不可连续修约。例如,要将 7.691 499 修约到四位有效数字,应一次修约为 7.691。若采取 7.691 499→7.691 5→7.692 是不对的。

2. 测量不确定度的可选数字修约方式

为了保险起见,也可将不确定度的保留数末位后的数字全都进位而不是舍去。

例如,$u_c=10.27$ mΩ,报告时取两位有效数字,按通用修约规则时 $u_c=10$ mΩ,但为保险起见可取 $u_c=11$ mΩ。

【案例 3-25】 某计量检定员经测量得到被测量估计值 $y=5\ 012.53$ mV,$U=1.32$ mV,在报告时,她为不确定度取一位有效数字,即 $U=2$ mV,测量结果为 $y\pm U=5\ 013$ mV ±2 mV。核验员检查结果时认为她把不确定度写错了,核验员认为不确定度取一位有效数字应该是 $U=1$ mV。

【案例分析】 依据 JJF 1059.1 的规定:为了保险起见,可将不确定度的末位后的数字全都进位而不是舍去。该计量检定员采取保险的原则,给出测量不确定度和相应的测量结果是允许的,应该说她的处理是正确的。而核验员采用通用的数据修约规则处理测量不确定度的有效数字也没有错。这种情况下应该尊重该检定员的意见。

二、报告测量结果的最佳估计值的有效位数的确定

被测量的最佳估计值的末位一般应修约到与其测量不确定度的末位对齐。即同单位情况下,如果有小数点,则小数点后的位数一样;如果是整数,则末位一致。

例如:

① $y=6.3250$ g,$u_c=0.25$ g,则被测量估计值应写成 $y=6.32$ g。

② $y=1\ 039.56$ mV,$U=10$ mV,则被测量估计值应写成 $y=1\ 040$ mV。

③ $y=1.500\ 05$ ms,$U=10\ 015$ ns,首先将 y 和 U 变换成相同的计量单位 μs,其次对不确定度 $U=10.015\ \mu$s 修约,取两位有效数字为 $U=10\ \mu$s,然后对被测量的估计值 $y=1.500\ 05$ ms$=1\ 500.05\ \mu$s修约,使其末位与 U 的末位相对齐,得最佳估计值 $y=1\ 500\ \mu$s,则测量结果为 $y\pm U=1\ 500\ \mu$s$\pm10\ \mu$s。

【案例 3-26】　某计量检定员处理检定数据时,从计算器上读得的测得值为 $1\ 235\ 687\ \mu$A,他觉得这个数据位数显得很多,所以在证书上将它简化写成 $y=1\times10^6\ \mu$A$=1$ A。

【案例分析】　依据 JJF 1059.1 的规定,最终报告的被测量的最佳估计值的末位应与其不确定度的末位对齐,而不确定度的有效位数一般应为一位或两位。所以,计量检定员处理数据时应该先计算每个测量结果的扩展不确定度,再根据扩展不确定度的位数确定被测量最佳估计值的有效位数。案例中的做法是不正确的。例如上例中,如果 $U=1\ \mu$A,则测得值 $y=1\ 235\ 687\ \mu$A 时,其末位与扩展不确定度的末位已经一致,不需要修约,不能写成 1 A。

三、测量结果的表示和报告

(一)完整的测量结果的报告内容

(1) 完整的测量结果应包含:

① 被测量的最佳估计值,通常是多次测量的算术平均值或由函数式计算得到的输出量的估计值;

② 测量不确定度,说明该被测量值的分散性或所在的具有一定概率的包含区间的半宽度。

例如,测量结果表示为 $Y=y\pm U(k=2)$。其中 Y 是被测量,y 是被测量的最佳估计值,U 是测量的扩展不确定度,k 是包含因子,$k=2$ 说明被测量的值在 $y\pm U$ 区间内的概率为 95% 左右,U 是包含区间的半宽度。

(2) 在报告测量结果的测量不确定度时,应对测量不确定度有充分详细的说明,以便人们可以正确利用该测量结果。不确定度的优点是具有可传播性,如果第二次测量使用了第一次测量的测量结果,那么,第一次测量的不确定度可以作为第二次测量的一个不确定度分量。因此给出不确定度时,要求具有充分的信息,以便下一次测量能够评定出其标准不确定度分量。

(二)用合成标准不确定度报告测量结果

1. 以下情况报告测量结果时使用合成标准不确定度

(1) 基础计量学研究;

(2) 基本物理常量测量;

(3) 复现国际单位制单位的国际比对。

合成标准不确定度可以表示测量结果的分散性大小,既便于测量结果间的比较,也便于使用该

结果的其他测量获得其标准不确定度。例如铯原子频率基准、约瑟夫森电压基准等基准所复现的量值，属于基础计量学研究的结果，它们的测量不确定度可以用合成标准不确定度表示。

2. 带有合成标准不确定度的测量结果报告的表示

（1）要给出被测量 Y 的估计值 y 及其合成标准不确定度 $u_c(y)$，必要时还应给出其有效自由度 ν_{eff}；需要时，可给出相对合成标准不确定度 $u_{\text{crel}}(y)$。

（2）带有合成标准不确定度的测量结果报告形式：

例如，标准砝码的质量为 m_s，测得的最佳估计值为 100.021 47 g，合成标准不确定度 $u_c(m_s)$ 为 0.35 mg，则测量结果报告形式有：

① $m_s = 100.021\ 47$ g；$u_c(m_s) = 0.35$ mg。

② $m_s = 100.021\ 47(35)$ g；括号内的数是合成标准不确定度，其末位与前面结果的末位数对齐。这种形式主要在公布常数或常量时使用。

③ $m_s = 100.021\ 47(0.000\ 35)$ g；括号内的数是合成标准不确定度，与前面结果有相同计量单位。

（三）用扩展不确定度报告测量结果

1. 什么时候使用扩展不确定度

除上述规定或有关各方约定采用合成标准不确定度外，报告测量结果时测量不确定度通常用扩展不确定度表示。尤其工业、商业及涉及健康和安全方面的测量，都是报告扩展不确定度。因为扩展不确定度表示的测量结果所在的区间具有足够高的包含概率（可信程度），它比较符合人们的使用习惯。

2. 带有扩展不确定度的测量结果报告的表示

（1）要给出被测量 Y 的估计值 y 及其扩展不确定度 $U(y)$ 或 $U_p(y)$

对于 U 要给出包含因子 k 值。

对于 U_p 要在下标中给出与包含概率 p 值的百分数形式对应的数字。例如，$p = 0.95$ 时的扩展不确定度可以表示为 U_{95}，应注意下标不要写成 0.95。必要时还要说明有效自由度 ν_{eff}，即给出获得扩展不确定度的合成标准不确定度的有效自由度，以便由 p 和 ν_{eff} 查表得到 t 值，即 k_p 值；另一些情况下可以直接说明 k_p 值。

需要时可给出相对扩展不确定度 $U_{\text{rel}}(y)$。

（2）带有扩展不确定度的测量结果的报告形式

扩展不确定度的报告有 U 或 U_p 两种。

① $U = k u_c(y)$ 的报告

例如，标准砝码的质量为 m_s，被测量的最佳估计值为 100.021 47 g，合成标准不确定度 $u_c(m_s)$ 为 0.35 mg，取包含因子 $k = 2$，则 $U = k u_c(y) = 2 \times 0.35$ mg $= 0.70$ mg。一般，用 U 表示时测量结果可用以下两种形式之一报告：

a. $m_s = 100.021\ 47$ g；$U = 0.70$ mg，$k = 2$。

b. $m_s = (100.021\ 47 \pm 0.000\ 70)$ g，$k = 2$。

② $U_p = k_p u_c(y)$ 的报告

例如，标准砝码的质量为 m_s，被测量的最佳估计值为 100.021 47 g，合成标准不确定度 $u_c(m_s)$ 为 0.35 mg，$\nu_{\text{eff}} = 9$，按 $p = 95\%$，查 t 分布值表得 $k_p = t_{95}(9) = 2.26$，则 $U_{95} = 2.26 \times 0.35$ mg $= 0.79$ mg。用 U_p 表示时测量结果可用以下 4 种形式之一报告：

a. $m_s = 100.021\ 47$ g；$U_{95} = 0.79$ mg，$\nu_{\text{eff}} = 9$。

b. $m_s=(100.021\ 47\pm0.000\ 79)$ g，$\nu_{eff}=9$，括号内第二项为 U_{95} 的值。

c. $m_s=100.021\ 47(79)$ g，$\nu_{eff}=9$，括号内为 U_{95} 的值，其末位与前面结果末位数对齐。

d. $m_s=100.021\ 47(0.000\ 79)$ g，$\nu_{eff}=9$，括号内为 U_{95} 的值，与前面结果有相同的计量单位。

另外，给出扩展不确定度 U_p 时，为了明确起见，推荐以下说明方式，例如：

$$m_s=(100.021\ 47\pm0.000\ 79)\ \text{g}，\nu_{eff}=9$$

式中正负号后的值为扩展不确定度，$U_{95}=k_{95}u_c$，而合成标准不确定度 $u_c(m_s)=0.35$ mg，自由度 $\nu_{eff}=9$，包含因子 $k_{95}=t_{95}(9)=2.26$，从而具有约为 95% 的包含概率。

【案例 3-27】 元素钾、氧、氢的相对原子质量（A_r）表示为：$A_r(K)=39.098\ 3(1)$，$A_r(O)=15.994\ 3(3)$，$A_r(H)=1.007\ 94(7)$。这样的表示方法正确吗？

【案例分析】 这种表示方法是可以的，但缺少了必要的说明，因此不完全正确。国际上 1993 年公布的元素相对原子质量（A_r）表中，就采用了这种表示方法，并说明"括号中的数是元素相对原子质量的标准不确定度，其数字与相对原子质量的末位一致"。也就是说，$A_r(K)=39.098\ 3(1)$ 表明：$A_r(K)=39.098\ 3$，$u[A_r(K)]=0.000\ 1$。如果没有说明，就可能会误认为是扩展不确定度，会在使用时造成很大的影响。

（3）相对扩展不确定度的表示

① 相对扩展不确定度

$$U_{rel}=U/|y|$$

② 用相对扩展不确定度时测量结果的报告形式举例

a. $m_s=100.021\ 47$ g；$U_{rel}=0.70\times10^{-6}$，$k=2$。

b. $m_s=100.021\ 47$ g；$U_{95rel}=0.79\times10^{-6}$，$\nu_{eff}=9$。

c. $m_s=100.021\ 47(1\pm0.79\times10^{-6})$ g，$p=95\%$，$\nu_{eff}=9$，括号内第二项为相对扩展不确定度 U_{95rel}。

（4）其他注意事项

① 表述和评定测量不确定度时应采用规定的符号。

② 单独表示不确定度时，不要加"±"号。

例如，$u_c=0.1$ mm 或 $U=0.2$ mm，不应写成 $u_c=\pm0.1$ mm 或 $U=\pm0.2$ mm。

③ 在给出合成标准不确定度时，不必说明包含因子 k 或包含概率 p。

注意：如写成 $u_c=0.1$ mm$(k=1)$ 是不对的，括号内关于 k 的说明是不需要的，因为合成标准不确定度 u_c 是标准偏差，它是一个表明分散性的参数，k 只用于表示扩展不确定度与标准不确定度的倍数关系。

④ 对于扩展不确定度 U，$k=2$ 或 $k=3$ 时，不必说明 p。

当用 MCM 评定测量不确定度时，测量结果表示为最佳估计值 y、标准不确定度 u 和设定包含概率的包含区间 $[y_{low}, y_{high}]$。报告测量结果时不要再用 u_c 或 U 表示，也不要说明 k 的值。

习题及参考答案

一、习　题

（一）思考题

1. 什么是有效数字？如何辨别有效数字的位数？

2. 最终报告时，测量不确定度取几位有效数字？

3. 什么是通用的数字修约规则？

4. 如何确定最终报告的被测量最佳估计值的有效位数？

5. 完整的测量结果应报告哪些内容？

6. 如何报告含扩展不确定度的测量结果？

7. 用 u_c 和 U 表示测量不确定度时分别有什么不同的物理概念？

8. u_c，U 和 U_p 分别表示什么？

（二）选择题（单选）

1. 将 2.549 9 修约为两位有效数字的正确写法是_____。

  A. 2.50　　　　　　　B. 2.55　　　　　　　C. 2.6　　　　　　　D. 2.5

2. 以下在证书上给出的 $k=2$ 的扩展不确定度的表示方式中_____是正确的。

  A. $U=0.008\ 00$ mg　　　　　　　　　B. $U=8\times10^{-3}$ mg

  C. $U=523.8\ \mu m$　　　　　　　　　D. 0.000 000 8 m

3. 相对扩展不确定度的以下表示中_____是不正确的。

  A. $m_s=100.021\ 47$ g；$U_{rel}=0.70\times10^{-6}$，$k=2$

  B. $m_s=100.021\ 47(1\pm0.79\times10^{-6})$ g，$p=0.95$，$\nu_{eff}=9$

  C. $m_s=(100.021\ 47\ g\pm0.79\times10^{-6})$，$k=2$

  D. $m_s=100.021\ 47$ g；$U_{95rel}=0.79\times10^{-6}$，$\nu_{eff}=9$

4. U_{95} 表示_____。

  A. 包含概率大约为 95 的测量不确定度

  B. $k=2$ 的测量结果的总不确定度

  C. 由不确定度分量合成得到的测量不确定度

  D. 包含概率为 0.95 的扩展不确定度

（三）选择题（多选）

1. 以下数值中有三位有效数字的有_____。

  A. 0.0700　　　　　B. 5×10^{-3}　　　　　C. 30.4　　　　　D. 0.005

2. 标准砝码的质量为 m_s，测量得到的最佳估计值为 100.021 47 g，合成标准不确定度 $u_c(m_s)$ 为 0.35 mg，取包含因子 $k=2$，以下表示的测量结果中正确的有_____。

  A. $m_s=100.021\ 47$ g；$U=0.70$ mg，$k=2$

  B. $m_s=(100.021\ 47\pm0.000\ 70)$ g；$k=2$

  C. $m_s=100.021\ 47$ g；$u_c(m_s)=0.35$ mg，$k=1$

  D. $m_s=100.021\ 47$ g；$u_c(m_s)=0.35$ mg

二、参考答案

（一）思考题（略）

（二）选择题（单选）：1. D；　2. B；　3. C；　4. D。

（三）选择题（多选）：1. A C；　2. A B D。

第四章

计量专业实务

本章重点在于计量业务实际工作的实施,包括:计量检定、校准和检测的实施,检定证书、校准证书和检测报告的出具,计量标准的建立、考核及使用,计量检定规程和校准规范的使用和编写,量值比对、期间核查和型式评价的实施等。

第一节　计量检定、校准和检测的实施

一、检定、校准和检测概述

作为一线从事计量技术工作的计量技术人员,其主要和大量的工作是对计量器具(测量仪器)进行检定和校准,以及计量监督管理工作中涉及的对计量器具新产品和进口计量器具的型式评价、定量包装商品净含量及商品包装和零售商品称重计量检验、用能产品能源效率标识计量检测等检测工作。检定、校准和检测工作的技术水平高低、工作质量好坏直接影响到经济领域、社会生活和科学研究中量值的统一和准确可靠。因此从事某一专业计量工作的计量技术人员必须具有熟练运用本专业计量技术规范、使用相关计量基准或计量标准、正确进行测量不确定度分析与评定、准确无误地出具计量证书报告、完成量值传递或量值溯源技术工作的能力。本节将就检定、校准和检测所涉及的基本概念,正确实施检定、校准和检测,与检定、校准和检测有关的技术管理和法律责任等分别阐述。

(一)检定、校准、检测

1. 检　定

检定是计量领域中的一个专用术语,是对"测量仪器的检定""计量器具的检定""计量检定"的简称。检定(verification)的定义是"查明和确认测量仪器符合法定要求的活动,它包括检查、加标记和/或出具检定证书"。也就是说,检定是为评定计量器具(测量仪器)是否符合法定要求,确定其是否合格所进行的全部工作。

检定具有法制性,其对象是《中华人民共和国依法管理的计量器具目录》中的计量器具,包括计量标准器具和工作计量器具,可以是实物量具、测量仪器和测量系统。

检定的目的是查明和确认计量器具是否符合有关的法定要求。法定要求是指按照《计量法》对依法管理的计量器具的技术和管理要求。对每一种计量器具的法定要求反映在相关的国家计量检定规程以及部门或地方计量检定规程中。

检定方法的依据是按法定程序审批公布的计量检定规程。国家计量检定规程由国务院计量行政部门制定,没有国家计量检定规程的,由国务院有关主管部门和省、自治区、直辖市人民政府计量行政部门分别制定部门计量检定规程和地方计量检定规程。

检定工作的内容包括对计量器具进行检查,它是为确定计量器具是否符合该器具有关法定要求所进行的操作。这种操作是依据国家计量检定系统表所规定的量值传递关系,将被检对象与计量基准、计量标准进行技术比较,按照计量检定规程中规定的检定条件、检定项目和检定方法进行实验操作和数据处理。最后按检定规程规定的计量性能要求(如准确度等级、最大允许误差、测量不确定度、影响量、稳定性等)和通用技术要求(如外观结构、防止欺骗、操作的适应性和安全性以及强制性标记和说明性标记等)进行验证、检查和评价,对计量器具是否合格,是否符合某一准确度等级做出检定结论,并按检定规程规定的要求出具证书或加盖印记。结论为合格的,出具检定证书和/或加盖合格印;不合格的,出具检定结果通知书或注销原检定合格印、证。

计量检定有以下特点:

(1) 检定的对象是计量器具(测量仪器),而不是一般的工业产品;

(2) 检定的目的是确保量值的统一和准确可靠,其主要作用是评定计量器具的计量性能是否符合法定要求;

(3) 检定的结论是确定计量器具是否合格,是否允许使用;

(4) 检定具有计量监督管理的性质,即具有法制性。法定计量检定机构或授权的计量技术机构出具的检定证书,在社会上具有特定的法律效力。

计量检定在计量工作中具有非常重要的作用,它是进行量值传递或量值溯源的重要形式,是实施计量法制管理的重要手段,是确保量值准确一致的重要措施。

2. 校 准

校准(calibration)是指"在规定条件下的一组操作,其第一步是确定由测量标准提供的量值与相应示值之间的关系,第二步则是用此信息确定由示值获得测量结果的关系,这里测量标准提供的量值与相应示值都具有测量不确定度"。

校准可以用文字说明、校准函数、校准图、校准曲线或校准表格的形式表示。某些情况下,可以包含示值的具有测量不确定度的修正值或修正因子。校准不应与测量系统的调整(常被错误称作"自校准")相混淆,也不应与校准的验证相混淆。通常,只把上述定义中的第一步认为是校准。

校准的对象是计量器具(测量仪器)、测量设备或参考物质。

校准方法的依据是国家计量校准规范,如果需要进行的校准项目尚未制定国家计量校准规范,应尽可能使用公开发布的,如国际的、地区的或国家的标准或技术规范,也可采用经确认的如下校准方法:由知名的技术组织、有关科学书籍或期刊公布的,设备制造商指定的,或实验室自编的校准方法,以及计量检定规程中的相关部分。

校准的目的是确定被校准对象的示值与对应的由计量标准所复现的量值之间的关系,以实现量值的溯源性。

校准工作的内容是按照合理的溯源途径和国家计量校准规范或其他经确认的校准技术文件所规定的校准条件、校准项目和校准方法,将被校对象与计量标准进行比较,数据处理。校准所得结果可以是给出被测量示值的校准值,如给实物量具赋值;也可以是给出示值的修正值,如实物量具标称值的修正值;或给出仪器的校准图、校准曲线或修正曲线。校准图是表示示值与对应测量结果关系的图形。它是由示值轴和测量结果轴定义的平面上的一条带,表示了示值与一系列测得值之间的关系。它给出了一对多的关系。对给定示值,带的宽度提供了仪器的测量不确定度。这种关系的其他表示方式包括带有测量不确定度的校准曲线、校准表或一组函数。此概念适用于当仪器的测量不确定度大于测量标准的不确定度时的校准。校准曲线是表示示值与对应测得值之间关系的曲线,它表示了一对一的关系,由于它没有关于测量不确定度的信息,因而没有提供测量结果。校准也可以确定被测量的其他计量性能,如确定其温度系数、频响特性等。这些校准结果的数据应清楚明确地表达在校准证书或校准报告中。报告校准值或修正值时,应同时报告它们的测量不确定度。

校准是按使用的需求实现溯源性的重要手段,也是确保量值准确一致的重要措施。

3. 检　测

检测(testing)是指"对给定产品,按照规定程序确定某一种或多种特性、进行处理或提供服务所组成的技术操作"。

法定计量检定机构从事的计量检测,主要是指计量器具新产品和进口计量器具的型式评价,定量包装商品净含量、商品包装和零售商品称重计量检验以及用能产品的能源效率标识计量检测。

对计量器具新产品和进口计量器具的型式评价,是根据文件要求对测量仪器指定型式的一个或多个样品性能所进行的系统检查或试验,并将其结果写入型式评价报告中,以确定是否可对该型式予以批准。

对定量包装商品净含量、商品包装和零售商品称重计量检验,是依据国家计量技术规范对定量包装商品的净含量、食品和化妆品包装、以重量结算的零售商品称重进行计量检验,为人民政府计量行政部门对定量包装商品的净含量、食品化妆商品包装以及以重量结算的零售商品称重的计量监督提供依据。

对用能产品能源效率标识的计量检测,是依据国家统一的用能产品能源效率标识计量检测技术规范对用能产品的能源效率等级标识是否符合要求进行检测,为人民政府计量行政部门对用能产品能源效率标识的计量监管提供依据。

(二) 计量器具的检定

1. 检定的适用范围

检定的适用范围就是《中华人民共和国依法管理的计量器具目录》中所列的计量器具。

2. 实施检定工作的原则

《计量法》第十一条规定,计量检定工作应当按照经济合理的原则,就地就近进行。经济合理就是进行计量检定、组织量值传递要充分利用现有的计量检定设施,合理地部署计量检定网点,就地就近组织量值传递不受行政区划和部门管辖的限制。

3. 计量检定的分类

(1) 按照管理环节分类

1) 首次检定:对未被检定过的计量器具(测量仪器)进行的检定。这类检定的对象仅限于新生产或新购置的没有使用过的从未检定过的计量器具。其目的是为确认新的计量器具是否符合法定要求,符合法定要求的才能投入使用。所有依法管理的计量器具在投入使用前都要进行首次检定。

2) 后续检定:计量器具(测量仪器)在首次检定后的一种检定,包括强制性周期检定、修理后检定和周期检定有效期内的检定。

后续检定的对象是:

① 已经过首次检定,使用一段时间后,已到达规定的检定有效期的计量器具;

② 由于故障经修理后的计量器具;

③ 虽然在检定有效期内,但用户认为有必要重新检定的计量器具;

④ 原封印由于某种原因失效的计量器具。

后续检定的目的：检查和验证计量器具是否仍然符合法定要求，符合要求才准许继续使用，以保证使用中的计量器具是满足法定要求的。但根据计量器具本身的结构特性和使用状况，经过首次检定的计量器具不一定都要进行后续检定，如对竹木直尺、玻璃体温计及液体量提规定只作首次检定，失准者直接报废，而不作后续检定；对直接与供气、供水、供电部门进行结算用的家庭生活用煤气表、水表、电能表，则只作首次检定，到期轮换，而不作后续检定。

周期检定：根据规程规定的周期和程序，对计量器具（测量仪器）定期进行的一种后续检定。计量器具经过一段时间使用，由于其本身性能的不稳定，使用中的磨损等原因可能会偏离法定要求，从而造成测量的不准确。周期检定就是为防止这种现象的出现，规定按照计量器具使用过程中能保持所规定的计量性能的时间间隔进行的检定。这种按固定的时间间隔、周期进行的后续检定，可以保证使用中的计量器具持续地满足法定要求。周期检定的时间间隔在计量检定规程中规定。

修理后检定：指使用中经检定不合格的计量器具，经修理人员修理后，交付使用前所进行的一种检定。

周期检定有效期内的检定：指无论是由顾客提出要求，还是由于某种原因使有效期内的封印失效等，在检定周期的有效期内再次进行的一种后续检定。

（2）按照管理性质分类

1）强制检定：对于列入强制管理范围的计量器具由人民政府计量行政部门指定的法定计量检定机构或授权的计量技术机构实施的定点定期的检定。这类检定是政府强制实施的，而非自愿的。《计量法》规定属于强制检定范围的计量器具，未按照规定申请检定或者检定不合格继续使用的，属违法行为，将追究法律责任。

列入强制管理的计量器具都是维持国家计量单位制的统一和量值准确可靠，担负公正、公平和诚信的社会责任的计量器具。国家为保证经济建设和社会发展的需要，有效地保护国家、集体和人民免受计量不准的危害，维护国家和消费者的利益，保护人民健康和生命、财产的安全，对这类计量器具实行强制检定。这就是强制检定的目的。

强制检定的对象包括两类。一类是计量标准器具，它们是社会公用计量标准器具，部门和企业、事业单位使用的最高计量标准器具。这些计量标准器具肩负着全国量值传递的重任。另一类是工作计量器具，它们是列入《实施强制管理的计量器具目录》，监管方式为强制检定，并且必须是在贸易结算、安全防护、医疗卫生、环境监测中实际使用的工作计量器具。这些工作计量器具直接关系市场经济秩序的正常，交易的公平，人民群众健康、安全的切身利益和国家环境、资源的保护。

按强制检定的管理要求，社会公用计量标准器具和部门、企业、事业单位最高计量标准器具的使用者应向主持该计量标准考核的人民政府计量行政部门申报，并向其指定的计量检定机构按时申请检定。属于强制检定的工作计量器具的使用者应将这类计量器具登记造册，报当地人民政府计量行政部门备案，并向当地人民政府计量行政部门申请检定，由其指定的计量检定机构按周期检定计划检定。

承担强制检定任务的计量检定机构，包括国家法定计量检定机构和各级人民政府计量行政部门授权开展强制检定的计量检定机构，应就所承担的任务制定周期检定计划，按计划通知使用者，安排接收使用者送来的计量器具或到现场进行检定。强制检定工作必须在政府规定的期限内完成，计量检定机构在完成强制检定后应出具检定证书或检定结果通知书并加盖检定印记。不应出具校准证书或测试报告。应按照国家规定的检定收费标准收取检定费。计量检定机构应按检定规程的规定给出被检计量器具的检定周期，使用者必须按证书给出的检定有效期在到期之前按时送检。

【案例4-1】　某计量技术机构的检定人员检定了一批强制性检定的计量器具。监督人员在查看原始记录时发现，检定规程规定的8个检定项目，只做了5项。监督人员问检定员为什么少做

3 项。检定员说最近工作很忙,如果按检定规程做 8 项要花很多时间,就只做主要的 5 项,其余 3 项不重要,这次就不做了。

【案例分析】 依据《计量法》第十条规定"计量检定必须执行计量检定规程"。因为检定的目的是查明和确认计量器具是否符合法定要求。对每一种计量器具的法定要求反映在相关的国家计量检定规程以及部门、地方计量检定规程中。特别是强制检定的对象都是担负公正、公平和诚信的社会责任,关系人民健康、安全的计量器具。执行计量检定规程是计量检定人员应尽的基本义务,违反计量检定规程是计量检定人员被禁止的行为。强制检定必须执行计量检定规程,对每一个计量器具的每一项法定要求都必须检查和确认,不能随意省略和减少。监督人员应要求检定人员将所有漏检的项目全部进行补做。检定人员要提高对强制检定意义的认识,加强执行检定规程的意识和自觉性。

2）非强制检定:在所有依法管理的计量器具中除了强制检定的以外,其余计量器具的检定都是非强制检定。这类检定不是政府强制实施,而是由使用者依法自己组织实施。这类计量器具的准确与否只涉及其使用单位的产品质量、节能降耗、经济核算、实验数据的准确可靠等。使用这类计量器具的单位应建立内部计量器具台账,制定周期检定计划,按计划对所有计量器具实施检定。使用单位可根据本单位生产、管理和研究工作的实际需要建立相应等级的计量标准,对本单位计量器具实施检定,也可以自主选择其他有资质的计量检定机构将计量器具送去检定。检定周期可根据本单位实际情况自主确定。

3）仲裁检定:用计量基准或社会公用计量标准所进行的以裁决为目的的检定活动。这一类特殊的检定是为处理因计量器具准确度引起的计量纠纷而进行的。根据《计量法》的规定,"处理因计量器具准确度所引起的纠纷,以国家计量基准器具或者社会公用计量标准器具检定的数据为准。"因此这类检定与其他检定的显著不同之处是必须用国家计量基准或社会公用计量标准来检定。检定对象是由于对其是否准确有怀疑而引起纠纷的计量器具。这类检定可以由纠纷的当事人向人民政府计量行政部门申请,也可能由司法部门、仲裁机构、合同管理部门等委托人民政府计量行政部门进行。其检定结果的法律效力十分明确。

二、检定、校准、检测过程

实施检定、校准和检测任务的机构,应策划实施检定、校准和检测所需的过程,确定质量目标和要求,配备资源,制定质量手册、程序文件和各类作业指导书,确定其质量监督和控制的措施、制度,保留为其测量结果满足要求提供证据所需的记录。

(一) 检定、校准、检测依据的文件

1. 顾客的需求

检定、校准和检测工作的第一步是弄清楚顾客的真正需要是什么。为得到检定、校准或检测服务,顾客会通过合同、标书、协议书、委托书、强制检定申请书,以及口头等形式将他们的要求提出来。计量技术人员要仔细了解顾客所提出的要求,通过对要求、标书、合同、强检申请书等的评审,弄清具体的检定、校准、检测对象,计量性能要求,采用的方法,是否需要调整修理等,记录下这些要求以作为下一步工作的依据。

如果顾客需要的是检定,首先要分清是哪一类检定,是强制检定,还是非强制检定,或者是仲裁检定,是首次检定,还是后续检定等。不同类检定要区别对待。如果是强制检定,要列入强制检定计划,按计划执行。政府对强制检定有明确的时限要求,应优先安排,按时完成,无正当理由不得超过时限。如果是首次检定、仲裁检定,可能涉及索赔或追究法律责任,要注意保持被检对象的原来

状态。

如果顾客的需要是校准，就要弄清校准对象是计量标准器具，还是工作计量器具，或是专用测量仪器，需要校准的参数、测量范围、其最大允许误差或不确定度要求等技术指标，以及采用什么校准方法。

如果是检测，由人民政府计量行政部门下达的计量器具新产品或进口计量器具的型式评价，或定量包装商品净含量、商品包装、零售商品称重计量检验，以及用能产品的能源效率标识计量检测等任务，要弄清人民政府计量行政部门规定的时限要求，检测报告要求和其他要求。受企业委托进行的有关检测，也要弄清企业的要求是什么，并记录在合同或委托书上。

2. 检定、校准和检测方法依据的技术文件

检定、校准和检测必须依据相关的技术文件，如检定规程、校准规范、型式评价大纲、检验（检测）规则等。这类文件是按照每一种计量器具的特殊要求分别制定的。在每一个文件中规定了该文件的适用范围，包括适用于哪一种计量器具或量值，以及要达到的目的。规定了计量要求：包括被测的量值、测量范围、准确度要求等，也规定了通用技术要求：如外观结构、安全性能等。文件中还规定了进行检定或校准或检测必备的条件，包括设备要求和环境条件要求。设备要求包括计量标准器具和配套设备的要求，如计量标准器具和配套设备的名称、准确度指标、功能要求等。环境条件要求包括环境参数的技术指标，如所需的温度范围、湿度范围等。文件中规定的检定或校准或检测的项目和采用的方法，是这类文件的中心内容。每一次实施检定或校准或检测时都必须依据相关的技术文件中的要求来进行。

检定应依据国家计量检定系统表和计量检定规程。国家计量检定系统表和国家计量检定规程由国务院计量行政部门制定。如无国家计量检定规程，则依据国务院有关主管部门和省、自治区、直辖市人民政府计量行政部门分别制定的部门计量检定规程和地方计量检定规程。

校准应根据顾客的要求选择适当的技术文件。首选是国家计量校准规范。如果没有国家计量校准规范，可使用满足顾客需要的，公开发布的，国际的、地区的或国家的技术标准或技术规范，或依据计量检定规程中的相关部分，或选择知名的技术组织或有关科学书籍和期刊中最新公布的方法，或由设备制造商指定的方法。还可以使用自编的校准方法文件。这种自编的校准方法文件应依据JJF 1071—2010《国家计量校准规范编写规则》进行编写，经确认后使用。

计量器具新产品型式评价应使用国家统一的型式评价大纲。国家计量检定规程中规定了型式评价要求的按规程执行。对没有国家统一制定的型式评价大纲，也没有在计量检定规程中规定型式评价要求的新产品的型式评价，承担型式评价的技术机构必须全面审查申请单位提交的技术资料，依据相关标准、规范和国际建议拟定型式评价技术规范，并经审查批准后使用。

开展定量包装商品净含量的计量检验，应依据JJF 1070 定量包装商品净含量计量检验规则系列计量技术规范进行，在该系列计量技术规范中规定了以不同方式标注净含量，以及不同种类的定量包装商品的检验方法。该系列计量技术规范没有规定检验方法的定量包装商品，应按省级以上人民政府计量行政部门规定的方法执行。

食品和化妆品商品包装计量检验应依据JJF 1244—2010《食品和化妆品包装计量检验规则》进行。

用能产品能源效率标识检测应根据国家统一发布的JJF 1261 用能产品能源效率标识计量检测规则系列计量技术规范执行。

3. 方法的确认

对于非标准的方法都必须经过确认后才能使用。标准方法是指国家计量检定规程、部门和地方计量检定规程，型式评价大纲，国家其他计量技术规范（含计量校准规范，定量包装商品净含量、商品

包装等计量检验规则,用能产品能源效率标识计量检测规则等),国际标准,国家标准,行业标准规定的方法。在这些标准方法之外的都是非标准方法,如自编的校准规范、自编的型式评价大纲、知名的技术组织或有关科学书籍和期刊最新公布的方法、设备制造商指定的方法等。对一些标准方法的使用如果超出了原标准方法规定的使用范围,或对标准方法进行了扩充或修改,都与非标准方法一样需经过确认。

所谓确认,就是通过核查并提供客观证据,以证实某一特定预期用途的特殊要求得到满足。确认应尽可能全面,以满足预期用途或应用领域的需要。确认需要对该方法能否满足要求进行核查,并提供客观证据。用于方法确认的方法包括:

a. 使用参考标准或标准物质进行校准或评估偏移和精密度;

b. 对影响结果的因素进行系统性评审;

c. 通过改变受控参数(如恒温箱温度、加样体积等)来检验方法的稳健度;

d. 与其他已确认的方法进行结果比对;

e. 实验室间比对;

f. 根据对方法原理的理解以及抽样或检测方法的实践经验,评定结果的测量不确定度。

应由相关领域的专家对某一非标准方法进行技术评价、科学论证,确定其是否科学合理,是否满足对某种计量器具校准的要求。经过使用上述方法或其组合,确认符合要求的方法文件需经过正式的审批手续,由对技术问题负责的人员签名批准后方可使用。

【案例 4 - 2】　某计量校准人员在受理一个客户要求给予校准的计量仪器时,未能找到适合的校准技术规范。他观察了此仪器的功能和测量参数,觉得本实验室的计量标准器可以对这台仪器进行校准。于是他临时想了一个校准方法,并按此方法实施了校准,出具了校准证书。

【案例分析】　根据《法定计量检定机构考核规范》和《检测和校准实验室能力通用要求》的规定,对某计量仪器或测量设备实施校准时,要首先弄清楚顾客的需求,即需要校准的参数、测量范围、最大允许误差或测量不确定度等技术指标,选择能满足要求的校准方法技术文件。首选是国家计量校准规范。如无国家计量校准规范,可使用公开发布的国际的、地区的或国家的技术标准或技术规范,或依据计量检定规程中的相关部分,或选择知名的技术组织或有关科学书籍和期刊最新公布的方法,或由设备制造商指定的方法。如果上述文件中都没有适合的,则可以自编校准方法文件。这种自编的校准方法文件应依据 JJF 1071—2010《国家计量校准规范编写规则》进行编写,经确认后使用。所谓确认,就是通过核查并提供客观证据,以证实某一特定预期用途的特殊要求得到满足。凡是非标准的方法,机构自编的方法,超出其预计范围使用的标准方法,扩充和修改过的标准方法都要经过确认。方法的确认需要实施核查,提供客观证据,所采用的技术方法包括:(1)使用计量标准或标准物质进行校准;(2)与其他方法所得到的结果进行比较;(3)实验室间比对;(4)对影响结果的因素作系统性评审;(5)根据对方法的理论原理和实践经验的科学理解,对所得结果不确定度进行的评定。经过使用上述方法或其组合,确认符合要求的方法文件,需经过正式审批手续,由对技术问题负责的人员签名批准方可使用。必要时,应由相关领域的专家对某一需确认的方法进行技术评价、科学论证,确定其是否科学合理,是否满足对某种计量器具校准的要求。

本案例中校准人员自编的校准方法未经确认是不能使用的,使用未经确认的方法进行校准,其结果是不可靠的。

4. 方法文件有效版本的控制

无论哪一种计量检定规程、计量校准规范、型式评价大纲、定量包装商品净含量计量检验规则、商品包装计量检验规则、用能产品能源效率标识计量检测规则和经确认的非标准方法文件,都必须使用现行有效的版本。因为各类技术文件经常会修订,经过修订作废的、被替代的,或未经确认的非标准的或自编的文件都不允许使用。计量技术机构应有专门的部门或专职人员对本单位所使用的各类方法文件进行受控管理。每一个从事检定、校准或检测的计量技术人员在工作开始之前都要检查所使用的技术文件是否为受控的文件。现行有效的文件上都有明显的受控文件标识。对于标识为作废的文件或没有任何受控状态标识的文件都不能作为依据的方法文件来使用。要注意应从国务院计量行政部门的公告、网站及权威期刊上和其他有效途径,及时了解公开发布的规程、规范等标准文件的制定和修订情况。

5. 编制作业指导书

为了正确执行所依据的规程、规范、大纲、规则等,一般都需要编写作业指导书,除非规程、规范等已足够详细具体。从事检定、校准、检测的人员应能根据规程、规范、大纲、规则的要求编写出指导实际操作的作业指导书。规程、规范等文件是通用的,有的会提出几种方法供不同情况选择。在编写作业指导书时,应根据本实验室的实际情况、使用的具体设备,将操作中的注意事项、选择的某种方法、本实验室仪器的操作步骤,以及在工作中积累的经验做法等编写成作业指导书。作业指导书是针对某种检定、校准、检测对象的,应具有很强的可操作性,但不应照抄规程、规范等文件中已有的内容。作业指导书也是一种受控管理的技术文件,需要经过审核、批准、加受控文件标识等。如参照计量检定规程开展校准工作,应编制作业指导书,规范校准结果的测量不确定度评定等内容,以确保校准结果的一致性。

(二) 检定、校准和检测人员的资质要求

每个检定、校准、检测项目至少应有 2 名具有相应能力,并满足有关计量法律、法规要求的检定或校准人员。

由于 2016 年 6 月 8 日国务院发布的《关于取消一批职业资格许可和认定事项的决定》取消了计量检定员资格许可,与注册计量师合并实施,所以对于法定计量检定机构和人民政府计量行政部门授权的计量机构的检定人员,应当持有相应等级的注册计量师职业资格证书和人民政府计量行政部门颁发的具有相应项目的注册计量师注册证;或持有有关的人民政府计量行政部门颁发的具有相应项目的原计量检定员证;或持有当地省级人民政府计量行政部门或其规定的市(地)级人民政府计量行政部门颁发的具有相应项目的"计量专业项目考核合格证明"(过渡期期间);对于其他企业、事业单位的检定或校准人员,不要求必须持有相应等级的注册计量师职业资格证书和人民政府计量行政部门颁发的具有相应项目的注册计量师注册证,但是应当经过计量专业理论和实际操作培训或考核合格,确保具有从事检定或校准工作的相应能力。其能力证明可以是"培训合格证明",也可以是其他能够证明具有相应能力的计量证件。

从事校准、检验、检测的人员,也需要依据有关规定经过培训和考核获得相应项目的资质证明文件。

计量技术机构应明确规定检定、校准、检测人员、核验人员、主管人员的资格和职责,对上述人员明确任命或授权。

计量技术机构应建立人员技术档案,档案中包括每个技术人员的学历、所学专业、工作经历、从事的专业技术工作,获得的资格、职务、具备的能力、受过的培训、取得的技术成果等。以便按人员的能力和资格安排适当的工作岗位。从事计量检定、校准、检测的人员还应通过继续教育和培训,不断提高知识水平和能力,以适应工作任务的扩展和技术的不断进步。

在检定、校准、检测工作过程中,由熟悉本专业检定、校准、检测的方法、程序、目的,并能正确进行结果评价的监督人员对正在进行的工作实施监督。监督人员一般是不脱产的,但比普通检定、校准、检测人员有更丰富的经验、更宽的知识面、更强的责任心。通过监督人员的监督工作,及时发现和纠正检定、校准、检测人员操作中的疏忽和错误。

（三）计量标准的选择和仪器设备的配备

1. 计量标准的选择原则

在国家计量检定规程和国家计量校准规范中都明确规定了应使用的计量基准或计量标准,应按规定执行。如果依据的是其他文件,应根据被检或被校计量器具的量值、测量范围、最大允许误差或准确度等级或量值的不确定度等技术指标,在相关量值的国家计量检定系统表中找到相应的部分,国家计量检定系统表中显示的上一级计量标准或基准,就是所要选择的计量标准或基准。法定计量检定机构进行检定或校准时,应使用经过计量标准考核并取得有效的计量标准考核证书的计量标准。

2. 仪器设备的配置要求

进行检定时要按照检定规程中检定条件对计量基准、计量标准和配套设备的规定;进行校准时要按照校准规范中校准条件对计量基准、计量标准和配套设备的规定;进行型式评价时要按照型式评价大纲对仪器设备的规定;进行定量包装商品净含量或商品包装计量检验时要按照检验规则中不同种类定量包装商品净含量或商品包装检验设备的规定;进行用能产品能源效率标识的计量检测要按计量检测规则的要求,配备相应的仪器设备,以使检定、校准、检测工作正确实施。所配备的仪器设备应满足规程、规范、大纲、检验(检测)规则的准确度要求和其他功能要求,并经过检定、校准,有在有效期内的检定、校准证书,贴有表明检定、校准状态的标识。

（四）检定、校准、检测环境条件的控制

要达到检定、校准、检测结果的准确可靠,适合的环境条件是必不可少的。因为很多计量标准器具复现的量值,要在一定的温度、湿度、电压、气压等环境条件下才能保证达到规定的准确度。有些检定或校准结果要根据环境条件的参数进行修正。而有的干扰,如电磁波、噪声、振动、灰尘等,如不加以控制,将严重影响检定、校准、检测结果的准确性。因此必须对实验室的照明、电源、温度、湿度、气压、灰尘、电磁干扰、噪声、振动等环境条件进行监测和控制。在各种计量器具的检定规程、校准规范、检测方法文件中,都分别规定了相应的环境条件要求。检定、校准和检测实验室或实验场地要分别满足不同的检定、校准和检测项目的不同环境要求。

为了达到环境条件要求,就要配备监视和控制环境的设备。监视设备如温度计、湿度计、气压表、照度计、声级计、场强计、电压表等,应经过检定、校准,在有效期内使用。被这些仪表监视的场所要进行环境参数记录。当发现环境参数偏离要求时,必须有控制环境的设备对环境进行调整,使之保持在所要求的范围之内。进行检定、校准和检测之前,以及进行过程中都应查看监视仪表,确认仪表所显示的环境参数满足要求时才可以工作。在检定、校准和检测的原始记录上如实记录当时的环境参数数据。若环境未满足规程、规范等文件规定的要求,应停止工作,用控制设备对环境进行调控,直至环境条件要求得到满足后才可继续进行检定、校准和检测的操作。

有些不同项目的实验条件是互相冲突的。例如天平在工作时要求没有振动,而检定或校准振动测量仪器所产生的强烈振动会对天平造成很大影响。再如温度计检定时用来提供温场的油槽会使实验室温度升高,这时需要恒温条件的检定、校准工作就会无法进行。这些互不相容的项目不能在一起工作,必须采取措施使之有效隔离。

有的检定、校准项目在实验进行时对环境条件的要求很高,特别是检定或校准准确度特别高的计量标准器具时,空气的流动、人员的走动、温度的微小变化、声音的影响等,直接关系到检定、校准的质量。在进行这类检定、校准时要特别注意控制和保持环境的稳定,当实验正在进行时不得开门出入,控制实验室内不能容纳与实验无关的人员等。

【案例 4 - 3】　评审某实验室时发现力学实验室安装了压力机和材料试验机,为方便操作,在同一房间内同时配置了锯石机和岩石磨耗机。问实验室这种做法是否符合要求?

【案例分析】　根据 JJF 1069—2012《法定计量检定机构考核规范》6.3.3.1 规定:应将不相容活动的区域进行有效隔离,应采取措施以防止交叉污染。作为制样用的锯石机和岩石磨耗机工作时会产生巨大噪声和粉尘,直接影响压力机和材料试验机的正常工作,而且对其使用性能也会产生严重影响。当相邻区域的活动相互之间有不利影响时,应进行有效隔离。本案例中实验室对设备布置的做法是错误的,应将锯石机和岩石磨耗机放置在另一房间,以免相互影响。

(五) 检定、校准、检测原始记录

在依据规程、规范、大纲、规则等技术文件规定的项目和方法进行检定、校准或检测时,应将检定、校准、检测对象的名称、编号、型号规格、原始状态、外观特征;测量过程中使用的仪器设备;检定、校准或检测的日期和人员;当时的环境参数值、计量标准器提供的标准值和所获得的每一个被测数据;对数据的计算、处理,以及合格与否的判断;测量结果的不确定度等一一记录下来。这些记录的信息都是在实验当时根据真实的情况记录的,是每一次检定或校准或检测的最原始的信息,这就是检定、校准和检测的原始记录。

检定或校准或检测的结果和证书、报告都来自这些原始记录,其所承担的法律责任也是来自这些原始记录。因此原始记录的地位十分重要,它必须满足以下要求:

一是真实性要求。原始记录必须是信息或数据产生的当时记录,不能事后追记或补记,也不能以重新抄过的记录代替原始记录。必须记录客观事实、直接观察到的现象、读取的数据,不得虚构记录,伪造数据。

二是信息量要求。原始记录必须包含足够的信息,包括各种影响测量结果不确定度的因素在内,以保证检定或校准或检测实验能够在尽可能与原来接近的条件下复现。例如使用的计量标准器具和其他仪器设备,测量项目、测量次数、每次测量的数据,环境参数值,数据的计算处理过程,测量结果的不确定度及相关信息,由测量结果得出的结论及需要时所做的解释,以及参与检定、校准、检测、核验、审核的人员签名等。

【案例 4 - 4】　评审时发现某实验室的检定人员为了保证原始记录的清洁整齐,将检定数据记录在白纸上,回来后再抄写到正式记录表格上。

【案例分析】　根据 JJF 1069—2012《法定计量检定机构考核规范》7.10.2 规定:观测结果、数据和计算应在产生的当时予以记录,并能按照特定任务分类识别。原始记录的地位相当重要,是证书、报告的信息来源,是证书、报告所承担法律责任的原始凭证。原始记录必须满足两个要求:一是真实性要求,原始记录必须是信息或数据产生的当时记录,不能事后追记或补记,也不能以重新抄过的记录代替原始记录。必须记录客观事实、直接观察到的现象、读取的数据,不得虚构记录,伪造数据。二是信息量要求。原始记录必须包含足够的信息,包括各种影响测量结果不确定度的因素在内,以保证检定或校准或检测实验能够在尽可能与原来接近的条件下复现。检定人员在重抄到正式记录表格时,难免会影响记录的准确性,因此该实验室的做法是错误的。

为达到上述要求,需注意以下方面:

1. 记录格式

原始记录不应记在白纸或只有通用格式的纸上。应为每一种计量器具或测量仪器的检定(或校准、检测)分别设计适合的原始记录格式。原始记录的格式要满足规程或规范等技术文件的要求。需要记录的信息不得事先印制在记录表格上。但可以把可能的结果列出来,采用选择打√的方式记录,如□合格□不合格。

2. 记录识别

每一种记录格式应有记录格式文件编号,这类记录格式文件是针对每一种被检定(校准、检测)的计量器具(测量仪器),依据规程、规范、大纲、规则等专门设计的记录纸,经过批准使用,都属于受控管理的文件,不得随意改变。同种记录的每一份上应有记录编号和依据此记录出具的证书(或报告)的编号,同一份记录的每一页应有共×页、第×页的标识,以免混淆。

3. 记录信息

应包括记录的标题,即"××计量器具(或测量仪器或检测项目)检定(或校准、检测)记录";被测对象的特征信息,如名称、编号、型号、制造厂、外观检查记录等;检定(或校准、检测)的时间、地点;依据的技术文件名称、编号;使用的计量标准器具和配套设备信息,如设备名称、编号、技术特征、检定或校准状态、使用前检查记录;检定(或校准、检测)的项目,每个项目每次测量时计量标准器提供的标准值或修正值、测得值、平均值、计算出的示值误差等;如经过调整要记录调整前后的测量数值;测量时的环境参数值,如温度、湿度等;由测量结果得出的结论,关于结果数据的测量不确定度及其包含概率或包含因子的说明;以及根据该记录出具证书(报告)的证书(报告)编号等。

记录的信息要足够,要完整,不能只记录实验的结果数据(如示值误差),不记录计量标准器的标准值和被测仪器示值以及计算过程。

4. 书写要求

记录要使用墨水笔填写,不得用铅笔或其他字迹容易擦掉或变模糊的笔。书写应清晰明了,使用规范的阿拉伯数字、中文简化字、英文和其他文字或数字。术语要与JJF 1001—2011《通用计量术语及定义》和所依据的规程、规范等方法文件中的术语一致。如有超出上述规范、规程的术语,应给予定义。计量单位应按照法定计量单位使用方法和规则书写。记录的内容不得涂改,当发现记录错误时,只可以划改,不得将错误的部分擦除或刮去,应用一横杠将错误划掉,在旁边写上正确的内容,并由改动的人在改动处签名或签名缩写,以示对改动负责。如果是使用计算机存储的记录,在需要修改时,也不能让错误的数据消失,而应该采取同等的措施进行修改。

5. 人员签名

原始记录上应有各项检定、校准、检测的执行人员和结果的核验人员的亲笔签名。如果经过抽样的话还应有负责抽样的人员签名。测量结果直接输入计算机的原始记录,可以使用电子签名。

6. 保存管理

由于原始记录是证书、报告的信息来源,是证书、报告所承担法律责任的原始凭证,因此原始记录要保存一定时间,以便有需要时供追溯。应规定原始记录的保存期,保存期的长短根据各类检定、校准、检测的实际需要,由各单位的管理制度规定。在保存期内的原始记录要安全妥善地存放,防止损坏、变质、丢失,要科学地管理,可以方便地检索,同时要做到为顾客保密,维护顾客的合法权益。超过保存期的原始记录,按管理规定办理相关手续后给予销毁。

(六) 检定、校准、检测数据处理和结果

1. 数据处理

在检定、校准或检测实验中所获得的数据,应遵循所依据的规程、规范、大纲或规则等方法文件中的要求和方法进行处理,包括数值的计算、换算和计算结果的修约等。具体做法详见第三章"测量数据处理"。

2. 检定结果的评定

按照所依据的检定规程中规定的程序经过对各项法定要求的检查,包括对示值误差的检查和其他计量性能的检查,判断所得到的结果与法定要求是否符合,全部符合要求的结论为"合格",且根据

其达到的准确度等级给以符合×等或×级的结论。判断合格与否的原则依据JJF 1094—2002《测量仪器特性评定》,详见本书第三章第一节。凡检定结果合格的必须按《计量检定印、证管理办法》出具检定证书和/或加盖检定合格印;不合格的则出具检定结果通知书。

3. 校准结果的评定

校准得到的结果是测量仪器、实物量具或测量系统的修正值或校准值,以及这些数据的不确定度信息。校准结果也可以是反映其他计量特性的数据,如影响量的作用及其不确定度信息。对于计量标准器具的溯源性校准,可根据国家计量检定系统表的规定做出符合其中某一级别计量标准的结论。对一般校准服务,只要提供结果数据及其测量不确定度即可。校准结果,可出具校准证书或校准报告。如果顾客要求依据某技术标准或规范给以符合与否的判断,则应指明符合或不符合该标准或规范的哪些条款。

4. 型式评价结果的评定

依据型式评价大纲,所有的评价项目均符合型式评价大纲要求的为合格,可以建议批准该型式;有不符合型式评价大纲要求的项目为不合格,型式评价报告的总结论为不合格,并建议不批准该型式。

5. 定量包装商品净含量/商品包装计量检验结果的评定

依据JJF 1070定量包装商品净含量计量检验规则系列技术规范中的评定准则,分别对各类定量包装商品净含量的标注和净含量进行评定,分别得到各类定量包装商品净含量标注是否合格和净含量是否合格的结论。

依据商品包装计量检验的技术规范,如JJF 1244—2010《食品和化妆品包装计量检验规则》中的评定准则对商品包装进行检验结果的评定。

6. 用能产品能源效率标识计量检测结果的评定

依据JJF 1261用能产品能源效率标识计量检测规则系列技术规范中的合格判据和评定准则对各类产品分别进行检测结果的评定。

7. 检定、校准、检测结果的核验

核验是指当检定、校准、检测人员完成规程、规范等规定的程序后,由未参与操作的人员,对整个实验过程进行的审核。核验人员应不低于操作人员所需资格,并且对该项目检定、校准程序熟悉程度不差于操作人员。核验是检定、校准、检测工作中必不可少的一环,是保证结果准确可靠的一项重要措施。承担核验工作的人员必须负起责任,认真审核,不走过场。

核验工作的内容包括:

(1) 对照原始记录检查被测对象的信息是否完整、准确;

(2) 检查依据的规程、规范是否正确,是否为现行有效版本;

(3) 检查使用的计量标准器具和配套设备是否符合规程、规范的规定,是否经过检定、校准并在有效期内;

(4) 检查规程、规范规定的或顾客要求的项目是否都已完成;

(5) 对数据计算、换算、修约进行验算;

(6) 检定规程规定要复读的,负责复读;

(7) 检查结论是否正确;

(8) 如有记录的修改,检查所做的修改是否规范,是否有修改人签名或签名缩写;

(9) 检查证书、报告上的信息,特别是测量数据、结果、结论,与原始记录是否一致,证书、报告上的信息量不能多于原始记录的信息。当证书中包含意见和解释时,检查内容是否正确。

核验中,如果对数据或结果有怀疑,应进行追究,查清问题,责成操作人员改正,必要时可要求重做。

经过核验并消除了错误,核验人员在原始记录和证书(或报告)上签名。

(七) 检定、校准、检测过程中异常情况的处置

在检定、校准、检测过程中突然发生停电、停水等意外情况时,操作人员应立即停止实验,及时采取措施,保护好仪器设备和被测对象,通知维修人员尽快排除故障并恢复正常,对所发生的情况如实记录,对正在进行的实验进行分析。如果对之前取得的实验数据影响不大,在情况恢复正常后,可以继续实验,否则应将整个实验重做。当供电供水等情况恢复正常后,操作人员要检查所有设备是否正常,环境条件是否符合要求,在确认仪器设备、环境条件都符合要求后,方可继续工作。

当发生漏水、火灾、有毒或危险品泄漏,以及人身安全等事故时,操作人员要冷静,并立即采取应急措施制止事故的扩大和蔓延,必要时切断电源,保护人员安全和设备安全;对所发生的事故要按管理规定及时报告,不得隐瞒;在有关负责人员的组织下对事故进行处理,分析事故产生的原因,采取纠正措施杜绝事故再次发生的可能。

当由于人员误操作或处置不当,或设备过载等原因,导致设备不正常,或给出可疑的结果时,应立即停止使用该设备,并贴上停用标志。有条件的应将该设备撤离,以防止误用。要检查该设备发生故障之前所做的检定、校准、检测工作,不仅是发现问题的这一次,并应检查是否对以前的检定、校准、检测结果产生了影响。对有可能受到影响的检定、校准、检测结果,包括已发出去的证书、报告,都要逐个分析,特别要对测量数据进行分析判断,对有疑问的要坚决追回重新给以检定、校准或检测。有故障的设备要按设备管理规定修复,重新检定、校准后恢复使用或报废。

三、周期检定(校准)计划的编制

周期检定(校准)计划分为单位内部使用计量器具的周期检定、校准计划和强制检定任务承担机构制定的强制性周期检定计划。

(一) 内部周期检定(校准)计划

单位内部使用的所有有溯源性要求的计量标准器具、工作计量器具和其他测量仪器都必须编制周期检定、校准计划,并按计划执行。这是保证出具准确可靠数据的根本措施。所有需要周期检定、校准的计量器具应列入"周期检定、校准计划表"。计划表一般包含以下内容:每一种计量器具的名称、编号、测量范围、反映准确度的技术指标(如准确度等级、最大允许误差或测量不确定度)、检定周期或校准间隔、上一次检定或校准的日期,下一次检定或校准的日期、承担检定或校准的单位、使用部门、保管人等。这个表可以利用设备档案数据库生成。

在制定周期检定、校准计划时要做到既不超周期使用,又尽可能减少对正常工作的影响。可根据本单位计量器具的数量和工作安排上的需要,合理制定年度计划、月计划。年度计划包括当年所有需要检定或校准的仪器设备。月计划只包括当月需要检定或校准的仪器设备。对于较大的单位还可以分别制定各部门的周期检定、校准计划。除制定"周期检定、校准计划表"外,还应规定制定计划人员的职责,执行计划人员的职责,监督计划实施人员的职责,以及完成各自职责的时限要求和办事程序等。只有这样才能保证周期检定、校准计划得到有效的实施。

(二) 强制性周期检定计划

承担强制检定任务的计量技术机构应该将所有向其申请强制检定单位的所有强制检定计量器具编制成强制性周期检定计划。根据各申请单位的强制检定计量器具申报表,按年或按月列出该年

或该月有哪些单位的哪些计量器具需要实施强制检定,列成年计划表或月计划表。这个计划表应包含申请单位的有关信息,如单位名称、地址、联系人、电话、传真等,还应包含强制检定计量器具的有关信息,如计量器具名称、测量范围、准确度等级、依据的检定规程名称编号、检定周期、上一次检定的日期、下一次检定的日期、承担任务部门等。强制检定计划也可以按专业分别列出计划表。承担强制检定任务的单位应每年或每月按计划通知申请单位送检或安排到现场检定。

为了方便使用单位申请和送检强制检定计量器具,市场监管总局开发了中国电子质量监督(e-CQS)强制检定工作计量器具管理系统,其他省市市场监管部门或者计量技术机构也开发了类似的信息化平台,承担强制检定任务的计量技术机构也可以利用这些信息化平台,合理安排强制检定计划,按照有关市场监督管理部门要求按时完成强制检定任务。

四、计量标准器和配套设备的管理

包括标准物质在内的计量标准器和配套设备(本节统称为仪器设备)是实施检定、校准、检测的基本条件,只有通过科学管理,才能保证检定、校准、检测结果的准确可靠。对仪器设备的管理是为了使仪器设备完全符合用于检定、校准、检测的规程、规范等技术文件的要求,并且始终处于受控状态,即随时掌握仪器设备的状况及是否可用等情况。对仪器设备的管理包括购置、验收、建档、检定、校准、正确使用、维护保养、期间核查、修理、报废等环节。各环节需注意以下内容。

(一) 仪器设备购置

当需要购置新的仪器设备时应根据规程、规范等技术文件对仪器设备的要求提出采购申请。申请中应包含尽可能详细的仪器设备的信息,如名称、数量、金额、型号规格、测量范围、准确度技术指标、附件、软件,以及质量要求和进行这些工作所依据的管理体系标准和制造厂、销售商的信息等。包括购置申请在内的采购文件在发出之前,其技术内容应该经过审查和批准。采购申请经批准后应对仪器设备的供应商进行评价,并保存评价的记录和获得批准的供应商名单。应选择信誉高、产品质量好、售后服务好的供应商。与供应商签订的技术合同应尽可能详细,应包括申请书中所有技术指标信息。购买国产或进口的列入《实施强制管理的计量器具目录》中监管方式为"型式批准"和"型式批准、强制检定"的仪器设备,应经过型式批准。购买的标准物质应是经市场监管总局授权机构批准的有证标准物质。

(二) 仪器设备验收

仪器设备到货后应由经办人员和专业人员共同验收,检查物品是否符合订货合同。对照装箱单检查仪器设备、附件和说明书、合格证、软件载体等随机资料是否齐全。需要通电试验或其他试验手段才能证实的功能,应安排专业人员进行试验,并出具验收检验报告或证书。需要进行检定、校准的,应由有资格的机构给以检定、校准,并出具检定证书或校准证书。对验收情况,包括所有物品的名称、数量、状态、验收检验报告、检定或校准证书都应详细记录,并由参加验收的人员签字确认。如果验收中发现不符合订货合同的情况,应及时与供应商联系,按合同规定进行处理。仪器设备经验收合格后,移交设备保管人保管,设备保管人要办理签收手续,负起保管责任。

(三) 仪器设备标识和建档

凡用于检定、校准和检测的仪器设备,包括计量标准器具、标准物质、配套设备、环境监测设备、电源、工具、附件、计算机软件等,都应建立设备档案,对可能做到的给以唯一性标识。

唯一性标识是对本单位仪器设备给以统一的编号。一个编号与一台仪器设备唯一对应。这个编号是单位内部对本单位仪器设备管理的唯一性标识,不是仪器设备的出厂编号。可以考虑本单位管理的需要,在编号中用不同的字母或数字,反映仪器设备的种类(如分为计量标准器具、一般测量仪器)、仪器设备所属的专业(如长度、力学、电学等)、仪器设备的型式(如固定式、便携式)等,再加流水号。唯一性标识应粘贴在机身显著位置,并在仪器设备数据库和其他计算机管理系统中作为仪器设备的代码。

用于检定或校准的每项计量标准应按 JJF 1033—2016《计量标准考核规范》的要求建立文件集,具体要求详见本章第三节。

应建立并保存对检定、校准和检测有重要影响的每一设备的设备档案。根据设备的复杂程度和影响的重要性,其设备档案可以有不同的要求,但至少应包括仪器设备基本情况的记录(如仪器设备名称、唯一性标识、制造厂名、出厂编号、型号规格、测量范围、最大允许误差或准确度等级或测量不确定度等)。根据需要还可包括购置申请、订货合同、验收记录、产品合格证、使用说明书,历年的检定证书或校准证书、使用记录、维护保养记录、损坏故障记录、修理改装记录、保管人变更记录、存放地点变更记录、设备报废记录等。根据需要可建立仪器设备数据库,用计算机管理设备档案。不论采取何种形式,应有专人管理设备档案,并及时更新档案内容,使之能准确反映仪器设备的真实情况。无论是纸质档案还是数据库都应妥善保存,科学管理,便于检索,有借阅规定,保证仪器设备档案的完整和安全。

(四) 检定、校准状态标识

有专人或部门对所有仪器设备制定检定、校准计划,并按规定时间通知仪器设备保管人。由保管人或规定的部门,负责执行仪器设备检定、校准计划,包括送到有资格的机构给以检定、校准,或由本单位相关专业人员给以检定、校准。检定、校准完成后应将检定证书、校准证书归入设备档案。当仪器设备经检定或校准后产生了新的修正值时,仪器设备的使用或保管人员应及时以新的修正值代替旧的修正值,特别要注意使用计算机处理检测数据的相关软件中存储的修正值,要及时得到更新。

应在仪器设备上贴上反映检定、校准状态的状态标识。例如经检定合格的贴检定合格证,经校准符合使用要求的贴校准证或准用证。状态标识应贴在设备机身显著位置,其内容包含检定、校准的日期及有效期,还可根据需要包含检定或校准机构名称、检定或校准实施人员签名等信息。当前的检定或校准状态标识应覆盖上一次检定或校准状态标识,才能如实反映仪器设备的检定、校准状态。

【案例4-5】　评审员发现某实验室的一台在用仪器设备没有贴三色标识,该机构的管理人员说:"这台仪器设备不需要检定或校准,所以不用贴三色标识。"

【案例分析】　根据 JJF 1069—2012《法定计量检定机构考核规范》6.4.5.4 规定:机构控制下的需检定或校准的所有测量设备,只要可能,应使用标签、编码或其他标识表明其检定或校准状态,包括上次检定或校准的日期和再检定、校准或失效的日期。所有的仪器设备都应有明显的标识来表明其状态。不需要检定或校准的仪器设备应进行功能或性能的验证,合格的也应有明显标识来表示其状态。

(五) 仪器设备正确使用和维护保养

应由具有规定资质的专业人员按照检定、校准、检测操作程序和设备操作规范,正确地使用仪器设备。每次使用前要对仪器设备进行检查,确认一切正常方可使用。尤其是经过运输,或仪器设备离开保管人控制,返回后更要认真检查。计量标准器具只能用于检定或校准,不能用于其他目的,除非证明其作为计量标准的性能不会失效。用于检定、校准和检测的仪器设备,包括硬件和软件应妥善保护,不得随意调整,以免影响检定、校准和检测结果的准确可靠。如果需要调整时,应按规定的程序执行。

仪器设备要有专人保管,要制定仪器设备的维护保养计划,例如定期的清洁,更换易耗品,润滑等。要认真执行维护保养计划,特别是经常携带到现场使用,或在较恶劣的环境下使用的仪器设备更应加强维护和保养工作。

应做好仪器设备使用记录和维护保养记录,包括发现的问题和采取的措施。有关的使用记录和维护保养计划及记录应定期归入设备档案。

(六) 期间核查

期间核查是根据规定的程序,为了确定计量标准、标准物质或其他测量仪器是否保持其原有状态而进行的操作。期间核查的对象是计量标准、标准物质和其他对测量结果有影响的测量仪器,使之始终在要求的准确度范围内。期间核查是在相邻两次检定或校准之间按计划实施的。期间核查不同于检定或校准,它是采用一定的方法,通过实验,用实验的测量结果判断被核查的对象是否仍保持上一次检定或校准后的良好状态,其准确度技术指标是否仍符合要求。为此应针对每一项需要核查的对象制定期间核查的方法和实施方案,并作为技术文件经审核批准后使用,按受控文件管理。应制定期间核查计划,认真执行,并记录期间核查实施情况及核查结果。有关期间核查的概念、策划、实施的详细内容见本书第四章第六节期间核查的实施。

(七) 仪器设备的修理、改装和报废

当仪器设备出现异常或损坏时,应立即停止使用,并向有关负责人报告,申请维修。经批准后,由专业人员或仪器设备的售后服务部门给以维修。维修后,使用和保管人员应进行验收。如果维修是涉及仪器设备计量性能的,必须重新检定或校准。维修情况、验收情况、重新检定或校准情况都应如实记录,并由验收人员签名确认,将记录归入设备档案。

由于设备本身的缺陷,或根据工作扩展的要求,需要对设备进行改装时,应进行可行性分析,由对技术负责的人员对改装方案给以审核,经批准后执行。改装后要经过检定或校准方可投入使用。如果是计量标准器具的改装,还应按 JJF 1033—2016《计量标准考核规范》的要求,履行相关手续。

当仪器设备已无法修复,或不适用时,应按规定的程序办理报废手续。报废的仪器设备应移出实验室并及时给以处理。

五、仲裁检定的实施

仲裁检定是为解决计量纠纷而实施的。计量纠纷一般是由于对计量器具准确度的评价不同,或因为破坏计量器具准确度进行不诚实的测量,或伪造数据等原因,对测量结果发生争执。

人民政府计量行政部门在受理仲裁检定申请后,应确定仲裁检定的时间地点,指定法定计量检定机构承担仲裁检定任务,并发出仲裁检定通知。纠纷双方在接到通知后,应对与纠纷有关的计量器具实行保全措施,即不允许以任何理由破坏其原始状态。进行仲裁检定应有当事人双方在场,无正当理由拒不到场的,可进行缺席仲裁检定。

仲裁检定必须使用国家计量基准或社会公用计量标准,依据国家计量检定规程,或人民政府计量行政部门指定的检定方法文件进行。有些情况下,为使仲裁检定结果更具有说服力,可取国家计量基准或社会公用计量标准的校准和测量能力小于等于被检计量器具最大允许误差绝对值 MPEV 的五分之一。仲裁检定需在规定的时限内完成,出具仲裁检定证书。

当事人一方或双方对一次仲裁检定结果不服的,可向上一级人民政府计量行政部门申请二次仲裁检定,二次仲裁检定即为终局仲裁检定。如果承担仲裁检定的检定人员有可能影响检定数据公正

的应当回避,当事人也有权以口头或书面方式申请其回避。

仲裁检定的结果将作为计量调解的依据,如果是伪造数据,或破坏计量器具准确度造成的纠纷,将作为追究违法行为的证据。

习题及参考答案

一、习 题

(一)思考题

1. 什么是检定?

2. 检定的对象是什么?

3. 检定的目的是什么?

4. 检定工作的内容包括哪些?

5. 什么是校准?

6. 校准的对象是什么?

7. 校准的目的是什么?

8. 校准工作的内容包括哪些?

9. 检定与校准有什么联系与区别?

10. 法定计量检定机构计量检定人员所从事的检测工作包括哪些?

11. 检定的适用范围是什么?

12.《计量法》规定的检定工作的原则是什么?

13. 检定按管理环节可分为哪几类?

14. 检定按管理性质可分为哪几类?

15. 什么是首次检定? 其对象和目的是什么?

16. 什么是后续检定? 其对象和目的是什么?

17. 什么是周期检定? 其对象和目的是什么?

18. 什么是仲裁检定? 其对象和目的是什么?

19. 什么是强制检定? 其对象和目的是什么?

20. 承担强制检定的机构应具备什么条件?

21. 强制检定工作的管理要求是什么?

22. 什么是非强制检定? 其对象和目的是什么?

23. 为什么在检定、校准之前要弄清顾客的需求? 如何弄清顾客的需求?

24. 检定工作必须依据什么进行?

25. 校准工作必须依据什么进行?

26. 计量器具新产品或进口计量器具型式评价必须依据什么进行?

27. 定量包装商品净含量计量检验必须依据什么进行?

28. 食品和化妆品包装计量检验必须依据什么进行?

29. 用能产品能源效率标识计量检测必须依据什么进行?

30. 检定、校准、检测依据的标准方法指什么? 举例说明。

31. 检定、校准、检测依据的非标准方法指什么? 举例说明。

32. 当没有国家计量校准规范时,可依据什么实施校准?

33. 对检定、校准、检测方法的确认是什么? 确认工作的内容有哪些? 确认可以采用哪些技术方法?

34. 何谓方法文件的有效版本？

35. 为什么要对方法文件的有效版本进行控制？

36. 如何确定某方法文件是否为有效版本？

37. 为什么要编写作业指导书？怎样编写？怎样管理？

38. 对检定、校准、检测人员的资质有什么要求？

39. 检定、校准、检测人员培训的内容包括哪些？

40. 检定、校准、检测人员的基本职责是什么？

41. 为什么要有监督人员对检定、校准、检测工作实施监督？什么人可以当监督人员？

42. 进行检定、校准时应选择什么样的计量标准？

43. 应如何配备进行检定、校准和检测的仪器设备？

44. 实施检定、校准、检测时的环境条件指什么？为什么要规定环境条件要求？

45. 如何使环境条件满足规程、规范的要求？

46. 什么是检定、校准、检测的原始记录？它必须满足什么要求？

47. 如何设计原始记录的格式？举例说明。

48. 原始记录应包括哪些信息？

49. 原始记录的书写要求是什么？当出现记录错误时如何修改？

50. 为什么要保存原始记录？如何进行保存和管理？

51. 测量仪器符合性评定的基本要求是什么？

52. 如何评定检定结果？

53. 如何评定定量包装商品净含量计量检验结果？

54. 如何评定食品和化妆品包装计量检验结果？

55. 如何评定用能产品能源效率标识计量检测结果？

56. 为什么要对检定、校准、检测结果进行核验？核验工作的内容是什么？

57. 检定、校准、检测过程中出现异常情况如何处置？

58. 如何编制单位内部周期检定、校准计划？

59. 承担强制检定任务的机构如何编制强制检定计划？

60. 对计量标准器和配套设备的管理包括哪些环节？

61. 怎样对仪器设备进行标识和建立设备档案？

62. 本单位使用的仪器设备检定和校准完成后应做好哪些后续工作？

63. 仪器设备的状态标识是什么？应如何使用？

64. 怎样对仪器设备进行正确使用和维护保养？需做什么记录？

65. 什么是期间核查？为什么要进行仪器设备的期间核查？怎样实施期间核查？

66. 仪器设备的修理、改装和报废应办理什么手续？应做好什么记录？

67. 仲裁检定应如何实施？其法律地位是什么？

（二）选择题（单选）

1. 计量检定的对象是指_____。

    A. 包括教育、医疗、家用在内的所有计量器具

    B. 列入《中华人民共和国依法管理的计量器具目录》的计量器具

    C. 企业用于产品检测的所有检测设备

    D. 所有进口的测量仪器

2. 处理计量纠纷所进行的仲裁检定以_____检定的数据为准。

    A. 企业、事业单位最高计量标准　　　　　B. 经考核合格的相关计量标准

C. 国家计量基准或社会公用计量标准　　　　D. 经强制检定合格的工作计量器具

3. 定量包装商品净含量计量检验应依据_____进行。

    A. 产品标准　　　　　　　　　　　　　　B. 检定规程

    C. 定量包装商品净含量计量检验规则　　　D. 包装商品检验大纲

4. 检定或校准的原始记录是指_____。

    A. 实验中测量数据及有关信息产生当时,在规定格式的记录纸上所做的记录

    B. 记在草稿纸上,再整理抄写后的记录

    C. 先记在草稿纸上,然后输入到计算机中保存的记录

    D. 经整理计算出的测量结果的记录

5. 对计量器具新产品和进口计量器具的型式评价应依据_____。

    A. 产品规范,评价其是否合格

    B. 计量检定规程,评价其计量特性是否合格

    C. 校准规范,评价计量器具的计量特性和可靠性

    D. 型式评价大纲,评价所有的项目是否均符合型式评价大纲要求,提出可否批准该型式的建议

（三）选择题（多选）

1. 强制检定的对象包括_____。

    A. 社会公用计量标准器具

    B. 标准物质

    C. 列入《实施强制管理的计量器具目录》的工作计量器具

    D. 部门和企业、事业单位使用的最高计量标准器具

2. 测量仪器检定或校准后的状态标识可包括_____。

    A. 检定合格证　　　B. 产品合格证　　　C. 准用证　　　D. 检定证

3. 对检定、校准证书的审核是保证工作质量的一个重要环节,核验人员对证书的审核内容包括_____。

    A. 对照原始记录检查证书上的信息是否与原始记录一致

    B. 对数据的计算或换算进行验算并检查结论是否正确

    C. 检查数据的有效数字和计量单位是否正确

    D. 检查被测件的功能是否正常

4. 检定工作完成后,经检定人员在原始记录上签字后交核验人员审核,以下_____情况核验人员没有尽到职责。

    A. 经核验人员检查,在检定规程中要求的检定项目都已完成,核验人员就在原始记录上签名

    B. 核验人员发现数据和结论有问题,不能签字并向检定人员指出问题

    C. 由于对检定人员的信任,核验人员即刻在原始记录上签名

    D. 核验人员发现检定未依据最新有效版本的检定规程进行,原始记录中如实填写了老版本,核验人员要求检定员在原始记录中改写为新版本号

二、参考答案

（一）思考题(略)

（二）选择题(单选):1. B;　2. C;　3. C;　4. A;　5. D。

（三）选择题(多选):1. AD;　2. AC;　3. ABC;　4. ACD。

第二节　检定证书、校准证书和检测报告

一、证书、报告的分类

各类检定、校准、检测完成后，应根据规定的要求以及实际检定、校准或检测的结果，出具检定证书、检定结果通知书、校准证书（校准报告）、检测报告。证书、报告应有规定的格式，使用 A4 纸，用计算机打印。要求术语规范、用字正确、无遗漏、无涂改、数据准确、清晰、客观，信息完整全面、结论明确。证书、报告经检定（校准、检测）人员、核验人员、批准人员（主管人员、授权签字人）签字，加盖检定（校准、检测）单位印章后发出。对各类不同的证书、报告有如下特殊要求：

（一）检定证书和检定结果通知书

凡是依据计量检定规程实施检定，检定结论为"合格"的出具检定证书。每一种计量器具的检定证书应符合其计量检定规程的要求。证书名称为"检定证书"。其封面内容包括：证书编号、页号和总页数；发出证书的单位名称；委托方或申请方单位名称；被检定计量器具名称、型号规格、制造厂、出厂编号；检定结论（应填写"合格"或在"合格"前冠以准确度等级）；检定、核验、批准人员用墨水笔签名，或经授权的电子签名；检定日期：×年×月×日；有效期至：×年×月×日。检定证书的内页中应包括如下内容：本次检定依据的计量检定规程名称及编号；本次检定使用的计量标准器具和主要配套设备的有关信息（名称、型号、编号、测量范围、准确度等级/最大允许误差/测量不确定度、检定或校准证书号及有效期等）；本次检定所使用的计量基准或计量标准装置的有关信息（名称、测量范围、准确度等级/最大允许误差/测量不确定度、计量基准证书或计量标准证书编号及有效期）；检定的地点（如本实验室或委托方现场）；检定时的环境条件（如温度值、湿度值等）；检定规程规定的检定项目（如外观检查、各种计量性能、示值误差等），及其结果数据和结论，以及检定规程要求的其他内容。如果检定过程中对被检定对象进行了调整或修理，应注明经过调修，如果可获得，应保留调整或修理前后的检定记录，并报告调整或修理前后的检定结果。此外还应包括每页的页号和总页数以及本次检定的原始记录号。检定证书内容表达结束，应有终结标志。

当检定结论为"不合格"时，出具证书名称为"检定结果通知书"。其结论为"不合格"或"见检定结果"，只给出检定日期，不给有效期，在检定结果中应指出不合格项。其他要求与"检定证书"相同。

（二）校准证书

凡依据国家计量校准规范，或非强制检定计量器具依据计量检定规程的相关部分，或依据其他经确认的校准方法进行的校准，出具的证书名称为"校准证书"（或"校准报告"）。

校准证书一般应包含以下信息：证书编号；发出证书单位的名称和地址、委托方的名称和地址；被校准计量器具或测量仪器的名称、型号规格、制造厂、出厂编号；被校准物品的接收日期：×年×月×日、校准日期：×年×月×日；本次校准依据的校准方法文件名称及编号；本次校准所使用的计量标准器具和配套设备的有关信息（名称、型号、编号、测量范围、准确度等级/最大允许误差/测量不确定度、检定或校准证书号及有效期等）；校准的地点（如本实验室或委托方现场）；校准时的环境条件（如温度值、湿度值等）；依据校准方法文件规定的校准项目（如校准

值、示值误差、修正值或其他参数),及其结果数据和测量不确定度;校准、核验、批准人员用墨水笔签名(批准人的职务可以打印),或经授权的电子签名;本次校准的原始记录号,以及每一页的页号和总页数。如果校准过程中对被校准对象进行了调整或修理,应注明经过调修,如果可获得,应报告调整或修理前后的校准结果。如果顾客需要对校准结果给出符合性判断,应指明符合或不符合所依据文件的哪些条款。关于校准间隔,如果是计量标准器具的溯源性校准,应按照计量校准规范的规定给出校准间隔。除此以外,校准证书上一般不给出校准间隔的建议。如果顾客有要求时,可在校准证书上给出校准间隔。校准证书内容表达结束,应有终结标志。

(三) 检测报告

(1) 进行计量器具新产品或进口计量器具型式评价试验后,应依据 JJF 1015—2014《计量器具型式评价通用规范》附录 A 的要求,出具"计量器具型式评价报告"。型式评价报告封面包括:报告名称《计量器具型式评价报告》(计量器具名称及分类编码)、报告编号、出具报告的技术机构名称。封里为注意事项和说明。报告内容包括:申请和委托的基本情况、关于型式的基本信息、型式评价的依据、型式评价所用仪器设备一览表、型式评价项目及评价结果一览表、审查的技术资料及结论、型式评价结论及建议和其他说明。最后是签发事项,包括:型式评价时间、人员签名(含型式评价人员、复核人员、批准人)、批准人职务、签发日期和承担型式评价的技术机构加盖型式评价专用章。报告的每一页都要有页号和总页数。

(2) 进行定量包装商品净含量计量检验时,应依据 JJF 1070 定量包装商品净含量计量检验规则系列规范出具计量检验报告。在 JJF 1070 系列规范的附录中,给出了一般商品或特殊商品计量检验报告的格式。按照格式规定计量检验报告包括报告编号、商品名称、型号规格、受检单位名称、生产单位名称、检验类别、检验单位印章、检验单位声明、检验单位的联系方式、投诉电话、抽样情况、检验条件、检验依据、检验结果、总体结论、报告说明以及主检人员、审核人员、批准人员的签名、职务、日期。

进行食品和化妆品包装计量检验时,应依据 JJF 1244《食品和化妆品包装计量检验规则》附录中给出的食品和化妆品包装计量监督检验报告格式,出具检验报告。

(3) 进行用能产品能源效率标识计量检测时,应依据 JJF 1261 用能产品能源效率标识计量检测规则系列规范的要求出具检测报告。

二、校准证书中测量不确定度的表述要求

校准证书中测量不确定度的表述应依据国家计量技术规范 JJF 1059.1—2012《测量不确定度评定与表示》,使用的术语符号应与该技术规范相一致,遵循该技术规范对测量不确定度的报告与表示的规定。同时需注意以下几点:

(1) 在校准证书中给出的测量不确定度,必须指明是合成标准不确定度,还是扩展不确定度,以及对应于校准结果的具体参数。例如:"示值误差测量结果的扩展不确定度为……","交流电压校准值××V 的扩展不确定度为……"。

(2) 当被校准结果有多个同等重要的参数时,应分别给出各个参数的测量结果不确定度。

(3) 当测量结果的测量不确定度在整个测量范围内差异不大,在满足量值传递要求的前提下,整个测量范围内的测量不确定度可取最大值。其最大值点的位置可能在测量范围的上限点也可能在测量范围的下限点或其他部位,要根据具体情况进行分析。

当整个测量范围的测量不确定度有明显的差异或有变化规律时,不能以一个值代表整个测量范

围的不确定度,而应以函数形式或分段给出,或每个校准点都给出相应的测量不确定度。

（4）当被校准的对象是计量标准器具,且测量结果的可能值接近正态分布时,应通过估算有效自由度 ν_{eff},取适当的包含概率 p（通常取 $p=0.95$）,查表得 t 分布临界值即 k_p,求得扩展不确定度 U_p。在校准证书上应给出扩展不确定度 U_p 和包含概率 p,以及有效自由度 ν_{eff} 的值,以便于使用该计量标准器具进行下一级检定或校准时评定测量不确定度时引用。当不估算自由度直接取 k 值（通常取 $k=2$）,得到扩展不确定度 U 时,应在校准证书上同时给出扩展不确定度 U 和包含因子 k 的值。

（5）校准证书中的扩展不确定度只保留 1 位或 2 位有效数字。当第 1 位有效数字是 1 或 2 时,最好保留 2 位有效数字。其余情况可以保留 1 位或 2 位有效数字。保留的末位有效数字后面一位非零数字的舍入,比较保险的做法是只入不舍。

（6）测量结果与其扩展不确定度的修约间隔应相同,即对测量结果数值进行修约时,其末位应与扩展不确定度的末位对齐。

三、证书、报告的审核和批准

证书、报告的签发是由批准人实施的,是对证书、报告的最终质量把关。经批准人签字后,证书、报告才可以发出。鉴于批准人是证书、报告所承担法律责任的主要责任人,因此批准人必须经过授权,故也称为授权签字人,应由具有较高的理论和技术水平、责任心强、对本专业技术负责的人员承担。批准人员只能审核本人熟悉专业的授权范围内的证书、报告,对证书、报告的正确性负责。检定证书、检定结果通知书、校准证书由检定、校准人员完成并签名,经核验人员核验并签名,交证书、报告的批准人（一般为该专业实验室的技术主管）做最后的审核,经审核无误签名批准发出。型式评价报告应按规定由检测人员完成报告并签名,经审核人员审核并签名,交报告的批准人（一般为机构的技术负责人）做最后审核,经审核无误时签名批准发出。

四、证书、报告的修改和变更

当已发布的证书、报告需要修改时,可以两种方式进行修改:一种是追加文件,另一种是重新出具一份完整的新的证书、报告。

采用追加文件时,追加文件上应声明"对序号为……（或其他标识）的检定证书（或检定结果通知书,或校准证书,或检验、检测报告）的补充文件",或其他等效的文字形式。追加文件也应符合有关证书、报告的要求,由检定/校准/检测人员、核验人员、批准人员签名,并加盖公章后发出。原证书或报告不收回。采用追加文件进行更正适用的情况是原证书报告的内容是正确的,只是不够完整,漏掉了一部分内容。

如果原证书或报告存在不正确的内容,则需要重新出具一份完整的新的证书或报告代替原证书或报告。这种情况又分为两种:一种是试验方法正确,原始记录可靠,但存在数据处理或结论判断错误,或在数据转移到证书、报告上时有错漏,或存在各种打印错误,这时只需将错误信息更正后重新打印一份完整的证书、报告;另一种是试验方法有误,或缺少部分项目信息,这时需要重新进行检定、校准或检测,根据新的测量结果重新出具一份完整的证书、报告。无论哪种情况,重新出具的证书、报告都要重新编号,并在新的证书、报告上声明:"本证书（报告）代替证书（报告）编号××××的检定证书（或检定结果通知书,或校准证书,或检验、检测报告）。"同时说明"（被修改的）证书（报告）编号××××的检定证书（或检定结果通知书,或校准证书,或检验、检测报告）作废"。

被代替的作废证书、报告原件应收回,并保存在有关部门,可作为分析有关技术问题或质量问题的重要记录。

【案例 4-6】　某检测机构的 1 台计量器具由 1 个具备资质的校准机构给予校准,并且出具了校准证书。该检测机构将校准证书保存在设备档案中。过了 1 个月,校准机构声称上次出具的证书有打印错误,为了改正,将重新出具的校准证书发给该检测机构。该检测机构将这份新证书也收在设备档案中。当使用这台计量器具的检测人员在分析计算检测结果的不确定度时,需要引用校准证书上的校准结果数据,在设备档案中见到两份同一编号、同一日期出具的校准证书,然而校准结果数据不同,检测人员不知哪份证书的数据是正确的。

【案例分析】　本案例的校准机构对已发到客户的出错证书没有按规定的程序进行更正,重新出具的新证书没有重新编号,没有明确的替换声明,未收回作废的证书,对客户造成了不良影响。依据 JJF 1069—2012《法定计量检定机构考核规范》"证书和报告的修改"的有关规定,检定或校准机构发现已出具的证书或报告有错误时,可以追加一份证书的补充件。这份补充件上应明确声明:"对序号为……(或其他标识)的检定证书(或检定结果通知书,或校准证书,或检验、检测报告)的补充文件",或其他等效的文字形式。追加的补充文件也应符合有关证书、报告的要求,由检定/校准/检测人员、核验人员、批准人员签名,并加盖公章后发出,原证书或报告不收回。采用补充件进行更正适用于原证书报告的内容是正确的,只是不够完整,漏掉了一部分内容。如果原证书存在不正确的内容,就需要重新出具一份完整的新的证书或报告,将原证书或报告收回。重新出具的证书、报告都要重新编号,不可使用原来出错的证书号,以免客户混淆。并且必须在新的证书、报告上声明:"本证书(报告)代替证书(报告)编号××××的检定证书(或检定结果通知书,或校准证书,或检验、检测报告)。"同时说明"(被修改的)证书(报告)编号××××的检定证书(或检定结果通知书,或校准证书,或检验、检测报告)作废"。如果没有重新进行检定、校准实验的话,证书或报告上的检定或校准日期仍用原证书上的日期,如果重新进行了检定或校准实验,则检定或校准日期应填写重新实验的日期。这样做的结果使客户明确区分出错的证书和正确的证书,不会因混淆而影响测量结果。

【案例 4-7】　某企业送了一批计量器具到计量检定机构进行检定。企业提出要求检定机构出具检定证书时将检定日期写成 3 个月前的日期,因为这些计量器具已超过检定有效期 3 个月了。

【案例分析】　依据 JJF 1069—2012《法定计量检定机构考核规范》规定:"机构应准确、清晰明确和客观地报告每一项检定、校准和检测的结果,并符合检定规程、校准规范、型式评价大纲和检验、检测规则中规定的要求。"计量检定机构应拒绝客户的不合理要求,按实际检定日期出具检定证书,保证证书的真实性,既是对客户负责,也是对检定机构的自我保护。出具检定证书是一件十分严肃的事情,证书上的信息必须真实,检定机构要对出具的证书承担责任。如果将检定日期提前了 3 个月,既不符合事实,而且在真正的检定日期之前的这 3 个月内,计量器具并未经过检定,使用这些未经检定的计量器具得到的测量结果是否准确,检定机构是无法负责的。假如在这 3 个月内由于计量器具的失准造成了损失,甚至事故,追究起来,计量检定机构及其检定人员就要承担证书造假的违法责任。

五、证书、报告的质量保证

(一)检定、校准、检测结果的质量控制

检定、校准、检测人员应对检定、校准、检测结果进行监控,及时发现测量数据的变化趋势。如果

可行,应采用统计技术对结果进行审查。监控的方法包括:

(1) 使用标准物质或质量控制物质;

(2) 使用其他已检定或校准能够提供可溯源结果的仪器;

(3) 测量和检测设备的功能核查;

(4) 适用时,使用核查或工作标准,并制作控制图;

(5) 测量设备的期间核查;

(6) 使用相同或不同方法进行重复检定、校准或检测;

(7) 留存样品的重复检定、校准或检测;

(8) 物品不同特性结果之间的相关性;

(9) 报告的审查;

(10) 实验室内比对;

(11) 盲样测试。

检定、校准、检测人员应结合所进行工作的类型和工作量选用其中的一种或几种方法,也可采用其他有效的方法。对所选用的方法制定出可操作的文件,并制定监控工作计划,按计划执行,并保存记录。还要对监控计划执行的结果进行分析,应分析质量控制的数据,当发现质量控制数据将超出预先确定的判据时,应遵循已有的计划采取措施来纠正出现的问题,并防止报告错误的结果。

(二) 证书、报告常见错误分析及处理

(1) 测量结果数据从原始记录转移到证书、报告时发生错漏;用计算机打印证书、报告时,拷贝上一次证书、报告改成下一次证书、报告时,该修改的信息没有修改;法定计量单位不符合规定的使用规则等。

对这一类错误要采取有效措施,确保在打印证书、报告时只可以拷贝空白的证书模板,不得拷贝原有数据。要通过加强证书的审核来避免错误,核验人员必须尽到责任,批准人也要把好审核最后一关。加强对法定计量单位使用规则的学习,特别注意符号字母的大小写,量的符号为斜体,计量单位符号为正体等。

(2) 证书、报告的项目未满足规程、规范等技术文件的要求;未经批准和顾客同意减少了检定、校准、检测项目;结论不明确;有准确度等级的计量器具的检定证书结论只写"合格",未指明符合几等几级等。

这样的证书、报告错误要认真分析,必要时需做补充实验,或整个实验重做。对这一类错误应通过加强对规程、规范等技术文件的学习理解,和增强执行规程、规范的意识来消除。

(3) 证书、报告中测量不确定度的表达不规范,未指明是什么参数的什么测量结果的不确定度,测量不确定度信息不全,测量结果数据的末位与其不确定度的有效位数末位不对齐等。

对这一类错误,要通过加强学习理解 JJF 1059.1—2012《测量不确定度评定与表示》,并认真贯彻来解决。

六、证书、报告的管理

(一) 证书、报告管理制度

对证书、报告的管理应制定证书、报告的管理制度或管理程序。管理制度或管理程序应包括以下环节:证书、报告格式的设计印刷;证书、报告的编号规则;证书、报告的内容和编写要求;证书、报

告的核验、审核和批准要求;证书、报告的修改规定;证书、报告的电子传输规定;证书、报告的副本保存规定;为顾客保密的规定等。对每一环节要明确规定管理要求、管理职责、操作步骤以及所需要的表格。这些管理制度或管理程序都应认真执行。

(二) 证书、报告副本的保存

证书、报告是检定、校准、检测工作的结果,是承担法律责任的重要凭证,对发出的证书、报告必须保留副本,以备有需要时查阅。如发生伪造证书、报告,或篡改证书、报告上的数据等违法行为时,将以证书、报告的副本为依据,对这些违法行为进行揭露和处理。

保留的证书、报告副本必须与发出的证书、报告完全一致,维持原样不得改变。证书、报告副本要按规定妥善保管,便于检索。规定保存期,到期需办理批准手续,按规定统一销毁。证书、报告副本可以是证书、报告原件的复印件,也可以保存在计算机的软件载体上。存在计算机中的证书、报告副本应该进行只读处理,不论哪一种保存方式,都要遵守有关的证书、报告副本保存规定。

【案例4-8】 某企业购买了一台进口计量器具。企业要求供货商提供检定证书。供货商提供了某省级法定计量检定机构出具的检定证书复印件,供货商称原件由他们保存。企业在对这台进口计量器具进行验收时,发现该设备工作不正常,出具的数据严重超差,是一台不合格的设备。企业不明白,为什么对如此不合格设备,某省级法定计量检定机构却出具了检定证书,怀疑没有经过认真检定,于是企业向这家计量检定机构提出投诉。

【案例分析】 依据《计量法》第二十七条规定:"制造、销售、使用以欺骗消费者为目的的计量器具的,没收计量器具和违法所得,处以罚款;情节严重的,并对个人或者单位直接责任人员依照刑法有关规定追究刑事责任。"本案例中企业向这家计量检定机构提出了投诉,这家省级法定计量检定机构收到此投诉后,应首先进行调查。检定机构请企业出示这台设备的检定证书。企业出示供货商提供的检定证书复印件以后,检定人员根据证书复印件上的证书编号,查找保存的原证书副本和检定原始记录。将企业出示的证书复印件与保存的证书副本和原始记录仔细对照发现,企业出示的证书复印件上被检计量器具的出厂编号与原证书副本和原始记录均不同。经分析确认是供货商将已检计量器具的证书上被检计量器具出厂编号盖掉,改成卖给企业这台计量器具的出厂编号后复印出来交付企业的,而实际上企业买到的这台设备并未经过检定。根据计量检定机构提供的原证书副本和检定原始记录,戳穿了供货商伪造检定证书的违法行为。计量检定机构将有关证明材料反映给当地政府市场监管部门,由市场监管部门对违法供货商依据《计量法》进行了查处。供货商将检定证书部分盖掉,并替换了内容后,复制成检定证书复印件交付顾客,属伪造检定证书后销售计量器具的欺骗和违法行为,要依法进行揭露和给以制裁,维护消费者的合法权益。这样做也提高了计量检定机构的信誉。

七、计量检定印、证

开展计量检定工作使用的印、证,应执行国务院计量行政部门制定的《计量检定印、证管理办法》。

(一) 计量检定印、证的种类和使用

计量检定印、证包括:

(1) 检定证书:证明计量器具已经检定并符合相关法定要求的文件;

(2) 检定结果通知书:说明计量器具被发现不符合或不再符合相关法定要求的文件;

(3) 检定合格证:给经检定合格的计量器具出具的合格标签;

（4）检定合格印：在经检定合格的计量器具上加的显示该计量器具检定合格的印记，或表示封缄的印记，如錾印、喷印、钳印、漆封印；

（5）注销印：计量器具经检定不合格时，在原检定证书、检定合格印、证上加盖的注销标记。

计量器具经检定合格的，由检定单位按照计量检定规程的规定，出具检定证书、检定合格证，或加盖检定合格印。计量器具经周期检定不合格的，由检定单位出具检定结果通知书或注销原检定合格印、证。计量器具在检定周期内抽检不合格的，应注销原检定证书，或检定合格印、证。出具检定证书、检定结果通知书应加盖检定机构的检定专用章。检定印、证应保持清晰完整，残缺、磨损的应停止使用。计量检定印、证应有专人保管，建立用印、用证管理制度。

（二）使用计量检定印、证的法律责任

计量检定印、证是评定计量器具的性能和质量是否符合法定要求的技术判断和结论，是计量器具能否销售、能否使用的凭证。伪造、盗用、倒卖强制检定印、证的属违法行为，将依法追究法律责任。经计量基准、社会公用计量标准检定出具的计量检定印、证，是一种具有权威性和法制性的标记或证明，在调解、仲裁、审理、判决计量纠纷和案件时，可作为法律依据，具有法律效力。

【案例4-9】　某市市场监管局接到举报，内容涉及仪器销售商在销售计量器具时，伪造某法定计量检定机构的检定证书。市场监管局派出稽查人员前往调查。仪器销售商称他们给客户的检定证书真是某法定计量检定机构出具的，并出示了这些证书。稽查人员仔细观察这些证书，见上面印有某法定计量检定机构的名称，有检定员、核验员、主管的签名，盖有该机构检定专用章钢印，决定带回进一步调查。

【案例分析】　稽查人员将这批证书带回，要求出具证书的法定计量检定机构核实证书的真实性。这个法定计量检定机构未规定保存证书副本，他们只能通过检查这些证书原件来判定。在检查中发现，证书的纸质、大小、印刷格式与本单位证书相同，上面的检定专用章钢印也与本单位的完全一样，检定员、核验员、主管的名字确是本单位的人员，但签名笔迹与其本人笔迹有明显差别。向这些涉及的人员了解，他们都表示从未检定过这些计量器具，且没有相关的原始记录。由此可以判断，这些计量器具没有经过该机构检定，但证书和钢印却是真的。那么这些证书是怎样出具的呢？该检定机构对内部管理进行了严格的检查，最后发现由于证书和钢印的管理不严，销售商通过机构内部人员弄到盖了钢印的空白证书，然后模仿检定机构填写了这些证书，并伪造了有关人员的签名，打算在销售仪器时将这些证书交付顾客。根据调查结果，该市市场监管局依法对伪造检定证书的销售商进行了查处。同时责成有责任的法定计量检定机构对这一事件严肃处理。该法定计量检定机构认真检讨了自身的管理问题，制定了严格的证书和印章管理制度，做出了保存证书、报告副本的规定，对向销售商提供盖了钢印的空白证书的本机构人员给予了行政处分和经济处罚，对全体职工以此事件为例，进行了职业道德教育，以杜绝此类事件的发生。

任何人不得伪造检定证书，伪造证书属违法行为，必须依法惩处。检定或校准机构必须对证书、印章和人员进行严格管理。

八、检定/校准证书和原始记录举例

（一）砝码检定证书及其原始记录

1. 证书封面

×××计量科学研究院

检 定 证 书

证书编号：×××××××××

送　检　单　位　＿＿×××××××××＿＿

计 量 器 具 名 称　＿＿＿＿＿砝码＿＿＿＿＿

型　号　/　规　格　＿＿100 g～1 g/9 个＿＿

出　厂　编　号　＿＿＿120/NSG—W01＿＿＿

制　造　单　位　＿＿×××××××××＿＿

检　定　依　据　＿JJG 99—2006 砝码检定规程＿

检　定　结　论　＿＿＿F_2 等级合格＿＿＿＿

批　准　人：（签名）×××
＿＿＿＿＿＿＿＿＿＿＿＿＿＿＿

核　验　员：（签名）×××
＿＿＿＿＿＿＿＿＿＿＿＿＿＿＿

（计量检定机构检定专用章）　　检　定　员：（签名）×××

检定日期　　2015 年 12 月 17 日
有效期至　　2016 年 12 月 16 日

地址：（计量检定机构地址）　　　邮编：（计量检定机构邮政编码）

电话：（计量检定机构联系电话）　　传真：（计量检定机构传真号）

网址：（计量检定机构官网网址）　　电子邮箱：（计量检定机构电子邮箱）

第 1 页，共 3 页

2. 证书内页

（证书第 2 页）

×××计量科学研究院

证书编号：×××××××

检定环境条件及地点：	
温度：(20.0～20.1) ℃	地点：×××计量科学研究院××实验室
相对湿度：42.0%～42.6%	其他：———

检定使用的计量基(标)准装置(含标准物质)

计量标准名称	测量范围	不确定度/准确度等级/最大允许误差	社会公用计量标准证书号	有效期
E_2 等级克组砝码标准装置	1 g～1 kg	E_2 等级	〔××××〕×社量标×证字第 035 号	2019 - 8 - 6

计量标准器具	型号	编号	证书号	有效期	不确定度/准确度等级/最大允许误差
砝码	(1～500) mg	Y927	×××××××	2016 - 6 - 22	E_2 等级
质量比较仪	AT201	58982	×××××××	2016 - 8 - 27	$U=0.033$ mg,$k=2$
电子天平	YSZ 02C	21610063	×××××××	2016 - 8 - 4	①级

（证书第 3 页）

×××计量科学研究院

证书编号：××××××××　　　　原始记录编号：××××××××

检定结果

被检砝码标称值 g	修正值 mg
100	+0.14
50	+0.16
20	−0.05
. 20	−0.01
10	−0.013
5	+0.006
2	+0.001
. 2	−0.023
1	+0.018

声明：

1.本机构仅对加盖"××××××××××××专用章"的完整证书负责。

2.本证书的检定结果仅对本次所检定的计量器具有效。

3. 原始记录

（原始记录第 1 页）

×××计量科学研究院

砝码检定记录

证书记录编号：×××××××××第 1 页，共 2 页

委托方	×××××××		制造厂		×××××××		
型号规格	1 g～100 g		出厂编号	120/NSG—W01	材料	不锈钢☑	个数 9 个

计量标准名称	测量范围	不确定度/准确度 等级/最大允许误差	社会公用计量 标准证书号		有效期
E₂ 等级克组砝码 标准装置	1 g～1 kg	E₂ 等级	〔××××〕×社量标 ×证字第 035 号		2019 - 8 - 6

计量标准器具	型号	编号	证书号	有效期	不确定度/准确度等 级/最大允许误差
砝码	(1～500) mg	Y927	×××××××	2016 - 6 - 22	E₂ 等级
质量比较仪	AT201	58982	×××××××	2016 - 8 - 27	$U=0.033$ mg，$k=2$
电子天平	YSZ 02C	21610063	×××××××	2016 - 8 - 4	①级

检定地点	☑×××计量科学研究院××实验室		□委托方现场
设备状态	使用前：正常☑　不正常□		使用后：正常☑　不正常□
环境条件	开始时：温度 20.0℃；相对湿度 42.6 %		结束时：温度 20.1℃；相对湿度 42.0%

序号	标称值 m	秤盘	读数/g I_1	读数/g I_2	平衡位置/g	$B-A$/mg	标准砝码 A 修正值/mg	被检砝码 B 修正值/mg
1	100 g	A	99.999 78	/	A　99.999 78	+0.18	−0.04	+0.14
		B	99.999 96	/				
		B	99.999 96	/	B　99.999 96			
		A	99.999 78	/				
2	50 g	A	49.999 86	/	A　49.999 855	+0.21	−0.05	+0.16
		B	50.000 06	/				
		B	50.000 06	/	B　50.000 06			
		A	49.999 85	/				
3	20 g	A	19.999 93	/	A　19.999 91	−0.09	+0.037	−0.05
		B	19.999 82	/				
		B	19.999 82	/	B　19.999 82			
		A	19.999 89	/				

（原始记录第 2 页）

序号	标称值 m	秤盘	读数/g		平衡位置/g	$B-A$/mg	标准砝码 A 修正值/mg	被检砝码 B 修正值/mg
			I_1	I_2				
4	20 g	A	19.999 90	/	A			
		B	19.999 86	/	19.999 905			
		B	19.999 85	/	B	−0.050	+0.037	−0.01
		A	19.999 91	/	19.999 855			
5	10 g	A	9.999 498	/	A			
		B	9.999 460	/	9.999 497 5			
		B	9.999 460	/	B	−0.038	+0.025	−0.013
		A	9.999 497	/	9.999 46			
6	5 g	A	4.999 735	/	A			
		B	4.999 737	/	4.999 732 5			
		B	4.999 738	/	B	+0.005	+0.001	+0.006
		A	4.999 730	/	4.999 737 5			
7	2 g	A	1.999 899	/	A			
		B	1.999 894	/	1.999 9			
		B	1.999 894	/	B	−0.006	+0.007	+0.001
		A	1.999 901	/	1.999 894			
8	2 g	A	1.999 901	/	A			
		B	1.999 870	/	1.999 901			
		B	1.999 871	/	B	−0.030	+0.007	−0.023
		A	1.999 901	/	1.999 870 5			
9	1 g	A	0.999 950	/	A			
		B	0.999 967	/	0.999 95			
		B	0.999 967	/	B	+0.017	+0.001	+0.018
		A	0.999 950	/	0.999 967			
技术依据	JJG 99—2006	证书号	×××××××			结论	F₂ 等级合格	

检定员：＿＿＿×××＿＿＿　　核验员：＿＿＿×××＿＿＿　　检定日期：2015 - 12 - 17

（二）游标卡尺检定结果通知书及其原始记录

1. 证书封面

×××计量科学研究院

检定结果通知书

证书编号：×××××××

送　检　单　位　　×××××××××

计量器具名称　　　　游标卡尺

型　号／规　格　　（0～200）mm/0.02 mm

出　厂　编　号　　　12061265

制　造　单　位　　×××××××××

检　定　依　据　JJG 30—2012 通用卡尺检定规程

检　定　结　论　　　　不合格

批　准　人：（签名）　×××

（计量检定机构检定专用章）　核　验　员：（签名）　×××

检　定　员：（签名）　×××

检定日期　　2015 年 11 月 20 日

地址：（计量检定机构地址）　邮编：（计量检定机构邮政编码）
电话：（计量检定机构联系电话）　传真：（计量检定机构传真号）
网址：（计量检定机构官网网址）　电子邮箱：（计量检定机构电子邮箱）

2. 证书内页

（证书第 2 页）

×××计量科学研究院

证书编号：×××××××

检定环境条件及地点：				
温度：22.7 ℃		地点：×××计量科学研究院××实验室		
相对湿度：52％		其他：———		

检定使用的计量基（标）准装置（含标准物质）				
计量标准名称	测量范围	不确定度/准确度 等级/最大允许误差	社会公用计量标 准证书号	有效期
卡尺量具检定装置	（0～2000）mm	5 等 3 级	〔××××〕×社量标× 证字第 011 号	2019 - 9 - 8
计量标准器具	型号	编号	证书号	有效期	不确定度/准确度等级/ 最大允许误差
卡尺专用量块	（10～291.8）mm	22582	×××××××	2016 - 3 - 8	5 等 3 级
刀口尺	175 mm	50277	×××××××	2016 - 5 - 26	直线度：1.0 μm
数显千分尺	（0～25）mm	45038601	×××××××	2016 - 6 - 5	MPE：±2 μm

第 2 页，共 3 页

（证书第 3 页）

×××计量科学研究院

证书编号：×××××××× 　　　　　原始记录编号：××××××××

检定结果

序号	检定项目		检定结果	
1	外观和各部分相互作用		合格	
2	各部分相对位置		合格	
3	测量面的平面度/μm		1	合格
4	刀口内量爪平行度/μm		6	合格
5	零值误差/μm	零刻线	0	合格
6		尾刻线	0	合格
7	量爪示值误差/mm	外量爪	+0.04	不合格
8		刀口内外量爪	−0.02	合格
9	测深尺示值误差/mm		+0.02	合格

注：外量爪示值超差（MPE：±0.03 mm）

声明：

1.本机构仅对加盖"××××××××××××专用章"的完整证书负责。

2.本证书的检定结果仅对本次所检定的计量器具有效。

3. 原始记录

×××计量科学研究院

游标卡尺检定记录

证书记录编号：×××××××第 1 页，共 1 页

委托方	×××××××	型号规格	（0～200）mm	分度值	0.02 mm
制造厂	××××××××	出厂编号	12061265	设备号	PZ－B－090
检定地点	☑××研究院××实验室 □委托方现场		环境温度 22.7 ℃	相对湿度	52％

计量标准名称	测量范围	不确定度/准确度等级/最大允许误差	社会公用计量标准证书号	有效期
卡尺量具检定装置	（0～2 000）mm	5 等 3 级	〔××××〕×社量标×证字第 011 号	2019 - 9 - 8

计量标准器具	型号	编号	证书号	有效期	不确定度/准确度等级/最大允许误差
卡尺专用量块	（10～291.8）mm	22582	×××××××	2016 - 3 - 8	5 等 3 级
刀口尺	175 mm	50277	×××××××	2016 - 5 - 26	直线度：1.0 μm
数显千分尺	（0～25）mm	45038601	×××××××	2016 - 6 - 5	MPE：±2 μm

外观和各部分相互作用		☑合格□不合格		量爪示值误差/mm				
各部分相对位置		☑合格□不合格	测量点	外量爪		刀口（内☑外□）量爪		
测量面的平面度/μm		1		读数值	示值误差	读数值	示值误差	
刀口内量爪平行度/μm		6	51.20	51.22	＋0.02	51.18	－0.02	
零值误差零刻线/μm		0	121.50	121.52	＋0.02	121.48	－0.02	
零值误差尾刻线/μm		0	191.80	191.84	＋0.04	191.78	－0.02	

附注	外量爪示值超差（MPE：±0.03 mm）	测深尺示值误差/mm		
		量块尺寸	读数值	示值误差
		20.00	20.02	＋0.02

结论	不合格	检定员	×××	技术依据	JJG 30—2012
证书号	×××××××	核验员	×××	检定日期	2015 - 11 - 20

（三）AO 型邵氏硬度计校准证书及原始记录

1. 证书封面

×××计量科学研究院

校准证书

证书编号：×××××××××

客　户　名　称＿＿＿＿×××××××××＿＿＿＿

客　户　地　址＿＿＿＿×××××××××＿＿＿＿

器　具　名　称＿＿＿＿AO 型邵氏硬度计＿＿＿＿

型　号　/　规　格＿＿＿＿×××××＿＿＿＿

出　厂　编　号＿＿＿＿×××××＿＿＿＿

生　产　厂　商＿＿＿＿×××××××××＿＿＿＿

接　收　日　期＿＿＿＿××××年××月××日＿＿＿＿

校　准　日　期＿＿＿＿××××年××月××日＿＿＿＿

批　准　人：(签名)　×××　　　　　(计量检定/校准机构校准专用章)

核　验　员：(签名)　×××

检　定　员：(签名)　×××

地址：(计量检定/校准机构地址)　　　邮编：(计量检定/校准机构邮政编码)

电话：(计量检定/校准机构联系电话)　　传真：(计量检定/校准机构传真号)

网址：(计量检定/校准机构官网网址)　　电子邮箱：(计量检定/校准机构电子邮箱)

第 1 页,共 3 页

2. 证书内页

（证书第 2 页）

×××计量科学研究院

证书编号：×××××××

校准所依据/参照的技术文件（代号、名称）：
JJF 1312—2011 AO 型邵氏硬度计校准规范

校准环境条件及地点：

温　度：22 ℃　　　　　　　　　　　地点：×××计量科学研究院××实验室

相对湿度：55%　　　　　　　　　　　其他：——————

校准使用的计量基（标）准装置（含标准物质）/主要仪器

计量标准器具	型号	编号	证书号	有效期	不确定度/准确度 等级/最大允许误差
标准测力仪	10N	9908	×××××××	2016 - 08 - 09	0.1 级
投影仪	500C	2233224	×××××××	2016 - 06 - 03	50×
标准厚度块	2.48 mm 2.52 mm 1.25 mm	6607 6608 6609	×××××××	2016 - 06 - 13	$2.52_{-0.004}^{0}$ mm、 $2.48_{0}^{+0.004}$ mm， （1.25±0.004）mm

（证书第 3 页）

×××计量科学研究院

证书编号：×××××××××　　　　原始记录编号：×××××××××

校准结果

一、外观和通用技术要求的检查：符合要求

二、压针伸出长度

校准项目	允差要求/HAO	测量结果/HAO	
		实测值	偏差
压针伸出长度为最大时	0.0±0.5	0.2	＋0.2
压针伸出长度为 0 mm 时	100.0±0.5	50.3	＋0.3
压针伸出长度为 1.25 mm 时	50.0±1.0	99.9	−0.1

校准项目	要求	测量结果
压针最大伸出长度在 2.48 mm 时	零位示值产生变化	符合要求
压针最大伸出长度在 2.52 mm 时	零位示值无变化	符合要求

三、压针表面状况

校准项目	观测结果
压针表面的状况	符合要求

四、压针球面

校准项目	允差	测量结果/mm	
		0°方向	90°方向
压针球面半径	(2.50±0.02)mm	符合要求	符合要求

五、试验力

校准点 HAO	标称值 mN	允差 mN	测量结果/mN				
			1	2	3	最大偏差	扩展不确定度，$k＝2$
20	2 050	±75	2 005	2 010	2 010	−40	20
40	3 550	±75	3 060	3 070	3 060	＋20	20
60	5 050	±75	5 050	5 070	5 080	＋30	20
80	6 550	±75	6 580	6 590	6 590	＋40	20
100	8 050	±75	8 110	8 080	8 110	＋60	20

结论：校准结果符合 JJF 1312—2011 要求。

说明：根据校准规范的规定，通常情况下 12 个月校准一次。

声明：

1.本机构仅对加盖"××××××专用章"的完整证书负责。

2.本证书的校准结果仅对本次所校准的计量器具有效。

3. 原始记录

×××计量科学研究院

AO型邵氏硬度计校准记录

证书记录编号:××××××××第1页,共1页

委托方	××××××××		出厂编号		××××××	
制造厂	×××××		型号规格	××××××	设备号	××××××
校准地点	☑×××所××实验室□委托方现场		环境温度	22 ℃	相对湿度	55%
计量标准器具	型号	编号	证书号	有效期	不确定度/准确度等级/最大允许误差	
标准测力仪	10N	9908	××××××	2016-08-09	0.1级	
投影仪	500C	2233224	××××××	2016-06-03	50×	
标准厚度块	2.48 mm 2.52 mm 1.25 mm	6607 6608 6609	××××××	2016-06-13	$2.52_{-0.004}^{0}$ mm、 $2.48_{0}^{+0.004}$ mm, (1.25 ± 0.004) mm	

一、外观和通用技术要求的检查符合要求

二、压针伸出长度校准

校准项目	测量结果	
	要求	是否符合要求
压针最大伸出长度在2.48 mm时	零位示值产生变化	符合要求
压针最大伸出长度在2.52 mm时	零位示值无变化	符合要求

三、测量指示装置校准

校准项目	允差/HAO	测量结果/HAO		
		实测值	偏差	是否符合要求
压针伸出长度为最大时	0.0 ± 0.5	0.2	+0.2	符合要求
压针伸出长度为1.25 mm时	50.0 ± 1.0	50.3	+0.3	符合要求
压针伸出长度为0 mm时	100.0 ± 0.5	99.9	-0.1	符合要求

四、压针表面状况校准

校准项目	观测结果是否符合要求
压针表面的状况	符合要求

五、压针几何尺寸校准

校准项目	允差	测量结果/mm	
		0°方向	90°方向
压针球面半径	(2.5 ± 0.02) mm	符合要求	符合要求

六、试验力校准

校准点	标称值	允差	测量结果/mN				
HAO	mN	mN	1	2	3	相差最大数值	扩展不确定度,$k=2$
20	2 050	±75	2 005	2 010	2 010	-40	20
40	3 550	±75	3 060	3 070	3 060	+20	20
60	5 050	±75	5 050	5 070	5 080	+30	20
80	6 550	±75	6 580	6 590	6 590	+40	20
100	8 050	±75	8 110	8 080	8 110	+60	20

结论:符合JJF 1312—2011要求		证书号	××××××××××	附注	CNAS认可项目
技术依据	JJF 1312—2011	检定员	×××	核验员 ×××	校准日期 2015-12-28

（四）数字测温仪校准证书及其原始记录

【案例 4－10】　请在信息齐全、记录格式、书写规范等方面，评价以下交流电压表检定证书及其原始记录实例。

1. 证书封面

×××计量检测科学研究院

检定证书

证书编号：×××××××× 　　　　　　　　　　　　第 1 页　共 3 页

送　检　单　位　　×××××××××

计 量 器 具 名 称　　交流电压表

型　号 / 规　格　　T15－V

出　厂　编　号　　×××××

制　造　单　位　　××××××××××

检　定　依　据　　JJG 124—2005

检　定　结　论　　0.5 级合格

批　准　人：×××

核　验　员：×××

检　定　员：×××

检定日期×××× 年×月×日

有效期至×××× 年×月×日

计量检定机构授权证书号：×××××××××　　　电话：××××××

地址：×××××××××　　　　　　　　　　　　邮编：××××××

传真：××××××　　　　　　　　　　　　　　E－mail：××××××

2. 证书内页

（证书内页 1）

×××计量检测科学研究院

证书编号：××××××××　　　　　　　　　　　　第 2 页　共 3 页

×××计量检测科学研究院是依法设置的法定计量检定机构		
检定依据	JJG 124—2005《电流表、电压表、功率表及电阻表检定规程》	
计量标准名称	数字功率表标准装置	
不确定度/准确度等级/最大允许误差	$0.01\% \sim 0.05\%(k=2)$；相位 MPE：$\pm 0.005°$	
社会公用计量标准证书	编号	××××××××××××
	有效期至	××××××
计量标准溯源性	本次检定所用计量标准可溯源至电压国家标准	
检定地点	×××计量检测科学研究院电学实验室	
环境条件	温度：＿20.0＿℃；相对湿度：＿45＿%；其他＿＿/＿＿	

注：1. 本证书检定结果仅对该计量器具有效；

　　2. 本证书未加盖检定专用章无效；

　　3. 下次检定时请携带（出示）此证书。

未经授权，不得部分复印本证书。

（证书内页2）

×××计量检测科学研究院

证书编号：×××××××××　　　　　　　　　　　第 3 页　共 3 页

检定结果

量程	示值	修正值
	格	格
150 V	30	−0.1
	40	0.0
	50	−0.3
	60	0.1
	70	−0.3
	80	−0.2
	90	−0.1
	100	−0.4
	110	−0.3
	120	−0.2
	130	−0.2
	140	−0.4
	150	−0.4
300 V	100	0.3
	150	0.1
600 V	100	0.0
	150	0.4

一、外观：合格

二、基本误差和升降变差：

最大基本误差：0.3%　　最大升降变差：0.1%

三、偏离零位：合格

测量结果不确定度：$U_{rel}=0.1\%$　（$k=2$）

注：1. 本证书检定结果仅对该计量器具有效；

　　2. 本证书未加盖检定专用章无效；

　　3. 下次检定时请携带（出示）此证书。

未经授权，不得部分复印本证书。

3. 原始记录

（原始记录第 1 页）

原始记录编号：×××××××　　　证书编号：××××

交流电压表计量特性测量原始记录 CNAS（　　）

测量类别：检定（○）校准（　　）

计量标准名称：数字功率表标准装置

测量范围：(0.1～750) V；0.1 A～50 A。$U_{rel}=1\times10^{-4}(k=2)$

技术依据：JJG 124—2005《电流表、电压表、功率表及电阻表》

主标准器名称：9080A 交直流标准表（　　）　　　RT812 多功能电表校验装置（○）

5520A 多功能标准源（　　）

委托单位名称×××××××××　　结论_____0.5 级合格_____

生产单位××××××××××　　准确度_____～0.5_____

规格型号_____T15－V_____　　　　　　　出厂编号××××××

环境条件温度：__20.0__℃　　相对湿度：__45__%

示值误差测量结果不确定度(k=2)：$U_{rel}=5\times10^{-4}$（　　）1×10^{-3}（○）

一、外观检查：合格（○）不合格（　　）状态说明：

二、基本误差和升降变差检定：

被检表示值		标准器读数/V		平均值/格	修正值/格	备注
量程	示值/格	上升	下降			
150 V	30	29.86	29.91	29.88	−0.1	
	40	39.95	39.97	39.96	0.0	
	50	49.76	49.67	49.72	−0.3	
	60	60.11	60.09	60.10	0.1	
	70	69.67	69.63	69.65	−0.3	
	80	79.77	79.76	79.76	−0.2	
	90	89.91	89.90	89.90	−0.1	
	100	99.54	99.58	99.56	−0.4	
	110	109.67	109.70	109.68	−0.3	
	120	119.81	119.83	119.82	−0.2	
	130	129.80	129.81	129.80	−0.2	
	140	139.60	139.63	139.62	−0.4	
	150	149.60	149.60	149.60	−0.4	
300 V	100	199.48		99.74	0.3	
	150	299.84		149.92	0.1	
600 V	100	400.1		100.02	0.0	
	150	601.5		150.38	0.4	

最大基本误差：0.3%　　最大升降变差：0.1%

委托物品测量后状态：同测量前（○）。

（原始记录第 2 页）

三、偏离零位：$\Delta=0$ mm　　　标尺长度＝　　　mm　　　合格（○）不合格（　）

检定地点：×××计量检测科学研究院电学实验室　（○）现场：（　）

检定日期：××××年×月××日检定周期：1 年

检定员/校准员×××核验员×××计量器具流转单编号××××

注：括号内画"○"为选中；空白或画"×"表示非选中。

（检定单位）

【案例分析】

此份检定证书及其原始记录存在如下缺陷：

一、原始记录

1.原始记录第 4 行，"计量标准名称：数字功率表标准装置"，计量标准名称不正确，应为"交直流、电压表、电流表及功率表检定装置"。

2.第 5 行"测量范围：(0.1～750) V；0.1 A～50 A。$U_{rel}=1\times10^{-4}(k=2)$"信息不全，应按计量标准证书上所载明的测量范围进行记录。

3.第 7～8 行，只有主标准器名称选项，缺少所使用的主标准器及配套设备的必要信息，除名称外还应包括型号规格、设备编号、测量范围、测量不确定度/准确度等级/最大允许误差、检定或校准证书号及有效期等。

4.第 10 行"准确度＿＿＿＿～0.5＿＿＿"表达不规范。应为"准确度等级＿＿0.5 级＿＿"。

5.第 13 行"示值误差测量结果不确定度$(k=2)$：$U_{rel}=5\times10^{-4}(\ )1\times10^{-3}(○)$"，表述不规范。不确定度的值不应事先印在记录表上，应根据实际填写。正确的表述应为"示值误差测量结果扩展不确定度$U=0.1\%FS(k=2)$"。

6.基本误差和升降变差检定记录，应注明频率 50 Hz 以表明是工频交流电压检定记录。从"标准器读数/V"，得到"平均值/格"，直接心算没有换算记录，应增加"化格"一栏，将标准器读数以 V 为单位的数值化为以格为单位的数值。得到的修正值应有正有负，该份记录将正修正值的"＋"全部省去是错误的。在 300 V 挡和 600 V 挡只有上升记录，没有下降记录，检定数据不完整。对修正值的计算有错误，数据第 5 行"−0.3"应为"−0.4"，第 14 行"0.3"应为"−0.3"，第 15 行"0.1"应为"−0.1"。

7."最大基本误差：0.3%　　最大升降变差：0.1%"表述不规范，应为"最大基本误差：＋0.3%FS　　最大升降变差：0.1%FS"。

8."三、偏离零位：$\Delta=0$ mm　　标尺长度＝　　　mm　　合格（○）不合格（　）"记录不符合实际，应根据该表实际，通过计算得到偏离零位的允许值并记录"允许值0.4格"，经过观察记录"符合"或"不符合"。

9.整个原始记录的设计缺乏条理，最好按以下顺序安排：被检表信息、检定依据、计量标准信息、所用标准器及配套设备信息、检定地点及环境条件信息、按检定规程要求的检定项目记录、检定结果、结论、测量不确定度、检定员、核验员签名及检定日期。

二、检定证书

1.封面上"计量器具名称交流电压表"应填写被检定计量器具原来的名称"电压表"；"检定依据＿＿JJG 124—2005＿＿"应完整填写检定规程编号和名称"检定依据＿＿JJG 124—2005 电流表、电压表、功率表及电阻表检定规程"。

2.证书第 2 页计量标准装置的"不确定度/准确度等级/最大允许误差 0.01%～0.05%$(k=2)$；相位 MPE：±0.005°"表达不规范，应按计量标准证书填写，并与原始记录中相一致。

3.没有提供本次检定所使用的计量标准等设备的信息，包括名称、型号、编号、测量范围、准确度等级/最大允许误差/测量不确定度、检定或校准证书号及有效期等。计量标准的溯源性不能只用一句原则的话来说明,而是由所使用的计量标准器的检定或校准证书的有效性来体现的。

4. 检定结果页应提供本次检定的"原始记录编号××××××××"。

5. "最大基本误差:0.3%　　最大升降变差:0.1%"表述不规范,应为"最大基本误差:＋0.3% FS　　最大升降变差:0.1%FS"。

6. "测量结果不确定度:$U_{rel}=0.1\%$($k=2$)"表达不准确,应为"示值误差测量结果扩展不确定度:$U=0.1\%$FS($k=2$)"。

7. 检定结果数据中修正值的正值缺少"＋"号,含有错误数据(来自原始记录)。

习题及参考答案

一、习题

(一)思考题

1. 什么情况下出具检定证书? 对检定证书的要求是什么?

2. 什么情况下出具检定结果通知书? 对检定结果通知书的要求是什么?

3. 什么情况下出具校准证书? 对校准证书的要求是什么?

4. 什么情况下出具计量器具新产品型式评价报告? 对计量器具新产品型式评价报告的要求是什么?

5. 什么情况下出具进口计量器具型式评价报告? 对进口计量器具型式评价报告的要求是什么?

6. 什么情况下出具定量包装商品净含量计量检验报告? 对定量包装商品净含量计量检验报告的要求是什么?

7. 什么情况下出具商品包装计量检验报告? 对商品包装计量检验报告的要求是什么?

8. 什么情况下出具用能产品能源效率标识计量检测报告? 对用能产品能源效率标识计量检测报告的要求是什么?

9. 证书、报告中不确定度的表述和使用的术语符号应依据什么文件?

10. 当校准结果有多个参数时,是否可以只给出其中一个参数测量结果的不确定度?

11. 在一个测量范围内,应如何给出校准结果的测量不确定度?

12. 当被检定、校准的对象是承担量值传递的某一级计量标准器具时,为满足使用该计量标准器具进行检定、校准时分析评定测量不确定度的需要,应如何给出该计量标准器具的测量不确定度信息?

13. 证书、报告中给出的测量结果的测量不确定度应保留几位有效数字? 何时保留 1 位? 何时保留 2 位? 末位数字如何舍入?

14. 测量结果数据与不确定度数据的修约有何关系? 举例说明。

15. 证书、报告的最后审核批准由何人实施? 他应具备什么条件? 其职责范围是什么?

16. 已发出的证书、报告需要修改和变更时应遵循什么程序?

17. 何种情况对已发出的证书、报告需要追加文件? 在追加的文件上应做什么声明?

18. 何种情况采用重新出具一份新的证书、报告? 重新出具一份新的证书、报告时为什么要重新编号? 在重新出具的证书、报告上要做什么声明?

19. 根据你的经历,列举证书、报告中常见错误有哪些? 你认为应如何避免这些错误的发生?

20. 对证书、报告的管理程序应包括哪些内容?

21. 为什么要保存证书、报告的副本? 副本保存应注意什么问题?

22. 计量检定印、证包括哪些种类? 每种印、证如何使用?

23. 使用计量检定印、证有何法律责任？

24. 应如何管理计量检定、校准、检测的专用印章？

（二）选择题（单选）

1. 对检定结论为不合格的计量器具,应出具_____。

    A. 检定证书
                B. 检定结果通知书

    C. 校准证书
                D. 测试报告

2. 依据计量检定规程进行非强制检定计量器具的相关部分的校准,出具的证书名称为_____。

    A. 检定证书
                B. 检定结果通知书

    C. 校准证书
                D. 测试报告

3. 存在计算机中的证书、报告副本应该_____。

    A. 经实验室最高领导批准后可修改

    B. 不得再修改

    C. 只有经过技术负责人批准后才能修改

    D. 必要时由检定员负责对错误之处做修改

4. 发现已发出的证书中存在错误,应按_____处理。

    A. 将证书中的错误之处打电话告诉用户,请用户自行改正

    B. 收回原证书并在原证书上划改和盖章后重新发出

    C. 将原证书收回,重新出具一份正确的证书并重新编号,在新出的证书上声明代替原证书和原证书作废

    D. 按原证书号重新出具一份正确的证书

5. 计量检定机构收到一份要求鉴定真伪的该机构出具的检定证书,首选_____。

    A. 请求司法机构给以鉴定

    B. 要求在被鉴定证书上签名的人员核对笔迹

    C. 调查这份要求鉴定的证书是从哪里获得的

    D. 按检定证书上的证书编号查找保留的证书副本和原始记录进行核对

（三）选择题（多选）

1. 检定、校准和检测所依据的计量检定规程、计量校准规范、型式评价大纲、定量包装商品净含量计量检验规则和经确认的非标准方法文件,都必须是_____。

    A. 经审核批准的文本
                B. 现行有效版本

    C. 经有关部门注册的版本
           D. 正式出版的文件

2. 计量检定印、证的种类包括_____。

    A. 检定证书、检定结果通知书
      B. 检验合格证

    C. 检定合格印、注销印
            D. 校准证

3. 检定证书的封面内容中至少包括_____。

    A. 发出证书的单位名称;证书编号、页号和总页数

    B. 委托单位名称;被检定计量器具名称、出厂编号

    C. 检定结论;检定日期;检定、核验、批准人员签名

    D. 测量不确定度及下次送检时的要求

4. 校准证书上关于是否给出校准间隔的原则是_____。

    A. 一般校准证书上应给出校准间隔的建议

    B. 如果是计量标准的溯源性校准,应按照计量校准规范的规定给出校准间隔

　　C. 一般校准证书上不给出校准间隔

　　D. 当顾客有要求时,可在校准证书上给出校准间隔

二、参考答案

(一)思考题(略)

(二)选择题(单选):1.B;　2.C;　3.B;　4.C;　5.D。

(三)选择题(多选):1.A B;　2.A C;　3.A B C;　4.B C D。

第三节　计量标准的建立、考核及使用

一、建立计量标准的依据和条件

(一)建立计量标准的法律、法规依据

(1)《计量法》第六条、第七条、第八条及第九条。

(2)《计量法实施细则》第七条、第八条、第九条及第十条。

(3)《计量标准考核办法》(2005 年 1 月 14 日质检总局令第 72 号公布,2018 年 3 月 6 日质检总局令第 196 号第一次修改,2018 年 12 月 21 日市场监管总局令第 4 号第二次修改,2020 年 10 月 23 日市场监管总局令第 31 号第三次修改)(共 23 条)。

(二)建立计量标准的技术依据

(1)国家计量技术规范 JJF 1033—2016《计量标准考核规范》。

(2)国家计量检定系统表以及相应的计量检定规程或计量技术规范。

(三)计量标准的基本条件

《计量法实施细则》第七条规定了计量标准器具(简称计量标准)的使用必须具备的条件:

(1)经计量检定合格;

(2)具有正常工作所需要的环境条件;

(3)具有称职的保存、维护、使用人员;

(4)具有完善的管理制度。

二、计量标准考核的原则和内容

(一)计量标准考核的原则

1.执行考核规范的原则

计量标准考核工作必须执行 JJF 1033—2016《计量标准考核规范》。

2.逐项考评的原则

计量标准考核坚持逐项、逐条考评的原则,每一项计量标准必须按照 JJF 1033—2016《计量标准考核规范》规定的 6 个方面 30 项内容逐项进行考评。

3.考评员考评的原则

计量标准考核实行考评员考评制度。考评员须经市场监管总局或省级市场监管部门考核合格，并取得计量标准考评员证，方可承担考评工作，考评员承担的考评项目应当与其所取得资格的考评项目一致。

(二) 计量标准考核的内容

根据《计量标准考核办法》的有关规定，计量标准考核应当考核以下内容：

(1) 计量标准器及配套设备齐全，计量标准器必须经法定或者计量授权的计量技术机构检定合格(没有计量检定规程的，应当通过校准、比对等方式，将量值溯源至计量基准或者社会公用计量标准)，配套的计量设备经检定合格或者校准；

(2) 具备开展量值传递的计量检定规程或者技术规范和完整的技术资料；

(3) 具备符合计量检定规程或者技术规范并确保计量标准正常工作所需要的温度、湿度、防尘、防震、防腐蚀、抗干扰等环境条件和工作场地；

(4) 配备至少两名具有相应能力，并满足有关计量法律、法规要求的计量检定或校准人员；

(5) 具有完善的运行、维护制度，包括实验室岗位责任制度，计量标准的保存、使用、维护制度，量值溯源制度，原始记录及证书核验制度，事故报告制度，计量标准技术档案管理制度等；

(6) 计量标准稳定性和检定或校准结果的重复性符合技术要求。

三、计量标准的考核要求

计量标准的考核要求是判断计量标准测量能力合格与否的准则。它既是建标单位建立计量标准的要求，也是计量标准考核的考评内容和要求。计量标准的考核要求包括计量标准器及配套设备、计量标准的主要计量特性、环境条件及设施、人员、文件集以及计量标准测量能力的确认等6个方面共30项内容，其中有10项内容为重点考评项目。

(一) 计量标准器及配套设备

计量标准器及配套设备是保证实验室正常开展检定或校准工作，并取得准确可靠的测量数据的最重要的装备。

(1) 计量标准器及配套设备的配置

建标单位应当按照计量检定规程或计量技术规范的要求，科学合理、完整齐全地配置计量标准器及配套设备(包括计算机及软件，下同)，并能满足开展检定或校准工作的需要。

(2) 计量标准器及主要配套设备的计量特性

建标单位配置的计量标准器及主要配套设备，其计量特性应当符合相应计量检定规程或计量技术规范的规定，并能满足开展检定或校准工作的需要。

(3) 计量标准的溯源性

计量标准的量值应当溯源至计量基准或社会公用计量标准，当不能采用检定或校准方式溯源时，应当通过计量比对的方式确保计量标准量值的一致性；计量标准器及主要配套设备均应有连续、有效的检定或校准证书(包括符合要求的溯源性证明文件)。

计量标准应当定期溯源。"定期溯源"的含义是指计量标准器及主要配套设备如果是通过检定溯源，检定周期不得超过计量检定规程规定的周期；如果是通过校准溯源，复校时间间隔应当执行国家计量校准规范规定的建议复校时间间隔；如果国家计量校准规范或者其他技术规范没有明确规定复校时间间隔，当由校准机构给出复校时间间隔，应当按照校准机构给出的复校时间间隔定期校准；

当校准机构没有给出复校时间间隔,建标单位应当按照 JJF 1139—2005《计量器具检定周期确定原则和方法》的要求制定合理的复校时间间隔并定期校准;当不可能采用计量检定或校准方式溯源时,则应当定期参比实验室之间的比对,以确保计量标准量值的可靠性和一致性。

计量标准应当有效溯源。"有效溯源"的含义如下:

① 有效的溯源机构:计量标准器应当定点定期经法定计量检定机构或县级以上人民政府计量行政部门授权的计量技术机构建立的社会公用计量标准检定合格或校准来保证其溯源性;主要配套设备应当经具有相应测量能力的计量技术机构的检定合格或校准来保证其溯源性。

② 检定溯源要求:凡是有计量检定规程的计量标准器及主要配套设备,应当以检定方式溯源,不能以校准方式溯源。在以检定方式溯源时,检定项目必须齐全,检定周期不得超过计量检定规程的规定。

③ 校准溯源要求:没有计量检定规程的计量标准器及主要配套设备,应当依据国家计量校准规范进行校准;如无国家计量校准规范,可以依据有效的校准方法进行校准。校准的项目和主要技术指标应当满足其开展检定或校准工作的需要。

④ 采用比对的规定:只有当不能以检定或校准方式溯源时,才可以采用比对方式,确保计量标准量值的一致性。

⑤ 计量标准中的标准物质的溯源要求:应当使用处于有效期内的有证标准物质。

⑥ 对溯源到国际计量组织或其他国家具备相应能力的计量标准的规定:当计量基准和社会公用计量标准不能满足计量标准器及主要配套设备量值溯源需要时,建标单位应当按照有关规定向市场监管总局提出申请,经市场监管总局同意后方可溯源到国际计量组织或其他国家具备相应能力的计量标准。

(二)计量标准的主要计量特性

(1)计量标准的测量范围:测量范围应当用计量标准能够测量出的一组量值来表示,对于可以测量多种参数的计量标准,应当分别给出每种参数的测量范围。计量标准的测量范围应当满足开展检定或校准工作的需要。

(2)计量标准的不确定度或准确度等级或最大允许误差:应当根据计量标准的具体情况,按本专业规定或约定俗成用不确定度或准确度等级或最大允许误差进行表述。对于可以测量多种参数的计量标准,应当分别给出每种参数的不确定度或准确度等级或最大允许误差。计量标准的不确定度或准确度等级或最大允许误差应当满足开展检定或校准的需要。

(3)计量标准的稳定性:计量标准的稳定性用计量标准的计量特性在规定时间间隔内发生的变化量表示。新建计量标准一般应当经过半年以上的稳定性考核,证明其所复现的量值稳定可靠后,方可以申请计量标准考核;已建计量标准一般每年至少进行一次稳定性考核,并通过历年的稳定性考核记录数据比较,以证明其计量特性的持续稳定。若计量标准在使用中采用标称值或示值,则计量标准的稳定性应当小于计量标准的最大允许误差的绝对值;若计量标准需要加修正值使用,则计量标准的稳定性应当小于修正值的扩展不确定度($U,k=2$ 或 U_{95})。当计量检定规程或计量技术规范对计量标准的稳定性有规定时,则可以依据其规定判断稳定性是否合格。

(4)计量标准的其他计量特性,如灵敏度、鉴别阈、分辨力、漂移、死区、响应特性等也应当满足相应计量检定规程或计量技术规范的要求。

(三)环境条件及设施

(1)温度、湿度、洁净度、振动、电磁干扰、辐射、照明、供电等环境条件应当满足计量检定规程或计量技术规范的要求。

（2）建标单位应当根据计量检定规程或计量技术规范的要求和实际工作需要，配置必要的设施，并对检定或校准工作场所内互不相容的区域进行有效隔离，防止相互影响。

（3）建标单位应当根据计量检定规程或计量技术规范的要求和实际工作需要，配置监控设备，对温度、湿度等参数进行监测和记录。

（四）人 员

人是决定计量标准测量能力的重要因素之一，一个实验室水平的高低，计量标准能否持续正常运行，很大程度上取决于计量技术人员的素质与水平。因此人员的能力和水平对于计量标准是至关重要的。

建标单位应当配备能够履行职责的计量标准负责人，计量标准负责人应当对计量标准的建立、使用、维护、溯源和文件集的更新等负责。

建标单位应当为每项计量标准配备至少两名具有相应能力，并满足有关计量法律、法规要求的检定或校准人员。

（五）文件集

1. 文件集的管理

计量标准的文件集是关于计量标准的选择、批准、使用和维护等方面文件的集合。为了满足计量标准的选择、使用、保存、考核及管理等需要，应当建立计量标准文件集。文件集是原来计量标准档案的延伸，是国际上对于计量标准文件集合的总称。

每项计量标准应当建立一个文件集，在文件集目录中应当注明各种文件保存的地点和方式。所有文件均应现行有效，并规定合理的保存期限。建标单位应当确保所有文件完整、真实、正确和有效。

文件集应当包含以下 18 个文件：
（1）计量标准考核证书（如果适用）；
（2）社会公用计量标准证书（如果适用）；
（3）计量标准考核（复查）申请书；
（4）计量标准技术报告；
（5）检定或校准结果的重复性试验记录；
（6）计量标准的稳定性考核记录；
（7）计量标准更换申报表（如果适用）；
（8）计量标准封存（或注销）申报表（如果适用）；
（9）计量标准履历书；
（10）国家计量检定系统表（如果适用）；
（11）计量检定规程或计量技术规范；
（12）计量标准操作程序；
（13）计量标准器及主要配套设备使用说明书（如果适用）；
（14）计量标准器及主要配套设备的检定或校准证书；
（15）检定或校准人员能力证明；
（16）实验室的相关管理制度；
（17）开展检定或校准工作的原始记录及相应的检定或校准证书副本；
（18）可以证明计量标准具有相应测量能力的其他技术资料（如果适用）。例如：检定或校准结果的测量不确定度评定报告、计量比对报告、研制或改造计量标准的技术鉴定或验收资料等。

2.5个重要文件的要求

（1）计量检定规程或计量技术规范

建标单位应当备有开展检定或校准工作所依据的有效计量检定规程或计量技术规范。如果没有国家计量检定规程或国家计量校准规范，可以选用部门、地方计量检定规程。

对于国民经济和社会发展急需的计量标准，如果没有计量检定规程或国家计量校准规范，建标单位可以根据国际、区域、国家、军用或行业标准编制相应的校准方法，经过同行专家审定后，连同所依据的技术规范和实验验证结果，报主持考核的人民政府计量行政部门同意后，方可作为建立计量标准的依据。

（2）计量标准技术报告

① 总体要求

新建计量标准，应当撰写《计量标准技术报告》，报告内容应当完整、正确；已建计量标准，如果计量标准器及主要配套设备、环境条件及设施、计量检定规程或计量技术规范等发生变化，引起计量标准主要计量特性发生变化时，应当修订《计量标准技术报告》。

建标单位在《计量标准技术报告》中应当准确描述建立计量标准的目的、计量标准的工作原理及其组成、计量标准的稳定性考核、结论及附加说明等内容。

② 计量标准器及主要配套设备

计量标准器及主要配套设备的名称、型号、测量范围、不确定度/准确度等级/最大允许误差、制造厂及出厂编号、检定周期或复校间隔以及检定或校准机构等栏目信息应当填写完整、正确。

③ 计量标准的主要技术指标及环境条件

计量标准的测量范围、不确定度或准确度等级或最大允许误差以及计量标准的稳定性等主要技术指标及温度、湿度等环境条件填写完整、正确。对于可以测量多种参数的计量标准，应当给出对应于每种参数的主要技术指标。

④ 计量标准的量值溯源和传递框图

根据相应的国家计量检定系统表、计量检定规程或计量技术规范，正确画出所建计量标准溯源到上一级计量器具和传递到下一级计量器具的量值溯源和传递框图。

⑤ 检定或校准结果的重复性试验

新建计量标准应当进行重复性试验，并将得到的重复性用于检定或校准结果的测量不确定度评定；已建计量标准，每年至少进行一次重复性试验，测得的重复性应当满足检定或校准结果的测量不确定度的要求。

⑥ 检定或校准结果的测量不确定度评定

检定或校准结果的测量不确定度评定的步骤、方法应当正确，评定结果应当合理。必要时，可以形成独立的《检定或校准结果的测量不确定度评定报告》。

⑦ 检定或校准结果的验证

检定或校准结果的验证方法应当正确，验证结果应当符合要求。

（3）检定或校准的原始记录

检定或校准的原始记录格式规范、信息量齐全，填写、更改、签名及保存等符合相应规定；原始数据真实、完整，数据处理正确。

（4）检定或校准证书

检定或校准证书的格式、签名、印章及副本保存等符合有关规定的要求；检定或校准证书结果正确，内容符合计量检定规程或计量技术规范的要求。

（5）管理制度

各项管理制度是保持计量标准技术状态稳定和建立正常工作秩序的保证，遵守各项管理制度是

做好计量标准管理和开展好检定或校准工作的前提。建标单位应当建立并执行下列管理制度,以保持计量标准的正常运行:

　　① 实验室岗位管理制度;

　　② 计量标准使用维护管理制度;

　　③ 量值溯源管理制度;

　　④ 环境条件及设施管理制度;

　　⑤ 计量检定规程或计量技术规范管理制度;

　　⑥ 原始记录及证书管理制度;

　　⑦ 事故报告管理制度;

　　⑧ 计量标准文件集管理制度。

(六) 计量标准测量能力的确认

　　通过如下两种方式进行计量标准测量能力的确认:

　　1.通过对技术资料的审查确认计量标准测量能力

　　通过建标单位提供的计量标准的稳定性考核、检定或校准结果的重复性试验、检定或校准结果的不确定度评定、检定或校准结果的验证以及计量比对等技术资料,综合判断计量标准测量能力是否满足开展检定或校准工作的需要以及计量标准是否处于正常工作状态。

　　2.通过现场实验确认计量标准测量能力

　　通过现场实验的结果、检定或校准人员实际操作和回答问题的情况,判断计量标准测量能力是否满足开展检定或校准工作的需要以及计量标准是否处于正常工作状态。

　　【案例 4－11】　检定员小王请教实验室主任:标准物质作为计量标准器时应当怎么管理? 主任回答:我们实验室的标准物质由专人购买、统一保存,有清单和发放登记。小王又问:为什么有些标准物质有证书而有些没有证书? 有些注明了有效期,而有些没有注明? 主任说:这些标准物质都是我们向国内一些权威机构或化工商店购买的,买的时候,人家给什么证书、资料,我们就接受什么,技术指标都在各个瓶子标签上标着,至于有效期,他们没有说明,我们也不知道,有的标准物质已经买了多年,但用量不大,一直在用。据我所知,我们同行的一些单位目前也是这样管理的。

　　【案例分析】　依据 JJF 1033—2016《计量标准考核规范》4.1 的规定,计量标准中的标准物质应当是处于有效期内的有证标准物质。这个实验室标准物质的使用和管理存在问题。一是在国内一些权威机构或化工商店购买的试剂或标准物质虽然有证书,但是不一定是有证标准物质。在我国有证标准物质是指国家标准物质,如果不是国家标准物质,就不能作为计量标准使用。二是应当使用有效期内的国家标准物质。

　　【案例 4－12】　检定员小张进行检测需要使用自动综合分析仪,就向使用过这台仪器的检定员老高询问这台自动综合分析仪的测试软件的测试情况。老高说:自动综合分析仪的测试软件是由本单位研究所设计编制的,使用一直正常。小张问:软件是否经过确认。老高回答:"没有,如果我们发现问题,可以请研究所的技术人员来处理。"

　　【案例分析】　老高的概念是错误的。JJF 1033—2016《计量标准考核规范》4.1 规定:计量标准器及配套设备(包括计算机及软件)的配置应当科学合理、完整齐全,并能满足开展检定或校准工作的需要。该实验室的自动综合分析仪的计算机软件是自行研制的,不是成熟的商品软件,因此应当通过实验,确认其功能、可靠性等方面能否满足检定或校准工作的需要。

　　【案例 4－13】　某企业建立了 0.3 级、(1～60) kN 测力仪标准装置,后来,由于工作的需要,增加了一台 0.3 级(10～100) kN 测力仪和一台 0.1 级(3～30) kN 测力仪,该测力仪标准装置到期复查时,该企业拟利用新购仪器扩展标准装置的测量能力,但未修订《计量标准技术报告》,把开始建标时撰写的《计量标准技术报告》作为申请复查的资料上报。

【案例分析】　这个企业的做法是错误的。一是根据 JJF 1033—2016《计量标准考核规范》7.1 条第 1 款的要求,增加计量标准器后,计量标准的准确度等级发生了变化,应当申请新建计量标准考核,而不应当申请计量标准复查考核。二是根据 JJF 1033—2016《计量标准考核规范》"4.5.3 计量标准技术报告"的要求,已建计量标准,如果计量标准器及主要配套设备、环境条件及设施等发生重大变化,引起计量标准主要计量特性发生变化时,应当重新修订《计量标准技术报告》。本案例中,测力仪标准装置的计量标准器——测力仪发生了变化,使测力仪标准装置的测量范围扩展宽了,准确度提高了,这时企业应当重新修订《计量标准技术报告》,而本案例中未进行修订,还把开始建标时撰写的《计量标准技术报告》作为资料上报是不对的。

四、计量标准考核中有关技术问题

(一)检定或校准结果的重复性

重复性是指在一组重复性测量条件下的测量精密度。重复性测量条件是指相同测量程序、相同操作者、相同测量系统、相同操作条件和相同地点,并在短时间内对同一或相类似被测对象重复测量的一组测量条件;测量精密度是指在规定条件下,对同一或类似被测对象重复测量所得示值或测得值间的一致程度。检定或校准结果的重复性是指在重复性测量条件下,用计量标准对常规被检定或被校准对象(以下简称被测对象)重复测量所得示值或测得值间的一致程度。通常用重复性测量条件下所得检定或校准结果的分散性定量地表示,即用单次检定或校准结果 y_i 的实验标准偏差 $s(y_i)$ 来表示。检定或校准结果的重复性通常是检定或校准结果的不确定度来源之一。

1. 检定或校准结果的重复性试验方法

在重复性测量条件下,用计量标准对被测对象进行 n 次独立重复测量,若得到的测得值为 $y_i(i=1,2,\cdots,n)$,则其重复性 $s(y_i)$ 按公式(4-1)计算:

$$s(y_i) = \sqrt{\frac{\sum_{i=1}^{n}(y_i - \overline{y})^2}{n-1}} \tag{4-1}$$

式中:$\overline{y}$——n 个测得值的算术平均值;

　　n——重复测量次数,n 应当尽可能大,一般应当不少于 10 次。

如果检定或校准结果的重复性引入的不确定度分量在检定或校准结果的不确定度中不是主要分量,允许适当减少重复测量次数,但至少应当满足 $n \geqslant 6$。

对于常规的计量检定或校准,当无法满足 $n \geqslant 10$ 时,为了使得到的实验标准偏差更可靠,如果有可能,可以采用合并样本标准偏差表示检定或校准结果的重复性,合并样本标准偏差 s_p 按公式(4-2)计算:

$$s_p = \sqrt{\frac{\sum_{j=1}^{m}\sum_{k=1}^{n}(y_{kj} - \overline{y_j})^2}{m(n-1)}} \tag{4-2}$$

式中:m——测量的组数;

　　n——每组包含的测量次数;

　　y_{kj}——第 j 组中第 k 次的测得值;

　　$\overline{y_j}$——第 j 组测得值的算术平均值。

2.检定或校准结果的重复性的要求

对于新建计量标准,检定或校准结果的重复性应当直接作为一个不确定度来源用于检定或校准结果的不确定度评定中。对于已建计量标准,如果测得的重复性不大于新建计量标准时测得的重复性,则重复性符合要求;如果测得的重复性大于新建计量标准时测得的重复性,则应当依据新测得的重复性重新进行检定或校准结果的不确定度的评定,如果评定结果仍满足开展的检定或校准项目的要求,则重复性试验符合要求,并可以将新测得的重复性作为下次重复性试验是否合格的判定依据;如果评定结果不满足开展的检定或校准项目的要求,则重复性试验不符合要求。

例如,某一技术机构新建立了一项 E_2 等级砝码组标准装置,如何进行检定或校准结果的重复性试验?

选择经常检定的 F_1 等级砝码作为被测对象,进行重复性试验,记录格式见表 4-1,记录测量数据并计算重复性。每次记录应当注明测量条件(包括温度、湿度等环境条件、计量标准装置),以及被测对象的名称、型号、编号。试验完成后进行重复性计算和结果判断,最后试验人员签字确认。

表 4-1 检定或校准结果的重复性试验记录参考格式

试验时间	年 月 日			年 月 日		
被测对象	名称	型号	编号	名称	型号	编号
测量条件						
测量次数	测得值( )			测得值( )		
1						
2						
3						
4						
5						
6						
7						
8						
9						
10						
$\overline{y}$						
$s(y_i) = \sqrt{\dfrac{\sum\limits_{i=1}^{n}(y_i-\overline{y})^2}{n-1}}$						
结 论						
试验人员						

(二) 计量标准的稳定性

计量标准的稳定性是指计量标准保持其计量特性随时间恒定的能力。因此计量标准的稳定性与所考虑的时间段长短有关。计量标准的稳定性应当包括计量标准器的稳定性和配套设备的稳定性。如果计量标准可以测量多种参数,应当对每种参数分别进行稳定性考核。

在进行计量标准的稳定性考核时,应当优先采用核查标准进行考核;若被考核的计量标准是建标单位的次级计量标准时,也可以选择高等级的计量标准进行考核;若符合 JJF 1033—2016《计量标准考核规范》C.2.2.3.3 的条件,也可以选择控制图进行考核;若有关计量检定规程或计量技术规范对计量标准的稳定性考核方法有明确规定时,也可以按其规定进行考核;当上述方法都不适用时,方可采用计量标准器的稳定性考核结果进行考核。

1. 稳定性的考核方法

(1)采用核查标准进行考核

a. 用于日常验证测量仪器或测量系统性能的装置称为核查标准或核查装置。在进行计量标准的稳定性考核时,应当选择量值稳定的被测对象作为核查标准。采用核查标准对计量标准的稳定性进行考核时,其记录格式可以使用 JJF 1033—2016《计量标准考核规范》附录 F《〈计量标准的稳定性考核记录〉参考格式》。

b. 对于新建计量标准,每隔一段时间(大于 1 个月),用该计量标准对核查标准进行一组 n 次的重复测量,取其算术平均值为该组的测得值。共观测 m 组($m \geq 4$)。取 m 组测得值中最大值和最小值之差,作为新建计量标准在该时间段内的稳定性。

例如,某一个技术机构新建立了 2 等量块标准装置,采用核查标准法如何进行稳定性考核?

首先选择常用量值点进行核查,例如选择一块 10 mm 的 3 等量块作为核查标准,每隔一个半月,用该计量标准对核查标准进行一组 10 次的重复测量,共测量 5 组,5 组的算术平均值分别为:10.003 mm,10.011 mm,10.010 mm,10.001 mm,10.008 mm。则该计量标准装置的稳定性为:10.011 mm－10.001 mm＝0.010 mm。

c. 对于已建计量标准,每年至少 1 次用被考核的计量标准对核查标准进行一组 n 次的重复测量,取其算术平均值作为测得值。以相邻两年的测得值之差作为该时间段内计量标准的稳定性。

例如,某一个技术机构已建了一项质量计量标准装置,采用核查标准法如何进行稳定性考核?

首先确定核查标准,可以选择相应的砝码作为核查标准,进行稳定性考核,每年用被考核的计量标准对砝码进行一组 10 次的重复测量,取其算术平均值作为测得值,以相邻两年的测得值之差作为该时间段内计量标准的稳定性。表 4-2 是记录的参考格式,每次记录必须注明核查标准量值和编号。完成考核后,考核人员要签字确认。

(2)采用高等级的计量标准进行考核

a. 对于新建计量标准,每隔一段时间(大于 1 个月),用高等级的计量标准对新建计量标准进行一组测量。共测量 m 组($m \geq 4$),取 m 组测得值中最大值和最小值之差,作为新建计量标准在该时间段内的稳定性。

b. 对于已建计量标准,每年至少 1 次用高等级的计量标准对被考核的计量标准进行测量,以相邻 2 年的测得值之差作为该时间段内计量标准的稳定性。

(3)采用控制图法进行考核

a. 控制图(又称休哈特控制图)是对测量过程是否处于统计控制状态的一种图形记录。它能判断测量过程中是否存在异常因素并提供有关信息,以便于查明产生异常的原因,并采取措施使测量过程重新处于统计控制状态。

b. 采用控制图法对计量标准的稳定性进行考核时,用被考核的计量标准对一个量值比较稳定的核查标准作连续的定期观测,并根据定期观测结果计算得到的统计控制量(例如平均值、标准偏差、极差)的变化情况,判断计量标准的量值是否处于统计控制状态。

表 4 - 2　计量标准的稳定性考核记录参考格式

考核时间	年　月　日	年　月　日	年　月　日	年　月　日
核查标准	名称：	型号：	编号：	
测量条件				
测量次数	测得值（　）	测得值（　）	测得值（　）	测得值（　）
1				
2				
3				
4				
5				
6				
7				
8				
9				
10				
$\overline{y}_i$				
变化量 $|\overline{y}_i - \overline{y}_{i-1}|$				
允许变化量				
结　　论				
考核人员				

c. 控制图的方法仅适合于满足下述条件的计量标准：

① 准确度等级较高且重要的计量标准；

② 存在量值稳定的核查标准，要求其同时具有良好的短期稳定性和长期稳定性；

③ 比较容易进行多次重复测量。

d. 建立控制图的方法和控制图异常的判断准则参见 GB/T 17989.2—2020《控制图　第 2 部分：常规控制图》。

（4）采用计量检定规程或计量技术规范规定的方法进行考核

当计量检定规程或计量技术规范对计量标准的稳定性考核方法有明确规定时，可以按其规定进行计量标准的稳定性考核。

（5）采用计量标准器的稳定性考核结果进行考核

将计量标准器每年溯源的检定或校准数据，制成计量标准器的稳定性考核记录表或曲线图（参见 JJF 1033—2016《计量标准考核规范》附录 D《〈计量标准履历书〉参考格式》中的"计量标准器的稳定性考核图表"），作为证明计量标准量值稳定的依据。

2. 计量标准稳定性的判定方法

若计量标准在使用中采用标称值或示值，则计量标准的稳定性应当小于计量标准的最大允许误差的绝对值；若计量标准需要加修正值使用，则计量标准的稳定性应当小于修正值的扩展不确定度（U，$k = 2$ 或 U_{95}）。当计量检定规程或计量技术规范对计量标准的稳定性有规定时，则可以依据其规定判断稳定性是否合格。

【案例 4 - 14】　某实验室使用 3 等量块开展测长仪示值误差的校准。为了进行计量标准的稳定性考核，实验室采用每 3 个月使用测长仪测量标准量块 10 次，其平均值的变化不超过 0.3 μm，即满足校准 MPE＝±(1 μm＋1.0×10^{-5}L)测长仪的稳定性要求。

【案例分析】　一般来说,使用被校准的测量仪器——测长仪考核计量标准的稳定性是不严格的。因为该计量标准 3 等量块的稳定性和准确度比被校测量仪器测长仪高,使用被校测量仪器考核计量标准的稳定性,示值的变化反映的主要是被校测量仪器的变化,而不是计量标准的变化。案例中,因为测长仪的稳定性远不如标准量块的稳定性好,因此实验数据反映不出标准量块的稳定性,数据的变化反映了测长仪的稳定性。所以,这种考核标准器的稳定性方法是不正确的。

(三) 在计量标准考核中与不确定度有关的问题

1. 测量不确定度的评定方法

测量不确定度的评定方法应当依据 JJF 1059.1—2012《测量不确定度评定与表示》。对于某些计量标准,如果需要,也可以采用 JJF 1059.2—2012《用蒙特卡洛法评定测量不确定度》。如果相关国际组织已经制订了该计量标准所涉及领域的测量不确定度评定指南,则测量不确定度评定也可以依据这些指南进行(在这些指南的适用范围内)。

2. 检定和校准结果的测量不确定度的评定

(1)在进行检定和校准结果的测量不确定度的评定时,测量对象应当是常规的被测对象,测量条件应当是在满足计量检定规程或计量技术规范前提下至少应当达到的临界条件。在《计量标准技术报告》的检定或校准结果的不确定度评定一栏中,既可以给出测量不确定度评定的详细过程,也可以给出测量不确定度评定的简要过程。在给出测量不确定度评定的简要过程时,还应当单独给出描述测量不确定度评定详细过程的《检定或校准结果的不确定度评定报告》。测量不确定度评定的简要过程应当包括对被测量的简要描述、测量模型、不确定度分量的汇总表(包括各分量的尽可能多的信息)、被测量分布的判定和包含因子的确定、合成标准不确定度的计算以及最终给出的扩展不确定度。

(2)如果计量标准可以测量多种被测对象时,应当分别评定不同种类被测对象的测量不确定度。

(3)如果计量标准可以测量多种参数时,应当分别评定每种参数的测量不确定度。

(4)如果测量范围内不同测量点的不确定度不相同时,原则上应当给出每一个测量点的不确定度,也可以用下列两种方式之一来表示:

① 如果测量不确定度可以表示为被测量 y 的函数,则用计算公式表示测量不确定度。

② 在整个测量范围内,分段给出其测量不确定度(以每一分段中的最大测量不确定度表示)。

(5)无论采用何种方式来评定检定和校准结果的测量不确定度,均应当具体给出典型值的测量不确定度评定过程。如果对于不同的测量点,其不确定度来源和测量模型相差甚大,则应当分别给出它们的不确定度评定过程。

(6)视包含因子 k 取值方式的不同,最后给出检定和校准结果的测量不确定度应当采用下述两种方式之一表示:

① 扩展不确定度 U

当包含因子的数值不是由规定的包含概率 p 并根据被测量 y 的分布计算得到,而是直接取定时,扩展不确定度应当用 U 表示,同时给出所取包含因子 k 的数值。一般均取 $k＝2$,这包括两种情况下:一种是无法判断被测量 y 的分布时;另一种是可以估计被测量 y 接近于正态分布并且其有效自由度足够大时。

在能估计被测量 y 接近于正态分布,并且能确保其有效自由度足够大而直接取 $k＝2$ 时,还可以进一步说明:"由于估计被测量接近于正态分布,并且其有效自由度足够大,故所给的扩展不确定度

U 所对应的包含概率约为 95%"。

② 扩展不确定度 U_p

当包含因子的数值是由规定的包含概率 p 并根据被测量 y 的分布计算得到时,扩展不确定度应当该用 U_p 表示。当规定的包含概率 p 分别为 95% 和 99% 时,扩展不确定度分别用 U_{95} 和 U_{99} 表示。包含概率 p 通常取 95%,当采用非 95% 的包含概率时应当注明其所依据的技术文件。

在给出扩展不确定度 U_p 的同时,应当注明所取包含因子 k_p 的数值以及被测量的分布类型。若被测量接近于正态分布,还应当给出其有效自由度 ν_{eff}。

【案例 4-15】　计量标准负责人老高安排检定员小赵对本单位在用的一项多参数、多量程计量标准装置进行测量不确定度评定。小赵认真准备后,提交出测量记录和测量不确定度评定报告。老高组织有关技术人员进行讨论,检定员小龙发现小赵的实验是仅在某一参数的特定量程的一个测量点上进行的,实验测量记录和测量不确定度评定没有给出装置实际使用范围的测量不确定度评定。小龙认为,小赵的实验不够充分,应该补充实验数据,对于装置的每一个测量点,都应给出测量结果的不确定度,在常用测量范围内,应当分段给出装置的测量不确定度。

【案例分析】　小赵对在用的一项多参数、多量程计量标准装置进行的测量不确定度评定不够充分。依据 JJF 1033—2016《计量标准考核规范》附录 C.3"计量标准考核中与不确定度有关的问题"中指出:如果一个计量标准可以检定或校准多种参数,则应分别评定每种参数的测量不确定度。如果检定或校准的测量范围很宽,并且对于不同的测量点所得结果的不确定度不同时,检定或校准结果的不确定度可在整个测量范围内,分段给出其测量不确定度(以每一分段中的最大测量不确定度表示)或者用计算公式表示测量不确定度(如果测量不确定度可以表示为被测量 y 的函数)。对本案例多量程的情况来说,可以将每个量程作为一个段,给出每一量程中的最大不确定度。无论用何种方式来表示,均应具体给出典型值的测量不确定度评定过程。如果对于不同的测量点,其不确定度来源和测量模型相差甚大,则应分别给出它们的不确定度评定过程。

(四) 检定或校准结果的验证

1. 验证方法

检定或校准结果的验证一般应通过更高一级的计量标准采用传递比较法进行验证。在无法找到更高一级的计量标准时,也可以通过具有相同准确度等级计量标准的建标单位之间的比对来验证检定或校准结果的合理性。

(1) 传递比较法

用被考核的计量标准测量一稳定的被测对象,然后将该被测对象用另一更高级的计量标准进行测量。若用被考核计量标准和高一级计量标准进行测量时的扩展不确定度(U_{95} 或 $k=2$ 时的 U)分别为 U_{lab} 和 U_{ref},它们的测量结果分别为 y_{lab} 和 y_{ref},在两者的包含因子近似相等的前提下应满足公式 (4-3) 的要求。

$$|y_{lab} - y_{ref}| \leqslant \sqrt{U_{lab}^2 + U_{ref}^2} \qquad (4-3)$$

当 $U_{ref} \leqslant \dfrac{U_{lab}}{3}$ 成立时,可以忽略 U_{ref} 的影响,此时上式成为:

$$|y_{lab} - y_{ref}| \leqslant U_{lab} \qquad (4-4)$$

对于某些计量标准,例如量块,其检定规程规定其扩展不确定度对应于 99% 的包含概率,此时所给出的扩展不确定度所对应的 k 值与 2 相差较大。在进行判断时,应先将其换算到对应于 $k=2$ 时的扩展不确定度。由于经换算后的扩展不确定度变小,即其判断标准将比不换算更严格。

(2) 比对法

如果不可能采用传递比较法时,可采用多个实验室之间的比对。假定各建标单位的计量标准具有相同准确度等级,此时采用各建标单位所得到的测量结果的平均值作为被测量的最佳估计值。

当各建标单位的测量不确定度不同时,原则上应采用加权平均值作为被测量的最佳估计值,其权重与测量不确定度有关。但由于各建标单位在评定测量不确定度时所掌握的尺度不可能完全相同,故仍采用算术平均值 $\overline{y}$ 作为参考值。

若被考核建标单位的测量结果为 y_{lab},其测量不确定度为 U_{lab},在被考核建标单位测量结果的方差比较接近于各实验室的平均方差,以及各建标单位的包含因子均相同的条件下,应满足公式(4-5)的要求。

$$|y_{lab} - \overline{y}| \leqslant \sqrt{\frac{n-1}{n}} U_{lab} \tag{4-5}$$

2. 验证方法的选用

传递比较法是具有溯源性的,而比对法则并不具有溯源性,因此检定或校准结果的验证原则上应采用传递比较法,只有在不可能采用传递比较法的情况下才允许采用比对法进行检定或校准结果的验证,并且参加比对的建标单位应尽可能多。

(五) 计量标准的量值溯源和传递框图

计量标准的量值溯源和传递框图是表示计量标准溯源到上一级计量器具和传递到下一级计量器具的框图,计量标准的量值溯源和传递框图通常依据国家计量检定系统表、计量检定规程或计量技术规范来画,但是它与国家计量检定系统表不一样,它只要求画出三级,不要求溯源到计量基准,也不一定传递到工作计量器具。

计量标准的量值溯源和传递框图包括三级三要素。三级是指上一级计量器具、本级计量器具和下一级计量器具;三要素是指每级计量器具都有三要素:上一级计量器具三要素为计量基(标)准名称、不确定度或准确度等级或最大允许误差和计量基(标)准拥有单位(即保存机构);本级计量器具三要素为计量标准名称、测量范围和不确定度或准确度等级或最大允许误差;下一级计量器具三要素为计量器具名称、测量范围、不确定度或准确度等级或最大允许误差。三级之间应当注明溯源和传递方法。

例如,3等量块标准器组计量标准的量值溯源和传递框图示例见图4-1,本级计量器具是3等量块标准器组,通过比较仪向上溯源到2等量块标准器组,向下传递到4等或2级量块,以及用直接测量法传递到比较仪、指示表等。

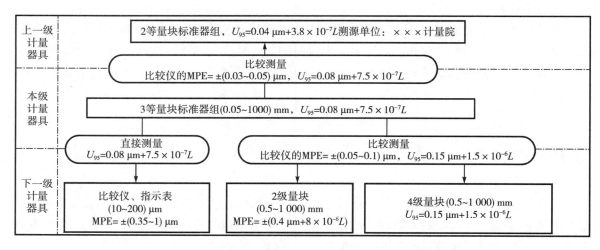

图4-1　3等量块标准器组计量标准的量值溯源和传递框图示例

五、建立计量标准的准备工作

（一）建立计量标准的策划

建立计量标准要从实际需求出发、科学决策、讲求效益，减少建立计量标准的盲目性。

1. 策划时应当考虑的要素

（1）进行需求分析，对国民经济和科技发展的重要和迫切程度，尤其分析被测量对象的测量范围、测量准确度和需要检定或校准的工作量；

（2）需建立的基础设施与条件，如房屋面积、恒温条件及能源消耗等；

（3）建立计量标准应当购置的计量标准器、配套设备及其技术指标；

（4）是否具有或需要培养使用、维护及操作计量标准的技术人员；

（5）计量标准的考核、使用、维护及量值传递保证条件；

（6）建立计量标准的物质、经济、法律保障等基础条件。

2. 策划时应当进行评估

人民政府计量行政部门组织建立有关社会公用计量标准前，应当对行政辖区内的计量资源进行调查研究、摸底统计，树立科学的发展观，根据当地国民经济、社会发展特别是保障法制计量实施的需要，统筹规划、合理组织建立社会公用计量标准体系；对社会计量资源进行科学调配，避免重复投资，最大限度地发挥现有的计量资源的作用；对需要建设的社会公用计量标准统一规划、统一部署、科学立项、认真实施；明确各级各类计量技术机构的发展战略定位与目标，完善量值传递体系，解决项目交叉、重复建设、投入分散、资源浪费的问题；提高法定计量检定机构的技术保障水平，增强对计量公共体系服务的服务能力。

国务院有关部门和省、自治区、直辖市有关部门可以根据本部门的特殊需要建立部门内部使用的计量标准。

各企业、事业单位根据本单位生产、科研、经营管理需要建立的计量标准是为了获得及时的、低成本的、高效的计量服务，不宜追求"全、高、精、尖"，是否建立取决于企业产品质量和工艺流程对计量工作的需求程度。

3. 社会经济效益分析

只有具有良好的社会效益或经济效益的计量标准，才有必要建立。人民政府计量行政部门建立社会公用计量标准，应当根据本行政区域内统一量值的需要，着重考虑社会效益，同时兼顾经济效益；部门和企业、事业单位建立计量标准应当根据本部门和本单位的实际情况，重点建立生产、科研等需要的计量标准，主要考虑经济效益。

计量标准的建立、考核、维护、使用、运行和管理等一系列工作离不开经济基础的支撑，是否建立计量标准应以实际需要来确定，同时兼顾及时、方便、实用、经济的原则，需要经济效益分析。经济效益等于检定或校准收益减去检定或校准支出费用。

检定或校准的预计收益按照该计量标准一年开展检定或校准工作的台件数乘以每台件的收费来估计。检定或校准支出全部费用包括计量标准器及配套设备、房屋等固定资产折旧费、量值溯源保证费、低值易耗年消耗费、能源消耗费、人员费用、管理费用等。

核定建立计量标准的收支费用，应当把资金利用率、物价变动因素考虑进去。如果是部门和企业、事业单位建立计量标准有可能获得计量授权对社会开展计量检定或校准，也可以把增加收入部分估计进去，综合衡量，进行计量标准经济效益分析。

（二）建立计量标准的技术准备

建立计量标准的过程是一个技术性很强的工作过程，它要确定计量标准的计量特性和功能，完成计量标准器及配套设备及设施的配置，进行有效溯源，培训人员，还要进行重复性试验及稳定性考核，建立文件集等工作。

申请新建计量标准，建标单位应当按 JJF 1033—2016《计量标准考核规范》第 4 章"计量标准的考核要求"的规定进行准备，并按照如下 6 个方面的要求做好前期准备工作，这些准备工作是申请建立计量标准必要的前提条件。

（1）科学合理、完整齐全地配置计量标准器及配套设备；

（2）计量标准器及主要配套设备应当取得有效检定或校准证书；

（3）新建计量标准应当经过至少半年的试运行，在此期间考察计量标准的稳定性等计量特性，并确认其符合要求；

（4）环境条件及设施应当满足开展检定或校准工作的要求，并按要求对环境条件进行有效监测和控制；

（5）每个项目配备至少两名具有相应能力的检定或校准人员，并指定一名计量标准负责人；

（6）建立计量标准的文件集，文件集中的计量标准的稳定性考核、检定或校准结果的重复性试验、检定或校准结果的测量不确定度评定以及检定或校准结果的验证等内容应当符合 JJF 1033—2016《计量标准考核规范》附录 C 的有关要求。

确认所建计量标准是否属于国家法制管理范畴，如果是社会公用计量标准、部门最高计量标准或者企业、事业单位最高计量标准，应当按照国家有关规定向相关人民政府计量行政部门申请计量标准考核，取得计量标准考核证书后，方可开展有关检定或校准工作。

六、计量标准考核（复查）申请资料的填写方法

无论申请新建计量标准的考核或计量标准的复查考核，建标单位均应填写《计量标准考核（复查）申请书》《计量标准技术报告》《检定或校准结果的重复性试验记录》及《计量标准的稳定性考核记录》等申请资料。下面以《计量标准考核（复查）申请书》和《计量标准技术报告》为例进行说明。

（一）《计量标准考核（复查）申请书》的填写与使用说明

《计量标准考核（复查）申请书》各栏目的填写要点和具体要求如下：

1. 封面

（1）"[　　]　　量标　　　　证字第　　　　号"

填写计量标准考核证书的编号。新建计量标准申请考核时不必填写，待考核合格后，根据主持考核的人民政府计量行政部门签发的计量标准考核证书填写。

（2）"计量标准名称"和"计量标准代码"

按 JJF 1022—2014《计量标准命名与分类编码》的规定查取计量标准名称和代码。JJF 1022—2014《计量标准命名与分类编码》规范共收录了 1261 项计量标准的名称与分类代码，分别归入 10 大通用计量专业及 8 大专用领域，基本覆盖了目前我国在建的绝大多数计量标准项目。对于个别计量标准名称及代码不能直接查找使用的，建标单位可以按照计量标准命名及编码原则先自行命名及编码，再由主持考核的人民政府计量行政部门依据本规范制定的命名及编码原则确认。

（3）"建标单位名称"和"组织机构代码"

分别填写建标单位的全称和组织机构代码。

建标单位名称的全称应与本申请书"建标单位意见"栏内所盖公章中的单位名称完全一致。

（4）"单位地址"和"邮政编码"

分别填写建标单位的具体通信地址，以及所在地区的邮政编码。

（5）"计量标准负责人及电话"和"计量标准管理部门联系人及电话"

分别填写申请计量标准考核或复查项目的计量标准负责人姓名及电话、建标单位负责计量标准管理部门联系人的姓名及电话。电话可以是办公电话号码（同时注明所在地区的长途区位号码），也可以是手机号码，电话应当确保方便考核信息的联络、交流及沟通。

（6）"＿＿年＿＿月＿＿日"

填写建标单位提出计量标准考核（或复查）申请的日期。该日期应与"建标单位意见"一栏内的日期相一致。

2. 申请书内容

（1）"计量标准名称"

本栏目填写内容与本申请书封面的同名栏目完全相同。

（2）"计量标准考核证书号"

申请新建计量标准时不必填写，申请计量标准复查时应填写原计量标准考核证书的编号，并与本申请书封面的"[ ] 量标 证字第 号"填法一致。

（3）"保存地点"

填写该计量标准保存地点，不仅要填写建标单位的通信地址，还应当填写该计量标准保存部门的名称、楼号和房间号。

（4）"计量标准原值（万元）"

填写该计量标准的计量标准器和配套设备原值的总和，单位为万元，数字一般精确到小数点后两位。该原值应当和《计量标准履历书》中"计量标准原值"相一致。

（5）"计量标准类别"

需要考核的计量标准，按其类别分为社会公用计量标准、部门最高计量标准和企业、事业单位最高计量标准3类。经过人民政府计量行政部门授权的，属于计量授权。此处应当根据该计量标准的类别和是否属于计量授权在对应的"□"内打"√"。

（6）"测量范围"

本栏应当填写该计量标准的测量范围，即由计量标准器和配套设备组成的计量标准的测量范围。根据计量标准的具体情况，它可能与计量标准器所提供的测量范围相同，也可能与计量标准器所提供的测量范围不同。对于可以测量多种参数的计量标准应该分别给出每一个参数测量范围。

（7）"不确定度或准确度等级或最大允许误差"

《计量标准考核（复查）申请书》中有3处涉及要填写名称为"不确定度或准确度等级或最大允许误差"的栏目。原则上，应当根据计量标准的具体情况，并参照本专业规定或约定俗成选择不确定度或准确度等级或最大允许误差进行表述。

① 关于不确定度

在《计量标准考核（复查）申请书》中首先要求给出计量标准的主要计量特性时，应当填写计量标准的不确定度；其后，在给出计量标准的具体组成时，要求分别填写计量标准中每一台计量标准器或主要配套设备的不确定度（不是直接填写他们的合成不确定度）；而在申请书最后要求填写所开展的检定或校准项目信息时，又要求给出对被检定或被校准对象的不确定度的要求。除这3处之外，在文件集中则要求给出检定或校准结果的不确定度评定报告。

因此必须要准确区分下述4个关于不确定度的术语："计量标准器的不确定度""计量标准的不确定度""检定或校准结果的不确定度"以及"开展的检定或校准项目的不确定度"。

a."计量标准的不确定度"

"计量标准的不确定度"是指在检定或校准结果的不确定度中,由计量标准所引入的不确定度分量。由于计量标准主要由计量标准器和主要配套设备组成,因此计量标准的不确定应当包括计量标准器引入的不确定度分量以及主要配套设备引入的不确定度分量。

b."计量标准器的不确定度"

"计量标准器的不确定度"是指在计量标准的不确定度中由计量标准器所引入的不确定度分量,显然"计量标准器的不确定度"要小于"计量标准的不确定度"。

c."检定或校准结果的不确定度"

"检定或校准结果的不确定度"是指用该计量标准对常规的被测对象进行检定或校准时所得结果的不确定度。由于计量标准以外的其他因素也会对检定或校准结果的不确定度有贡献,例如环境条件和被测对象等,因此"检定或校准结果的不确定度"无疑要大于"计量标准的不确定度"。

d."开展的检定或校准项目的不确定度"

"开展的检定或校准项目的不确定度"是指对被检定或被校准对象的不确定度要求,也就是将来用该计量标准对其他的测量设备进行检定或校准时对所得结果的不确定度的要求,即所谓"目标不确定度"。

目标不确定度的定义是:根据测量结果的预期用途,规定作为上限的测量不确定度。也就是说,只有当"检定或校准结果的不确定度"小于"开展的检定或校准项目的不确定度"(即目标不确定度)时才能判定满足要求。

上述 4 种不确定度之间的关系见图 4－2。

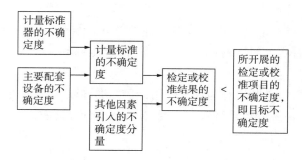

图 4－2　4 种不确定度之间的关系

② 关于最大允许误差

若被考核计量标准中的计量标准器或主要配套设备在使用中仅采用其标称值而不采用实际值,即相当于其量值是通过检定而不是通过校准进行溯源,这时计量标准器或主要配套设备所引入的不确定度分量将由它们的最大允许误差(MPE)并通过假设的分布(通常假设为矩形分布)导出。这时显然用最大允许误差表示更为方便,因此在"不确定度或准确度等级或最大允许误差"栏目内应该填写其最大允许误差。

对于所开展的检定或校准项目也相同,若被考核计量标准的测量对象在今后的使用中采用实际值,即需加修正值使用,则在相应的"不确定度或准确度等级或最大允许误差"栏目内填写不确定度;若在其今后使用中采用标称值,则填写其最大允许误差,此时其不确定度可由最大允许误差通过假设分布后得到。

③ 关于准确度等级

对于所用的计量标准器及主要配套设备,或被考核计量标准的测量对象,如果相关的技术文件有关于准确度"等别"或"级别"的具体规定,则也可以在其相应的"不确定度或准确度等级或最大允许误差"栏目内填写其相应的准确度"等别"或"级别"。给出"等别"相当于填写不确定度,而给出"级别"则相当于填写最大允许误差。

④ 填写本栏目的其他注意事项

a. 在填写"不确定度或准确度等级或最大允许误差"栏目时，除应遵从上述原则外，还应当按照本专业的规定或约定俗成进行表述。

b. 当计量标准的不确定度由多个分量组成时，在填写其相应的"不确定度或准确度等级或最大允许误差"栏目时通常可以直接填写各个分量而不必将他们合成，即应当分别填写每一台计量标准器和主要配套设备相应的不确定度或最大允许误差或准确度等级。

c. 本栏目无论填写不确定度，或准确度等级，或最大允许误差均应当采用明确的通用符号准确地进行表示。

——当填写不确定度时，可以根据该领域的表述习惯和方便的原则，用标准不确定度或扩展不确定度来表示。标准不确定度用符号 u 表示；扩展不确定度有两种表示方式，分别用 U 和 U_p 表示，与之对应的包含因子分别用 k 或 k_p 表示。当用扩展不确定度表示时，必须同时注明所取包含因子 k 或 k_p 的数值。

当包含因子的数值是根据被测量 y 的分布，并由规定的包含概率 $p=0.95$ 计算得到时，扩展不确定度用符号 U_{95} 表示，与之对应的包含因子用 k_{95} 表示。若取非 0.95 的包含概率，必须给出所依据的相关技术文件的名称，否则一律取 $p=0.95$。

当包含因子的数值不是根据被测量 y 的分布计算得到，而是直接取定时（此时均取 $k=2$），扩展不确定度用符号 U 表示，与之对应的包含因子用 k 表示。

——当填写最大允许误差时，可采用其英语缩写 MPE 来标识，其数值一般应当带"±"号。例如，"MPE：±0.05 m""MPE：±0.01 mg"。

——当填写准确度等级时，应当采用各专业规定的等别或级别的符号来表示，例如，"2 等""0.5 级"。

d. 对于可以测量多种参数的计量标准，应当分别给出每种参数的不确定度或准确度等级或最大允许误差。

e. 若对于不同测量点或不同测量范围，计量标准具有不同的测量不确定度时，原则上应该给出对应于每一个测量点的不确定度。至少应该分段给出其不确定度，以每一分段中的最大不确定度表示。如有可能，最好能给出测量不确定度随被测量 y 变化的公式。

若计量标准的分度值可变，则应该给出对应于每一分度值的不确定度。

（8）"计量标准器"和"主要配套设备"

计量标准器是指计量标准在量值传递中对量值有主要贡献的那些计量设备。主要配套设备是指除计量标准器以外的对测量结果的不确定度有明显影响的其他设备。

其中"名称"和"型号"两栏分别填写各计量标准器及主要配套设备的名称和型号。

"测量范围"栏填写相应计量标准器或主要配套设备的测量范围。

"不确定度或准确度等级或最大允许误差"栏填写相应计量标准器及主要配套设备的不确定度或准确度等级或最大允许误差。

"制造厂及出厂编号"栏填写各计量标准器及主要配套设备的制造厂及出厂编号。

"检定周期或复校间隔"栏填写各计量标准器及主要配套设备的检定周期或复校间隔，例如，1 年、2 年、6 个月。

"末次检定或校准日期"栏填写各计量标准器及主要配套设备最近一次的检定或校准日期。

"检定或校准机构及证书号"栏填写各计量标准器及主要配套设备溯源单位的名称（或简称）及检定或校准证书编号。

（9）"环境条件及设施"

① 应填写的环境条件项目可以分为 3 类：

a. 在计量检定规程或计量技术规范中提出具体要求，并且对检定或校准结果及其测量不确定度有显著影响的环境项目；

b. 在计量检定规程或计量技术规范中未提具体要求，但对检定或校准结果及其测量不确定度有显著影响的环境项目；

c. 在计量检定规程或计量技术规范中未提出具体要求，对检定或校准结果及其测量不确定度的影响不大的环境项目。

对第一类项目，在"要求"栏内填写计量检定规程或计量技术规范对该环境项目规定必须达到的具体要求。"实际情况"栏填写实际使用该计量标准时环境条件所能达到的实际情况。"结论"栏是指是否符合计量检定规程或技术规范对该项目所提的要求。视情况分别填写"合格"或"不合格"。

对第二类项目，"要求"栏按《计量标准技术报告》的"检定或校准结果的不确定度评定"栏目中对该项目的要求填写。"实际情况"栏填写实际使用该计量标准时环境条件所能达到的实际情况。"结论"栏是指是否符合《计量标准技术报告》的"检定或校准结果的测量不确定度评定"栏中对该项目所提的要求。视情况分别填写"合格"或"不合格"。

对第三类项目，"要求"和"结论"栏可以不填，"实际情况"栏填写实际使用该计量标准时环境条件所能达到的实际情况。

② 在本栏中还应填写在计量检定规程或计量技术规范中提出具体要求，并对检定或校准结果及其测量不确定度有影响的，同时又是独立隶属于该计量标准装置的设施和监控设备。在"项目"栏内填写设施和监控设备名称，在"要求"栏内填写计量检定规程或计量技术规范对该设施和监控设备规定应当达到的具体要求。"实际情况"栏填写设施和监控设备的名称、型号和所能达到的实际情况，并应与《计量标准履历书》中相关内容一致。"结论"栏是指是否符合计量检定规程或计量技术规范的要求，对该项目所提的要求。视情况分别填写"合格"或"不合格"。

（10）"检定或校准人员"

分别填写使用该计量标准进行检定或校准工作的计量检定或校准人员的有关信息。每项计量标准应有不少于两名的有能力计量检定或校准人员。"姓名""性别""年龄""从事本项目年限""学历""能力证明名称及编号"等栏目按实际情况填写；"能力证明名称及编号"可以填写原计量检定员证及编号，也可以填写注册计量师职业资格证书及编号以及注册计量师注册证及编号，还可以填写当地省级人民政府计量行政部门或其规定的市（地）级人民政府计量行政部门颁发的具有相应项目的"计量专业项目考核合格证明"及编号（过渡期期间）；其他企业、事业单位的检定或校准人员，可以填写"培训合格证明"及编号，也可以填写原计量检定员证及编号、注册计量师职业资格证书及编号以及注册计量师注册证及编号，还可以填写当地省级人民政府计量行政部门或其规定的市（地）级人民政府计量行政部门颁发的具有相应项目的"计量专业项目考核合格证明"及编号。"核准的检定或校准项目"应当填写检定或校准人员所持能力证明中核准的检定或校准项目名称。

（11）"文件集登记"

对表中所列 18 种文件是否具备，分别按情况填写"是"或"否"。填写"否"应在"备注"中说明原因。第 18 种为可以证明计量标准具有相应测量能力的其他技术资料，请在"检定或校准结果的测量不确定度评定报告""计量比对报告""研制或改造的计量标准的技术鉴定或验收资料"等栏目填写"是"或"否"。如果还有其他证明计量标准具有相应测量能力的技术资料可以在此栏目后面填写清楚这些技术资料的名称。

（12）"开展的检定及校准项目"

本栏目是指计量标准开展的检定或校准项目。

"名称"栏填写被检或被校计量器具名称（如果只能开展校准,必须在被检或被校计量器具名称（或参数）注明"校准"字样）。

"测量范围"栏填写被检或被校计量器具的测量范围。

"不确定度或准确度等级或最大允许误差"栏填写用该计量标准对被检定或被校准计量器具进行测量时所能达到的测量不确定度或准确度等级或最大允许误差。

如果被检定或被校准的计量器具不加修正值使用,则填写该计量器具的最大允许误差。如果被检定或被校准的计量器具有准确度级别的划分,也可以填写可以检定或校准的计量器具的级别。

如果被检定或被校准的计量器具需加修正值使用,则填写所出具的检定或校准证书上所提供的修正值的扩展不确定度,并同时给出有关该扩展不确定度的足够多的信息。如果被检定或被校准的计量器具有准确度等别的划分,也可以填写可以检定或校准的计量器具的等别。

"所依据的计量检定规程或计量技术规范的编号及名称"栏填写开展计量检定或校准所依据的计量检定规程或计量技术规范的编号及名称。填写时先写计量检定规程或计量技术规范的编号,再写名称的全称。例如,JJG 146—2011《量块检定规程》。若涉及多个计量检定规程或计量技术规范时,则应全部分别予以列出。此处应当填写被检或被校计量器具（或参数）的计量检定规程或计量技术规范,而不是计量标准器或主要配套设备的计量检定规程或计量技术规范。

（13）"建标单位意见"

建标单位的负责人（即主管领导）签署意见并签名和加盖公章。

（14）"建标单位主管部门意见"

建标单位的主管部门在本栏目签署意见。如申请建立部门最高计量标准,则应在意见中明确写明"同意该项目作为本部门最高计量标准申请考核"并加盖公章。如企业申请建立本单位最高计量标准,申请考核企业的主管部门应在本栏目签署"同意该项目作为本企业最高计量标准申请考核"意见并加盖公章,如果企业无主管部门,本栏目可以不填。

（15）"主持考核人民政府计量行政部门意见"

主持考核人民政府计量行政部门在审阅申请资料并确认受理申请后,根据所申请计量标准的测量范围、不确定度或准确度等级或最大允许误差等情况确定组织考核（复查）的人民政府计量行政部门。主持考核的人民政府计量行政部门应当将是否受理、由谁组织考核的明确意见写入本栏目并加盖公章。如"同意受理该计量标准考核申请,请×××局组织考核",或者"不同意受理该计量标准考核申请,理由如下……"。

如果主持考核人民政府计量行政部门具备考核能力,则自行组织考核;如果主持考核人民政府计量行政部门不具备考核能力,则将申请材料再转呈其上级人民政府计量行政部门,考核材料可逐级呈报,直至具备考核能力的人民政府计量行政部门,此时,具备考核能力的人民政府计量行政部门即为组织考核的人民政府计量行政部门。

（二）《计量标准技术报告》的填写与使用说明

《计量标准技术报告》各栏目的填写要点和具体要求如下:

1. 封面和目录

（1）"计量标准名称"

本栏目中填写的名称应与《计量标准考核（复查）申请书》中的名称相一致。

（2）"计量标准负责人"

填写所建计量标准负责人的姓名。

（3）"建标单位名称"

填写建立计量标准单位的全称。该单位名称应与《计量标准考核（复查）申请书》中建标单位的名称和公章中名称完全一致。

（4）"填写日期"

填写编制完成《计量标准技术报告》的日期。如果是重新修订,应注明第一次填写日期和本次修订日期。

（5）"目录"

《计量标准技术报告》共 12 项内容,报告完成后,应在目录每项(　)内注明页码。

2. 技术报告内容

（1）"建立计量标准的目的"

简要地叙述建立计量标准的目的意义,分析建立计量标准的社会经济效益,以及所建计量标准的传递对象及范围。

（2）"计量标准的工作原理及其组成"

用文字、框图或图表简要叙述该计量标准的基本组成,以及开展量值传递时采用的检定或校准方法。计量标准的工作原理及其组成应符合所建计量标准的国家计量检定系统表和计量检定规程或计量技术规范的规定。

（3）"计量标准器及主要配套设备"

本栏填写内容与《计量标准考核(复查)申请书》的同名栏目完全相同,只是本栏目不需要填写"末次检定或校准日期"及"检定或校准证书号"。

（4）"计量标准的主要技术指标"

明确给出整套计量标准的测量范围、不确定度或准确度等级或最大允许误差、计量标准的稳定性等主要技术指标以及其他必要的技术指标。

对于可以测量多种参数的计量标准,必须给出对应于每种参数的主要技术指标。

若对于不同测量点,计量标准的不确定度(或最大允许误差)不相同时,建议用公式表示不确定度(或最大允许误差)与被测量 y 的关系。如无法给出其公式,则分段给出其不确定度(或最大允许误差)。对于每一个分段,以该段中最大的不确定度(或最大允许误差)表示。

若对于不同的分度值具有不同的不确定度或准确度等级或最大允许误差时,也应当分别给出。

（5）"环境条件"

本栏的填写内容应与《计量标准考核(复查)申请书》中的"环境条件和设施"栏目中"环境条件"一致。申请书中填写的"设施"可以不填写在本栏中。

（6）"计量标准的量值溯源和传递框图"

根据与所建计量标准相应的国家计量检定系统表或计量检定规程或计量技术规范,画出该计量标准的量值溯源和传递框图。要求画出该计量标准溯源到上一级计量标准和传递到下一级计量器具的量值溯源和传递框图。

（7）"计量标准的稳定性考核"

在计量标准考核中,计量标准的稳定性是指用该计量标准在规定的时间间隔内测量稳定的被测对象时所得到的测量结果的一致性。本栏目应该列出计量标准稳定性考核的全部数据,建议用图、表的形式反映稳定性考核的数据处理过程、结果,并判断其稳定性是否符合要求。

JJF 1033—2016《计量标准考核规范》附录 C. 2 给出了 5 种计量标准稳定性考核方法:"采用核查标准进行考核""采用高等级的计量标准进行考核""采用控制图法进行考核""采用计量检定规程或计量技术规范规定的方法进行考核""采用计量标准器的稳定性考核结果进行考核"等。

该栏目应当根据计量标准的实际情况和 JJF 1033—2016《计量标准考核规范》附录 C. 2 规定的原则确定计量标准稳定性考核的具体方法,填写核查标准、稳定性试验条件、稳定性试验过程,列出稳定性试验数据,给出稳定性考核结论,判断稳定性是否能够满足开展检定或校准工作的需要。

（8）"检定或校准结果的重复性试验"

检定或校准结果的重复性是在重复性测量条件下，用计量标准对常规被检定或被校准对象进行 n 次独立重复测量，用单次测得值 y_i 的实验标准偏差 $s(y_i)$ 来表示。本栏应该列出重复性试验的全部数据，建议用表格的形式反映重复性试验数据处理过程。

（9）"检定或校准结果的测量不确定度评定"

按照 JJF 1033—2016《计量标准考核规范》附录 C.3 的要求进行检定或校准结果的不确定度评定。在进行检定和校准结果的测量不确定度的评定时，测量对象应当是常规的被测对象，测量条件应当是在满足计量检定规程或计量技术规范前提下至少应当达到的临界条件。

如果计量标准可以测量多种被测对象时，应当分别评定不同种类被测对象的测量不确定度。如果计量标准可以测量多种参数时，应当分别评定每种参数的测量不确定度。

如果测量范围内不同测量点的不确定度不相同时，原则上应当给出每一个测量点的不确定度，也可以用下列两种方式之一来表示：

a. 如果测量不确定度可以表示为被测量 y 的函数，则用计算公式表示测量不确定度。

b. 在整个测量范围内，分段给出其测量不确定度（以每一分段中的最大测量不确定度表示）。

无论采用何种方式来评定检定和校准结果的测量不确定度，均应当具体给出典型值的测量不确定度评定过程。如果对于不同的测量点，其不确定度来源和测量模型相差甚大，则应当分别给出它们的不确定度评定过程。

该栏目既可以给出测量不确定度评定的详细过程，也可以给出测量不确定度评定的简要过程。在给出测量不确定度评定的简要过程时，还应当单独给出描述测量不确定度评定详细过程的《检定或校准结果的不确定度评定报告》；测量不确定度评定的简要过程应当包括对被测量的简要描述、测量模型、不确定度分量的汇总表（包括各分量的尽可能多的信息）、被测量分布的判定和包含因子的确定、合成标准不确定度的计算以及最终给出的扩展不确定度。

（10）"检定或校准结果的验证"

检定或校准结果的验证是指要求对用该计量标准得到的检定或校准结果的可信程度进行实验验证。也就是说通过将测量结果与参考值相比较来验证所得到的测量结果是否在合理范围之内。由于验证的结论与测量不确定度有关，因此验证的结论在某种程度上同时也说明了所给的检定或校准结果的不确定度是否合理。

验证方法可以分为传递比较法和比对法两类。传递比较法具有溯源性，而比对法则不具有溯源性，因此检定或校准结果的验证原则上应采用传递比较法，只有在不可能采用传递比较法的情况下才允许采用比对法，并且参加比对的实验室应尽可能多。

该栏目应当填写进行检定或校准结果的验证具体采用的方法，由哪个计量技术机构进行的验证，对验证的测量数据、不确定度、验证结论等逐一叙述清楚。

（11）"结论"

经过分析和实验验证，确认所建计量标准是否符合国家计量检定系统表和计量检定规程或计量技术规范的要求，是否具有开展相应检定及校准项目的测量能力。

（12）"附加说明"

填写认为有必要指出的其他附加说明。例如：计量标准技术报告编写、修订人，编写、修订的版本号及日期，编写、修订用到的文件名称和原始记录（如：计量标准的稳定性考核记录、检定或校准测量结果重复性试验记录、测量不确定度评定记录和检定或校准测量结果验证记录），以及可以证明计量标准具有相应测量能力的其他技术资料（如：计量比对报告、研制或改造计量标准的技术鉴定或验收资料、单独成册的检定或校准结果的不确定度评定报告）。

七、计量标准的保存、维护和使用

（一）计量标准的使用

（1）计量标准经考核合格，取得计量标准考核证书后，建标单位应当按照计量标准的性质、任务及开展量值传递的范围，办理计量标准使用手续。

① 人民政府计量行政部门组织建立的社会公用计量标准，应当办理社会公用计量标准证书后，向社会开展量值传递；

② 部门最高计量标准应当经主管部门批准后，在本部门内部开展非强制检定或校准；

③ 企业、事业单位最高计量标准应当经本单位批准后，在本单位内部开展非强制检定或校准；

④ 部门、企业、事业单位计量标准，需要对社会开展强制检定、非强制检定的，或者需要对部门、企业、事业内部执行强制检定的，应当向有关人民政府计量行政部门申请计量授权。取得计量授权证书后，依据授权项目、范围开展计量检定或校准工作。

（2）建标单位应当授权具有相应能力并满足有关计量法律、法规要求的检定或校准人员负责计量标准的操作和日常检定或校准工作。

（3）检定或校准人员应当严格按照计量标准的操作规程、使用说明书等的规定正确操作计量标准，开展量值传递工作，不得违规操作，以免损坏计量标准。

（4）检定或校准人员应当将计量标准使用前后情况在计量标准使用记录中进行记录。

（二）计量标准的保存和维护

（1）建标单位应当指定专门的人员，负责计量标准的保管、修理和维护工作。

（2）为监督计量标准是否处于正常状态，每年至少应当进行一次检定或校准结果的重复性试验和计量标准稳定性考核。当重复性和稳定性不符合要求时，应停止工作，要查找原因，予以排除后方可开展工作。

（3）建标单位应当制定计量标准器及配套设备量值溯源计划，并组织实施，保证计量标准量值溯源的有效性、连续性。

（4）使用标签或其他标识表明计量标准器及配套设备的检定或校准状态，以及检定或校准的日期和失效的日期。

（5）当计量标准器及配套设备检定或校准后产生了一组修正因子时，应确保其所有备份得到及时、正确的更新。

（6）当计量标准器及配套设备离开实验室而失去直接或持续控制时，计量标准器及配套设备在使用前应对其功能和检定或校准状态进行核查，满足要求后方可投入使用。

（7）计量标准器及配套设备如果出现过载、处置不当、给出可疑结果、已显示出缺陷及超出规定要求等情况时，均应停止使用。恢复功能正常后，必须经重新检定合格或校准后再投入使用。

（8）取得计量标准考核证书的计量标准，要自觉加强考核后的管理，对计量标准的更换、复查、改造、封存与注销等，应当按照 JJF 1033—2016《计量标准考核规范》的相关规定和要求实施管理。

（9）积极参加由主持考核的人民政府计量行政部门组织或其认可的实验室之间的比对等测量能力的验证活动。

（10）计量标准的文件集应当实施动态管理，及时更新。

习题及参考答案

一、习　题

（一）思考题

1. 建立计量标准的依据和条件是什么？

2. 计量标准的考核要求包括哪些方面？

3. 如何配置计量标准器及配套设备？

4. 计量标准如何进行定期溯源？

5. 计量标准的主要计量特性包括哪几个方面？

6. 如何进行检定或校准结果的重复性试验？

7. 如何进行计量标准的稳定性考核？

8. 如何进行检定和校准结果的测量不确定度评定？

9. 如何进行检定或校准结果验证？

10. 如何进行文件集的管理？

11. 建立计量标准需要做哪些技术准备？

12. 如何填写《计量标准考核（复查）申请书》和《计量标准技术报告》？

13. 如何进行计量标准的维护？

14. 已经封存的计量标准准备重新启用，原有的计量标准考核证书有效期已过，应当怎么办？

15. 计量标准考核合格后工作一直正常，可是执行的国家计量检定规程最近重新进行了修订，对于标准器的配置补充了新的要求，应当怎么办？

（二）选择题（单选）

1. 某企业建立一项 3 等量块计量标准作为企业最高标准，其主标准器送_____检定才是合法的。

    A. 具有相关能力的法定计量检定机构

    B. 本市某产品检测所

    C. 另外一家建立了 2 等量块计量标准的企业

    D. 另外一家建立了 1 等量块计量标准的企业

2. 新建计量标准稳定性的考核，当计量检定规程中无明确规定时，可选一稳定被测对象，每隔 1 个月以上测一组结果，共测 m 组，m 应大于或等于_____。

    A. 3　　　　　　　　B. 4　　　　　　　　C. 5　　　　　　　　D. 6

3. 计量标准的稳定性是计量标准的_____保持其随时间恒定的能力。

    A. 示值　　　　　　B. 复现值　　　　　　C. 计量特性　　　　　D. 测量范围

4. 按 JJF 1033—2016《计量标准考核规范》的规定，检定或校准结果的重复性试验是在重复性条件下，用计量标准对常规的被检定或被校准对象进行 n 次独立重复测量，用_____来表示重复性。

    A. 单次测得值的实验标准偏差　　　　B. 算术平均值的实验标准偏差

    C. 加权平均值的实验标准偏差　　　　D. B 类估计的标准偏差

5. 检定或校准结果的验证方法为_____。

    A. 只能选择传递比较法

    B. 只能选择比对法

    C. 可以在传递比较法和比对法中任意选择一种

    D. 原则上应采用传递比较法，只有在不可能采用传递比较法的情况下才允许采用比对法

6. 计量标准考核证书的有效期为_____。

　　A. 新建 3 年,复查 5 年　　　　　　　B. 新建 5 年,复查 3 年

　　C. 4 年　　　　　　　　　　　　　　D. 5 年

7. 某计量标准在有效期内,扩大了测量范围而没有改变准确度等级,则应_____。

　　A. 报主持考核的人民政府计量行政部门审核批准

　　B. 申请计量标准复查考核

　　C. 重新申请考核

　　D. 办理变更手续

8. 部门最高计量标准考核合格后,应当经_____批准后,在本部门内部开展非强制计量检定。

　　A. 主持考核的人民政府计量行政部门　　B. 本单位领导

　　C. 其主管部门　　　　　　　　　　　　D. 组织考核的人民政府计量行政部门

（三）选择题（多选）

1. 企业、事业单位最高计量标准的量值应当经_____检定或校准来证明其溯源性。

　　A. 法定计量检定机构

　　B. 人民政府计量行政部门授权的计量技术机构

　　C. 具有计量标准的企业计量机构

　　D. 知名的检测机构

2. 下列条件中,属于计量标准必须具备的条件的有_____。

　　A. 计量标准器及配套设备能满足开展计量检定或校准工作的需要

　　B. 具有正常工作所需要的环境条件及设施

　　C. 具有一定数量高级职称的计量技术人员

　　D. 具有完善的管理制度

3. 企业、事业单位最高计量标准的主要配套设备中的计量器具可以向_____溯源。

　　A. 具有相应测量能力的计量技术机构

　　B. 法定计量检定机构

　　C. 人民政府计量行政部门授权的计量技术机构

　　D. 具有测量能力的高等院校

4. 计量标准文件集应做到_____。

　　A. 每项计量标准都应当建立一个文件集,文件集一般应包括《计量标准技术报告》等 18 个方面的文件

　　B. 计量标准文件集的目录中应当注明各种文件保存的地点和方式

　　C. 文件集中的所有文件均应归档,并永久保存

　　D. 建标单位应当保证文件的完整性、真实性和正确性

5. 下列证件中,属于检定或校准人员能力证明文件的有_____。

　　A. 与开展检定或校准项目相一致的原计量检定员证

　　B. 注册计量师职业资格证书和相应项目的注册证

　　C. 职称外语考试合格证书

　　D. 文艺汇演获奖证书

6. 下列关于计量标准稳定性的描述中,正确的有_____。

　　A. 若计量标准在使用中采用标称值或示值,则稳定性应当小于计量标准的最大允许误差的绝对值

　　B. 若计量标准需要加修正值使用,则稳定性应当小于计量标准修正值的合成标准不确定度

　　C. 经常在用的计量标准,可不必进行稳定性考核

D. 新建计量标准一般应当经过半年以上的稳定性考核,证明其所复现的量值稳定可靠后,方能申请计量标准考核

二、参考答案

(一)思考题(略)

(二)选择题(单选):1. A; 2. B; 3. C; 4. A; 5. D; 6. D; 7. B; 8. C。

(三)选择题(多选):1. A B; 2. A B D; 3. A B C; 4. A B D; 5. A B; 6. A D。

第四节　计量检定规程和校准规范的使用和编写

一、计量检定规程和计量校准规范

国家计量检定规程是为评定计量器具的计量特性而制定的技术文件,由国务院计量行政部门组织制定并批准发布,在全国范围内施行,作为确定计量器具法定地位的技术文件。而国家计量校准规范是由国务院计量行政部门组织制定并批准发布,在全国范围内实施,作为校准时依据的技术文件。

从国家计量检定规程和国家计量校准规范的表述可以看出,这两种文件有相似的地方,也有差别。

这两种文件都是由国务院计量行政部门组织制定并批准发布,在全国范围内实施的计量技术文件。

计量检定规程是全国计量检定机构评定依法管理的计量器具的依据,也是国务院计量行政部门进行量值统一,实施法定计量管理的技术依据。

国家计量校准规范的发布也是国务院计量行政部门推进国家量值统一的行为之一。在国内校准概念尚未获得全面理解、校准手段尚未获得正确利用的条件下,通过在全国范围内实施统一的校准规范,是计量器具管理方法转化的过渡手段。过去所有的计量器具按照检定方法管理,今后将只有特定范围的计量器具按照检定方法管理。

当国家没有颁布国家计量检定规程或国家计量校准规范时,各省市、行业可以编制相应范围内适用的检定规程或校准规范。校准实验室可以编制本实验室适用的校准规范。

检定是指"查明和确认测量仪器是否符合法定要求的活动,它包括检查、加标记和(或)出具检定证书"。也就是说,检定是为评定计量器具一般特性和计量性能是否符合法定要求,确定其是否合格所进行的全部工作。所以计量检定规程中会规定对计量器具的法定要求,规定检定的环境条件、设备条件、操作方法等内容,以保证检定值的扩展不确定度与相应的计量性能要求相适应。

校准是指"在规定条件下的一组操作,其第一步是确定由测量标准提供的量值与相应示值之间的关系,第二步则是用此信息确定由示值获得测量结果的关系,这里测量标准提供的量值与相应示值都具有测量不确定度"。校准主要是为了获得测量结果与示值之间的关系,示值与计量标准之间的关系。即校准的重点在于测量结果的溯源性。因此校准规范主要规定校准定义中的第一步操作内容,包括校准的计量特性,以及校准的环境条件、设备条件和操作方法等内容。

检定规程与校准规范是有关联的。检定规程中规定的计量性能要求是对相应的计量特性的要求。检定中的检定项目是评价计量器具计量特性的,计量性能要求是这些计量特性应该满足的要求。当计量特性的误差小于最大允许误差时,该计量特性检定合格。计量特性的检定过程与校准过程是一致的,都是确定由测量标准提供的量值与被评价的计量器具相应计量特性量值之间的关系。

因此,对计量器具进行校准时,如果有国家计量检定规程,可以参照计量检定规程开展校准,即针对计量检定规程中规定的计量特性,按照检定规程中规定的检定方法进行校准。但是获得校准值的不确定度,需要根据实际的校准条件进行评定。

计量特性是对计量器具传递的量值有影响的特性,是可以测量的特性。一个计量器具具有多个计量特性。计量特性有些是直接传递量值的特性,如量块的长度、砝码的质量等;有些是影响示值与测量结果关系的影响量,如量块的热膨胀系数、砝码的体积等。

检定或校准均在参考条件下进行,而使用的环境条件偏离参考条件时,一些影响量会造成计量器具的示值与测量结果之间的关系发生变化。这就需要通过检定或校准获得影响量对与传递量值之间的关系参数(如量块的热膨胀系数),在使用这些计量器具时,通过修正,提高测得值的准确度。

在编制计量检定规程与计量校准规范的过程中,需要规定检定或校准一组计量特性。选择这个计量特性组合的原则是一样的:选择的计量特性足够多,通过检定或校准规定的计量特性组合,可以获得对计量器具计量性能的正确评价,以及在使用计量器具时通过示值确定测量结果;选择的计量特性尽量少,与计量性能无关的计量特性,对计量性能影响一致的互相包含的计量特性,不选择。

例如,机械台秤利用杠杆原理,通过标明被测商品质量的秤砣和滑动秤砣对应的秤杆刻度称量商品的质量。称量质量的示值误差是其关键的计量特性。杠杆两端的长度也是计量特性。但是杠杆两端的长度比例是否准确,可以通过称量一系列标准砝码进行校准。反过来说,使用砝码校准了示值误差,杠杆的长度和比例不需要再校准了,再校准这些计量特性就是冗余的了。

检定规程包括了对计量器具评价的所有信息:计量性能要求、通用要求等内容,在完成检定过程后,可以给出计量器具合格或不合格的结论。而校准规范一般仅规定了需要评价的计量特性和校准方法,不规定计量性能要求。因此校准证书中给出了计量特性的值和不确定度,用户需要将校准证书的内容与自己应用需要的计量性能要求和通用要求进行比较,判断是否达到适用条件。这个将校准结果与预期应用的计量要求进行比较的过程,称为计量验证。计量校准和计量验证是计量器具计量确认工作的组成部分。计量器具的管理离不开计量确认工作。

二、计量检定规程、校准规范的使用

(一)正确选择计量检定规程和校准规范

计量检定应当选择与检定对象相对应的国家计量检定规程;没有国家计量检定规程的,可采用部门或地方计量检定规程。

校准应当优先选择国家计量校准规范;没有国家计量校准规范的,可以参照相应的计量检定规程或与被校对象相适应的校准规范。

(二)正确执行计量检定规程和校准规范

1. 正确执行计量检定规程

计量检定规程中规定的检定条件、检定设备要求、检定项目和检定方法是针对被检仪器的计量性能要求制定的。执行检定规程,必须严格执行检定规程中的所有规定,保证检定结果的真实可靠。

计量检定规程是实施《计量法》的重要条件,是从事计量检定的法定依据。为了解决执行计量检定规程中的一些问题,原国家计量局发布过《在实施计量法中有关计量检定规程问题的意见》〔(86)量局法字第 337 号〕文件,内容如下:

（1）关于计量检定手段和条件不完全满足规程要求时的检定出证

① 检定手段和条件按规程考核不合格的,不能开展检定,也不能出具检定证书。

② 制定计量检定规程时,对某些特殊情况,应制定相应的变通条款,说明在什么条件下哪些项目可以不作检定。

（2）关于按实际使用需要进行部分检定或出证

① 具备检定手段和条件,根据实际需要又符合规程要求的,在周期检定中可作部分检定,并出具检定证书,但在证书中必须注明。

② 对允许作部分检定的计量器具,应在相应的规程中加以注明。

（3）关于没有计量检定规程的计量器具如何管理

① 国家制定的计量器具目录是国家规定依法管理的范围,至于实施检定和监督的具体项目可由各部门、各地方制定明细目录确定。

② 没有计量检定规程的(包括国家、部门和地方计量检定规程),可暂对其执行检定的情况进行计量法制监督检查,由各地方、各部门根据具体情况掌握。

③ 没有计量检定规程的,不能进行仲裁检定,可按纠纷双方协商的办法进行计量调解。

④ 由于某地区或某部门实施计量法制管理和生产上急需,而又尚未制定计量检定规程的,应由地方或部门尽快制定计量检定规程加以解决。

（4）关于参照某检定规程所进行的检定或出证

① 规程中规定允许参照的,可以作为该计量器具检定的依据,可出具检定证书。

② 为便于规程的实施,参照的具体内容应在计量检定规程中做出明确规定。

（5）关于没有计量检定规程为依据所进行的"检定"

① 计量检定必须执行计量检定规程,凡没有以计量检定规程为依据的,不能称为检定。

② 如只确定计量器具的示值的校准值或示值误差可称为"校准"。

（6）关于执行规程和技术标准的协调

① 制定计量检定规程和技术标准,应努力使两者协调一致。

② 从事计量检定必须执行计量检定规程。

③ 因执行规程与技术标准出现的计量纠纷,经双方协商,不能自行解决时,可按法定程序申请仲裁检定。仲裁检定应以用计量基准或社会公用计量标准检定的数据为准。

（7）关于执行部门和地方计量检定规程的协调

① 部门规程在本部门范围内实施,地方规程在本地区范围内实施,部门内部的管理,以执行国家和部门规程为主;凡涉及社会的,以执行国家和地方规程为主。

② 凡同一种计量器具具有多种部门或地方检定规程,则由国务院计量行政部门尽快制定国家计量检定规程。

（8）关于计量检定规程中对检定周期的规定

① 计量检定规程作为技术法规应对检定周期做出规定,它是规程内容的组成部分。具体规定形式,可为强制性的最大周期(如不得超过×年),也可规定为建议性周期(如一般不得超过×年)。

② 具体执行检定周期的长短,应根据规程的规定,结合不同计量器具、不同使用情况和法制管理要求,按管理权限确定。

（9）关于规程修订以后,对使用中旧的计量器具的检定

① 检定规程修订时,必须注意新、旧规程的过渡问题,应考虑规程修订之前投入使用的计量器具的处理,必要时在规程中做出相应的规定。

② 新规程颁布后,旧规程应作废,检定应按新规程执行。

"经检定不合格不准使用"的含义,应包括"经检定不合格不准按原计量器具准确度等级的用途

使用"。

2. 正确执行校准规范

正确执行校准规范的目的是保证校准结果符合计量器具的预期使用要求。

正确执行校准规范包括：了解被校仪器、选择计量标准及相关设备、控制相关的校准条件、按照规定的程序进行测量。

校准规范中规定的计量特性，已经考虑了各种可能的预期应用。针对特定的预期应用对校准规范的内容进行裁剪时，必须保证评定的计量特性覆盖被校测量仪器的使用要求。

校准规范中，对各种不确定度因素的控制，不一定有详细规定。因此各实验室应该根据自己实验室的实际情况，规定校准结果的目标不确定度，并根据目标不确定度配备校准设备和设施，控制各种不确定度因素的大小。

各校准实验室为贯彻校准规范，有时需要制定作业指导书，当校准规范中规定的校准程序还不够详细时，实验室必须根据自身的装备、条件，对校准程序的细节进行进一步的规定。

校准规范中给出的测量不确定度评定示例，目的是为使用该校准规范的实验室提供一个比较接近实际情况的参考范例。

三、国家计量校准规范编写规则

（一）计量校准规范编写的一般原则和表述要求

1. 编写的一般原则

JJF 1071—2010《国家计量校准规范编写规则》中指出，国家计量校准规范是由国务院计量行政部门组织制定并批准发布，在全国范围内实施，作为校准时依据的技术文件。

国家计量校准规范的发布是国务院计量行政部门推进国家量值统一的行为之一。在国内校准概念尚未获得全面理解、校准手段尚未获得正确利用的条件下，通过在全国范围内实施统一的校准规范，是从传统上将所有的计量器具按照检定管理向国际通行的计量器具管理模式转化的过渡手段。未来国内计量器具中，只有特定范围的计量器具按照检定管理。

校准规范应做到：

——符合国家有关法律、法规的规定；

——适用范围应明确，在其界定的范围内，按需要力求完整；

——充分考虑技术和经济的合理性，并为采用最新技术留有空间。

在校准规范的编写过程中，都必须执行国家的各种法律、法规，国家颁布的《国务院关于在我国统一实行法定计量单位的命令》、JJF 1001《通用计量术语及定义》、JJF 1094《测量仪器特性评定》、JJF 1059.1《测量不确定度评定与表示》等。针对的对象应该界定清晰，不应该与其他检定规程或校准规范相互交叉、覆盖，又互相矛盾。

国家计量校准规范应适用于各种校准实验室的需要。很显然，由于各种校准实验室的服务目标不同，实验室之间的差异是很大的，如校准测量能力、测量范围、环境条件、设备条件、人员能力等各不相同。因此国家计量校准规范规定的内容既要提纲挈领，又要适用范围明确，在其界定的范围内，力求完整。国家计量标准规范通过对核心要素的规定，保证不同实验室对同种计量器具开展校准的校准结果具有相同的含义。

2. 表述要求

国家计量校准规范表述的基本要求：

——文字表述应做到结构严谨、层次分明、用词确切、叙述清楚,不致产生不同的理解;

——所用的术语、符号、代号、缩略语应统一,并始终表达同一概念;

——按国家规定表述计量单位名称与符号、量的名称与符号、误差和测量不确定度名称与符号;

——公式、图样、表格、数据应准确无误地按要求表述;

——规范相关内容的表述均应协调一致,不能矛盾。

(二) 结构

国家计量校准规范由以下部分构成:

——<u>封面</u>;

——<u>扉页</u>;

——<u>目录</u>;

——<u>引言</u>;

——<u>范围</u>;

——引用文件;

——术语和计量单位;

——概述;

——<u>计量特性</u>;

——<u>校准条件</u>;

——<u>校准项目和校准方法</u>;

——<u>校准结果表达</u>;

——复校时间间隔;

——<u>附录</u>;

——附加说明。

凡有下画线的部分为必备章节。

必备章节是校准规范的基本架构,用以构成校准规范的基本内容。其他部分是辅助部分,是对基本内容的补充和说明。

(三) 各部分的主要内容

1. 封面

封面的格式见 JJF 1071—2010《国家计量校准规范编写规则》附录 A。

计量校准规范是计量技术规范的一种,其代号与通用的计量技术规范一样,封面题头均采用"JJF 中华人民共和国计量技术规范",如图 4-3 所示。在封面上,计量校准规范的名称要写全,如:××××(被校对象或被校参数名称)校准规范。

JJF

中华人民共和国国家计量技术规范

图 4-3　计量校准规范封面题头

规范的编号由其代号、顺序号和发布年号组成。顺序号和发布年号分别为 4 位阿拉伯数字表示。

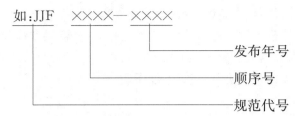

如:JJF　××××—××××

发布年号

顺序号

规范代号

规范名称应简明、准确、规范、概括性强,一般以被校对象或被校参数命名。如不适用,应选用能确切反映其适用范围或性能的名称,并有对应的英文名称。

例如,某专业计量技术委员会秘书处收到编制校准规范的申请,标准规范的名称为"材料力学性能测试用非接触式视频引伸计的校准规范"。秘书处认为,视频引伸计是该校准规范的校准对象,视频即意味着非接触;同时,无论视频引伸计是否仅用于材料力学性能测试,这个限定语都是多余的。因此,建议申请项目的校准规范的名称改为"视频引伸计校准规范"。

2.扉页

扉页的格式见 JJF 1071—2010《国家计量校准规范编写规则》附录 B。

3.目录

目录应列出引言及所在页码,章、第一层次的条和附录的编号、标题及所在页码。标题与页码之间用虚线连接。

扉页部分无页码,目录与引言部分的页码使用罗马数字,自规范正文起的页码使用阿拉伯数字。其书写格式见 JJF 1071—2010《国家计量校准规范编写规则》附录 C。

4.引言

引言部分的要求与国际惯例一致。过去,引言的内容一般列入编写说明,在审定和报批过程中供审定专家和主管领导查阅。现在这些内容在引言中列出,便于校准规范使用者的使用:校准实验室可以知道校准方法与国际上相关方法的一致性或等效性,便于决定是否采用,便于向被校对象的最终用户进行说明;对于修订的规范,说明规范代替的全部或部分其他文件等内容,更是为规范使用者提供方便的索引,以便对标准设备和方法进行针对性的调整,也便于对校准人员进行有针对性的培训。

引言应包括如下内容:

——规范编制所依据的规则;

——采用国际建议、国际文件或国际标准的程度或情况;

——如对规范进行修订,还应包括以下内容;

——规范代替的全部或部分其他文件的说明;

——给出被代替的规范或其他文件的编号和名称;

——列出与前一版本相比的主要技术变化;

——所替代规范的历次版本发布情况。

5.范围

范围部分主要叙述规范的适用范围,以明确规定规范的主题。

范围部分通过一句或几句话,对校准规范适用的范围进行说明,即本校准规范适用于何种计量器具的校准,如果仅适用于该种计量器具的一部分,则同时说明适用的量程,或者其他(如结构、原理或选装部件等)的限制。例如,本规范适用于××计量器具(××量程、范围)的校准。

如果仅靠范围部分的说明不足以完整界定校准规范的适用范围,则在此部分仅进行简略的,但清晰的界定,更进一步的说明,放到概述部分进行。

6. 引用文件

引用文件应是编制规范时必不可少的文件,如不引用,则规范无法实施。引用文件部分列出的文件必须确实在校准规范中被引用了。

例如,JJF 1071—2010 的 5.14 中通过引用对测量不确定度评定示例的要求进行了规定:"测量不确定度评定示例应符合 JJF 1059《测量不确定度评定与表示》的要求,包括不确定度的来源及其分类、不确定度合成的公式和表示形式等。"

例如,JJF 1071—2010 的编辑细则 7.6.4 中通过引用相关国家标准对"符号的选择"进行了规定:"图中用于表示通用的角度量和线性量的符号应遵循国家标准 GB 3102.1 的有关规定,必要时使用下标以区分给定符号的不同应用。"

引用文件应为正式出版物。引用文件时,应给出文件的编号(引用标准时,给出标准代号、顺序号)以及完整的文件名称。凡是注日期的引用文件,仅注日期的版本适用于该规范;凡是不注日期的引用文件,应注明"其最新版本〈包括所有的修改单〉适用于本规范"。

过去经常出现的错误是,将起草校准规范时的参考文献作为引用文件列出。实际上,当一个文件的一部分不是被引用,而是被采用,写入校准规范时,这部分文字已经是该校准规范的一部分,因此该文件不再是引用文件。

引用国际文件时,应在编(年)号后给出中文译名,并在其后的圆括号中给出原文名称。

引用文件清单的排列顺序依次为:国家计量技术规范、国家标准、行业标准、国际建议、国际文件、国际标准;以上文件按顺序号排列。

7. 术语

(1) 当规范涉及国家尚未做出规定的术语时,应在本章给出必要的定义。

在校准规范中定义的术语,通常是该规范中比较特殊的术语。如果是常见术语,或已经在其他规范、标准中定义的,可以通过引用相应的文件来说明。

因此,术语部分在以下 4 种情况下有不同的处理方式。

① 没有特殊的术语,该章节省略;

② 没有特殊的术语,但是一些规范、标准中定义的术语需要进行声明。该章给出下列说明:

示例:JJF 1001《通用计量名词术语》和 JJF 1059《测量不确定度评定与表示》中界定的术语和定义适用于本规范。

③ 校准规范中给出部分术语,同时部分通用术语也适用于本规范,该章给出下列说明:

示例:JJF 1001《通用计量名词术语》和 JJF 1059《测量不确定度评定与表示》中界定的及以下术语和定义适用于本规范。

④ 有时规范起草人认为部分术语非常重要,虽然已经有标准或规范给出了定义,但仍需要引用,以便使用者使用。这时应在术语下面的括号内给出此文件的编号。

示例:

3.10　校准 calibration[来源:VIM,2.39]

---

(2) 术语条目应包括以下内容:条目编码、术语、英文对应词(除专用名词外,英文对应词全部使用小写字母,名词为单数、动词为原型)、定义。

示例:JJF 1258—2010《步距规校准规范》中的定义:

3.2　测量线 measuring line

　　步距规上规定的复现标准距离的一条直线,通常垂直于零平面,通过测量面中心,或通过文字说明。见图 1b。

---

8. 计量单位

计量单位应使用国家法定计量单位。

计量单位指规范中所描述的测量仪器的主要计量特性的单位名称和符号,必要时可列出同类计量单位的换算关系。

我国有些企业承担了对外加工的项目,在加工过程中需要满足用户的各种计量单位需求。在校准工作中,当标准器可以与被校计量器具采用同样的计量单位时,直接使用被校仪器的测量单位可以避免单位换算引入的误差,这样比较方便。因此在校准规范中,必要时可列出同类计量单位的换算关系;或者直接给出相关的量值。这样做时,先给出法定计量单位的数值,在紧随其后的圆括号中给出原测量单位的数值和单位。

例如,JJF 1108—2003 在列出基面中径 161.925 mm 的同时注出 $6\frac{5}{8}$ in 的英制单位,这既符合我国的法定计量单位制要求,也符合国际上的使用习惯。

9. 概述

概述部分主要简述被校对象的用途、原理和结构(包括必要的结构示意图)。如被校对象的原理和结构比较简单,该要素可省略。概述部分应避免叙述仪器的外观组成。因为外观组成,甚至颜色,这些对于不同生产商可能是不同的,也是允许的。

计量器具原理的核心是仪器的标准量值如何产生,如何将仪器的标准量值变成仪器的外特性,以便与测量对象进行比较。当然,量具不具备比较的功能,量仪两种功能均具备。

构造是指仪器的标准量值变成仪器的外特性的原理。

应用场合在概述中应概括性地提及。例如,砝码作为质量的参考标准器,用于质量的量值传递;卡尺用于两相对表面间的尺寸测量。

10. 计量特性

计量性能是计量器具进行测量所具备的能力。计量性能通过计量特性进行定量评价。

计量特性是能影响测量结果的可区分的特性。测量设备通常有若干个计量特性。计量特性可作为校准的对象。

一台测量设备具有许多计量特性,在校准规范的编写过程中,需要确定哪些计量特性与预期的使用有关,通过哪些计量特性的组合,可以对测量设备的性能进行全面的评价。

在校准规范中规定校准的计量特性包含两个部分:

——在标准条件下评价计量器具性能的计量特性;

——在使用条件下评估最终测量结果不确定度需要的计量特性。

以量块为例,校准量块的中心长度和长度变动量等计量特性直接通过实验室的校准过程,将计量器具的示值与计量标准的示值产生了关联。量块的线膨胀系数在标准条件下对示值产生的影响很小,而在使用条件下,量块的线膨胀系数误差会由于温度的变化,极大地影响示值的准确度。因此将线膨胀系数校准值提供给客户,可以方便客户结合计量器具的使用条件评估测量结果的不确定度。

所有校准的计量特性均通过计量标准获得评价,确定"关系"。针对不同的计量器具,需要校准的计量特性组合不同。校准规范的起草人必须了解被校计量器具的原理和使用,以便进行计量特性的选择。

11. 校准条件

(1)环境条件

是指校准活动中对测量结果有影响的环境条件。可能时,应给出确保校准活动中(测量)标准、被校对象正常工作所必需的环境条件,如温度、相对湿度、气压、振动、电磁干扰等。

（2）测量标准及其他设备

应描述使用的测量标准和其他设备及其必须具备的计量特性。

在编制校准规范时，无法界定所有被校仪器预期的应用，以及未来技术发展提出的所有可能的要求，因此规定校准结果的目标不确定度。

在起草校准规范时，规定环境条件和设备条件的具体数据很难找到明确的依据。起草人应该根据规定的校准方法，指出环境条件和设备条件中影响校准结果不确定度的主要因素。

校准实验室建立计量校准标准时，可以根据面临的校准市场需求确定本实验室的校准结果目标不确定度。

12. 校准项目

校准规范中列出的校准项目应针对规定的每个计量特性。实施的校准项目可根据被校仪器的预期用途选择使用。对校准规范的偏离，应在校准证书中注明。但是校准项目一般不单独作为一节列出，而是作为校准方法的下列标题列出。

13. 校准方法

校准规范中的校准方法应优先采用国家计量技术规范，国际的、地区的、国家的或行业的标准或技术规范中规定的方法。

必要时，应规定检查影响量的检查项目和方法。

必要时，应提供校准原理示意图、公式、公式所含的常数或系数等。

对带有调校器的仪器，应规定经校准后需要采取的保护措施，如封印、漆封等，以防使用不当导致数据发生变化。

14. 校准结果的处理

校准证书是校准结果的载体。校准证书的基本信息出自 GB/T 27025 的相关规定。这些信息包括：

a. 标题"校准证书"；

b. 实验室名称和地址；

c. 进行校准的地点（如果与实验室的地址不同）；

d. 证书的唯一性标识（如编号），每页及总页数的标识；

e. 客户的名称和地址；

f. 被校对象的描述和明确标识；

g. 进行校准的日期，如果与校准结果的有效性和应用有关时，应说明被校对象的可接收日期；

h. 如果与校准结果的有效性或应用有关时，应对被校样品的抽样程序进行说明；

i. 校准所依据的技术规范的标识，包括名称及代号；

j. 本次校准所用测量标准的溯源性及有效性说明；

k. 校准环境的描述；

l. 校准结果及其测量不确定度的说明；

m. 对校准规范的偏离的说明；

n. 校准证书或校准报告签发人的签名、职务或等效标识；

o. 校准结果仅对被校对象有效的声明；

p. 未经实验室书面批准，不得部分复制证书的声明。

校准证书中，被校对象的描述和明确标识通常包括生产厂名称、型号、出厂编号。必要时可以增加一些其他内容，如测量范围、关键附件等信息。

校准所依据的技术规范的标识，一般就是该校准规范。但有时可能与其他校准规范或标准组合使用，可以一并说明。

校准环境的描述,应科学合理,以便作为测量结果不确定度评估的依据和结果复现的参考。

例如,几何量计量中,温度是一个不容忽视的关键影响量。一个花费时间较长的校准项目,校准过程中,温度是在一个范围内波动的。如果仅用一个值代表校准过程中的环境温度条件,则无法正确评估校准中的温度影响。

如果采用光栅作为标准器进行直径测量,环境的湿度可能对校准结果不产生影响;但是采用激光干涉仪作为标准器,环境的温度、湿度和气压参数都应该在校准证书中有所反映。

校准结果应按照校准项目分别进行说明。

测量不确定度应该按照校准项目分别给出。当然,并非每个校准项目都可以评估测量不确定度。

校准证书中给出的测量结果不确定度是针对特定校准活动而言的。实验室建标时评估的校准测量能力与每次的测量结果不确定度可能不同,但如果被校对象或环境条件的变化没有超出建标时设定的极限值时,单次校准结果的不确定度可以采用建标时评定的结果。

当校准活动偏离了校准规范,校准证书中应进行说明。例如应用户要求减少了部分校准项目。

15.复校时间间隔

根据 GB/T 27025 的规定,校准证书中不应给出复校时间间隔的规定。不统一规定复校时间间隔,其原因是复校时间间隔的长短取决于仪器的使用情况、使用者、仪器本身质量和仪器失准引起的质量风险等诸因素。统一规定复校时间间隔,可能增加部分企业测量仪器使用中的质量风险,即测量仪器超差了还在使用;或者增加部分测量企业的质量成本:如不怎么使用的、质量很可靠的测量仪器不得不经常送校。

因此编写规则规定,校准规范可做出有一定科学依据的复校时间间隔的建议供参考,并应注明:由于复校时间间隔的长短是由仪器的使用情况、使用者、仪器本身质量等诸因素所决定的,因此,送校单位可根据实际情况自主决定复校时间间隔。但是,没有科学依据时,不必规定复校时间间隔。

16.附录

附录是校准规范的重要组成部分。附录可包括:校准记录内容、校准证书内页内容及其他表格、推荐的校准方法、有关程序或图表以及相关的参考数据等。

在附录中应给出测量不确定度评定示例。

测量不确定度评定示例应符合 JJF 1059.1《测量不确定度评定与表示》的要求,包括不确定度的来源及其分类、不确定度合成的公式和表示形式等。

17.附加说明

以"附加说明"为标题,写在规范终结线的下面,说明一些规范中需另行表述的事项。

四、国家计量检定规程编写规则

JJF 1002—2010《国家计量检定规程编写规则》规定了编写国家计量检定规程应遵循的规则,编写部门计量检定规程和地方计量检定规程时可参照使用。

(一)国家计量检定规程编写的一般原则和表述要求

1.编写的一般原则

计量检定规程是全国计量检定机构评定依法管理的计量器具的依据,也是国务院计量行政部门进行量值统一,实施法定计量管理的技术依据。

国家计量检定规程是为评定计量器具的计量特性而制定的技术文件,由国务院计量行政部门组织编写并批准颁布,在全国范围内施行,作为确定计量器具法定地位的技术法规。

检定规程应做到：

——符合国家有关法律、法规的规定；

——适用范围必须明确，在其界定的范围内，按需要力求完整；

——各项要求科学合理，并考虑操作的可行性及实施的经济性；

——根据国情，积极采用国际法制计量组织发布的国际建议、国际文件及有关国际组织（如ISO、IEC等）发布的国际标准。

计量检定规程编写的上述一般原则是为了保证计量检定规程的编制符合依法开展计量检定的初衷：依法管理计量器具是为了保护公众的利益，包括人民群众在贸易结算、安全防护、医疗卫生、环境监测等方面的利益。

为了实现这个目的，就要依据国家有关法律、法规的规定，明确计量检定规程适用的范围（预期应用）；在界定的范围内，明确计量需求，以确定对计量器具的计量要求，并按需要力求完整，但是不过分。

计量检定是为社会公众利益服务的法定活动，因此计量检定规程的编制，要力求各项检定要求科学合理，并考虑操作的可行性及实施的经济性，以保证降低检定工作的社会成本。

另外，我国是一个对外开放的国家，各方面的国际交往非常多，同时我国也是各种国际组织的成员，因此我国的计量检定工作要与国际接轨，使我国的量值与国际的量值统一。通过积极采用国际法制计量组织（OIML）发布的国际建议、国际文件及有关国际组织（如 ISO、IEC 等）发布的国际标准，使我国依法出具的计量检定证书可以获得国际互认，在国际交往中维护我国利益。

2.表述要求

JJF 1002—2010 中规定：

规程表述的基本要求：

——文字表述应做到结构严谨、层次分明、用词确切、叙述清楚，不致产生不同的理解；

——所用的术语、符号、代号、缩略语要统一，并始终表达同一概念；

——按国家规定表述计量单位名称与符号、量的名称与符号、误差和测量不确定度名称与符号；

——公式、图样、表格、数据应准确无误地按要求表述；

——相关规程有关内容的表述均应协调一致，不能矛盾。

规范化和标准化的表达，才能保证计量检定规程不会出现歧义，保证计量检定结果的一致性和准确性。

（二）结构

JJF 1002—2010 中规定计量检定规程应由以下部分构成：

——封面

——扉页

——目录

——引言

——范围

——引用文件

——术语和计量单位

——概述

——计量性能要求

——通用技术要求

——计量器具控制

——附录

凡有下画线的部分为必备章节。

计量检定规程的结构要完整，必备章节是保证检定工作完整性的基础。

（三）各部分的主要内容

1. 封面、扉页、目录和引言

JJF 1002—2010《国家计量检定规程编写规则》的附录 B 规定了封面和封底格式。

扉页的格式在 JJF 1002—2010 附录 C 中进行了规定。

国家计量检定规程的编号由其代号、顺序号和发布年号（4 位数字）组成。

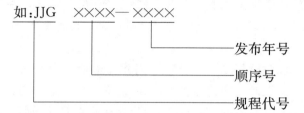

如:JJG　××××—××××　　发布年号　顺序号　规程代号

规程的名称应简明、准确、规范、概括性强，并有对应英文名称。

目录应列出引言、章、第一层次的条和附录的标题、编号（不包括引言）及所在页码。标题与页码之间用虚线连接。扉页部分无页码，目录与引言部分的页码使用罗马数字，自规程正文起的页码使用阿拉伯数字。

引言不编号，应包括如下内容：

——规程编制所依据的规则；

——采用国际建议、国际文件或国际标准的程度或情况。

如对规程进行修订，还应包括如下内容：

——规程代替的全部或部分其他文件的说明；

——给出被代替的规程或其他文件的编号和名称；

——列出与前一版本相比的主要技术变化；

——所替代规程的历次版本发布情况。

2. 范围、引用文件、术语和计量单位

（1）范围

JJF 1002—2010《国家计量检定规程编写规则》规定，"范围"是用来说明规程的适用范围，以明确规定规程的主题及对该计量器具控制有关阶段的要求。如：本规程适用于××计量器具（量程，范围等）的首次检定、后续检定和使用中检查。

（2）引用文件

引用文件应是所编写的规程所必不可少的文件，如不引用，规程则无法实施。

例如，JJF 1002—2010 本身引用了国家标准："编写方式应符合 GB/T 20001.1 的要求"。在 GB/T 20001.1 规定了术语条目编写方式，并要求包括以下内容：条目编码、术语、英文对应词（除专用名词外，英文对应词全部使用小写字母，名词为单数、动词为原型）、定义。JJF 1002—2010 没有重复这些规定和要求，而是通过引用达到了提出这些规定和要求的目的。如果引用文件中不列出这个文件，检定规程的起草人可能无从查找这些规定和要求；引用文件列出这个文件后，检定规程的起草人在需要了解这些规定和要求时，可以通过引用文件来查找。

引用文件应为正式出版物。列出引用文件时，应给出文件的编号（引用标准时，给出标准代号、顺序号）以及完整的文件名称。凡是注日期的引用文件，仅注日期的版本适用于该规程；凡是不注日

期的引用文件,应注明"其最新版本(包括所有的修改单)适用于本规程"。

引用国际文件时,应在编(年)号后给出中文译名,并在其后的圆括号中给出原文名称。

引用文件清单的排列依次为:国家计量技术规范、国家标准、国际建议、国际文件、国际标准,以上文件按顺序号排列。

要注意,引用文件一定在检定规程中至少被引用一次。即,在检定规程的正文中会出现引用的文件编号(如引用的是标准时,给出标准代号、顺序号)。如果没有出现引用的文件编号,这个文件应该从引用文件中删除。

(3) 术语

当规程涉及国家尚未做出规定的术语时,应在本章给出必要的定义。

术语条目应包括以下内容:条目编码、术语、英文对应词(除专用名词外,英文对应词全部使用小写字母,名词为单数、动词为原型)、定义。编写方式应符合 GB/T 20001.1 的要求。

为了使规程更易于理解,也可引用别的文件中已定义的术语。

术语部分的内容包括引导语、术语条目及术语的定义。

引导语为给出具体的术语和定义之前的说明。

例如,在规程起草中除界定了部分术语和定义外,还引用了其他文件界定的术语和定义,则引导语为"……界定的及以下术语和定义适用于本规程"。

如果术语引用其他文件的,应在括号内给出此文件的编号和序号。

示例:JJF 1418—2013 中术语的引导语是这样表述的:

3　术语

　　GB/T 17587.1—1998 界定的术语和定义适用于本规范。

3.1　目标行程 l_s　specified travel ［GB/T 17587.1—1998,3.2.4.5］
　　目标导程与旋转圈数的乘积。

---

(4) 计量单位

计量单位一律使用国家法定计量单位。

计量单位指规程中所描述的计量器具的主要计量特性的单位名称和符号,必要时可列出同类计量单位的换算关系。

计量单位可以单独列出,也可以在规定计量性能要求时,针对各个计量特性给出。

示例：JJG 1036—2008 电子天平检定规程中是这样表述的:

3.2　计量单位

　　采用的计量单位有:千克(kg)、克(g)、毫克(mg)、微克(μg)和吨(t)

---

3. 概述

JJF 1002—2010《国家计量检定规程编写规则》规定,概述部分主要是简述受检计量器具的原理、构造和用途(包括必要的结构示意图)。叙述应重点在该计量器具的原理、构造,避免仅叙述仪器的外观组成。外观组成,甚至颜色,这些对于不同生产商可能是不同的,也是允许的。

计量器具原理的核心是仪器的标准量值如何产生,如何将仪器的标准量值变成仪器的外特性,以便与测量对象进行比较。当然,量具不具备比较的功能,量仪两种功能均具备。

构造是指仪器的标准量值变成仪器的外特性的原理。

用途主要针对依法管理计量器具的范围。不需要依法管理计量器具的应用场合在概述中不必提及。

例如,JJG 201—2018 指示类量具检定仪检定规程的第 3 章概述,对指示类量具检定仪进行了如下描述(摘录时将原文分为 3 个自然段,并利用方括号加了提示,省略了图):

【原理】指示类量具检定仪(以下简称检定仪)是以光栅尺或精密丝杠为测量标准,沿直线导轨移动输出长度标准值,以图像识别或目力直读方式测量各种指示类量具(指针式或数显式)示值误差等参数的仪器。

【构造】检定仪按检定方式分为立式(检定指示表时测量轴线垂直)和卧式(检定指示表时测量轴线水平);按读数方式分为直读式和图像识别式;按驱动方式可分为手动、半自动和全自动3种。

【用途】按仪器功能又可分为百分表检定仪、千分表检定仪和指示表检定仪。

4.计量性能要求

计量性能是计量器具进行测量所具备的能力。计量性能通过计量特性进行定量评价。

计量特性是能影响测量结果的可区分的特性。

计量特性可作为校准的对象。也就是说,计量特性可以用值表示,可以与计量标准进行比较,获得计量特性的可溯源的值。

测量设备通常有若干个计量特性。有些计量特性与其计量性能相关,有些与其计量性能无关,有些在特定的条件下与计量性能无关。检定规程要选择那些在应用中与计量性能有关的计量特性进行检定,确定这些计量特性的值是否在最大允许误差范围之内。

在检定规程中,不仅要确定这个计量特性的组合,还要根据不同的预期应用,确定这些计量特性的计量要求。要保证针对某等级的计量器具,其各计量特性满足计量性能要求是,该计量器具的总体要求满足其预期应用要求。

因此,在检定规程中,计量性能要求中列出了计量特性的名称和对应的计量要求。

例如,JJG 146—2011《量块检定规程》中,规定了工作面的表面粗糙度、平面度、硬度、长度和长度变动性、稳定度和热膨胀系数等8个计量性能要求。其中长度是量块量值传递的主要计量特性,长度变动性反映了量块使用偏离了定义的位置时会引入不确定度;工作面的表面粗糙度、平面度影响量块的研合性,硬度和稳定度决定了量块在检定有效期内的变化。热膨胀系数决定了环境条件偏离参考值后对量值的影响。

5.通用技术要求

该部分应规定为满足计量要求而必须达到的技术要求,如外观结构、防止欺骗、操作的适应性和安全性,以及强制性标记和说明性标记等方面的要求。这些是检定规程所独有的。

6.计量器具控制

该部分规定对计量器具控制中有关内容的要求。计量器具控制可包括首次检定、后续检定以及使用中检查。

型式评价也属于计量器具控制范畴。JJF 1002—2010 规定规程不涉及型式评价的内容,型式评价有关内容应按 JJF 1015《计量器具型式评价通用规范》和 JJF 1016《计量器具型式评价大纲编写导则》的要求独立编写相应的计量技术规范。

(1)首次检定、后续检定和使用中检查

检定规程要明确首次检定、后续检定及使用中检查分别要检定的项目。

首次检定是对未被检定过的计量器具进行的检定。

后续检定是计量器具在首次检定后的任何一种检定,包括强制周期检定和修理后检定。经安装及修理后的计量器具,其检定原则上须按首次检定进行。

早期的计量检定规程中,首次检定和修理后的检定要求放在同一栏里。JJF 1002—1998 改为现在的首次检定和后续检定后,检定项目一览表如表4-3所示。针对修理后的检定和首次检定要求的检定项目相同这一点,建议在必要时,检定项目一览表中可以增加一列,如表4-4。

表 4 - 3　JJF 1002—2010 中的检定项目一览表

检定项目	首次检定	后续检定	使用中检查

表 4 - 4　JJF 1002—2010 中的检定项目一览表的变化

检定项目	首次检定	后续检定		使用中检查
		周期检定	修理后的检定	

　　使用中检查是为了检查计量器具的检定标记或检定证书是否有效,检定标记和防止调整封印等是否损坏,检定后的计量器具状态是否受到明显变动,以及示值误差是否超过使用中的最大允许误差。使用中检查项目通常是定性的或便于在使用现场快速进行的。

　　(2) 检定条件

　　JJF 1002—2010《国家计量检定规程编写规则》规定:检定条件包括检定过程中所需计量器具(计量基准或计量标准)及配套设备的技术指标要求和环境条件要求等。

　　从规定中可以看出,检定条件包括设备条件要求和环境条件要求。"检定过程中所需计量器具(计量基准或计量标准)及配套设备的技术指标要求"决定了计量器具的测量不确定度(仪器的测量不确定度,JJF 1001—2011[7.24]),环境条件要求决定了环境条件引入的不确定度分量极限值。它们与检定方法、数据处理方法一样,共同决定了检定值的不确定度。

　　检定规程中规定了被检计量器具的计量性能要求。检定值的不确定度必须优于计量性能要求,并且该不确定度必须足够好,以在做出合格与否的判定时,不确定度可以忽略不计。

　　为此,检定规程起草人需要做许多工作:通过规定设备条件要求和环境条件要求,分配设备条件、环境条件引入的不确定度分量,与检定方法引入的不确定度分量一起,控制检定结果的测量不确定度。这些工作不仅是理论推导工作,还必须做验证试验,以保证上述不确定度分配是合理的,实际与理论评估结果是一致的。试验报告必须与检定规程报审稿一同提交审定。

　　计量器具(计量基准或计量标准)及配套设备的技术指标要求通常用其组成的检定设备及其技术指标标明。因为检定规程是利用已有的计量基准或计量标准数据作为基础编制的,而依据检定规程建立的计量标准,其组成和技术指标必须执行检定规程。

　　检定规程中给出的计量器具技术指标应与其相应的检定规程、计量技术规范的提法对应。

　　检定环境条件要明确,不能把检定环境条件和使用条件相混淆。也就是说,检定环境条件是保证该计量器具能够达到其计量性能要求的环境条件。检定条件是检定值不确定度评定过程的输入之一。

　　(3) 检定项目

　　检定项目是指受检计量器具的受检部位和内容,应与计量性能要求和通用技术要求一一对应。

　　这里,"受检部位和内容"作为试验项目,应理解为计量特性,与计量性能要求一一对应;作为观察项目,应与通用技术要求一一对应。

　　根据首次检定、后续检定和使用中检查的目的不同,在编制检定规程时可根据实际情况对各自的检定项目进行规定。规程中在规定各种检定项目时可用"检定项目一览表"的形式列出,见表 4 - 3。表中,凡需检定的项目用"＋"表示,不需检定的项目用"－"表示。当修理后的检定项目与周期检定的项目不同时,可以采用表 4 - 4 的形式。

　　(4) 检定方法

　　检定方法是对计量器具受检项目进行检定时所规定的操作方法、步骤和数据处理。检定方法的确定要有理论根据,切实可行。检定条件和检定方法确定了检定结果的不确定度,要通过不确定度评定证明检定规程规定的检定条件和检定方法合理,判据就是检定结果的不确定度优于相应检定项目计量性能要求的1/3。检定规程中所用的公式以及公式中使用的常数和系数都必须有可靠的依据,优先采用国家计量技术规范、国家标准、国际建议、国际文件、国际标准中的方法。

必要时,应提供测量原理示意图、公式、公式所含的常数或系数等。

(5)检定结果的处理

检定结果的处理是指检定结束后对受检计量器具合格或不合格所作的结论。

按照检定规程的规定和要求,检定合格的计量器具发给检定证书或加盖检定合格印;检定不合格的计量器具发给检定结果通知书,并注明不合格项目。

(6)检定周期

规程中一般应给出常规条件下的最长检定周期。即该计量器具必须在注明的检定周期有效期内再次进行检定。超过检定周期的计量器具不得使用。

确定检定周期的原则是计量器具在使用过程中,能保持所规定的计量性能的最长时间间隔。即应根据计量器具的性能、要求、使用环境条件、使用频繁程度以及经济合理等其他因素具体确定检定周期的长短。

示例:××××检定周期一般不超过××××(时间)。

7. 附录

JJF 1002—2010《国家计量检定规程编写规则》指出,附录是规程的重要组成部分。附录可包括:需要统一和特殊要求的检定记录格式、检定证书内页格式、检定结果通知书内页格式及其他表格、推荐的检定方法、有关程序或图表以及相关的参考数据等。

习题及参考答案

一、习　题

(一)思考题

1. 检定规程与校准规范有哪些异同?
2. 计量检定规程应包括哪些主要内容?
3. 确定检定周期的原则是什么?
4. 校准规范应包括哪些主要内容?
5. 如何正确执行检定规程?
6. 如何正确执行校准规范?

(二)选择题(单选)

1. 检定规程是_____的技术文件。
   A. 保证计量器具达到统一的测量不确定度
   B. 保证计量器具按照统一的检定方法,达到法定要求
   C. 保证计量器具达到出厂标准
   D. 保证计量器具达到客户要求

2. 通常,校准方法应该统一到_____上来,这是量值统一的重要方面。
   A. 国家计量检定规程　　　　　　B. 国家计量检定系统表
   C. 国家计量校准规范　　　　　　D. 国家测试标准

3. 国家计量检定规程是由_____组织编写并批准颁布,在全国范围内施行,作为确定计量器

具法定地位的技术文件。

    A. 全国专业计量技术委员会　　　　B. 计量测试学会

    C. 国家计量院　　　　　　　　　　D. 国务院计量行政部门

4. 计量检定规程是用于对_____领域计量器具检定的依据。

    A. 教学　　　　　　　　　　　　　B. 科学研究

    C. 产品检测　　　　　　　　　　　D. 法制计量管理

5. 开展校准可否依据实验室自己制定的校准规范？答案是_____。

    A. 可以，只要有校准规范就行

    B. 可以，但需要经过确认并获得客户对校准规范的认可

    C. 不可以，只有依据国家校准规范才可以开展校准

    D. 不可以，该校准规范只能校准本实验室的仪器

（三）选择题（多选）

1. 制定校准规范应做到_____。

    A. 符合国家有关法律、法规的规定

    B. 适用范围应按照校准实际需要规定，力求完整

    C. 必须规定被校仪器的计量要求和使用的计量标准的型号

    D. 应充分考虑采用先进技术和为采用最新技术留有空间

2. 国家计量校准规范的内容至少应包括_____。

    A. 被校仪器的计量特性　　　　　　B. 校准条件

    C. 校准项目和校准方法　　　　　　D. 记录格式和检定结论

二、参考答案

（一）思考题（略）

（二）选择题（单选）：1. B；　2. C；　3. D；　4. D；　5. B。

（三）选择题（多选）：1. A B D；　2. A B C。

第五节　比对和测量审核的实施

一、比对、能力验证和测量审核的定义和作用

（一）比对、能力验证和测量审核的含义

比对是"在规定条件下，对相同准确度等级或指定不确定度范围的同种测量仪器复现的量值之间比较的过程"。

比对是指两个或两个以上实验室，按照预先规定的条件，各自测量性能稳定的相同或类似传递标准器，通过分析测量结果的量值，确定实验室量值的一致程度，并根据测量结果是否在合理的范围内判断实验室量值传递的准确性的活动。比对不仅应用于实验室的校准、检定能力验证，也可扩展应用于检测、检验或测量能力验证。

能力验证是指"利用实验室间比对，按照预先制定的准则评价参加者的能力"。在校准、检定（也包括检测、检验或测量）的某个特定领域，对一轮或多轮次能力验证的设计和运作称为能力验证计划。

测量审核是指一个参加者对被测样品（测量仪器、材料或制品）进行实际测试，其测试结果与参考值进

行比较的活动。测量审核是对一个参加者进行"一对一"能力评价的能力验证计划。典型的测量审核是一个审核实验室(能力验证提供者)对一个申请实验室校准或检测等能力的一对一能力评价的验证活动。

(二)比对是实现国际互认和考核实验室能力的有效手段

通过比对,能够考察各实验室测量量值的一致程度、考察实验室计量标准的可靠程度,检查各计量检定机构的检定准确程度是否保持在规定的范围内。通过比对也能够考察各实验室计量检定人员技术水平和数据处理的能力,发现问题,积累经验。

各国家计量院参加国际计量局或区域计量组织实施的比对且测量结果与比对参考值之差处于比对不确定度范围以内,其比对结果可以作为各国计量院互相承认校准及测量能力的技术基础。若国家计量院的质量体系也获得认可,则其校准与测量能力得到国际计量局认可,相应的校准和测试证书在签署互认协议的《米制公约》组织成员国得到承认。国家计量院按照政府协议参加双边或多边比对且结果满意,可以按协议条款在一定条件下互认证书。

由市场监管总局批准的国内计量基准、计量标准的比对是对计量基准、计量标准监督管理、考核计量技术机构的校准测量能力的一种方式,以提高我国计量基准、计量标准的水平,确保量值正确、一致、可靠。

实验室间比对或测量审核是进行能力验证的两种具体形式。但从本质上说,测量审核也是一种特殊的实验室间比对的形式,有很多共性的特点。

二、比对的实施

(一)比对的组织

由比对的组织者确定主导实验室和参比实验室,按照 JJF 1117—2010《计量比对》的规定,应具备一定条件才能作为主导实验室,主导实验室和参比实验室应承担相应的责任。

1. 主导实验室

主导实验室是在比对中起主导作用的实验室。

(1)主导实验室应具备的条件

① 在技术上具备优势,参加过相关量的国际比对或对比对有较深入了解;

② 在比对涉及的领域内有稳定、可靠的计量基准或者计量标准,其测量不确定度符合比对的要求;

③ 具有与所承担比对主导实验室工作相适应的技术能力的人员;

④ 环境条件、材料供应满足要求。

(2)主导实验室承担的责任

① 预先估计比对的有效性,设计或选择比对结果明确、可靠、溯源性清晰的比对方案并起草比对实施方案;

② 确定稳定、可靠的传递标准及适当的传递方式;

③ 开展前期实验,包括但不限于传递标准的重复性、均匀性和稳定性实验以及运输特性实验;

④ 对传递标准采取必要的包装措施,保证传递过程的安全;

⑤ 澄清或解释比对实施方案,协调或解决比对过程中出现的问题,监督比对实验进程,记录比对过程,特别是可能引起争议和分歧的问题的处理过程;

⑥ 汇总参比实验室的实验数据及相关资料,分析结果,编写比对总结报告;

⑦ 遵守有关比对的保密规定。

2. 参比实验室

参加比对的实验室,称为参比实验室。责任如下:

① 当收到比对组织者发布的比对计划时,应按要求及时书面表明是否参加比对;

② 参与比对实施方案的讨论,并对所确定的比对实施方案正确理解;

③ 按比对实施方案的要求接收和交送(或发运)传递标准,确保其安全和完整,如出现意外情况,应及时报告主导实验室;

④ 按照比对实施方案的进度完成比对工作,并记录比对过程。按时向主导实验室上报比对原始数据、测量结果及其不确定度;

⑤ 参与比对总结报告的讨论,参加比对总结会及相关技术活动;

⑥ 遵守有关比对的保密规定。

(二) 计量比对实施程序

计量比对应遵循以下程序:

(1) 市场监管总局下达比对计划任务;

(2) 比对组织者确定主导实验室和参比实验室;

(3) 主导实验室针对传递标准进行前期实验,起草比对实施方案,并征求参比实验室意见,意见统一后执行;

(4) 主导实验室和参比实验室按规定运送传递标准(或样品),开展比对实验、报送比对数据及资料;

(5) 主导实验室按比对实施方案要求完成数据处理,撰写比对报告,比对组织者召开比对总结会;

(6) 向比对组织者报送比对报告,并在一定范围内公布比对结果。

(三) 比对实施方案的内容

由主导实验室起草比对实施方案,征求参比实验室的意见后执行。比对实施方案应包括以下几方面的内容:

1. 概　述

说明比对任务来源、比对目的、范围和性质。

2. 总体描述

说明比对所针对的量及选定的量值,对设备和环境的要求。

3. 实验室

明确主导实验室和参比实验室,标明联系人与有效联系方式,包括单位、姓名、地址、邮编、电话、E-mail 等。

4. 传递标准(或样品)描述

应对所选用的传递标准(或样品)进行详细描述,包括尺寸、重量、制造商、所需的附属设备、与比对实验相关的特性及操作所需的技术数据;传递标准应稳定可靠,必要时需开展稳定性、运输、高低温等相关实验,为比对方案制定提供依据;当可靠性不理想时,可以采用两台传递标准同时进行比对的方案。

以热能表检测装置比对用传递标准——热水流量计为例:在比对前应通过实验确定水温变化时其仪表系数是否会变化,变化是否有规律,变化率是多少;安装条件的影响有多大,用何种方法能更好消除其影响;运输能力是否满足实验要求,应做实验设计以得到传递标准稳定性要求。

5. 传递路线及比对时间

根据比对所选择的传递标准(或样品)的特性确定比对路线。应充分考虑实验和运输中各因素的影响,确定一个实验室所需的最长比对工作时间,从而确定各参比实验室的具体日程安排。

6. 传递标准(或样品)的运输和使用

针对传递标准(或样品)的特性提出搬运处理要求,包括拆包、安装、调试、校准、再包装。

7. 传递标准(或样品)的交接

规定发送、接收传递标准(或样品)时采取的措施及交接方式。设计传递标准(或样品)交接单。表4-5是传递标准交接单示例。主导实验室确定传递标准的运输方式,并保证传递标准在运输交接过程中的安全。各参比实验室在接到传递标准后应立即核查传递标准是否有损坏,核对货物清单,填好交接单并通知主导实验室。交接单一式3联,交接双方各执1联,第3联随传递标准传递。参比实验室完成比对实验后应按比对实施方案的要求将传递标准传递到下一站,并通知主导实验室。

表4-5　传递标准交接单示例

交接单			
经检查,如果没有问题,请在相应方框内打"√",否则打"×"。			
1. 标准流量计(编号 7626501001)　　　　共1箱　　　　　　□			
2. 标准铂电阻温度计　　　　　　　　　共2支　　　　　　□			
3. 请在收到后和送出前仔细检查,如有问题请在下面注明并及时与主导实验室联系。			
	经办人签字	日期	如有问题请注明
接收			
发送			
此表一式3份,接收方、发送方各存留1份,另一份随货物装箱送到下一站。			

8. 比对方法和程序

明确比对的方法和程序,包括安装要求、预热时间、实验点、实验次数、实验顺序等。明确数据处理方法。比对方法应由主导实验室提出,由参比实验室讨论通过。比对方法应遵循科学合理的原则,首选国际建议、国际标准推荐的并已经过适当途径所确认的方法和程序,也可以采用国家计量检定规程或国家计量技术规范规定的方法和程序。如采用其他方法,应在比对实施方案中给出清晰的操作程序。

9. 意外情况处理程序

明确传递标准(或样品)在运输过程中出现意外故障的处理程序及传递标准(或样品)在某实验室比对过程中因意外发生延时情况下的处理程序。

10. 记录格式

规定原始记录的内容和格式,应包含比对结果分析所需的所有信息。对于原始记录格式,主导实验室应进行一次试填写,以确定其可用性。必要时应提供规定格式的电子文件,以利于后期数据分析。

11. 参比实验室报告

明确参比实验室提交证书、报告的时间、内容和要求。可以要求提交实验原始记录的复印件及电子文件,但实验结果应以校准证书所示为准。可以要求提交由参比实验室独立完成的测量结果的不确定度分析报告,但测量结果的不确定度应以校准证书所示为准。由于资料汇总和分析的需要,可以要求提交标准器的情况描述及标准器校准证书复印件。

对于国家计量比对,参比实验室的测量结果的不确定度应与该装置建标考核时给出的不确定度基本一致,并考虑比对实际测量条件和要求与建标不确定度评定的差异。

12. 参考值及数据处理方法

明确参考值的来源及计算方法,明确比对数据处理方法及比对结果判定原则。

13. 保密规定

明确规定在比对数据尚未正式公布之前,所有与比对相关的实验室和人员均应对比对结果保密,不允许出现任何数据串通,不得泄露与比对结果有关的信息,以确保比对数据的公正性。

14. 其他注意事项

说明在传送和比对过程中应注意的事项。

三、比对结果的评价

(1)比对结果的评价方法和依据取决于比对的目的,由主导实验室提出,参比实验室同意后确定。

(2)比对结果通常用比对判据 E_n 值进行评价, E_n 值又称为归一化偏差,为各实验室比对结果与参考值的差值与该差值的不确定度之比。

$$E_n = \frac{Y_{ji} - Y_{ri}}{k \cdot u_i} \tag{4-6}$$

式中: k ——覆盖因子,一般情况 $k=2$;

u_i ——第 i 个测量点上 $Y_{ji} - Y_{ri}$ 的标准不确定度。

当 u_{ri} , u_{ei} 与 u_{ji} 相互无关或相关较弱时,

$$u_i = \sqrt{u_{ji}^2 + u_{ei}^2 + u_{ri}^2} \tag{4-7}$$

式中: u_{ei} ——传递标准在第 i 个测量点上在比对传递环节引入的不确定度。

当 u_{ri} 与 u_{ei} 和 u_{ji} 相关(如参比实验室的量值参与参考值的平均法计算的情形)时,

$$u_i = \sqrt{u_{ji}^2 + u_{ei}^2 - u_{ri}^2} \tag{4-8}$$

比对测量结果一致性评判原则:

$|E_n| \leqslant 1$ 　参比实验室的测量结果与参考值之差与不确定度之比在合理的预期范围之内,比对结果可接受;

$|E_n| > 1$ 　参比实验室的测量结果与参考值之差与不确定度之比超出合理的预期,应分析原因。

四、比对过程举例

下面以一个参加比对的实验室为例进行说明。

1. 比对前准备

在比对传递标准抵达实验室前,检查装置工作状态是否正常,保证各设备处于完好状态,检查辅助设备是否齐备。检查所有使用的仪器设备是否有有效的检定或校准证书,如没有,应完成校准。

如比对时间有所调整,主导实验室应提前通知参比实验室,以利于安排工作。

2. 传递标准器的交接

传递标准器到达实验室时,应按交接单逐项检查设备及附件是否齐备,必要时通电检查设备状态。填好交接单并按规定要求放置或保存。

3. 比对实验

按比对实施方案要求安装、调试传递标准器。

按比对实施方案要求由 2 名检定员完成实验,将实验数据记录在实施方案规定的记录表格中,

并完成计算。检查实验结果正常后,将传递标准器按要求装箱、运输。

如果比对过程中传递标准器出现故障,应及时通知主导实验室并停止试验,等待处理。

如果比对过程中由于标准装置故障、停电等出现时间延误,应及时通知主导实验室并停止实验,等待处理。一般情况下,若延误时间较短,则比对工作顺延并通知相关实验室;若延误时间较长,则此实验室不再参加比对,传递标准器向下一实验室传递。

4. 提交资料的内容

提交资料内容以比对实施方案要求为准。国内比对一般应包含以下资料:

（1）实验室在比对实施方案规定的时间范围内将比对结果的报告以恰当和有效的方式提交给主导实验室。

（2）报告应包含比对原始数据复印件。注意:对删除的数据应保留痕迹,使其清晰可辨别。

（3）实验室应将比对结果以比对仪器的校准报告的形式提交。

（4）报告应包含测量结果的不确定度,并附不确定度分析报告。

（5）为了更好地进行比对结果分析,比对实施方案中可以要求参比实验室提供标准器证书复印件等文件。

习题及参考答案

一、习　题

（一）思考题

1. 什么是比对?

2. 什么是能力验证?

3. 主导实验室在比对中应承担哪些职责?

4. 参比实验室在比对中应承担哪些职责?

5. 比对实施方案应包括哪些内容?

6. 参比实验室在本实验室的比对实验结束时应提交哪些资料?

7. 如何评价比对结果?

（二）选择题（单选）

1. 两个或两个以上实验室之间的比对是在一定时间范围内,按照_____,测量同一个性能稳定的传递标准器,通过分析测量结果的量值,确定量值的一致程度。

　　A. 国家标准的规定　　　　　　　　B. 实验室校准规范的要求

　　C. 检定规程的规定　　　　　　　　D. 预先规定的条件

2. 进行比对时,由_____提供传递标准或样品,确定传递方式。

　　A. 参比实验室　　　　　　　　　　B. 主导实验室

　　C. 比对组织者　　　　　　　　　　D. 与本次比对无关的实验室

3. 在比对工作中,参考值的确定方法有多种,由主导实验室提出经专家组评审并征得_____同意后确定。

　　A. 同行专家　　　　　　　　　　　B. 参比实验室

　　C. 比对组织者　　　　　　　　　　D. 主导实验室的领导

4. 在比对数据尚未正式公布之前,所有与比对相关的实验室和人员_____。

　　A. 可以与其他参比实验室交流比对数据,但不得在刊物上公布

　　B. 不得泄露本实验室参加比对的标准器的规格型号

C. 不得泄露比对结果

D. 不得泄露参加比对的人员情况

5. 当比对时间延误时，_____应通知相关的参比实验室，必要时修改比对日程表或采取其他应对措施。

A. 比对管理者
B. 发生延误的参比实验室

C. 比对组织者
D. 主导实验室

6. 比对结果的评价方法通常用_____，并对各实验室比较其结果。

A. 测量不确定度
B. E_n 值（又称为归一化偏差）

C. 实验标准偏差
D. 测量结果间的差

（三）选择题（多选）

1. 比对中，主导实验室应_____。

A. 做好传递标准的稳定性实验和运输特性实验

B. 起草比对实施方案

C. 处理比对数据和编写比对报告

D. 做好比对总结工作

2. 比对中，参比实验室应做到_____。

A. 起草比对方案

B. 按要求接收和发送传递标准

C. 上报比对结果和测量不确定度分析报告

D. 遵守保密规定

二、参考答案

（一）思考题（略）

（二）选择题（单选）：1. D；　2. B；　3. B；　4. C；　5. D；　6. B。

（三）选择题（多选）：1. A B C D；　2. B C D。

第六节　期间核查的实施

一、期间核查

（一）什么是期间核查

根据 JJF 1001—2011《通用计量术语及定义》9.49，期间核查是指"根据规定程序，为了确定计量标准、标准物质或其他测量仪器是否保持其原有状态而进行的操作"。CNAS－GL042：2019《测量设备期间核查的方法指南》对期间核查给出了另一个相似的定义："设备在使用过程中或在相邻两次校准之间，按照规定程序验证其功能或计量特性能否持续满足方法要求或规定要求而进行的操作"。这两个定义表达不同，但是含义一致。

在相关国家标准及计量技术规范中，提出了实施期间核查要求。JJF 1069—2012《法定计量检定机构考核规范》7.6.3.3 规定："应根据规定的程序和日程对传递标准或工作标准以及标准物质进行核查，以保持其校准状态的置信度。"GB/T 27025—2019/ISO/IEC 17025：2017《检测和校准实验室能力的通用要求》6.4.10 规定："当需要利用期间核查以保持对设备性能的信心时，应按程序进行核查。"

　　根据期间核查的定义和实施的要求,期间核查的对象是测量仪器,包括计量基准、计量标准、测量设备及其辅助或配套设备等。"校准状态"是指被核查对象的"示值误差""修正值"或"修正因子"等是否与校准结果保持一致的状态。利用期间核查以保持设备校准状态的可信度,指利用期间核查的方法提供证据,可以证明"示值误差""修正值"或"修正因子"保持在规定的范围内,可以有足够的信心认为它们对校准值的偏离在现在和规定的时间间隔内可以保持在允许范围内。这个允许范围就是测量仪器示值的最大允许误差或扩展不确定度或准确度等别/级别对应的最大允许误差。

　　因此,期间核查就是为了验证测量仪器的准确度状态与刚完成校准时的准确度状态一致而进行的试验。期间核查的试验数据是证明测量仪器的准确度状态可信度的证据。

　　期间核查的常用方法是由被核查的对象适时地测量一个核查标准,记录核查数据,必要时画出核查曲线图,以便及时检查测量数据的变化情况,以证明其所处的状态满足规定的要求,或与期望的状态有所偏离,而需要采取纠正措施或预防措施。

　　期间核查对于计量技术机构保证工作质量具有现实意义。例如,某单位使用的计量标准在周检后发现其准确度等级已经超出计量要求,因此做了调修,经再次检定合格后可以继续使用。但是由于没有定期的期间核查制度,没有证据说明该测量仪器是何时失准的,只有该仪器上次(比如一年前)送检仪器合格的证书,即只能证明一年前使用该计量标准进行检定或校准所出具的证书是有效的,其后出具的所有证书都存在质量风险。经检索,一年来使用该计量标准检定出具的证书达 2618 份,因此按照规定对这些证书要进行复查,带来的经济损失将十分惊人。如果该实验室按照该计量标准的使用频次,在上次检定后做过多次期间核查,就能及时发现仪器的变化。如果核查时发现超差现象,可及时采取纠正措施,需要复查的证书数量不会超过一个月或一个季度的检定量。如果核查时发现有可能超差的趋势,可及时采取预防措施,就可避免上述质量风险。

　　任何测量仪器,由于材料的不稳定、元器件的老化、使用中的磨损、使用或保存环境的变化、搬动或运输等原因,都可能引起计量性能的变化。在校准有效期内仪器计量性能变化可能情况的示意图如图 4 - 4 所示,计量性能的变化可能是单方向的,如图中曲线①和②;也可能是有起伏变化的,如图中曲线③;或单方向有起伏变化的,如图中曲线④。通过在有效期内的多次核查可以发现仪器计量性能的变化情况及其变化趋势。

　　期间核查可以为制定合理的校准间隔提供依据或参考。如果通过足够多个周期的核查数据证明某台或某类测量仪器的测量结果始终受控,可以适当延长该台或该类仪器的核准间隔。

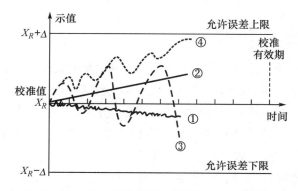

图 4 - 4　校准或检定有效期内仪器计量性能变化可能情况的示意图

(二) 期间核查与校准或检定的不同

(1) 目的不同:校准或检定是在标准条件下,通过与计量标准的参考值比较确定测量仪器的溯源性。而期间核查是在两次校准或检定之间,在实际工作的环境条件下,对预先选定的同一核查标准进行定期或不定期的测量,考察测量数据的变化情况,以确认其校准状态是否继续可信。

(2) 执行主体不同:期间核查是由本实验室人员使用自己选定的核查标准按照自己制定的核查方案进行。校准或检定必须由有资格的计量技术机构人员用经考核合格的计量标准按照规程或规范的方法进行。

(3) 期间核查不能代替校准或检定。校准或检定的核心是用高一级计量标准提供的、具有溯源性的参考值对测量仪器的计量性能进行评估,以获得该仪器量值的溯源性。而核查只是在使用条件下考核测量仪器的计量特性有无明显变化。由于测量标准使用单位一般不具备高一级计量标准的性能和资格,这种核查不具有溯源性。

(4) 期间核查不是缩短校准或检定周期后的另一次校准或检定,而是用一种简便的方法对测量仪器是否依然保持其校准或检定状态进行的确认。期间核查的目的是获得测量仪器状态是否正常的信息和证据。在能够实现上述目的的条件下,希望用较少的时间和较低的测量成本实现期间核查。因此期间核查的方法,只要求核查标准的稳定性高,并可以考察出示值的变化情况即可。而校准或检定是要评价测量仪器的计量特性,需要控制各种因素的影响,必须使用经溯源的计量标准进行。校准或检定所用的计量标准的准确度应高于被校或被检仪器的准确度,成本比较高。

(5) 期间核查是对日常使用中的测量仪器的一种核查。使用中的测量仪器所处的环境与校准时不同,测量的对象(校准时用标准器,日常测量的是工件)和测量的方案(测量次数、数据处理方法)等也不同。因此,期间核查中使用的最大允许误差可能与校准时使用的不同。

【案例 4 - 16】 某实验室的坐标测量机采用稳定的零件作为核查标准,定期进行期间核查,并按照要求绘制了核查曲线图。由于核查结果基本保持在控制限内,因此决定不再进行定期的校准。

问题:期间核查是否可以代替周期检定或校准?

【案例分析】 依据 GB/T 27025—2019/ISO/IEC 17025:2017《检测和校准实验室能力的通用要求》中的规定,计量溯源性是对所有测量设备和计量标准的最基本要求,由此可以确保其测量准确度和量值的一致性。该标准规定,对于计量基准、计量标准和标准物质,如果可能,均应进行期间核查以保持对设备性能的信心。而对于一般测量设备,只有那些根据使用要求需要保持对设备性能的信心的测量设备,可进行期间核查。但是无论是否进行了期间核查,必须定期进行周期检定或校准,实现溯源性。

期间核查不可以代替周期校准或检定。校准或检定的核心是用计量标准对测量仪器的计量性能进行评估,以获得仪器量值的溯源性,以保证测量仪器量值与其他同类仪器量值统一。利用稳定的核查标准进行的核查,只是观察被核查仪器校准状态是否有变化,它是在两次检定或校准期间内检查测量仪器可信度的一个好方法,由于核查标准一般不具备高一级计量标准的性能和资格,因此这种核查不具有溯源性。

二、期间核查的文件

期间核查的策划结果通常为制定成程序文件和作业指导书。程序文件是实验室对所有测量仪器实施期间核查的通用原则的规定。作业指导书是对具体仪器实施期间核查的方案所进行的规定。

1. 期间核查的程序文件

实验室应该编制有关期间核查的程序文件,期间核查的程序文件应规定:

(1) 期间核查的职责分工及工作流程;

(2) 需要实施期间核查的计量标准或测量仪器确定的原则;

(3) 核查方案的制定和评审程序;

(4) 出现测量过程失控或发现有失控趋势时的处理流程等。

2. 期间核查的作业指导书

针对每一类被核查的计量基准、计量标准以及需核查的其他测量仪器制定期间核查方案,即期间核查的作业指导书,期间核查方案应规定:

(1) 被核查的测量仪器或测量系统,包括设备的名称、型号和编号等信息;

(2) 核查内容:设备具体的功能或计量特性;

(3) 核查的位置或量值点;

(4) 使用的核查标准,包括名称、唯一性编号、计量特性(如参考值和测量不确定度)及其参考值的获得方法等信息;

(5) 核查的实验条件,确保环境条件不影响核查结果的有效性。通常与被核查对象的运行环境一致;

(6) 核查的步骤,包括操作流程、重复测量次数、数据处理方法等;

(7) 核查的频次和时间安排;

(8) 核查获得量值的最大允许误差;

(9) 核查的记录信息、记录形式、数据处理方法和记录的保存;

(10) 必要时,核查曲线图或核查控制图的绘制方法;

(11) 核查结果的判定原则与核查结论;

(12) 核查结果异常的处理流程;

(13) 关于需要增加临时核查的特殊情况(如磕碰、包装箱破损、环境温度的意外大幅波动、出现特殊需要等)的规定。

核查方法应按照程序文件的规定,经过评审后实施。

三、期间核查策划和实施的要点

(一) 期间核查对象的确定

1. 工作标准

实验室的基准、参考标准、传递标准、工作标准,如果可能,均应纳入期间核查对象。

是否开展期间核查,通常考虑该工作标准或测量仪器:

(1) 具备相应的核查标准和实施核查的条件;

(2) 对测量结果的质量有重要影响;

(3) 不够稳定、易漂移、易老化且使用频繁;

(4) 经常携带到现场使用,使用条件恶劣;

(5) 使用频次高;

(6) 刚发生过载或被怀疑出现过质量问题;

(7) 有特殊规定或仪器使用说明中有要求。

2. 辅助设备及其他测量仪器

对于辅助设备及其他测量仪器是否进行期间核查,应根据在实际工作中出现问题的可能性、出现问题的严重性及可能带来的质量追溯成本等因素,合理确定是否进行期间核查。

一般情况下,辅助设备的变化会在主设备的测量结果中表现出来,只要做好测量系统的期间核查,就可以发现辅助设备的变化。这种情况下,可以不单独做辅助设备的期间核查。

3. 实物量具和标准物质

对于性能稳定的实物量具,如砝码、量块等,通常不需要单独进行期间核查。这是因为从材料的稳定性而言,通常在校准间隔内不会出现大的量值变化。玻璃量具等性能稳定的计量器具一般也可不作期间核查。

【案例 4 - 17】 某实验室的最高计量标准器是 3 等量块标准器组,用于在实验室内对 4 等量块进行量值传递。实验室还开展坐标测量机校准工作,使用另一组 3 等量块标准器组作为工作标准到现场开展校准。对这两套量块如何开展期间核查?

【案例分析】 依据 JJF 1033—2016《计量标准考核规范》的规定,由于实物量具通常可以直接用来检定或校准非实物量具的测量仪器,并且实物量具的稳定性通常远优于非实物量具的测量仪器,一般可以不必进行期间核查。

案例中的最高计量标准仅由实物量具组成,仅用于受力较小条件下的量值传递,又仅限于室内使用,最高标准器的 3 等量块不需要单独专门安排期间核查,仅进行稳定性考核:可根据每次校准的结果画出各量块校准值随时间变化的曲线,即计量标准器稳定性曲线图。

该组 3 等量块还可以利用开展的 4 等量块的校准工作,对定期送校的 4 等量块的校准值进行统计,观察校准结果是否出现系统性变化,作为确认量块的状态的参考。如果观测结果没有出现系统性的数据变化,可以认为所开展的校准工作质量受控。如果出现了明显变化,并不能判断就是 3 等标准量块的问题,但应引起警惕,进行适当的核查,以排除计量标准的变化。

用于坐标测量机校准的 3 等量块标准器组,经常要带到现场开展校准工作,使用条件相对比较差,使用频率比较高,安排期间核查可以及时发现量块的量值是否发生变化,对提高对该组量块持续保持校准状态的信心是非常必要的。对校准坐标测量机的 3 等量块的期间核查需要更高的计量标准装置,这不现实。但是通过检查量块的外观,检查成组量块在被校准坐标测量机上的示值有没有出现不规律的系统变化,可以达到期间核查的目的。

(二) 核查标准的选择

选择核查标准的一般原则:

(1) 核查标准应具有需核查的参数和量值,能由被核查仪器、计量基准或计量标准测量;

(2) 核查标准应具有良好的稳定性,某些仪器的核查还要求核查标准具有足够的分辨力和良好的重复性,以便核查时能观察到被核查仪器及计量标准的变化;

(3) 必要时,核查标准应可以提供指示,以便再次使用时可以重复前次核查实验时的条件,例如使用刻线标示环规使用直径的方向;

(4) 由于期间核查是本实验室自己进行的工作,不必送往其他实验室,因此核查标准可以不考虑便携和搬运问题;

(5) 核查标准主要是用来观察测量结果的变化,因此不一定要求其提供参考量值。

例如,标准物质或实物量具,如砝码、量块、线绕电阻器、标准电池等均可提供稳定的量值,做核查标准是非常好的选择。而稳定性良好的日常被测对象作为核查标准,由于测量条件与日常工作一致,只要符合上述选择原则也是很好的核查标准。

为特定的仪器也可以专门设计核查标准,以便使用最少的测量,获得尽可能多的核查数据。如:德国 VDI/VDE 2617—5,对坐标测量机的期间核查规定使用球板。通过花费(10~20) min 对球板上 25 个球心坐标的测量,获得 300 个长度测得值,可以方便地评价坐标测量机的示值误差。又如:德国物理技术研究院(PTB)研制的球立方体,通过对立方体上 8 个球的测量,可以获得 16 个坐标测量机的参数误差,非常直观地展示了坐标测量机校准状态的变化。

【案例 4-18】　某实验室建立了长度计量工作标准。为了对该计量标准进行核查,又不增加支出,向单位领导提出申请使用单位最高标准的量块作为该工作标准的核查标准。

【案例分析】　最高标准的量块只用于量值传递,主要在实验室内部使用,受力很小,量值变化的风险很小,一般不用于进行期间核查。一旦作为单位最高标准的量块被损坏,又没有及时发现,可能对实验室量值传递造成影响;重新购置高等级量块的经费比较高,过去积累的标准器稳定性数据全部失效,对实验室造成的损失已经不仅仅是量块本身的成本了。因此单位领导不应批准该申请。

(三) 测量范围和测量参数的选择

期间核查不是重新校准或再校准,不需要对设备的所有测量参数和所有测量范围进行核查。实验室可根据自身的实际情况和实践经验进行选择,总体上有以下几种情况:

(1)对设备的关键测量参数应进行期间核查。但是,对于多功能设备,应选择基本参数。例如,对数字多用表可以选择直流电压和直流电流,因为电阻可以由直流电压和电流导出;而交流电压/电流是通过积分转换为直流电压/电流的。

(2)选择设备的基本测量范围及其常用的测量点(示值)进行期间核查。例如,对数字多用表的直流电压可选择 10 V 进行期间核查,因为其内部基准电压为 10 V;而直流电流可选择 1 mA,因为其内部直流电流为 1 mA 的恒流发生器。又如,电子天平可选择 100 mg 进行期间核查,因为电子天平通常配备有 100 mg 的砝码。必要时,可以选择多个测量点进行期间核查。

(四) 核查方法

1. 核查标准的参考值已知的情况

若核查标准的参考值 x_s 已知,核查方法如下:

被核查对象经校准或定值后,机构根据被核查对象的稳定性定期利用核查标准对其进行核查;在规定的条件下,短时间内重复测量 n 次,得到算术平均值 $\bar{x}$,核查点的(示值)误差 δ 用公式(4-9)计算:

$$\delta = \bar{x} - x_s \tag{4-9}$$

2. 核查标准的参考值未知的情况

机构配置的核查标准虽然稳定性好,但参考值未知,核查方法如下:

(1)被核查对象经校准返回机构后,从校准证书中获取被核查对象核查点 x 的(示值)误差 e 或修正值 c,在规定的条件下,立即用被核查对象对核查标准重复测量 n 次,用公式(4-10)得到算术平均值 $\bar{x}_0$:

$$\bar{x}_0 = \frac{\sum_{i=1}^{n} x_i}{n} \tag{4-10}$$

通过公式(4-11)得到核查标准的参考值:

$$x_s = \bar{x}_0 - e \text{ 或 } x_s = \bar{x}_0 + c \tag{4-11}$$

式中:e——校准证书中被核查对象核查点的误差;

c——校准证书中被核查对象核查点的修正值。

(2)按照期间核查方案规定的间隔,在规定的条件下,每次都进行 n 次重复测量,其中第 j 次核查结果的算术平均值为 $\bar{x}_j$，则核查点的（示值）误差 δ_j 用公式（4-12）计算：

$$\delta_j = \bar{x}_j - x_s = \bar{x}_j - \bar{x}_0 + e \text{ 或 } \delta_j = \bar{x}_j - x_s = \bar{x}_j - \bar{x}_0 - c \tag{4-12}$$

（五）核查的符合性判据

期间核查结果应以预期应用中检测/校准方法的要求为判据，若判据用最大允许误差 MPE 表示，则：

$$MPE = MPE_{方法} \tag{4-13}$$

式中：$MPE_{方法}$——预期应用中检测/校准方法规定的被核查对象在核查点的最大允许误差。

依据此判据进行判断时，还应考虑参考值 x_s 的测量不确定度，在确定核查结果判据时应对公式（4-13）做加严处理。例如有些机构也可根据实际情况及风险对公式（4-13）进行统一的加严处理，取 $MPE = 0.8 MPE_{方法}$。

（六）几种核查结果的应对措施

（1）若核查结果的（示值）误差 δ 未超出最大允许误差 MPE，则核查通过；但若核查结果的（示值）误差 δ 接近最大允许误差 MPE，则应加大核查频次或采取其他有效措施，必要时进行再校准，对设备的计量性能做进一步验证。

（2）若核查结果的（示值）误差 δ 超出最大允许误差，则应立刻停止使用；必要时进行再校准，对设备的计量性能做进一步验证；若影响到已出具报告结果有效性时，机构应采取相应的补救措施。

（3）机构可通过计算设定控制限值和警戒值，对核查结果进行分析判定，也可采用控制图观察核查结果的变化趋势。

（七）核查时机的确定

期间核查分为定期和不定期的期间核查。

在确定开展一个检定、校准或测量工作项目，并确定了采用的仪器后，通常已经确定了涉及仪器的关键计量特性及其计量要求。根据测量仪器使用的条件、频度及仪器可靠性资料，可以编制期间核查的作业指导书，规定期间核查的间隔时间。

1. 定期的期间核查

对定期的期间核查，应规定两次核查之间的最长时间间隔，视被核查仪器设备的状况和计量人员的经验确定。期间核查为了能充分反映实际工作中各种影响因素的变化，在规定的最长间隔内可以随机地选择时间进行。如果仅仅要了解仪器的变化情况，则核查时必须注意保持所有实验条件的复现，才能够保证数据变化只反映仪器状态的变化。

测量仪器刚刚完成溯源（送上级计量技术机构检定或校准）时做首次核查，有利于确定初始校准状态或初始测量过程的状态，以便于对比观察以后的数据变化。因此，这是最佳的时机。

期间核查在两次校准或检定之间通常不止一次。通常在测量仪器刚刚完成溯源（送上级计量技术机构检定或校准）时做首次核查，后续进行的核查的结果与首次核查的结果比较。有些实验室仅在两次校准或检定之间进行 1 次期间核查是不正确的。

2. 不定期的期间核查

不定期的期间核查的核查时机一般包括：

（1）测量仪器即将用于非常重要的测量，或即将用于非常高准确度的测量、测量对仪器的准确度要求已经接近测量仪器的极限时；

（2）测量仪器即将用于外出的测量时；

（3）测量仪器外出测量刚刚回来时；

（4）大型测量仪器的环境温、湿度或其他测量条件发生了大的变化，刚刚恢复时；

（5）测量仪器发生了碰撞、跌落、电压冲击等意外事件后；

（6）对测量仪器性能有怀疑时。

（八）核查记录的内容

期间核查记录是证明测量仪器在某个时刻是否处于校准状态的证据，也是用于数据分析和为下次期间核查提供对比数据的依据。期间核查记录的信息应该充分，记录内容应完整，对核查中所有可能影响结果数据的环节均应该记录，以便多次测量的数据具有可比性。期间核查的记录形式应便于判断校准状态是否发生变化及便于分析测量仪器的变化趋势。

核查记录可以包括下列内容：

（1）期间核查依据的技术文件；

（2）被核查仪器的信息：名称、编号、生产厂、使用的附件等；如果被核查的计量基准、计量标准是由多台仪器组成，并可改变组合，则应该记录测量系统的组合及其连接件和连接状态的信息；

（3）核查标准的信息：名称、编号、生产厂，使用的参数、量程或量值、测量位置等；如果对核查标准进行过稳定性考核或为建立过程参数所做的实验，应记录相关的信息；

（4）核查时的环境参数：温度，必要时还包括：湿度、空气压力、振动等；

（5）核查的相关信息：核查时间、核查的参数、核查操作人员，必要时包括核查结果的审查人员等；

（6）原始数据记录；

（7）数据处理过程的记录；

（8）核查曲线图或控制图；

（9）核查结论；

（10）关于拟采取措施的建议。

（九）核查记录的形式和保存

核查记录可以使用表格的形式或图的形式并存，将原始数据和核查曲线图按照程序文件的要求进行保存和管理。核查记录也可以用电子文档形式保存，以便于数据更新和查阅。

核查记录的形式参见以下示例。

记录编号：Lab08-3542-05

设备名称	测长仪		设备编号		Ba849
生产商	KBR		测试配置		$\phi 8$ 平面测帽
核查标准	量块		编号		638
核查方法	Zy234-4		环境条件		20 ℃±0.5 ℃
核查日期	2008-1-21		核查人员		×××

核查记录：　　　　　　　　　　　　　　　　　　　　　　　　　　　　　　　　　　单位：mm

参考值 x_s	测量 1	测量 2	测量 3	测量 4	测量 5	平均值 $\bar{x}$	极差 R
30.000 1	30.000 4	30.000 7	30.000 5	30.000 5	30.000 6	30.000 5	0.000 3
95.001 2	95.002 3	95.002 1	95.002 3	95.002 5	95.002 2	95.002 3	0.000 4

被核查测长仪的最大允许误差 $\Delta = \pm 0.002$ mm

由于 $|\bar{x} - x_s| < |\Delta|$，核查结论：合格。

核查人：×××　　　　2008 年 1 月 21 日

实验室主任：×××　　　　2008 年 1 月 22 日

说明：核查方法在作业指导书 Zy234-4 中进行规定，这里仅用作业指导书编号说明。本次核查是仪器校准后的第 3 次。

控制图是对测量数据进行统计,并对控制状态可行直观展示的一种图形记录方法。对于准确度较高且重要的计量基准、计量标准,若有可能,建议尽量采用控制图对其测量过程进行持续及长期的统计控制。控制图也可以用于对期间核查结果的控制。

控制图通常是成对地使用,平均值控制图(见图 4-5)主要用于判断测量过程中是否受到不受控的系统效应的影响,标准偏差控制图和极差控制图主要用于判断测量过程是否受到不受控的随机效应的影响。

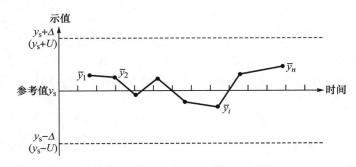

图 4-5　测量设备期间核查曲线

关于控制图的绘制方法可详见 JJF 1033—2016《计量标准考核规范》附录 C。

(十) 核查标准的保存

保存核查标准时应保证其稳定性。应保证可能影响其稳定性的保存条件能满足要求,如温度、湿度、电磁场、振动、光辐射等。

对于核查用的消耗性标准物质,应注意保证两次检定或校准期间的所有期间核查使用同一批次的标准物质,以减少不同批次标准物质之间差异的影响。

习题及参考答案

一、习　题

(一) 思考题

1. 期间核查的目的是什么?

2. 期间核查的对象是什么?

3. 期间核查与校准、检定有什么区别?

4. 持续进行了期间核查,是否可以不进行校准了?

5. 某实验室要制定一个机械天平的期间核查方案,基本确定:机械天平每 3 个月对 1.000 0 g,100.000 0 g 两个点进行一次核查,请考虑并给出一个核查方案的初稿。

6. 通常的期间核查方法是什么? 如何画核查曲线图?

(二) 选择题(单选)

1. 进行期间核查是为了_____。

　　A. 在两次校准(或检定)之间的时间间隔期内保持设备校准状态的可信度

　　B. 代替校准获得新的校准值

　　C. 代替检定获得溯源的证据

　　D. 节约外检成本

2. 在下列计量器具中,需要对_____进行期间核查。

　　A. 稳定的实物量具,如砝码等

    B. 经常使用的计量标准装置

    C. 检测中使用的采样、制样、抽样的设备

    D. 没有量值要求的辅助性设备,计算机及其外设等设备

  3. 选择作为核查标准的关注点是_____。

    A. 具有良好的稳定性,成本低

    B. 具有准确的量值,经过定期校准

    C. 经校准证明其有溯源性的测量仪器

    D. 经过特殊设计,可以方便搬运的测量设备

（三）选择题（多选）

  1. 常用的期间核查方法是用被核查的测量设备适时地测量一个核查标准,记录核查数据,必要时画出核查曲线图,以便_____。

    A. 证明被核查对象的状态满足规定的要求

    B. 使测量设备具有溯源性

    C. 及时发现测量仪器、计量标准出现的变化

    D. 使测量过程保持受控,确保测量结果的质量

  2. 按对法定计量检定机构期间核查的要求,下列各项中需要期间核查的对象是_____。

    A. 计量基准　　　　　　　　　B. 工作计量器具

    C. 工作标准　　　　　　　　　D. 本单位最高计量标准

  3. 不定期核查通常是在_____情况下进行。

    A. 测量仪器即将用于非常重要的或非常高准确度要求的测量

    B. 大型测量仪器在周期检定前

    C. 测量仪器发生了碰撞、跌落、电压冲击等意外事件后

    D. 测量仪器带到现场使用返回时

二、参考答案

  （一）思考题（略）

  （二）选择题（单选）：1. A；　2. B；　3. A。

  （三）选择题（多选）：1. A C；　2. A C D；　3. A C D。

第七节　型式评价的实施

  型式评价是型式批准的组成部分,是计量器具产品法制管理的技术环节之一(见第一章第一节八、计量器具产品的法制管理)。

  型式批准与 OIML 证书互认制度(见《一级注册计量师基础知识及专业实务》(第 5 版)第一章第二节　五、国际计量互认)相对接。2018 年 10 月批准发布的《市场监管总局办公厅关于 OIML 证书换发计量器具型式批准证书的通知》,进一步规范了用证机构使用 OIML 证书换发国内计量器具型式批准证书的工作规则和程序。依据《通知》要求,市场监管总局负责受理外商或其代理人的申请,各省、自治区、直辖市市场监管部门负责受理国内计量器具制造单位或个体工商户的申请。申请换发证书需要提交的材料包括:申请书、OIML 证书和报告复印件、指定试验机构按照 OIML 国际规则出具的 OIML 证书/报告的核查报告原件及复印件。受理申请的市场监管总局或各省、自治区、直辖市市场监管部门完成计量法制审查。审查结果合格的,为申请人换发计量器具型式批准证书;如

果不合格,告知申请人。

因此,型式评价必须围绕型式批准的目的进行,型式评价大纲规定了型式评价的项目、要求和方法,规定了型式评价报告的内容和格式;型式评价报告应提供足够的信息支撑型式的批准决定。有该计量器具的国际建议的,按照国际建议的内容制定型式评价大纲,以便我国的型式批准证书的国际互认,便于已获得中华人民共和国计量器具型式批准证书的计量器具核发 OIML 证书。

国家计量技术规范 JJF 1015—2014《计量器具型式评价通用规范》给出了型式评价需要提交的资料,型式评价中的资料审查、观察项目、试验项目、评价结果的判定,以及型式评价报告的编制等各方面的通用要求。

JJF 1016—2014《计量器具型式评价大纲编写导则》对计量器具型式评价大纲的内容、表述方法和格式等进行了详细的规定,对编写和理解型式评价大纲均有指导意义。

一、计量器具型式评价的目的和要求

1. 型式评价的目的

型式评价是型式批准的技术基础,是根据型式评价大纲的要求,对一个或多个样品性能进行的系统检查和试验,并将结果写入型式评价报告中的一系列作业的组合。型式评价报告将作为做出型式的批准决定的依据。

计量器具的型式指某型号或系列计量器具的产品及其技术文件(图纸、设计资料、软件文档等)。按照型式评价大纲的要求对计量器具产品的一个或多个样品性能进行系统检查和试验。将型式评价结果写入型式评价报告,与其样机和技术资料一起保存,送相关计量行政部门审查。对于型式符合型式评价大纲的规定、性能满足法制计量管理要求的计量器具产品,颁发型式批准证书。

2. 型式评价的对象

型式评价的对象是计量行政部门接受了型式批准申请的计量器具型式。

申请型式批准的计量器具是量产的计量器具,或完成量产准备的计量器具新产品。也就是说,型式评价的样机的设计、工艺已经确定,型式评价的样机与后续批量生产的计量器具是一致的:具有同样外部形式,同样的内部结构,同样的功能和计量性能,同样的制造质量。

计量器具的型式可以是单一产品,也可以是系列产品。

仅有一种规格或型号的产品是单一产品。

系列产品指测量原理相同,结构外观相同或相似,准确度相同,但测量区间不同的一组产品;或者原理相同,结构外观相同或相似,测量区间相同,但准确度不同的一组产品。

计量器具的型式指某一计量器具的样机及其技术文件。因此,型式评价中非常重要的一项工作,就是核查其样机与技术文件的符合性。

3. 型式评价的要求

型式评价应依据型式评价大纲进行。

型式评价大纲包括了对特定计量器具型式的计量要求,通用技术要求,评价的项目,试验方法和条件,计量器具和设备表,数据处理方法,合格的判据等,甚至包括型式评价记录的格式。型式评价大纲是型式评价的依据,编写过程中通过理论分析和试验验证,保证采用统一规定的试验方法、条件、标准计量器具和设备、数据处理方法等获得的测量数据具有相同的不确定度,并与申请型式批准的计量器具的计量要求相匹配,使合格判定具有有效性。

型式评价包括审查技术资料,进行观察项目、试验项目的评价,编写型式评价报告等工作,一般应该在 3 个月内完成。需要做稳定性试验项目的,可以适当延长评价时间,但应事先向委托型式评价的人民政府计量行政部门和申请单位说明。

型式评价大纲会定期进行修订。在新发布的型式评价大纲前言中,如果指出需要对原已批准的型式进行重新评价或部分评价的项目,应与人民政府计量行政部门协调,落实相关工作。

对已经批准的型式进行了改进的计量器具型式申请的型式批准,承担型式评价的技术机构应根据资料和样机,确定哪些项目需要进行评价。原则上,改进中不受影响的部分,可以不做重复的评价。

二、计量器具型式评价的通用规范

JJF 1015—2014《计量器具型式评价通用规范》规定了型式评价全部流程中的通用要求和方法,包括审查提交的技术资料、观察项目评价、试验项目评价、编辑型式评价报告、试验样机的处理和型式评价资料的保管等内容。

(一) 技术资料审查

1. 形式审查

申请型式评价的单位应该提供以下资料一式两份:

——被人民政府计量行政部门受理,并委托进行型式评价的《计量器具型式批准申请书》;

——产品标准;

——总装图、电路图和关键零部件清单;

——使用说明书;

——制造单位或技术机构所做的试验报告;

——对于需要在爆炸性环境中进行试验的,应提供防爆合格证;

——授权机构出具的软件测评报告(人民政府计量行政部门有要求的)。

承担型式评价的技术机构应首先审查上述资料是否齐全,符合要求。

申请型式评价提供的资料与申请型式批准的资料有所差异,因为两个阶段关注的重点不同。

2. 内容审查

审查技术资料中的计量单位、外部结构、标识、防欺骗措施等是否符合法制管理的要求。

审查计量器具的命名是否符合 JJF 1051《计量器具命名与分类编码》和《实施强制管理的计量器具目录》的规定。

审查所依据的产品标准和使用说明书中的计量指标、功能和技术要求是否满足型式评价大纲的要求。

对审查合格的技术资料,应加盖骑缝审核确认标注,标注上应注明审核单位、审核人、审核日期、型式评价报告编号。

对于审查不合格的技术资料应指出不合格的情况,退回申请单位,申请单位修改后重新送审。

(二) 观察项目评价

对型式评价大纲提出的法制管理要求,计量要求、通用技术要求中不需要试验的项目,通过观察进行评价,将每个项目评价结论填入观察项目记录表中。

例如,标尺和度盘数字的可读性可以通过观察评价计量器具应显示的内容、显示的形式(小数点前后的位数、显示的时间等)、显示数字的尺寸(宽、高)等项目。

其中显示数字的尺寸(宽、高)即使使用刻度尺作为参考进行大致的测量,一般也认为属于观察评价。

（三）试验项目评价

试验项目是通过试验获得数据，作为型式评价报告合格判定的依据的项目。进行试验时，应记录试验数据和结果。

试验项目可以包括：功能验证，计量性能试验，环境适应性试验和稳定性试验等。其中环境适应性试验包括气候环境适应性试验，机械环境适应性试验，电磁环境适应性（抗扰度）试验，电源环境适应性试验。

1. 功能验证

验证计量器具是否具备型式评价大纲中规定的各种功能，且各项功能是否满足要求。

2. 计量性能试验

在型式评价大纲规定的参考条件下对计量特性的测试，得到的计量特性数据用以验证样机的计量性能满足型式评价大纲的要求。

3. 气候环境适应性试验

在型式评价大纲规定的气候环境的上下额定点分别进行的试验，内容与计量性能的试验相同。

4. 机械环境适应性试验

在型式评价大纲规定的机械环境条件下进行相应的试验，以检验计量器具型式承受振动、冲击等外界干扰的能力。

5. 电磁环境适应性（抗扰度）试验

在型式评价大纲规定的电磁环境条件下进行相应的试验，以检验计量器具型式对规定的电磁环境条件的耐受性，以及对环境造成的电磁干扰是否在允许的范围之内。

6. 电源环境适应性试验

在型式评价大纲规定的电源环境条件下进行相应的试验，以检验计量器具型式在电源环境不稳定时的抗干扰能力。

7. 稳定性试验

按照型式评价大纲规定的要求进行稳定性试验。包括：

（1）参考条件下的计量性能试验。

（2）运行试验。按照型式评价大纲规定运行足够的时间或足够的累积量，在运行期间不得对样机进行任何调整或改动。

（3）运行试验结束后，进行参考条件下的计量性能试验，看前后两组试验数据的变化量是否符合型式评价大纲的要求。

为了节省稳定性试验的时间，有时会在运行试验阶段加大运行负荷，以在较短的时间内，模拟较长时间的标准运行效果。

图4-6是型式评价试验项目组成参考框图。由图4-6可以看出试验项目评价的意图：型式批准是计量器具进入依法管理计量器具领域的质量壁垒，型式评价设定了技术壁垒的门槛，达到了该技术要求，准许进入；达不到，不得进入。这个门槛要求进入依法管理计量器具领域的仪器，除了必须具备要求的功能、计量性能达到规定的要求外，在规定的气候环境、机械环境、电磁环境、电源环境条件下也必须能够正常、稳定地工作，并且在长时间连续工作条件下，其计量性能的下降必须在允许的范围内。

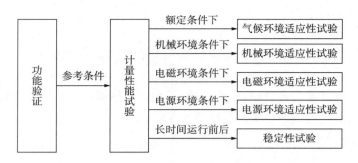

图 4-6　试验项目组成参考框图

（四）型式评价报告的编写

试验工作结束后,按照图 4-7 格式要求出具型式评价报告。对于计量性能不同的系列产品应分别报告。

型式评价报告由 3 部分组成,正文、附件 1(型式评价观察和测量记录)和附件 2(型式评价样机样机照片)。报告在页脚处应有页码,应采用"第　页共　页"的形式。

1. 正文

正文格式见图 4-7,应包括所申请计量器具型式的相关信息及根据附件 1 得出的结论和建议。结论和建议根据型式评价结果的判定结果给出。

（a）

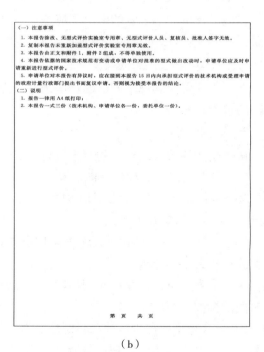

（b）

图 4-7　型式评价报告格式

一、申请和委托的基本情况
　(一)制造单位：
　　申请单位：
　　代理人：
　(二)委托单位：
　　委托日期：
　　委托负责人：
　(三)申请书编号　　新型□　　改进型□
二、关于型式的基本信息
　(一)计量器具名称及分类编码

　(二)工作原理、用途、使用场合及生产所依据的标准和编号

　(三)样机型号、规格、准确度等级/最大允许误差/不确定度及编号

　(四)计量器具的测量参数

序号	测量参数名称	测量参数单位	测量区间	显示位数	计量性能指标

　(五)显示型式　　机械□　　电动机械□　　电子□
　(六)试验环境条件
　　1.温度：
　　2.相对湿度：
　　3.电源：　　电压　　频率　　功耗
　　4.其他

第 页 共 页

(c)

(七)关键零部件和材料

名称	型号	制造厂	主要性能指标	备注

三、型式评价的依据

四、型式评价所用仪器设备一览表

序号	仪器设备名称	编号	证书有效期

五、型式评价项目及评价结果一览表

序号	评价项目	+	-	备注

注：

+	-
×	

+ 通过
× 不通过

评价项目应包括型式评价大纲中所有要求的观察项目和试验项目

六、审查的技术资料及结论
　经审查，申请单位提交的××××、…、××××符合××××型式评价大纲的要求。

七、型式评价结论及建议

八、其他说明

第 页 共 页

(d)

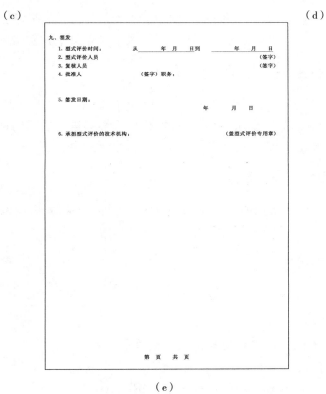

九、签发
　1.型式评价时间：　　从　　年　月　日到　　年　月　日
　2.型式评价人员　　　　　　　　　　　　　（签字）
　3.复核人员　　　　　　　　　　　　　　　（签字）
　4.批准人　　　　（签字）职务：

　5.签发日期：　　　　　　　　　　年　　月　　日

　6.承担型式评价的技术机构：　　　　　　（盖型式评价专用章）

第 页 共 页

(e)

图4-7　型式评价报告格式(续)

(1)型式评价结果的判定

所有样机的所有评价项目均符合型式评价大纲要求的为合格,有一项或一项以上项目不合格,综合判定为不合格,即:

——对于单一产品的申请,有一项及一项以上项目不合格,综合判定为不合格。

——对按照系列产品申请的,对每个型号有一项及一项以上项目不合格,综合判定该型号为不

合格；而有一种或一种以上型号不合格的，判定该系列不合格。

（2）结论和建议

对于合格的产品，在型评报告中的"型式评价总结论及建议"中写明：

试验样机符合型式评价大纲的要求，建议批准下列型号计量器具的型式：

××××、××××

对于不合格的产品，在型评报告中的"型式评价总结论及建议"中写明：

试验样机××、××项不符合××××型式评价大纲的要求，建议不批准下列型号计量器具的型式：

××××、××××

（3）其他说明

在报告的第八部分"其他说明"中，应注明样机的保留方式、保留数量。

2. 附件 1

附件 1 是型式评价的观察和测量记录，记录型式评价者观察到的实际情况和测量到的实际数据。

观察项目的记录格式见 JJF 1016—2014 附录 A 的"二"项；试验记录格式应与所依据的型式评价大纲中规定的试验项目记录格式相同。

当有多台试验样机时，应以附件 1-1、附件 1-2……的型式分别表达。

3. 附件 2

附件 2 是型式评价结束后，型式评价的技术机构在评价样机上粘贴好标记后拍摄的一组照片（不少于 4 张）。该组照片应包括样机的整体外形、内部结构、显示部分、关键零部件等。

（五）型式评价不合格的处理

审查技术资料发现不符合要求时，应通知申请单位进行修改。

试验中出现不合格项时，如样机条件许可，技术机构应继续进行后面的试验，直至全部做完；如样机由于不合格项无法继续后面的试验，技术机构应停止相关工作。

（六）样机和技术资料的保密

技术机构在型式评价中和型式评价后，应按照 JJF 1069 的要求，对申请单位提供的样机、技术资料及评价结论保密。

（七）试验样机的处理

1. 合格样机的处理

（1）样机的铅封和标记

承担型式评价的技术机构应对合格样机或关键零部件进行有效的封印和标记。标记应粘贴在显著位置，标记的格式见图 4-8。封印和标记应保证样机的关键零部件和材料不被更换和调整。承担型式评价的技术机构应对粘贴好标记的样机进行拍照，照片上应能够清晰地看清楚标记上的文字，照片列入型式评价报告的附件 2。

图 4-8　型式评价保存样机的说明格式

（2）样机的保存

为了满足已批准型式符合性检查工作的需要，承担型式评价的技术机构将经封印和标记的试验样机交给申请单位,申请单位应妥善保存封印和标记好的试验样机,应保存试验样机至停止生产该型式计量器具后的第五年。

2.不合格样机的处理

型式评价结束后,对于不合格的样机在复议期过后,退回申请单位。

3.技术资料的处理

型式评价结束后,申请单位提交的两套技术资料,一套返还给申请者,另一套由技术机构保存。技术机构保存的技术资料还包括各种文件、型式评价报告和各种记录。

所有技术资料必须按照 JJF 1069 的要求进行保存。

三、型式评价

开展计量器具型式评价时,应使用国家统一的型式评价大纲或包含型式评价要求的计量检定规程。如无国家统一制定的大纲,机构可根据 JJF 1016—2014《计量器具型式评价大纲编写导则》以及相关计量技术规范和产品标准的要求拟定型式评价大纲。有 OIML 的国际建议时,应参照国际建议编写。

JJF 1016—2014《计量器具型式评价大纲编写导则》规定了计量器具型式评价大纲的编制原则、格式和内容。下面依据 JJF 1016—2014 介绍计量器具型式评价大纲的关键内容和要点,帮助操作人员理解型式评价,并正确执行型式评价大纲。

1.总则

计量器具型式评价应符合有关法律、法规的规定。型式评价是服务于对计量器具的依法管理,其服务范围、技术要求、服务结果的处理,均需要服从法律的要求,适应法律的要求,达到法律的要求。例如,我们选择列入强制检定目录的工作计量器具编制型式评价大纲,就是根据法律规定的范围,为执行法律做的技术基础性工作。

为了保证型式批准证书与 OIML 证书具有同等效力,型式评价大纲必须积极采用国际建议、国际标准及国际文件中的规定,或是依据包括国家计量技术规范、国家标准、行业标准等规定的各项技术要求。这里应用的标准和规范是起草技术要求的重要依据。

型式评价大纲的编制过程中,技术指标应该从预期应用出发,从预期应用要求的测量准确度出发,利用计量方法模拟实际测量条件和方法,确定计量器具的计量性能要求;或者利用计量学原理,规定计量器具的计量性能要求,以在标准条件下获得的信息,评价仪器对预期应用的适用性。

2.计量器具型式评价大纲的结构

型式评价大纲的构成和编写顺序如下:

——封面;

——扉页;

——目录;

——引言;

——范围;

——引用文件;

——术语;

——概述;

——法制管理要求;

——计量要求;

——通用技术要求；

——型式评价项目表；

——提供样机的数量及样机的使用方式；

——试验项目的试验方法和条件，数据处理和合格判据；

——试验项目所用计量器具和设备表；

——型式评价记录格式。

3. 范围

编写规则规定，型式评价大纲适用范围应在"范围"一节给出该大纲适用计量器具的名称及分类编码："名称及分类编码应依据 JJF 1051 给出，如该种计量器具可能有其他名字，应详细列出。必要时还要明确写出不适用的计量器具。"

建议采用下列典型用语：

"本型式评价大纲适用于分类编码为××××的××××的型式评价。"

4. 概述

概述包括两个重要部分：

——简要叙述该计量器具的原理、构造和应用场合；

——列出关键零部件和材料。

概述部分应简要叙述该计量器具的原理、构造，但应避免叙述仪器的外观组成。外观组成，甚至颜色，这些对于不同生产商可能是不同的，也是允许的。

计量器具原理的核心是仪器的标准量值如何产生，如何将仪器的标准量值变成仪器的外特性，以便与测量对象进行比较。当然，量具不具备比较的功能，量仪两种功能均具备。

构造是指仪器的标准量值变成仪器的外特性的原理。这个部分要特别说明与相似而"不适用的计量器具"的差别。当然仅叙述其特有的特点也可以。

应用场合主要针对依法管理计量器具的范围。不需要依法管理计量器具的应用场合在概述中不必提及。

编写规则规定，型式评价大纲要指明哪些是影响计量性能的关键零部件和材料，并将关键零部件和材料以表格的形式列出。这种规定主要是认为，在批准的型式中，这些关键零部件和材料的变化可能影响到该型式计量器具的计量特性。只有当更换这些关键零部件和材料（有时是更换这些关键零部件和材料供应商）时，获得的关键零部件和材料的主要性能指标不会变化，这种批准的型式才能继续有效。因此，当持型式批准证书生产计量器具时，其中的关键零部件和材料变化，或供应商变化，均应重新进行部分或全部试验，以保证型式批准证书的有效性。

5. 外部结构、标志和防欺骗措施

概述中不应以外部结构表述代替对仪器原理和构造的叙述。

但对于仪器的调整部位、标识位置和防欺骗措施进行规定和检查，是型式评价必须做的。

（1）外部结构应防止非法调整和便于检定

对不允许使用者自行调整的部位，应采取封闭式结构设计或者留有加盖封印的位置，该结构应设计成封印可更换的形式，并规定出封印的位置和数量。

对需要进行现场检定的计量器具，应有方便现场检定的接口、接线端子等结构。

（2）标识应在明显部位

对计量器具的法制标志应做出规定，要求试验样机应预留出位置以标出计量器具型式批准标志和编号。

给出计量器具铭牌应明示的内容，如计量性能、工作的环境条件、生产企业的相关信息等。对安装不当会影响准确度、安全等性能的计量器具,应有安装说明的标志。

(3) 在可以预见的条件下,应要求采取防欺骗措施

必要时应在结构设计上提出防欺骗的防护措施要求。

例如,JJG 443—2015《燃油加油机检定规程》通过规定下列必备功能,防止欺骗:

① 当多条油枪共用一个流量测量变换器时,其中一条油枪加油时,其他油枪应由控制阀锁定不能加油。

② 在加油机的流量测量变换器的调整装置处、编码器与流量测量变换器之间、计控主板与机体间的三个位置应加封印。

③ 计控主板与指示装置的连接电缆中间不得有接插头。

④ 指示装置的显示控制板不得有微处理器。

⑤ 当加油机内涉及到计量的应用程序或参数被非法变更时,加油机应被锁机。自锁功能由监控微处理器、编码器、POS 机和相应的程序来实现。

6.计量要求

计量要求,是对计量器具计量性能提出的要求,是每一个需要评价的计量特性必须达到的要求。

针对计量器具计量特性是否满足计量要求的测试,通常是在参考条件下进行的。

7.通用技术要求

通用技术要求是根据计量器具的工作场合、环境条件等,为了保证计量器具在使用中始终保持要求的相对稳定,测量结果可靠、简单和明确,尽可能消除可能出现的欺骗行为,而提出的技术要求。

通用技术要求一般包括以下几方面:

(1) 外观及结构

a. 标尺和度盘数字的可读性

应提出计量器具应显示的内容、显示的形式(小数点前后的位数、显示的时间等)、显示数字的尺寸(宽、高)。

b. 器具支架和外壳机械方面的适用性

必要时应对器具外壳适用性提出要求。

例如,热量表要求构成热量表的所有部件应有坚固的结构,在规定的温度条件下,热量表应具有足够的机械强度和耐磨性,并能正常工作。热量表中凡与载热液体直接接触或靠近载热液体处的部件、材料应能耐载热液体和大气的腐蚀或有可靠的保护层。应有安装说明的标志,该标志也可在使用说明书中明示,仪表安装位置说明(管道入口或出口)、水平安装或垂直安装(如有必要)。

(2) 功能性要求

应参考有关产品标准对该计量器具提出最基本的功能要求。

例如,加油机必须具备加油计量能力,具备计费和计税功能,具备快速加油和慢速加油功能,具备凑整功能等。

(3) 环境适应性

一般应描述为"计量器具应在下列环境中正常工作",即在该环境条件下,计量器具的计量性能和功能必须正常,且能够保持稳定。

a. 气候环境

应规定计量器具在不同气候环境条件下的适应性(为计量性能和功能的适应性)。即在规定的气候环境条件下,包括:温度、湿度、盐雾、霉菌、空气腐蚀、生物损害、太阳辐射等,计量器具的计量性能和功能必须正常,且能够保持稳定。

气候环境适应性要求的规定应适当,应根据大多数该种计量器具的工作环境决定。

例如,对温度、湿度适应性要求,室内的环境通常 15 ℃～30 ℃,如果规定为 5 ℃～40 ℃已经非常极限了。而对室外工作的计量器具,5 ℃～40 ℃可能还不够。

对于仅在船舶、海边等有盐雾环境下工作的计量器具应提出盐雾适应性要求。霉菌、空气腐蚀、生物损害适应性要求的提出应是针对仅仅工作在上述环境中的计量器具。

对于有可能在露天工作的计量器具应提出太阳辐射及 IP 防护等级的要求。

IP 防护等级用 IP 代码表示,代表了该款产品在防尘防水上的评判标准。在 IP 代码后面的数字里,第 1 个数字代表了防尘等级,而第 2 个则代表了防水等级。其中防尘级别有从 0 至 6 共计 7 个等级,而防水则包括了从 0 至 8 共 9 个不同等级。

气候环境适应性试验应在规定的气候环境适应性要求下进行计量性能的试验,以证明其计量性能和功能正常。

b. 机械环境

应规定计量器具在不同机械环境条件下的适应性要求,以保证在规定的机械环境下或经历了规定的机械环境试验后,计量器具的计量性能和功能仍然能够保持正常。

机械环境条件包括:振动、冲击、碰撞、跌落等。

对于工作环境有可能存在振动、冲击源,且可能影响到计量性能的计量器具应提出振动、冲击适应性要求,即在该工作环境下,计量器具的计量性能和功能仍然能够保持正常。

对于便携式、移动式计量器具应提出碰撞、跌落适应性要求。在这些要求条件下完成试验后,计量器具的计量性能和功能仍然能够保持正常。

c. 电磁环境(抗扰度)

使用低压公用电网、低压公用电网与设备之间的专用直流电源或非工业用的非公用低压电力配电系统供电的计量器具,应进行电磁兼容抗扰度(EMS)试验。型式评价大纲应规定电磁兼容抗扰度的要求。

计量器具在有相关的专用产品或产品类电磁兼容抗扰度标准的情况下,型式评价大纲可以采用其电磁兼容抗扰度标准的要求。

在没有相关的专用产品或产品类电磁兼容抗扰度标准的情况下,型式评价大纲应按照 GB/T 17799.1 提出电磁兼容抗扰度要求。连接到工业电网和在工业环境中工作的计量器具在确定试验强度等级方面应按照 GB/T 17799.2 提出电磁兼容抗扰度要求。

电磁兼容抗扰度(EMS)的要求共分为两个方面,首先是试验结果的可接受现象,其次是试验的强度等级。

试验结果的可接受现象共分为 3 类,要选定其中之一作为该计量器具在电磁兼容抗扰度试验时的可接受现象,3 类现象为:

——在规定的限值内性能正常;

——功能或性能暂时丧失或降低,但在骚扰停止后能自行恢复,不需要操作者干预,且数据不丢失;

——功能或性能暂时丧失或降低,但操作者干预后能恢复,且数据不丢失。

注意:对于在电磁兼容环境下无法评价计量性能的计量器具,应考虑用模拟的方法评价计量性能;或不评价计量性能,而只评价其功能。

d. 电源环境

使用低压公用电网、低压公用电网与设备之间的专用直流电源或非工业用的非公用低压电力配电系统供电的计量器具,应进行电源环境适应性试验。型式评价大纲应规定电源环境适应性的要求。在该工作环境下,计量器具的计量性能和功能仍然能够保持正常。

（4）稳定性

参照相关的产品标准或计量技术规范提出稳定性试验的要求。该试验的目标是在一定的时间或一定的累积运行后,确定该计量器具性能的变化量。应明确规定出计量性能的允许变化量。应考虑该计量器具在检定周期内的工作情况,并参照相关的产品标准确定运行时间或运行累积量。

稳定性试验的目的是通过试验提供证据证明,该计量器具按照常规的使用频率,在一个检定周期内,其运行累积量造成的计量器具性能变化量不会造成计量器具超差。

应要求在稳定性试验运行期间不得对样机进行任何调整或改动。

8. 提供样机的数量及样机的使用方式

计量器具型式评价大纲应规定申请单位应提供样机的数量,以及在型式评价中如何利用样机。

（1）提供样机的数量

根据申请型式批准的是单一产品还是系列产品,型式评价大纲按下列原则规定样机的数量。

① 对于单一产品的,提供 1 至 3 台样机。

② 对于系列产品,应考虑系列产品的测量对象、准确度、测量区间等,选择有代表性的产品,并参考下面的原则确定提供样机的数量:

a. 准确度相同,测量区间不同的系列产品,选取的样机应包括测量区间上下限的产品。每种产品提供 1～3 台样机。

b. 准确度不同,测量区间和结构相同的系列产品,选取的样机时应包括各准确度等级的产品。每种产品提供 1～3 台样机。

（2）样机的使用方式

型式评价大纲应对样机的使用方式做出规定。原则上,所有试验项目应在同一台（或几台,如有要求）样机上进行,且不得在试验期间或试验中对样机进行调整。如果在某种情况下需要在试验期间或试验中对样机进行调整,型式评价大纲要有进行说明。

可以规定在单独的样机上进行稳定性或具有破坏性的试验项目。

9. 试验项目的试验方法、条件,数据处理和合格判据

计量性能的试验应分别在参考条件和额定条件下进行,前者与检定和校准相同,后者测试其环境条件适应性。型式评价大纲在这个部分应规定参考条件和额定条件下的试验方法和设备。

气候适应性、机械环境适应性、电磁环境（抗扰度）和电源环境适应性等在相应的试验条件下进行。

每个试验项目的试验方法应包含试验目的、试验条件、试验设备、试验程序、数据处理、合格判据,各部分的编写格式如下:

（1）试验目的

该部分应写明试验的目的,一般应写成"试验的目的是检验××××在××××条件下是否符合××××的要求"。

（2）试验条件

该部分应写明该项试验时对计量器具施加的环境情况,包括温度、相对湿度、电源、磁场等。

（3）试验设备

该部分应对试验所用的计量器具和仪器设备提出计量特性和其他性能要求,并列入表 4-6 中。

表 4-6　试验项目所用计量器具和设备表格式

序号	所用计量器具名称	测量区间	主要性能指标	备注

（4）试验程序

以 a)、b)……的形式描述试验的步骤。

（5）附加程序要求（必要时）

该部分可以描述各步试验中附加的操作。

（6）数据处理

该部分应列出对检测数据进行计算的公式、公式所用系数的选取方式。若采用别人的系数或数据需要注明出处，以便查对。

（7）合格判据

该部分应明确试验中或试验后计量器具的合格条件。通常采用 JJF 1015 中规定的合格判据。

10. 型式评价记录格式

计量器具型式评价大纲应规定型式评价的记录格式。记录格式按照 JJF 1016 附录 A 的要求设计。

习题及参考答案

一、习　题

（一）思考题

1. 什么是型式评价？型式评价的目的是什么？
2. 型式评价在计量器具管理中的作用是什么？

（二）选择题（单选）

1. 型式评价是_____。

　A. 对测量仪器指定型式的一个或多个样品性能所进行的系统检查和试验

　B. 为批准计量器具的出口提供依据

　C. 为批准计量器具准予在依法管理领域使用提供证明

　D. 为代替产品检测以提供计量器具合格的证明

2. 实施型式批准的对象是_____。

　A. 列入强制检定目录的工作计量器具

　B. 凡申请制造的计量器具新产品

　C. 列入强制检定目录的进口计量器具

　D. 列入《实施强制管理的计量器具目录》且监管方式为"型式批准"或"型式批准、强制检定"的计量器具

3. 型式评价结论的确定原则和判断准则之一是在系列产品中，凡有一种规格不合格的，判为_____。

　A. 该系列不合格　　　　　　　　B. 该规格不合格

　C. 除去不合格的规格外，系列中其他产品合格　　D. 重新试验后再做评价

4. 型式评价结束后，经审查合格的，由_____向申请单位颁发型式批准证书。

　A. 计量技术机构　　　　　　　　B. 受理申请的人民政府计量行政部门

　C. 上级人民政府计量主管部门　　D. 市场监管总局

二、参考答案

（一）思考题（略）

（二）选择题（单选）：1. A；　2. D；　3. A；　4. B。

附　　录

相关计量法律、法规、规章、规范及标准目录

法律

中华人民共和国计量法

（1985 年 9 月 6 日第六届全国人民代表大会常务委员会第十二次会议通过，2009 年 8 月 27 日第十一届全国人民代表大会常务委员会第十次会议《关于修改部分法律的决定》第一次修正，2013 年 12 月 28 日第十二届全国人民代表大会常务委员会第六次会议《关于修改〈中华人民共和国海洋环境保护法〉等七部法律的决定》第二次修正，2015 年 4 月 24 日第十二届全国人民代表大会常务委员会第十四次会议《关于修改〈中华人民共和国计量法〉等五部法律的决定》第三次修正，2017 年 12 月 27 日第十二届全国人民代表大会常务委员会第三十一次会议《关于修改〈中华人民共和国招标投标法〉、〈中华人民共和国计量法〉的决定》第四次修正，2018 年 10 月 26 日第十三届全国人民代表大会常务委员会第六次会议《关于修改〈中华人民共和国野生动物保护法〉等十五部法律的决定》第五次修正）

行政法规

国务院关于在我国统一实行法定计量单位的命令

（1984 年 2 月 27 日国务院发布）

全面推行我国法定计量单位的意见

（1984 年 1 月 20 日国务院第 21 次常务会议通过，1984 年 3 月 9 日国家计量局发布）

中华人民共和国计量法实施细则

（1987 年 1 月 19 日国务院批准，1987 年 2 月 1 日国家计量局发布，2016 年 2 月 6 日国务院令第 666 号第一次修订，2017 年 3 月 1 日国务院令第 676 号第二次修订，2018 年 3 月 19 日国务院令第 698 号第三次修订）

中华人民共和国强制检定的工作计量器具检定管理办法

（1987 年 4 月 15 日国务院发布）

中华人民共和国进口计量器具监督管理办法

（1989 年 10 月 11 日国务院批准，1989 年 11 月 4 日国家技术监督局令第 3 号发布，2016 年 2 月 6 日国务院令第 666 号第一次修订）

关于改革全国土地面积计量单位的通知

（1990 年 12 月 18 日国务院批准，国家技术监督局、国家土地管理局、农业部发布）

部门规章

标准物质管理办法

（1987 年 7 月 10 日国家计量局〔1987〕量局法字第 231 号发布）

计量检定印、证管理办法

（1987 年 7 月 10 日国家计量局〔1987〕量局法字第 231 号发布）

计量监督员管理办法

（1987 年 7 月 10 日国家计量局〔1987〕量局法字第 231 号发布）

仲裁检定和计量调解办法

（1987 年 10 月 12 日国家计量局〔1987〕量局法字第 373 号发布）

计量授权管理办法

（1989 年 11 月 6 日国家技术监督局令第 4 号公布，2021 年 4 月 2 日国家市场监督管理总局令第 38 号修订）

计量违法行为处罚细则

（1990 年 8 月 25 日国家技术监督局令第 14 号发布，2015 年 8 月 25 日国家市场监督管理总局令第 166 号修订）

专业计量站管理办法

（1991 年 9 月 15 日国家技术监督局令第 24 号公布）

中华人民共和国进口计量器具监督管理办法实施细则

（1996 年 6 月 24 日国家技术监督局令第 44 号发布，2015 年 8 月 25 日国家质量监督检验检疫总局令第 166 号第一次修订，2018 年 3 月 6 日国家质量监督检验检疫总局令第 196 号第二次修订，2020 年 10 月 23 日国家市场监督管理总局令第 31 号第三次修订）

商品量计量违法行为处罚规定

（1999 年 3 月 12 日国家质量技术监督局令第 179 号公布，2020 年 10 月 23 日国家市场监督管理总局令第 31 号修订）

法定计量检定机构监督管理办法

（2001 年 1 月 21 日国家质量技术监督局令第 15 号公布）

集贸市场计量监督管理办法

（2002 年国家质量监督检验检疫总局令第 17 号发布，2020 年 10 月 23 日国家市场监督管理总局令第 31 号修订）

加油站计量监督管理办法

（2002 年 12 月 31 日国家质量监督检验检疫总局令第 35 号发布，2018 年 3 月 6 日国家质量监督检验检疫总局令第 196 号第一次修订，2020 年 10 月 23 日国家市场监督管理总局令第 31 号第二次修订）

国家计量检定规程管理办法

（2002 年 12 月 31 日国家质量监督检验检疫总局令第 36 发布）

眼镜制配计量监督管理办法

（2003 年 10 月 15 日国家质量监督检验检疫总局令第 54 号公布，2018 年 3 月 6 日国家质量监督检验检疫总局令第 196 号第一次修订，2020 年 10 月 23 日国家市场监督管理总局令第 31 号第二次修订）

零售商品称重计量监督管理办法

（2004 年 8 月 10 日国家质量监督检验检疫总局、国家工商行政管理总局令第 66 号公布，2020 年 10 月 23 日国家市场监督管理总局令第 31 号第二次修订）

计量标准考核办法

（2005 年 1 月 14 日国家质量监督检验检疫总局令第 72 号公布，2018 年 3 月 6 日国家质量监督检验检疫总局令第 196 号第一次修订，2018 年 12 月 21 日国家市场监督管理总局令第 4 号第二次修订，2020 年 10 月 23 日国家市场监督管理总局令第 31 号第三次修订）

计量器具新产品管理办法

（2005 年 5 月 20 日国家质量监督检验检疫总局令第 74 号公布）

定量包装商品计量监督管理办法

（2005 年 5 月 30 日国家质量监督检验检疫总局令第 75 号公布）

计量基准管理办法

（2007 年 6 月 6 日国家质量监督检验检疫总局令第 94 号公布，2020 年 10 月 23 日国家市场监督管理总局令第 31 号修订）

计量比对管理办法

（2008 年 6 月 11 日国家质量监督检验检疫总局令第 107 号发布）

能源计量监督管理办法

（2010 年 9 月 17 日国家质量监督检验检疫总局令第 132 号公布，2020 年 10 月 23 日国家市场监督管理总局令第 31 号修订）

规范性文件

注册计量师职业资格制度规定

（2019 年 10 月 30 日市场监管总局、人力资源社会保障部国市监计量〔2019〕197 号公布）

注册计量师职业资格考试实施办法

（2019 年 10 月 30 日市场监管总局、人力资源社会保障部国市监计量〔2019〕197 号公布）

注册计量师注册管理规定

（2022 年 2 月 22 日市场监管总局公告 2022 年第 6 号发布）

计量技术规范

JJF 1001—2011《通用计量术语及定义》

JJF 1002—2002《国家计量检定规程编写规则》

JJF 1033—2016《计量标准考核规范》

JJF 1059.1—2012《测量不确定度评定与表示》

JJF 1059.2—2012《用蒙特卡洛法评定测量不确定度》

JJF 1069—2012《法定计量检定机构考核规范》

JJF 1070—2005《定量包装商品净含量计量检验规则》

JJF 1071—2010《国家计量校准规范编写规则》

JJF 1094—2002《测量仪器特性评定》

JJF 1112—2003《计量检测体系确认规范》

JJF 1117—2010《计量比对》

JJF 1647—2017《零售商品称重计量检验规则》

标准

GB/T 19000—2016/ISO 9000:2015《质量管理体系 基础和术语》

GB/T 19001—2016/ISO 9001:2015《质量管理体系 要求》

GB/T 19022—2003《测量管理体系 测量过程和测量设备的要求》（ISO 10012:2003）

GB/T 27025—2019《检测和校准实验室能力的通用要求》（ISO/IEC 17025:2017）

GB/T 3100—1993《国际单位制及其应用》

GB/T 3101—1993《有关量、单位和符号的一般原则》

GB/T 3102.1—1993《空间和时间的量和单位》

GB/T 3102.2—1993《周期及其有关现象的量和单位》

GB/T 3102.3—1993《力学的量和单位》

GB/T 3102.4—1993《热学的量和单位》

GB/T 3102.5—1993《电学和磁学的量和单位》

GB/T 3102.6—1993《光及有关电磁辐射的量和单位》

GB/T 3102.7—1993《声学的量和单位》

GB/T 3102.8—1993《物理化学和分子物理学的量和单位》

GB/T 3102.9—1993《原子物理学和核物理学的量和单位》

GB/T 3102.10—1993《核反应和电离辐射的量和单位》

GB/T 3102.11—1993《物理科学和技术中使用的量和单位》

GB/T 3102.12—1993《特征数》

GB/T 3102.13—1993《固体物理学的量和单位》

GB/T 45001—2020《职业健康安全管理体系　要求及使用指南》

注：应使用上述法律、法规、规章、规范、标准的最新版本。

参考文献

［1］ 陈元桥.GB/T 28001—2001《职业健康安全管理体系　规范》理解与实施［M］.北京:中国标准出版社,2001.

［2］ 程根银,倪文耀.安全导论［M］.北京:煤炭工业出版社,2004.

［3］ 甘心孟,沈裴敏.安全科学技术导论［M］.北京:气象出版社,2000.

［4］ 国家安全生产监督管理局政策法规司.安全文化新论［M］.北京:煤炭工业出版社,2002.

［5］ 陈全.职业健康安全管理体系原理与实施［M］.北京:气象出版社,2002.